ESTRUCTURAS ARTICULADAS II

SISTEMAS HIPERESTÁTICOS

ESTRUCTURAS ARTICULADAS II
SISTEMAS HIPERESTÁTICOS

Félix Hernando Mansilla

Universidad San Pablo CEU

ESTRUCTURAS ARTICULADAS II. SISTEMAS HIPERESTÁTICOS

Félix Hernando Mansilla

ISBN: 978-84-1903-471-7

IBERGARCETA PUBLICACIONES, S.L., Madrid, 2024

Edición: 1ª

N.º de páginas: 388

Formato: 17 × 24 cm.

Materia THEMA: TNC. Ingeniería de estructuras

Estructuras articuladas II. Sistemas hiperestáticos

© Félix Hernando Mansilla

COPYRIGHT © 2024 IBERGARCETA PUBLICACIONES, S.L.

© COLEGIO DE INGENIEROS DE CAMINOS, CANALES Y PUERTOS

ISBN (Colegio de Ingenieros de Caminos, Canales y Puertos): 978-84-380-0577-4

info@garceta.es

ISBN: 978-84-1903-471-7

IMAGEN DE PORTADA: Needle Tower. Onderwijsgek en commons.wikipedia.org.

Edición: 1.ª.

Impresión: 1.ª

Depósito legal: M-18319-2024

Impresión:

OI: XXX/2024

A mis alumnos,
de los que tanto he aprendido.

Contenido

PRÓLOGO

Esta publicación está dirigida a los estudiantes universitarios de Arquitectura e Ingenierías relacionadas con la edificación y la obra civil e industrial. Para la asimilación práctica de los conceptos y procedimientos teóricos se incorporan a la misma numerosos ejercicios resueltos. Todos son originales y su secuencia, contenido y nivel de dificultad se encuentran orientados a facilitar el aprendizaje. Las disposiciones geométricas y las cargas de los enunciados están especialmente preparadas para que en su resolución prime el estudio del comportamiento estructural sobre la laboriosidad de las operaciones numéricas.

Se recomienda que la resolución de los ejercicios se intente con dedicación por parte del estudiante, antes de acceder a su solución detallada. De esta manera surgen las dudas y, cuando se aclaran posteriormente, se asimilan mejor los conceptos y procedimientos. Los resultados de aprendizaje son muy superiores así, pero es posible que en algunas situaciones el estudiante se encuentre bloqueado y tenga la tentación de ver directamente el desarrollo y la solución en el libro.

Para que, en estos casos, siga intentando resolverlo personalmente, se ha incorporado un asistente web que permite el acceso desde un dispositivo móvil a diversas ayudas. El sistema proporciona la descripción y características de cada ejercicio, una orientación general para enfocarlo, resultados intermedios para comprobar que se está realizando correctamente, la posibilidad de comparar los tiempos empleados y la dificultad encontrada con otros usuarios, estadísticas de su uso personal de la plataforma y posibles comentarios realizados por otros usuarios sobre la resolución del ejercicio. A este asistente se entra mediante el código QR incluido en la contraportada.

Por su amplitud y profundidad este estudio se desarrolla en dos volúmenes. Cada uno cubre una etapa de aprendizaje y, de manera ordenada y secuencial, se van incorporando los temas correspondientes a diferentes asignaturas y cursos a lo largo de los planes de estudios de arquitectura e ingenierías.

En el presente volumen (*Estructuras Articuladas II*) se aborda la resolución de los sistemas articulados hiperestáticos, considerando posteriormente los efectos de la incorporación de apoyos elásticos, desplazamientos impuestos y acciones térmicas. A continuación se desarrollan los procedimientos de cálculo matricial basados en el Método de Rigidez y a su aplicación en las estructuras planas y tridimensionales.

El libro incorpora un asistente web que permite el acceso a diversas ayudas desde un dispositivo móvil. Este asistente proporciona la descripción y características de cada ejercicio, una orientación general para enfocarlo, resultados intermedios para comprobar que se está realizando correctamente, la posibilidad de comparar los tiempos empleados y la dificultad encontrada con otros usuarios, estadísticas de su uso personal de la plataforma y ver los posibles comentarios realizados por otros usuarios sobre la resolución del ejercicio. A este asistente se accede mediante el código QR siguiente:

Agradezco a mis profesores la formación recibida y a mis alumnos el privilegio de participar en la suya, y también todo el apoyo de la Universidad San Pablo CEU y de mis compañeros y amigos de su Escuela Politécnica Superior, del magnífico equipo docente de Estructuras y, con carácter singular, de su director de la división de Arquitectura y Edificación, Federico de Isidro (impulsor inicial de estos libros).

También deseo agradecer la gran labor de María Antonia Hernando Bollaín en la revisión de estilo y todas sus aportaciones de mejora.

Muchas gracias, por supuesto, a la editorial Garceta por la confianza demostrada en esta obra y por todas las facilidades para su edición.

Termino finalmente con el mayor de los agradecimientos, que corresponde al continuo ánimo de toda mi familia, y en especial de Reyes y de mis hijos.

El autor

Mayo de 2024

CAPÍTULO 1

RESOLUCIÓN DE SISTEMAS HIPERESTÁTICOS

[1.1]. INTRODUCCIÓN

En el presente capítulo se aborda el estudio de las estructuras articuladas con exceso de vinculación: los sistemas hiperestáticos.

Para la determinación de sus reacciones y esfuerzos no es suficiente la aplicación de las condiciones de equilibrio en sus nudos. Existen en este caso más incógnitas (b + r) que ecuaciones (2n). El excedente de incógnitas viene determinado por el grado de hiperestatismo (b + r −2n) y estas incógnitas hiperestáticas precisan de ecuaciones adicionales para su resolución.

Físicamente el exceso de vinculación provoca la existencia de varios modos de respuesta estructural del sistema (frente a la modalidad única de los sistemas isostáticos). La contribución de cada una de las modalidades resistentes viene determinada por su diferente deformabilidad con las cargas. Los esquemas más rígidos presentan mayor capacidad de respuesta y absorben en mayor proporción las fuerzas aplicadas sobre los nudos.

Este reparto se establece analizando los diferentes modos de deformación y para ello se emplean las ecuaciones de compatibilidad de deformaciones. Tras una exposición general, el capítulo detalla sus procedimientos de aplicación en los sistemas sencillos de primer grado y plantea a continuación una metodología sistemática para la resolución de sistemas hiperestáticos de orden superior.

[1.2]. ECUACIONES DE COMPATIBILIDAD DE DEFORMACIONES

Se considera un sistema articulado con un grado de hiperestatismo g = b + r −2n. Existe, por tanto, un exceso de «g» vínculos, exceso que se puede producir en su número de barras (hiperestatismo interno) o en las ligaduras ejercidas por los apoyos (hiperestatismo externo).

Se procede inicialmente a la eliminación de dichos vínculos y su sustitución por las fuerzas pasivas que estos ejercen sobre la estructura. Estas fuerzas desconocidas son las «g» incógnitas hiperestáticas.

A continuación, y empleando el sistema isostático resultante de la eliminación de los «g» vínculos, se calculan las variaciones longitudinales de barras o desplazamientos de nudos correspondientes a los vínculos eliminados. Todas estas deformaciones se expresan lógicamente en función de las nuevas fuerzas incógnita aplicadas.

Realmente los «g» vínculos eliminados existen y cumplen con su misión de coacción de movimientos. Por ello las variaciones longitudinales o desplazamientos calculados tienen que respetar los valores permitidos por los vínculos. Esto da lugar a «g» ecuaciones de compatibilidad de deformaciones cuya resolución proporciona los valores concretos de las «g» incógnitas hiperestáticas.

En resumen, las ecuaciones de compatibilidad de deformaciones facilitan los valores de las fuerzas que ejercen los vínculos excedentes. Este análisis se realiza sobre una estructura isostática (sustituyendo vínculos por fuerzas desconocidas.

[1.3]. SISTEMAS HIPERESTÁTICOS DE PRIMER GRADO

A continuación se detalla el procedimiento de cálculo de las incógnitas hiperestáticas en sistemas simples con un único vínculo excedente.

El análisis y los ejercicios correspondientes se estructuran en dos apartados, separando los casos de exceso de un enlace externo y de exceso de una barra en el entramado.

[1.3.1]. SISTEMAS CON HIPERESTATISMO EXTERNO

Se considera el sistema articulado de la figura que posee, como se puede apreciar, un grado de hiperestatismo.

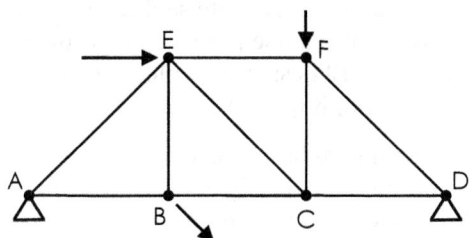

$$n = 6,\ b = 9,\ r = 4 \rightarrow g = b + r - 2n = 1$$

El sistema es internamente triangulado y estrictamente indeformable pero tiene un exceso de vinculación externa (un apoyo fijo y uno deslizante serían suficientes para garantizar su equilibrio).

Las tres ecuaciones de equilibrio del conjunto global no proporcionan los valores de las cuatro incógnitas de reacción externa. Las ecuaciones de momentos y componentes verticales dan los valores de las reacciones verticales en ambos apoyos, pero el equilibrio de componentes horizontales no resuelve las dos reacciones horizontales. El reparto entre los dos apoyos de la coacción al movimiento horizontal de la estructura se determina mediante una ecuación de compatibilidad de deformaciones.

Para ello se sustituye el apoyo fijo en el nudo D por uno deslizante, liberando un vínculo externo y convirtiendo el sistema en isostático. El vínculo liberado es reemplazado por la fuerza que realmente ejerce (la reacción horizontal Dx del apoyo D) que de momento es desconocida.

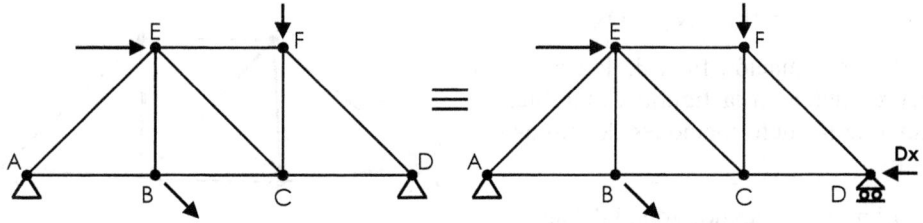

La fuerza Dx adoptará el valor que consiga que el desplazamiento horizontal del apoyo deslizante bajo la acción de todas las cargas aplicadas sea realmente nulo. Las cargas originales provocarán un desplazamiento del punto D hacia la derecha y la fuerza Dx tendrá que compensarlo con uno idéntico hacia la izquierda.

Ambas tendencias de desplazamiento se aprecian con claridad dividiendo las cargas en dos estados (gracias al principio de superposición de efectos).

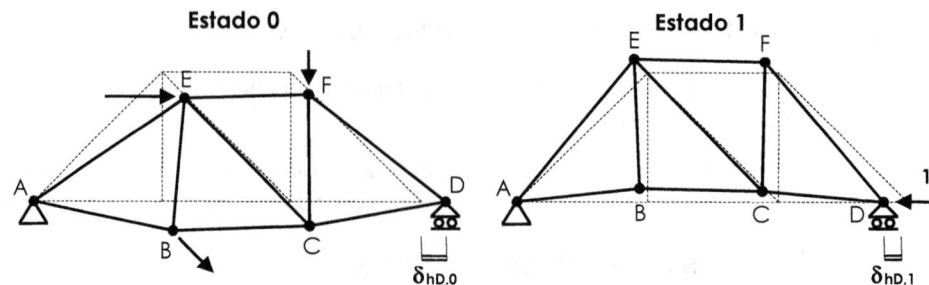

Estado real = Estado 0 + Estado 1 × Dx

En el estado con las cargas iniciales (estado 0) el apoyo deslizante se desplaza $\delta_{hD,0}$ hacia la derecha. En el estado 1 se aplica una fuerza unitaria que produce un desplazamiento del nudo D hacia la izquierda con un valor $\delta_{hD,1}$. El desplazamiento total producido por la fuerza incógnita Dx tiene lógicamente el valor $\delta_{hD,1} \times Dx$.

La nueva estructura es isostática y ambos desplazamientos horizontales en D se pueden determinar por los procedimientos expuestos en el Capítulo 5 del Volumen I. El segundo estado es particularmente sencillo porque se trata de obtener el desplazamiento en el punto y en la dirección de aplicación de la fuerza. Al ser además la fuerza de valor 1 coinciden directamente N_i y N'_i, que a su vez son iguales a los N'_i calculados en el estado 0.

$$N_{i,1} = N'_{i,1} = N'_{i,0}$$

Finalmente se considera que en la realidad el apoyo D es fijo y su desplazamiento horizontal lógicamente nulo. Imponiendo esta condición (con los signos adecuados de los desplazamientos) se obtiene el valor de la incógnita hiperestática Dx.

$$\delta_{hD,0} + \delta_{hD,1} \times Dx = 0 \rightarrow Dx = -\delta_{hD,0}/\delta_{hD,1}$$

Una vez determinado el valor de la reacción horizontal en D, el resto de reacciones y los esfuerzos en todas las barras se obtienen directamente mediante la suma de los dos estados.

$$N_i = N_{i,0} + N_{i,1} \times Dx$$

La deformación final de la estructura (representada en la figura) es también la suma de las deformaciones de ambos estados.

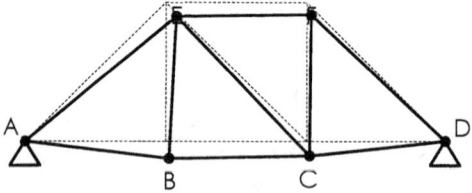

El movimiento horizontal del apoyo D resulta obviamente nulo.

Ejercicio 1.3.1.01

El sistema articulado hiperestático de la figura está formado por perfiles HEB-120 de acero laminado (E = 21000 kN/cm², A = 34 cm²). Con las cargas indicadas en kN y las cotas en metros, determinar los valores de las reacciones y los esfuerzos en todas sus barras.

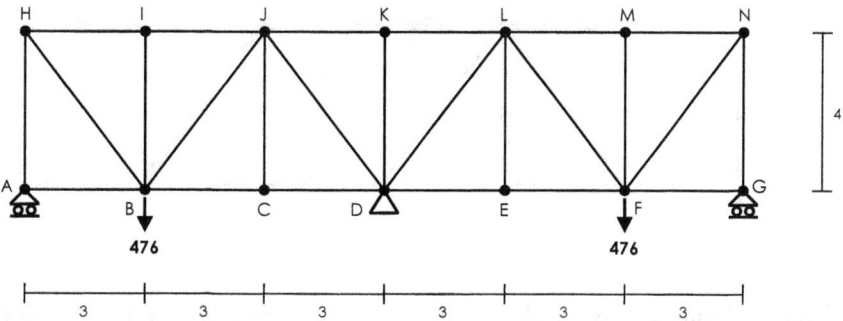

SOLUCIÓN

El sistema tiene 12 nudos, 25 barras y 4 incógnitas de reacción externa. Su grado de hiperestatismo es $g = b + r - 2n = 1$ y para su resolución se libera por ejemplo la coacción al movimiento vertical en el nudo G. Se sustituye el apoyo deslizante por la fuerza Gy que ejerce sobre la estructura.

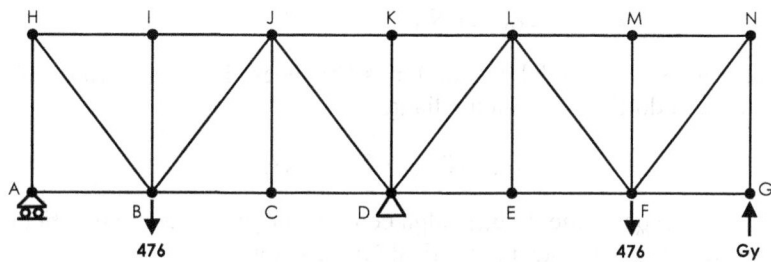

El sistema resultante es isostático y las reacciones y esfuerzos $N_{i,0}$ correspondientes al estado 0 (solamente con las cargas iniciales) se determinan con facilidad.

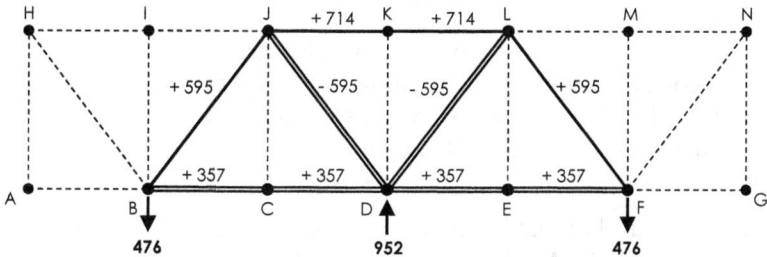

En el estado 1 se considera la misma estructura con una única fuerza unitaria aplicada en el nudo G y en dirección vertical. Nuevamente se resuelve el sistema, obteniendo las reacciones y los valores de los esfuerzos $N_{i,1}$ en las barras.

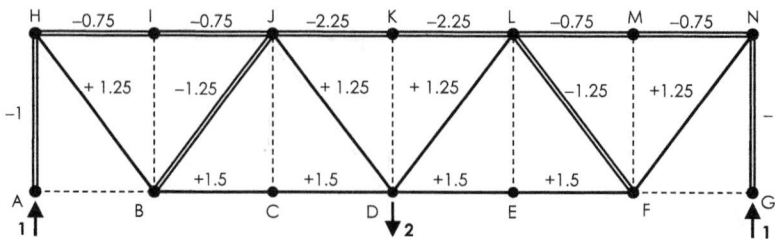

Para el cálculo de los desplazamientos verticales en ambos estados se precisarían a su vez dos estados virtuales (con esfuerzos $N'_{i,0}$ y $N'_{i,1}$), pero coinciden ambos con el estado 1.

$$N'_{i,0} = N'_{i,1} = N_{i,1}$$

Considerando además las características geométricas y mecánicas de las barras, los desplazamientos verticales del nudo G en los dos estados adoptan los valores:

$$\delta_{vG,0} = \Sigma L_i\, N_{i,0}\, N'_{i,0}/E_i\, A_i = \Sigma L_i\, N_{i,0}\, N_{i,1}/E_i\, A_i$$

$$\delta_{vG,1} = \Sigma L_i\, N_{i,1}\, N'_{i,1}/E_i\, A_i = \Sigma L_i\, N_{i,1}\, N_{i,1}/E_i\, A_i$$

El estado real es la suma del estado 0 más Gy veces el estado 1. El desplazamiento vertical total del nudo G se calcula mediante

$$\delta_{vG} = \delta_{vG,0} + \delta_{vG,1} \times Gy$$

Para que este desplazamiento δ_{vG} valga cero, el apoyo deslizante real tiene que ejercer sobre la estructura una reacción vertical Gy de valor:

$$Gy = -\delta_{vG,0}/\delta_{vG,1}$$

Finalmente, con el valor de Gy se determinan fácilmente los esfuerzos en todas las barras a partir de los $N_{i,0}$ y $N_{i,1}$ ya obtenidos, aplicando la suma de estados.

$$N_i = N_{i,0} + N_{i,1} \times Gy$$

Todos los cálculos numéricos se organizan en la tabla siguiente. En ella se incluyen todas las barras con $N_{i,1}$ no nulo (no se eliminan las barras con $N_{i,0} = 0$). Además, en este caso la geometría y los esfuerzos los $N_{i,0}$ y $N_{i,1}$ son simétricos y se realizan agrupaciones de barras con idénticos E, A, $N_{i,0}$ y $N_{i,1}$, considerándolas como una barra única con la longitud total.

La columna inicial de la tabla contiene la identificación de las barras, las tres siguientes sus parámetros E, A y L, a continuación los valores de $N_{i,0}$ y $N_{i,1}$, las dos siguientes son las columnas de cálculo de los desplazamientos $\delta_{vG,0}$ y $\delta_{vG,1}$, en la última fila se disponen las correspondientes sumas y valor de Gy, y en la última columna los esfuerzos reales tras la suma de estados.

Barras	E (kN/cm²)	A (cm²)	L (cm)	N₀ (kN)	N₁ (adim)	LN₀N₁/EA (cm)	LN₁²/EA (cm/kN)	N (kN)
BD,DF	21000	34	300 × 4	−357	1.5	−0.9	0.003781513	33
AH,GN	21000	34	400 × 2	0	−1	0	0.001120448	−260
BH,FN	21000	34	500 × 2	0	1.25	0	0.002188375	325
BJ,FL	21000	34	500 × 2	595	−1.25	−1.0416667	0.002188375	270
DJ,DL	21000	34	500 × 2	−595	1.25	−1.0416667	0.002188375	−270
HJ,LN	21000	34	300 × 4	0	−0.75	0	0.000945378	−195
JK,KL	21000	34	300 × 2	714	−2.25	−1.35	0.004254202	129
			$\delta_{vG,0}$ (Σ), $\delta_{vG,1}$ (Σ), Gy (/)			−4.33333333	0.016666667	260

La reacción en el apoyo central también se puede determinar mediante la suma de estados:

$$Dy = Dy_{,0} + Dy_{,1} \times Gy = 952 \text{ kN} - 2 \times 260 \text{ kN} = 432 \text{ kN}$$

Los resultados se trasladan a la figura, que refleja finalmente el funcionamiento del sistema hiperestático.

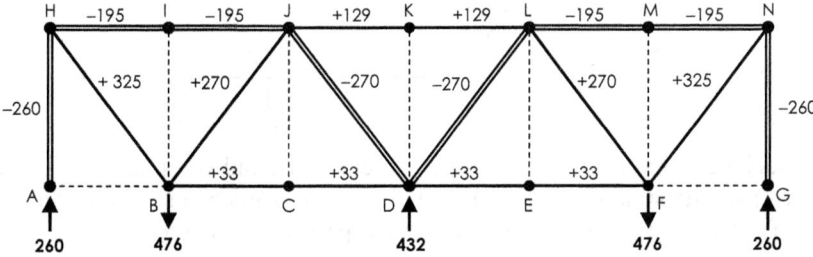

Ejercicio 1.3.1.02

La figura representa un sistema hiperestático compuesto de dos subsistemas articulados en el nudo D. Todas las barras son perfiles en cajón 2 UPN-160 con 48 cm2 de sección transversal. El material es acero laminado (E = 21000 kN/cm²) y la posición de los nudos está acotada en metros.

Bajo la acción de una única carga de 1168 kN, determinar los valores de las reacciones y los esfuerzos en todas las barras.

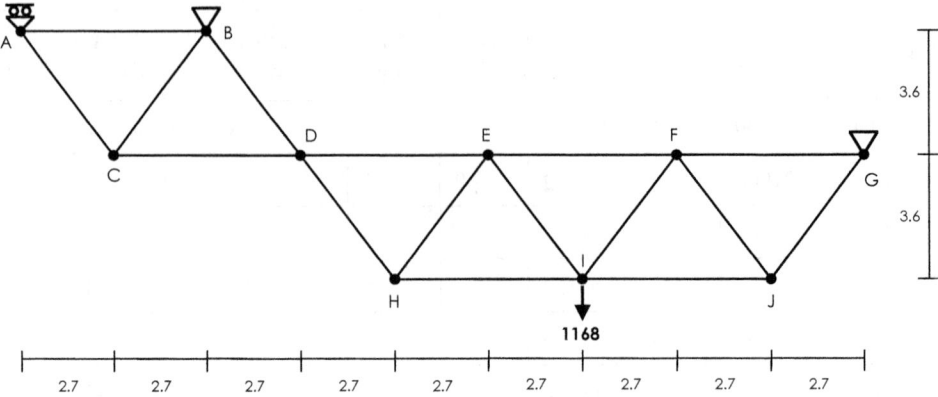

SOLUCIÓN

El sistema tiene 10 nudos, 16 barras y 5 incógnitas de reacción externa. Su grado de hiperestatismo es $b + r - 2n = 1$ y para su resolución se transforma en isostático sustituyendo el apoyo deslizante en el nudo A por la fuerza Ay que ejerce sobre la estructura.

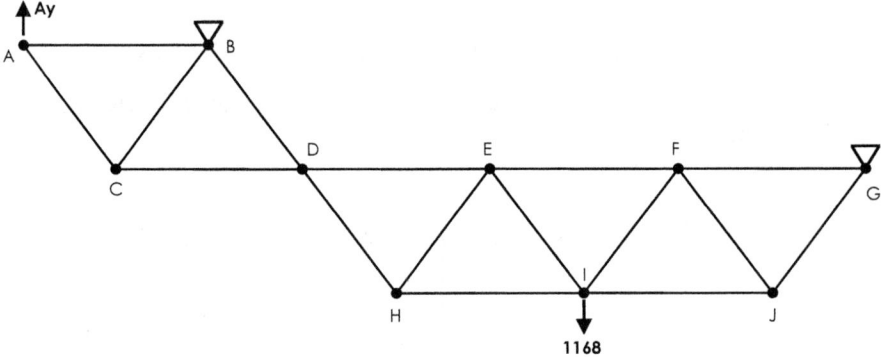

Las reacciones y esfuerzos $N_{i,0}$ correspondientes al estado 0 (solamente con la carga de 1168 kN) se muestran en la figura. El subsistema izquierdo se comporta como una barra única entre B y D y el subsistema derecho presenta esfuerzos simétricos.

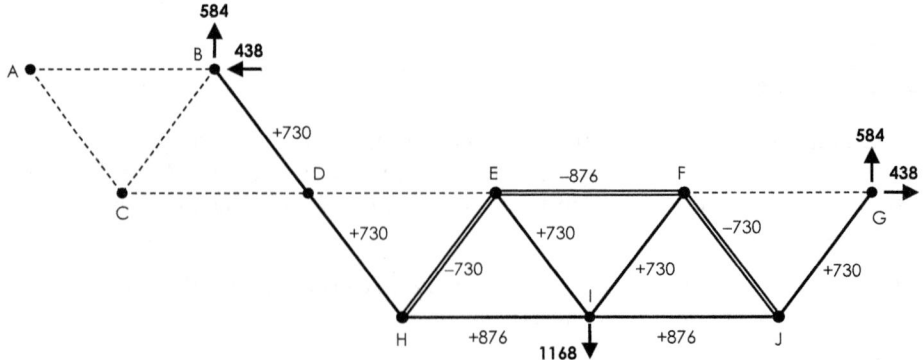

En el estado 1 se elimina la carga inicial y se dispone una fuerza unitaria vertical aplicada en el nudo A (en el punto y la dirección en la que se ha sustituido el enlace excedente). En este caso es el subsistema derecho el que actúa como una barra única entre D y G y el cálculo de los esfuerzos $N_{i,1}$ es muy sencillo.

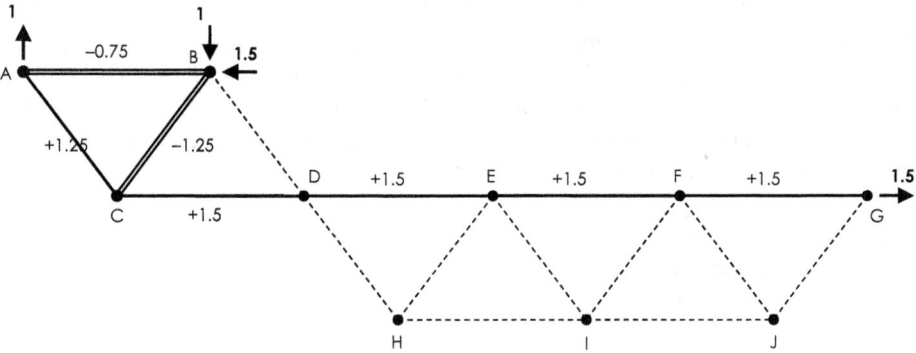

Analizando este conjunto de esfuerzos y comparándolo con el estado 0, se observa que ambos comportamientos son casi excluyentes. Solamente la barra EF tiene esfuerzos $N_{i,0}$ y $N_{i,1}$ no nulos y la reacción en A está motivada por la deformación de esta barra.

Esto no significa que en el correspondiente cuadro se precise solamente la barra EF. Efectivamente $\delta_{vA,0}$ solamente depende de ella, pero en la obtención de $\delta_{vA,1}$ intervienen todas las barras con $N_{i,1}$ no nulo y deben incorporarse al cuadro.

Además de los esfuerzos obtenidos en los dos estados, el cuadro se completa con las características mecánicas y geométricas de las barras, que permiten la determinación de los desplazamientos verticales en A y, mediante su cociente, el valor de la reacción Ay y esfuerzos reales en el sistema hiperestático.

Barras	E (kN/cm²)	A (cm²)	L (cm)	N₀ (kN)	N₁ (adim)	LN₀N₁/EA (cm)	LN₁²/EA (cm/kN)	N (kN)
AB	21000	48	540	0	−0.75	0	0.000301339	−81
AC	21000	48	450	0	1.25	0	0.000697545	135
BC	21000	48	450	0	−1.25	0	0.000697545	−135
CE,FG	21000	48	1620	0	1.5	0	0.003616071	162
EF	21000	48	540	−876	1.5	−0.7039286	0.001205357	−714
$\delta_{vA,0}$ (Σ), $\delta_{vA,1}$ (Σ), Ay (/)						−0.7039286	0.006517857	108

La reacción vertical en el apoyo fijo en B y las reacciones horizontales en B y G también se pueden determinar mediante la suma de estados:

$$By = By_{,0} + By_{,1} \times Ay = 584 \text{ kN} - 1 \times 108 \text{ kN} = 476 \text{ kN}$$

$$Gx = Gx_{,0} + Gx_{,1} \times Ay = 438 \text{ kN} + 1.5 \times 108 \text{ kN} = 600 \text{ kN}$$

La figura recoge los resultados finales. Podría haberse intuido que la reacción en A iba a ser descendente para compensar el giro horario del subsistema izquierdo alrededor de B producido por el descenso del punto D, o nula considerando que la intersección de la carga aplicada en I con la recta GJ está alineada con BDH y, por ello, esa sería la dirección de la reacción en B y del movimiento de D, no produciéndose giro en ABCD.

Sin embargo, es más relevante el movimiento hacia la derecha de D provocado por el acortamiento de EF (con G fijo). Esto produce una tendencia al giro antihorario del subsistema ABCD alrededor de B y la necesidad de una reacción ascendente en A para impedirlo. Gráficamente se comprueba que es la barra EF la determinante de la reacción en A, como se había deducido de los esfuerzos $N_{i,0}$ y $N_{i,1}$.

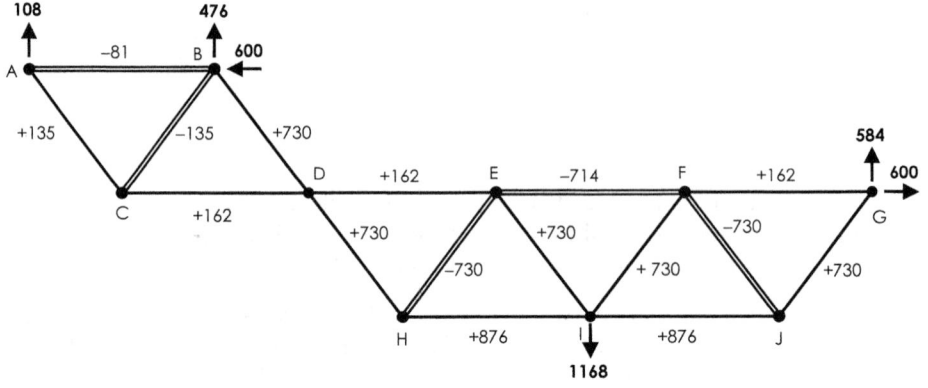

Ejercicio 1.3.1.03

Determinar las reacciones y esfuerzos provocados por la fuerza horizontal de 240 kN en el sistema hiperestático representado. Las barras son de acero con perfil tubular cuadrado hueco 140.4 (21.2 cm^2 de sección) en el tramo horizontal DH, y 100.4 (14.8 cm^2) en el resto de la estructura. Las cotas están expresadas en metros.

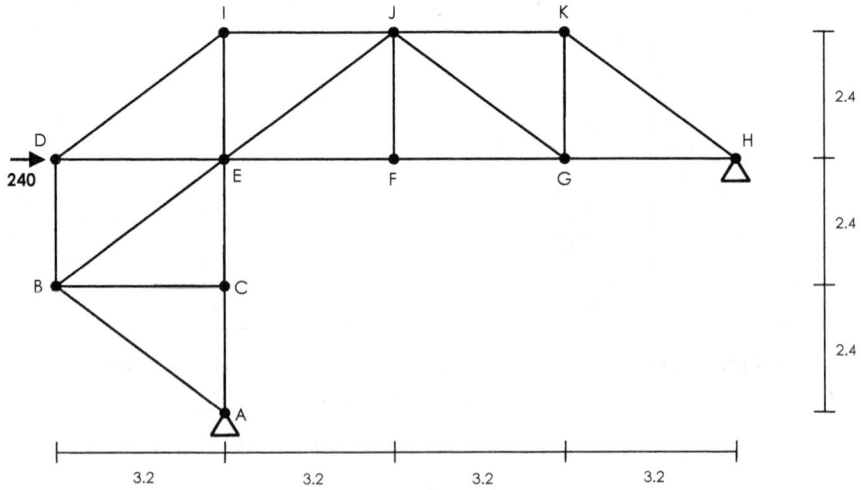

SOLUCIÓN

El sistema tiene 1 grado de hiperestatismo y para su resolución se adopta como incógnita hiperestática la reacción horizontal Hx en el apoyo derecho (transformando en deslizante el apoyo fijo).

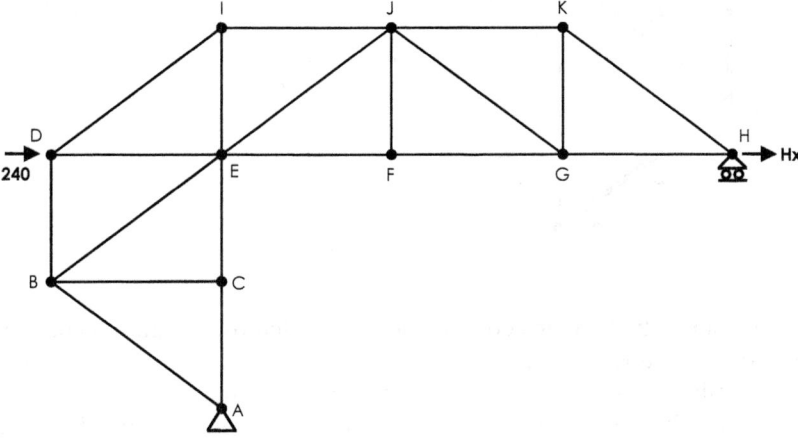

Se plantea inicialmente el estado 0 (con la carga exterior) y se obtienen las reacciones y esfuerzos $N_{i,0}$.

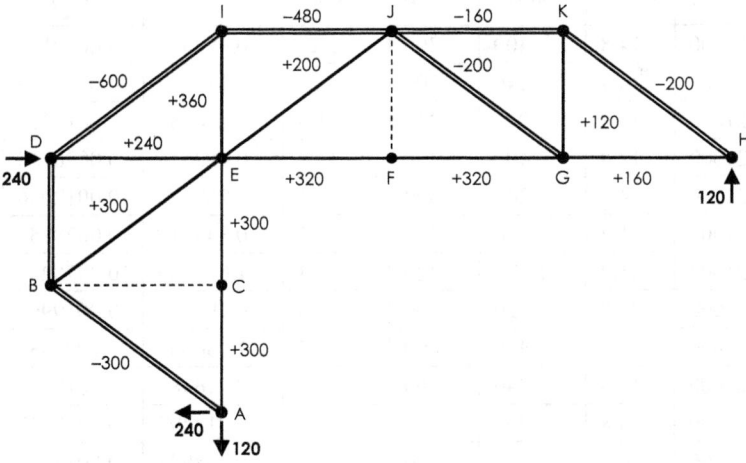

El estado 1 (con la fuerza unitaria horizontal en H) presenta un comportamiento estructural muy similar al estado anterior. Los esfuerzos $N_{i,1}$ se obtienen directamente dividiendo los correspondientes $N_{i,0}$ entre 240 kN en todas las barras que no pertenecen a la recta de acción de las fuerzas, y sumando adicionalmente 1 a las barras del tramo DH.

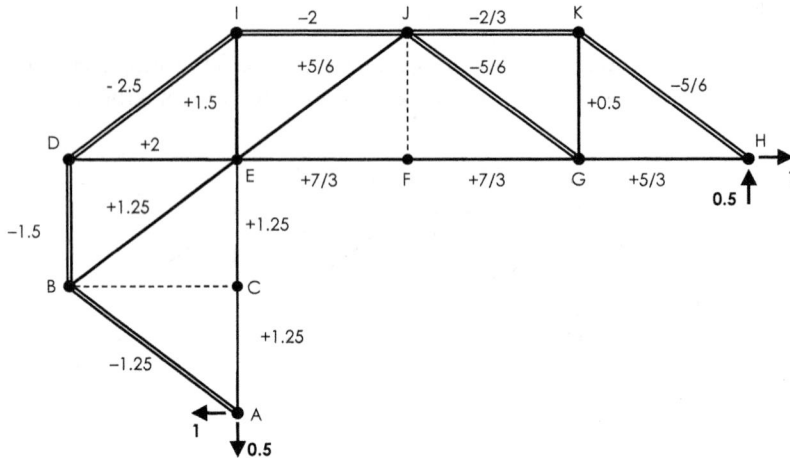

Tras la tabla habitual con los correspondientes cálculos, la figura recoge los resultados finales redondeados a números enteros. Cabe destacar que si el sistema hubiera sido isostático (eliminando por ejemplo alguna de las barras del perímetro exterior ABDI-JKH), la fuerza aplicada D se habría transmitido íntegramente al apoyo H, con esfuerzos de compresión en el tramo DH y nulos en el resto. Al ser hiperestático, una parte de los 240 kN se traslada al apoyo A, movilizando esfuerzos en otras barras.

Barras	E (kN/cm²)	A (cm²)	L (cm)	N_0 (kN)	N_1 (adim)	LN_0N_1/EA (cm)	LN_1^2/EA (cm/kN)	N (kN)
AB	21000	14.8	400	−300	−1.25	0.482625	0.0020100	−47.16
AC	21000	14.8	240	300	1.25	0.289575	0.0012066	47.16
BD	21000	14.8	240	−360	−1.5	0.416988	0.0017375	−56.59
BE	21000	14.8	400	300	1.25	0.482625	0.0020110	47.16
CE	21000	14.8	240	300	1.25	0.289575	0.0012066	47.16
DE	21000	21.2	320	240	2	0.345013	0.0028751	−
EF,FG	21000	21.2	320 × 2	320	7/3	1.073360	0.0078265	−51.96
GH	21000	21.2	320	160	5/3	0.191678	0.0019967	−77.13
DI	21000	14.8	400	−600	−2.5	1.930502	0.0080438	−94.32
EI	21000	14.8	240	360	1.5	0.416988	0.0017375	56.59
EJ	21000	14.8	400	200	5/6	0.214492	0.0008937	31.45
GJ,HK	21000	14.8	400 × 2	−200	−5/6	0.428983	0.0017874	−31.45
GK	21000	14.8	240	120	0.5	0.046332	0.0001930	18.86
IJ	21000	14.8	320	−480	−2	0.988417	0.0041184	−75.46
JK	21000	14.8	320	−160	−2/3	0.109830	0.0004577	−25.15
$\delta_{hH,0}$ (Σ), $\delta_{hH,1}$ (Σ), Hx (/)						7.706985	0.0381021	−02.27

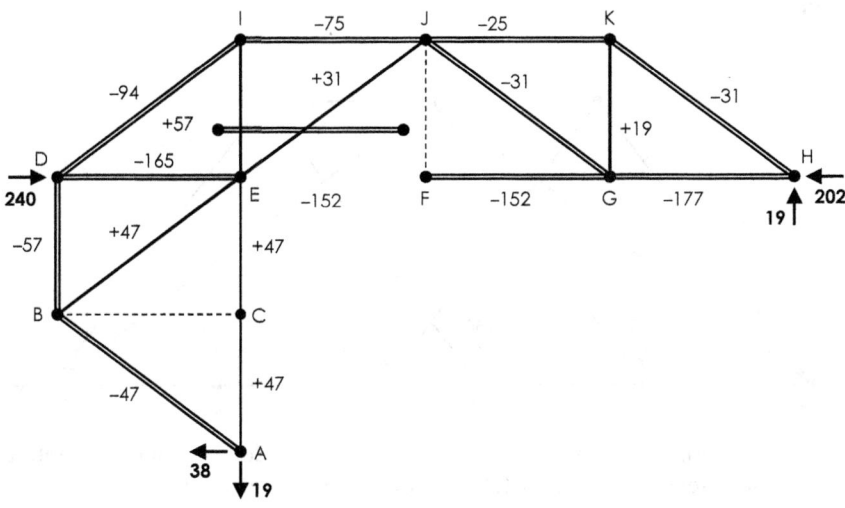

Ejercicio 1.3.1.04

La figura representa un sistema articulado hiperestático formado por barras metálicas de 20000 kN/cm² módulo elástico y 125 cm² de sección transversal. La posición de los nudos se encuentra acotada en metros.

Bajo la solicitación de las cuatro cargas indicadas de 960 kN, determinar los valores de las reacciones y esfuerzos. Analizar además los efectos que tendría un cambio de rigidez (modificación de sección o material) en las distintas barras.

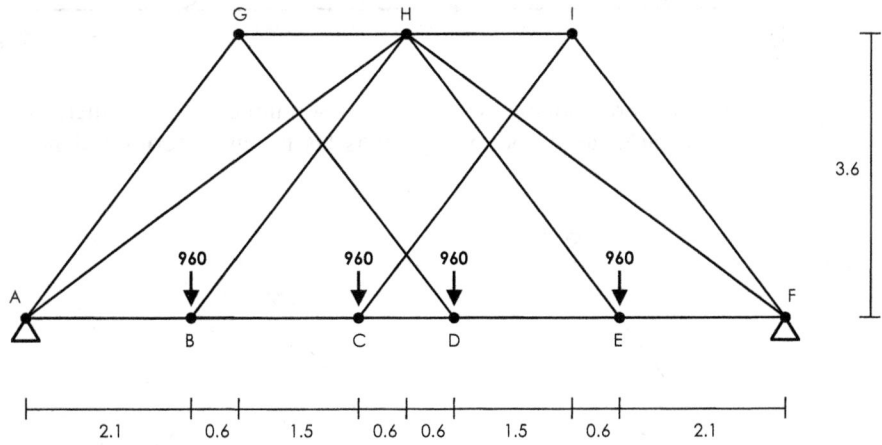

SOLUCIÓN

El sistema tiene 9 nudos, 15 barras y 4 incógnitas de reacción externa. Su grado de hiperestatismo es b + r −2n = 1 y para su resolución se transforma en isostático sustituyendo el apoyo fijo F por uno deslizante horizontal y la fuerza Fx ejercida sobre la estructura.

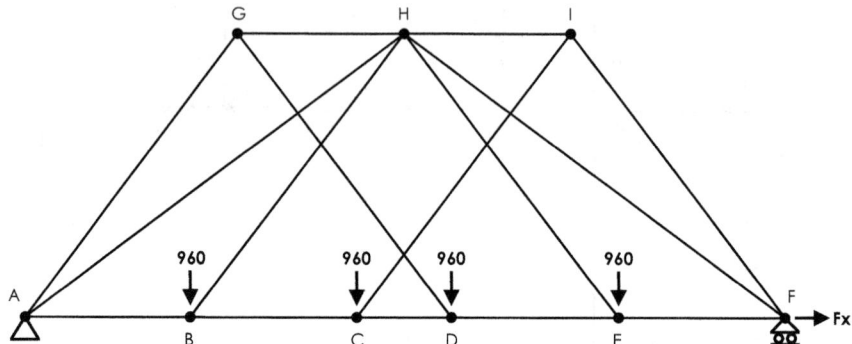

Los esfuerzos $N_{i,0}$ correspondientes al estado 0 se pueden obtener mediante el método de los nudos (secuencia D,G,A,B) y la condición de simetría.

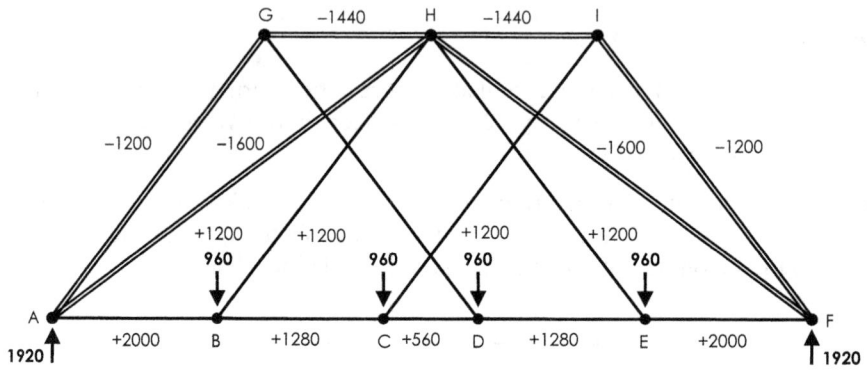

Los esfuerzos $N_{i,1}$ correspondientes al estado 1 son inmediatos. La fuerza unitaria en F se transmite directamente al apoyo A y todas las barras superiores tienen esfuerzo nulo.

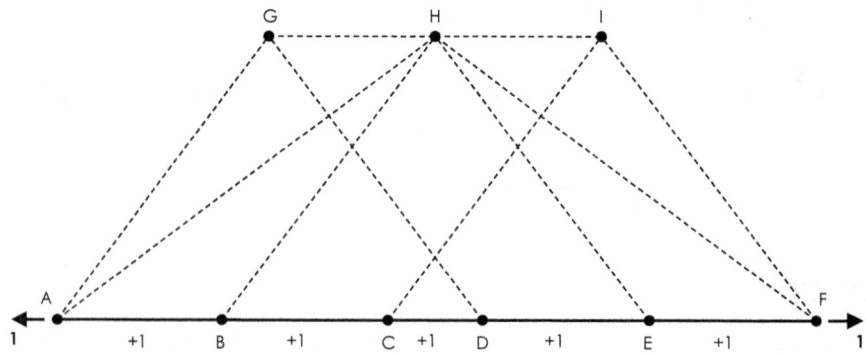

Solamente las barras del cordón inferior AF tienen incidencia en la determinación de la incógnita hiperestática Fx. Además, las barras AB y EF por una parte, y BC y DE por otra, son simétricas, tienen los mismos valores de E, A, N_0 y N_1 y se pueden agrupar.

Barras	E (kN/cm²)	A (cm²)	L (cm)	N_0 (kN)	N_1 (adim)	LN_0N_1/EA (cm)	LN_1^2/EA (cm/kN)	N (kN)
AB,EF	20000	125	210 × 2	2000	1	0.33600	0.000168	495
BC,DE	20000	125	210 × 2	1280	1	0.21504	0.000168	−225
CD	20000	125	120	560	1	0.02688	0.000048	−945
$\delta_{hF,0}$ (Σ), $\delta_{hF,1}$ (Σ), Fx (/)						0.57792	0.000384	−505

Los esfuerzos finales de todas las barras superiores son los correspondientes al estado 0. Los de las barras del cordón inferior vienen dados por $N_{i,0} + N_{i,1} \times Fx$ y se extraen de la tabla.

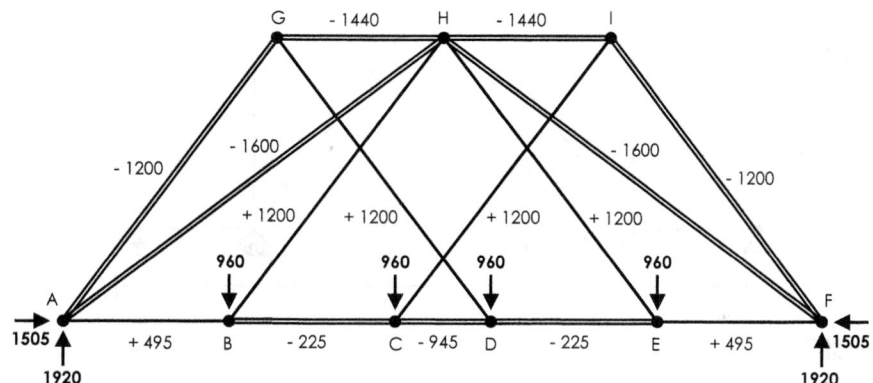

En los sistemas articulados isostáticos los esfuerzos en las barras se obtienen empleando exclusivamente condiciones de equilibrio de fuerzas y no dependen por ello del área de la sección transversal de las barras ni del módulo de elasticidad de material.

Por el contrario, en los sistemas hiperestáticos, el cálculo de los esfuerzos requiere el empleo de ecuaciones de compatibilidad de deformaciones y estas sí son sensibles a las características geométricas y mecánicas de las barras.

Sin embargo, en este caso en la ecuación de compatibilidad desarrollada en el cuadro solamente intervienen las barras del tramo AF y, por ello, cualquier variación en las áreas de la sección transversal o módulos elásticos de las barras superiores no tiene ningún impacto en los esfuerzos finales del sistema. Incluso aunque no existiera simetría de perfiles o materiales los esfuerzos en todas las barras seguirían siendo los mismos y simétricos.

Una variación de los parámetros E o A en una barra del cordón inferior sí altera los esfuerzos en dicho tramo, pero se mantienen los esfuerzos en las barras superiores, que no dependen del valor de la incógnita hiperestática Fx.

Finalmente, si se produce un cambio en las características de las barras del tramo AF que afecte por igual a todas ellas (un cambio global de A o E en el tramo), no se habría ninguna variación en los esfuerzos anteriormente obtenidos.

En el cuadro se aprecia que el producto EA contribuye de la misma forma en la determinación de los desplazamientos $\delta_{hF,0}$ y $\delta_{hF,1}$ y lógicamente no afecta a su cociente. Si no cambia el valor de Fx tampoco lo hacen los esfuerzos en las barras.

Ejercicio 1.3.1.05

Determinar las reacciones y esfuerzos producidos por las fuerzas de 172 kN en el sistema hiperestático de primer grado de la figura. Las barras son perfiles de acero IPE 180 (con 23.9 cm^2 de sección transversal).

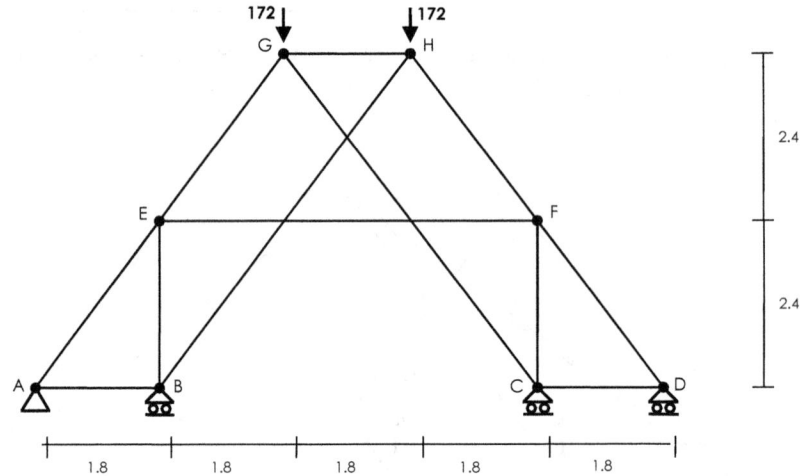

SOLUCIÓN

Se considera como incógnita hiperestática la reacción vertical del apoyo deslizante del nudo D. Dicho apoyo se sustituye por la fuerza Dy que ejerce sobre el sistema.

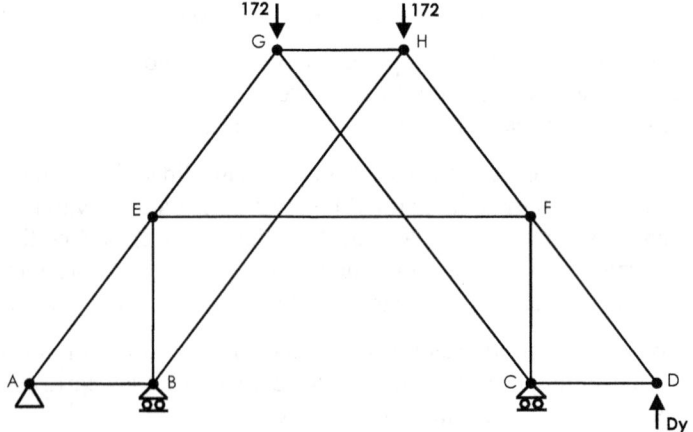

Se plantea inicialmente el estado 0 (con las cargas exteriores) y se obtienen las reacciones y esfuerzos $N_{i,0}$.

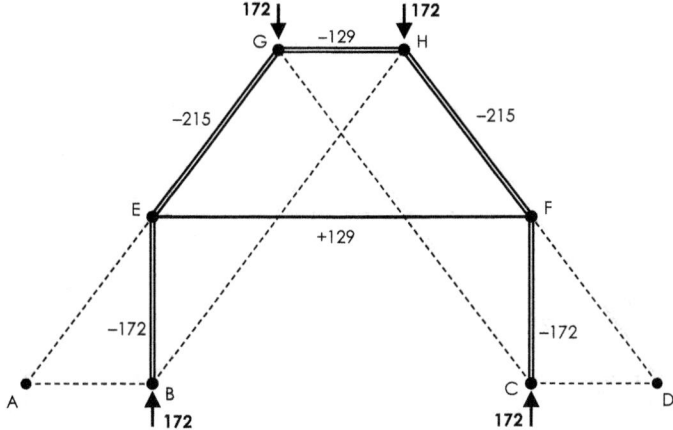

El estado 1 (con la fuerza unitaria vertical en D) da lugar a las reacciones y esfuerzos $N_{i,1}$ indicados en la figura.

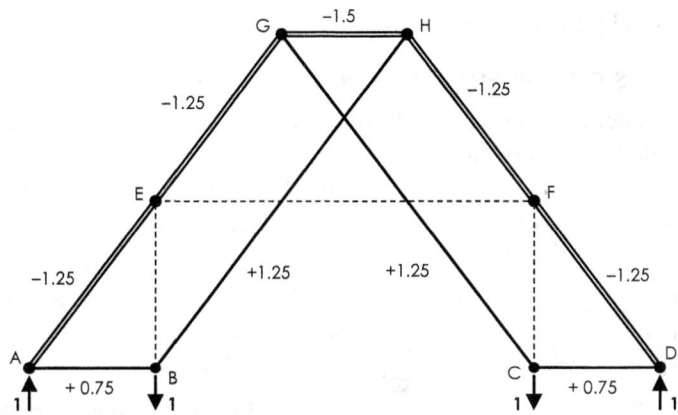

En este caso las barras exteriores se encuentran comprimidas, las interiores traccionadas y el marco BEFC presenta esfuerzos virtuales nulos.

Con los valores de los esfuerzos en ambos estados se compone el cuadro habitual y se efectúan los correspondientes cálculos:

Barras	E (kN/cm²)	A (cm²)	L (cm)	N_0 (kN)	N_1 (adim)	LN_0N_1/EA (cm)	LN_1^2/EA (cm/kN)	N (kN)
AB,CD	21000	23.9	360	0	0.75	0	0.000403467	−33.75
AE,DF	21000	23.9	600	0	−1.25	0	0.001867902	56.25
BH,CG	21000	23.9	1200	0	1.25	0	0.003735804	−56.25
EG,FH	21000	23.9	600	−215	−1.25	0.321279	0.001867902	−158.75
GH	21000	23.9	180	−129	−1.5	0.069396	0.000806934	−61.50
$\delta_{vD,0}$ (Σ), $\delta_{vD,1}$ (Σ), Dy (/)						0.390675	0.008682009	−45.00

Finalmente, la figura recoge los resultados del sistema hiperestático, con los esfuerzos redondeados a números enteros.

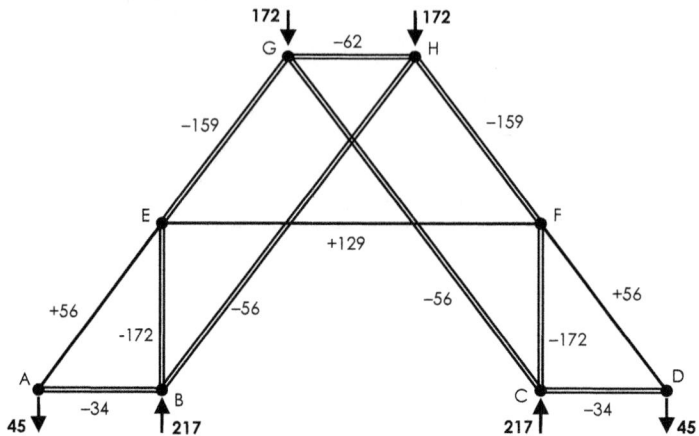

Los apoyos A y D tienden a ascender. Todas las barras están comprimidas, a excepción del tirante AEFD entre dichos apoyos. El esfuerzo máximo disminuye de 215 a 159 kN en las barras EG y FH por efecto del hiperestatismo.

[1.3.2]. SISTEMAS CON HIPERESTATISMO INTERNO

Se considera el sistema articulado de la figura que posee, como en el apartado precedente, un grado de hiperestatismo.

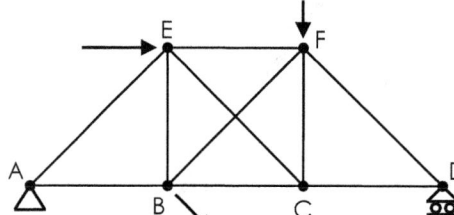

$$n = 6, \ b = 10, \ r = 3 \rightarrow g = b + r - 2n = 1$$

En este caso el sistema posee una vinculación externa estricta (un apoyo fijo y uno deslizante) pero tiene un exceso de vinculación interna (una barra de más en el cuadrado central BCEF).

Las tres ecuaciones de equilibrio del conjunto global proporcionan los valores de las incógnitas de reacción externa. Para determinar los esfuerzos en todas las barras se precisa; sin embargo, una ecuación de compatibilidad de deformaciones.

El sistema se convierte en isostático eliminando la barra excedente (por ejemplo, BF) y sustituyéndola por las fuerzas que realmente ejerce sobre sus nudos extremos. Estas fuerzas corresponden al esfuerzo de la barra N_{BF} (supuesto inicialmente positivo, de tracción).

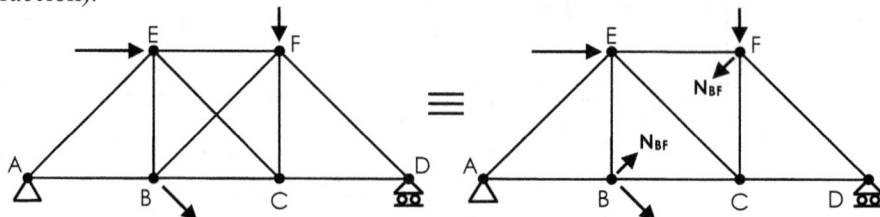

El esfuerzo N_{BF} adoptará el valor que consiga que el desplazamiento relativo entre los nudos B y F del sistema coincida con el alargamiento de la barra BF.

Aplicando el principio de superposición de efectos, el sistema isostático de la derecha se descompone en dos estados. El primero incluye todas las fuerzas activas (estado 0) y el segundo incorpora solamente dos fuerzas unitarias aplicadas en los nudos B y F y con la dirección de la recta que une.

El estado real será por tanto la suma del estado 0 más el producto del esfuerzo de la barra BF por el estado 1. La siguiente figura refleja la combinación de ambos estados con sus correspondientes deformaciones.

$$\text{Estado real} = \text{Estado } 0 + \text{Estado } 1 \times N_{BF}$$

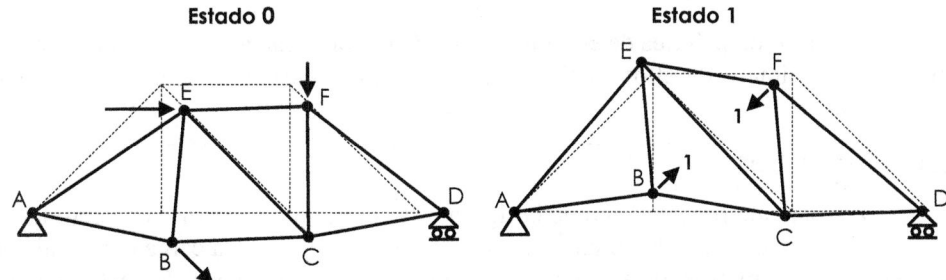

En el estado con las cargas iniciales (estado 0) la variación de la distancia entre los nudos B y F se representa por el valor $\delta_{BF,0}$. Para su determinación se emplea el procedimiento expuesto en el Capítulo 5 del Volumen I, mediante un estado ficticio con dos fuerzas unitarias en ambos nudos y de sentidos opuestos según la recta que los une. Este estado ficticio coincide con el estado 1 y, con los sentidos allí indicados, los valores positivos de $\delta_{BF,0}$ expresan un acortamiento de la distancia BF.

Por otra parte, en el estado 1 las fuerzas unitarias aplicadas provocan una disminución de la distancia entre B y F de valor $\delta_{BF,1}$. También en este caso el estado ficticio coincide con el estado 1. Los cálculos para la determinación de ambas deformaciones se simplifican al verificarse $N'_{i,0} = N'_{i,1} = N_{i,1}$.

El acortamiento producido por las dos fuerzas N_{BF} tiene lógicamente el valor $\delta_{BF,1} \times N_{BF}$, y el incremento total de las distancias entre ambos nudos será $-(\delta_{BF,0} + \delta_{BF,1} \times N_{BF})$. Con el signo negativo el valor final representa un alargamiento.

En realidad, entre los nudos B y F existe una barra BF que, solicitada por un esfuerzo axil de valor N_{BF}, tendrá un alargamiento de valor

$$\delta_{BF} = L_{BF} N_{BF}/E_{BF} A_{BF}$$

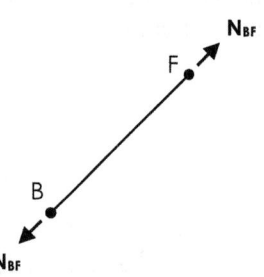

La ecuación de compatibilidad de deformaciones obliga precisamente a que la variación de la distancia entre los nudos E y F coincida con la variación longitudinal de la barra BF.

$$-(\delta_{BF,0} + \delta_{BF,1} \times N_{BF}) = L_{BF} N_{BF}/E_{BF} A_{BF}$$

La resolución de esta ecuación lineal determina el valor del esfuerzo N_{BF} en la barra eliminada.

$$N_{BF} = -\delta_{BF,0}/(\delta_{BF,1} + L_{BF}/E_{BF} \, A_{BF})$$

Una vez obtenido el valor de la incógnita hiperestática N_{BF}, el resto de los esfuerzos en todas las barras se obtienen directamente mediante la suma de estados.

$$N_i = N_{i,0} + N_{i,1} \times N_{BF}$$

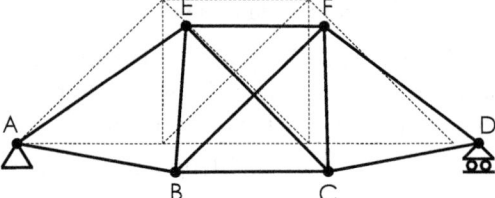

La deformación final de la estructura (representada en la figura) es también la suma de las deformaciones de ambos estados.

Para la aplicación práctica de este procedimiento se plantean a continuación diversos ejercicios. El primero de ellos es similar al expuesto teóricamente, pero desarrollado con valores numéricos.

Ejercicio 1.3.2.01

El sistema articulado hiperestático de la figura está formado por perfiles de acero laminado ($E = 21000$ kN/cm^2) de 60 cm^2 de sección transversal. Con la carga expresada en kN y las cotas en metros, determinar los valores de las reacciones y los esfuerzos en todas sus barras.

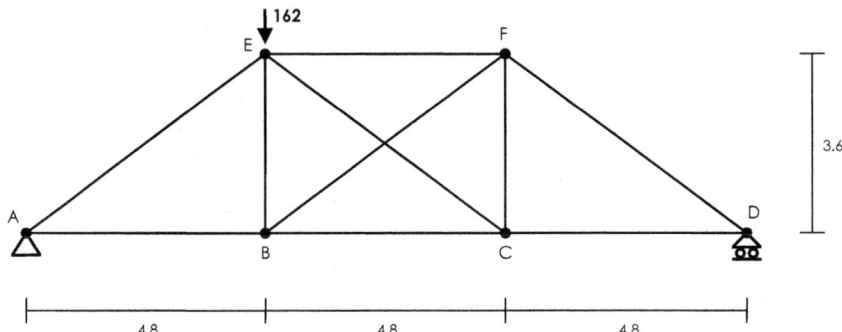

SOLUCIÓN

El sistema es internamente hiperestático de primer grado. Para su resolución se elimina la barra BF, sustituyéndola por sus efectos: las dos fuerzas N_{BF} aplicadas sobre sus nudos extremos.

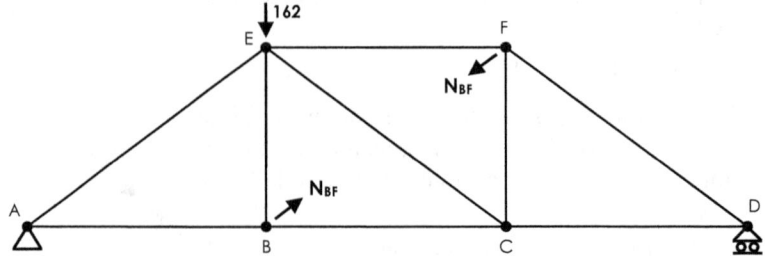

El sistema resultante es isostático y las reacciones y esfuerzos $N_{i,0}$ correspondientes al estado 0 (solamente con la carga inicial) se determinan con facilidad.

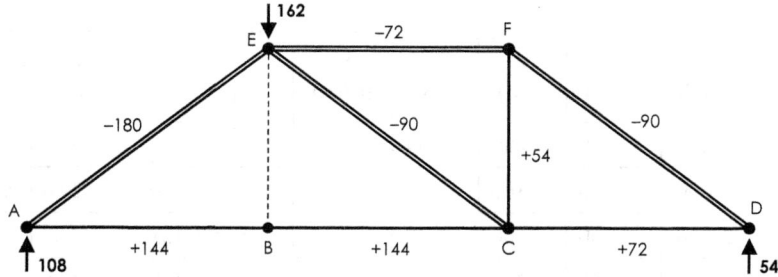

En el estado 1 se considera la misma estructura con dos únicas fuerzas unitarias aplicadas en los nudos B y F. Nuevamente se resuelve el sistema, obteniendo las reacciones y los valores de los esfuerzos $N_{i,1}$ en las barras.

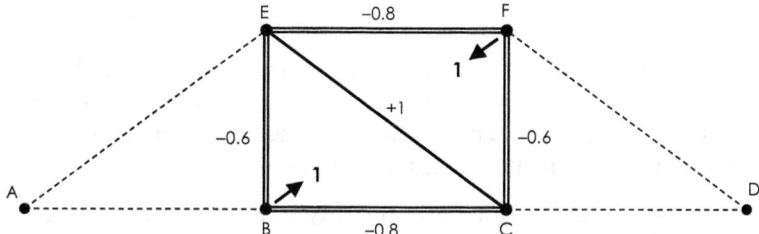

Para el cálculo de las variaciones de las distancias entre B y F en ambos estados se precisan a su vez dos estados virtuales (con esfuerzos $N'_{i,0}$ y $N'_{i,1}$), pero coinciden ambos con el estado 1.

$$N'_{i,0} = N'_{i,1} = N_{i,1}$$

Considerando además las características geométricas y mecánicas de las barras, estas variaciones adoptan los valores:

$$\delta_{BF,0} = \Sigma L_i\, N_{i,0}\, N'_{i,0}/E_i\, A_i = \Sigma L_i\, N_{i,0}\, N_{i,1}/E_i\, A_i$$

$$\delta_{BF,1} = \Sigma L_i\, N_{i,1}\, N'_{i,1}/E_i\, A_i = \Sigma L_i\, N_{i,1}/E_i\, A_i$$

El estado real es la suma del estado 0 más N_{BF} veces el estado 1. La variación final de las distancias entre nudos $[\delta_{BF} = -(\delta_{BF,0} + \delta_{BF,1} \times N_{BF})]$ tiene que coincidir con la variación de longitud de la barra BF ($\delta_{BF} = L_{BF}\, N_{BF}/E_{BF}\, A_{BF}$). El signo negativo de la primera se debe al sentido adoptado para las fuerzas unitarias. Igualando ambas se determina finalmente la incógnita hiperestática $N_{BF} = -\delta_{BF,0}/(\delta_{BF,1} + L_{BF}/E_{BF}\, A_{BF})$.

Todos los cálculos numéricos se organizan en el cuadro siguiente. En él se incluyen todas las barras con $N_{i,1}$ no nulo (no se eliminan las barras con $N_{i,0} = 0$).

La columna inicial del cuadro contiene la identificación de las barras, las tres siguientes sus parámetros E, A y L y a continuación los valores de $N_{i,0}$ y $N_{i,1}$. Las dos siguientes son las columnas de cálculo de las variaciones de distancias $\delta_{BF,0}$ $\delta_{BF,1}$; en la última fila se disponen las correspondientes sumas y valor N_{BF} calculado con la expresión anterior, y en la última columna los esfuerzos reales tras la suma de estados.

Barras	E (kN/cm²)	A (cm²)	L (cm)	N₀ (kN)	N₁ (adim)	LN₀N₁/EA (cm)	LN₁²/EA (cm/kN)	N (kN)
BC	21000	60	480	144	−0.8	−55296/EA	307.2/EA	108
BE	21000	60	360	0	−0.6	0	129.6/EA	−27
CE	21000	60	600	−90	1	−54000/EA	600/EA	−45
CF	21000	60	360	54	−0.6	−11664/EA	129,6/EA	27
EF	21000	60	480	−72	−0.8	27648/EA	307.2/EA	−108
$\delta_{BF,0}$ (Σ), $\delta_{BF,1}$ (Σ), N_{BF} ($-\delta_{BF,0}/(\delta_{BF,1} + L_{BF}/E_{BF} A_{BF})$)						−93312/EA	1473.6/EA	45

La rigidez EA es constante en todas las barras, se puede simplificar directamente en la expresión del cálculo de N_{BF} y no influye en la distribución de esfuerzos.

El valor de los esfuerzos finales en el resto de las barras (en las que $N_{i,1} = 0$) coincide con el correspondiente al estado 0. Las reacciones en los apoyos también se pueden determinar sumando los estados (en este caso las reacciones son nulas en el estado 1 y las totales coinciden directamente con las del estado 0).

Todos los resultados se trasladan a la figura y ésta refleja finalmente el funcionamiento del sistema hiperestático.

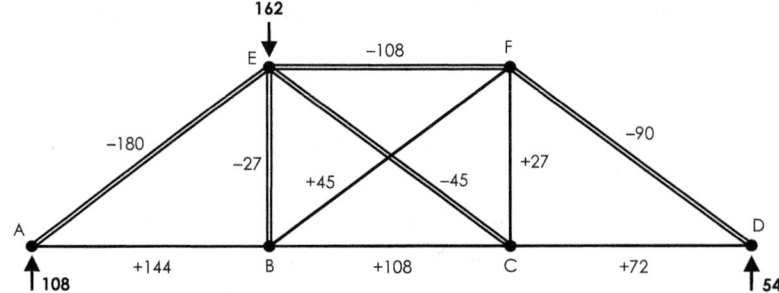

Fruto del mayor reparto de esfuerzos producido por el hiperestatismo, se suavizan las diferencias entre las barras del tramo central respecto a la situación isostática (en este caso se equilibran totalmente).

Ejercicio 1.3.2.02

El sistema articulado de la figura está formado por barras de 20000 kN/cm² de módulo de elasticidad. Las horizontales tienen una sección transversal de 50 cm² y el resto de 25 cm². Con la fuerza horizontal expresada en kN y las cotas en metros, determinar los valores de los esfuerzos en toda la estructura.

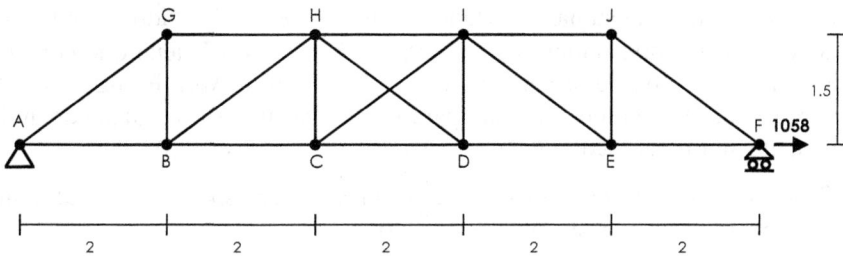

SOLUCIÓN

El sistema es internamente hiperestático de primer grado. Para su resolución se elimina la barra HI, sustituyéndola por sus efectos sobre la estructura (las dos fuerzas N_{HI} aplicadas sobre sus nudos extremos).

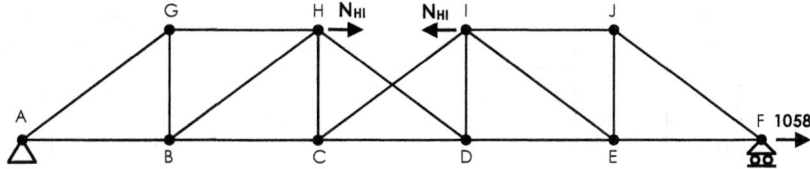

Inicialmente se ha supuesto que la barra HI se encuentra solicitada a tracción y que ambas fuerzas tienden a acercar los nudos H e I. Un resultado negativo de la incógnita hiperestática N_{HI} indicaría que esta hipótesis no se cumple. En este caso la barra HI estaría comprimida y las fuerzas sobre los nudos tenderían a alejarlos.

Al eliminar la barra HI, el sistema resultante es isostático y las reacciones y esfuerzos $N_{i,0}$ bajo la carga inicial (estado 0) se pueden determinar fácilmente por el método de unicidad.

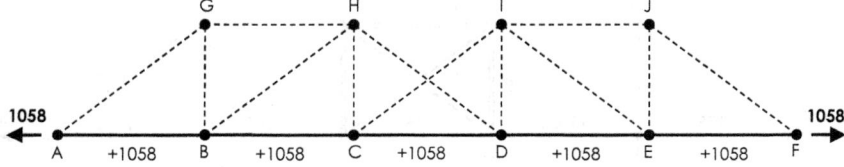

En el estado 1 se consideran exclusivamente dos fuerzas unitarias aplicadas en los nudos H e I. Nuevamente se resuelve el sistema, obteniendo los valores de los esfuerzos $N_{i,1}$ en todas las barras.

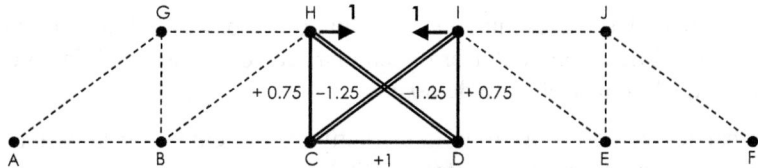

El estado real es la suma del estado 0 más N_{HI} veces el estado 1. La variación final de las distancias entre nudos $[\delta_{HI} = -(\delta_{HI,0} + \delta_{HI,1} \times N_{HI})]$ tiene que coincidir con la variación de longitud de la barra HI $(\delta_{HI} = L_{HI} N_{HI}/E_{HI} A_{HI})$. El signo negativo de la primera se debe al sentido adoptado para las fuerzas unitarias. Igualando ambas se determina el valor de la incógnita $N_{HI} = -\delta_{HI,0}/(\delta_{HI,1} + L_{HI}/E_{HI} A_{HI})$.

Todos los cálculos numéricos se organizan en el correspondiente cuadro, incluyendo en él solamente las 5 barras con $N_{i,1}$ no nulo.

Barras	E (kN/cm²)	A (cm²)	L (cm)	N_0 (kN)	N_1 (adim)	LN_0N_1/EA (cm)	LN_1^2/EA (cm/kN)	N (kN)
CD	20000	50	200	1058	1	0.2116	0.00020000	966
CH	20000	25	150	0	0.75	0	0.00016875	−69
CI	20000	25	250	0	−1,25	0	0.00078125	115
DH	20000	25	250	0	−1.25	0	0.00078125	115
DI	20000	25	150	0	0.75	0	0.00016875	−69
$\delta_{HI,0}$ (Σ), $\delta_{HI,1}$ (Σ), N_{HI} $(-\delta_{HI,0}/(\delta_{HI,1} + L_{HI}/E_{HI} A_{HI}))$						0.2116	0.0021	−92

Efectivamente, N_{HI} resulta negativo en esta ocasión y la barra HI está comprimida. Las reacciones y los esfuerzos en el resto de las barras (donde $N_{i,1} = 0$) son los correspondientes al estado 0. Los resultados finales se indican en la figura.

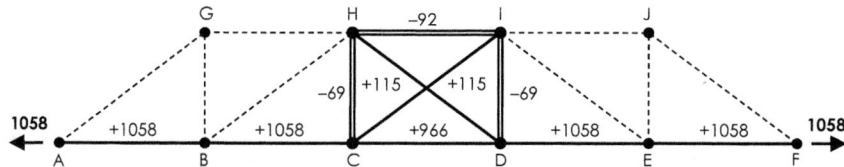

Ejercicio 1.3.2.03

El sistema hiperestático representado está formado por barras del mismo material. Las correspondientes al hexágono exterior tienen una sección transversal de 75 cm², las del rombo interior de 45 cm² y el resto de 60 cm².

Determinar los esfuerzos en toda la estructura producidos por la carga vertical de 564 kN. Las cotas se expresan en metros.

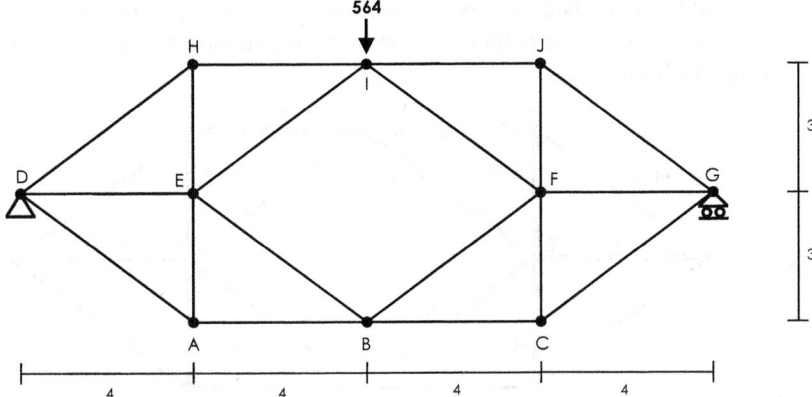

SOLUCIÓN

El grado de hiperestatismo del sistema es $g = b + r - 2n = 18 + 3 - 2 \times 10 = 1$. Se adopta como incógnita hiperestática el esfuerzo N_{HI} y se sustituye la barra HI por las fuerzas ejercidas sobre sus nudos extremos.

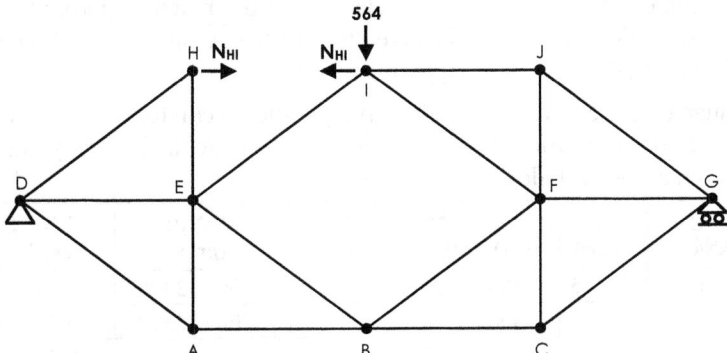

Sobre el sistema isostático resultante (tras eliminar la barra HI) se calculan las reacciones y esfuerzo que provoca la carga inicial (estado 0).

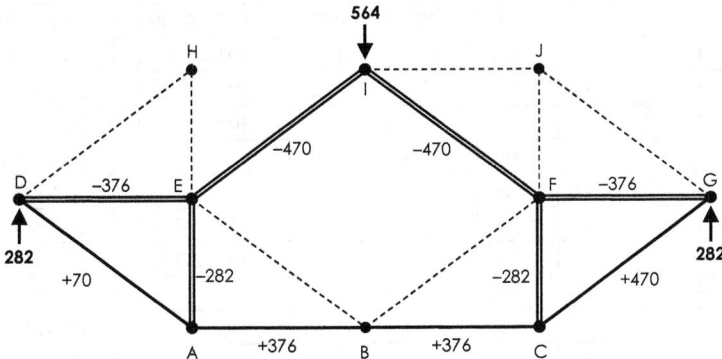

En el estado 1 se consideran exclusivamente dos fuerzas unitarias aplicadas en los nudos H e I. Nuevamente se resuelve el sistema, obteniendo los valores de los esfuerzos $N_{i,1}$ en todas las barras.

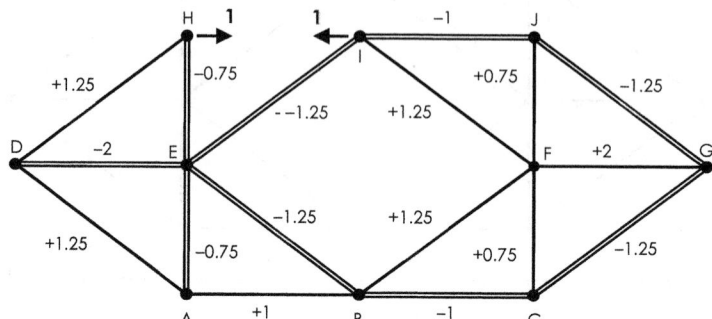

El estado real es la suma del estado 0 más N_{HI} veces el estado 1. La variación final de las distancias entre los nudos H e I tiene que coincidir con la variación de longitud de la barra HI, y de esta condición se obtiene el valor de la incógnita hiperestática.

$$N_{HI} = -\delta_{HI,0}/(\delta_{HI,1} + L_{HI}/E\,A_{HI})$$

Se desconoce el valor del módulo de elasticidad del material pero, al ser el mismo en todas las barras del sistema, no influye en la distribución de los esfuerzos (ni en la determinación de N_{HI}).

A continuación se reproduce la tabla correspondiente con todos los cálculos, aunque en este caso no son necesarios si se considera previamente la simetría y antisimetría de los esfuerzos en ambos estados.

Barras	E (kN/cm²)	A (cm²)	L (cm)	N₀ (kN)	N₁ (adim)	LN₀N₁/E (cm)	LN₁²/E (cm/kN)	N (kN)
AB	E	75	400	376	1	2005.3333/E	5.33333/E	376
BC	E	75	400	376	−1	−2005.3333/E	5.33333/E	376
AD	E	75	500	470	1.25	3916.6667/E	10.41667/E	470
AE	E	60	300	−282	−0.75	1057.5000/E	2.81250/E	−282
BE	E	45	500	0	−1.25	0	17.36111/E	0
BF	E	45	500	0	1.25	0	17.36111/E	0
CF	E	60	300	−282	0.75	−1057.5000/E	2.81250/E	−282
CG	E	75	500	470	−1.25	−3916.6667/E	10.41667/E	470
DE	E	60	400	−376	2	−5013.3333/E	26.66667/E	−376
FG	E	60	400	−376	−2	5013.3333/E	26.66667/E	−376
DH	E	75	500	0	1.25	0	10.41667/E	0
EH	E	60	300	0	−0.75	0	2.81250/E	0
EI	E	45	500	−470	−1.25	6527.7778/E	17.36111/E	−470
FI	E	45	500	−470	1.25	−6527.7778/E	17.36111/E	−470
FJ	E	60	300	0	0.75	0	2.81250/E	0
GJ	E	75	500	0	−1.25	0	10.41667/E	0
IJ	E	75	400	0	−1	0	5.33333/E	0
$\delta_{HI,0}$ (Σ), $\delta_{HI,1}$ (Σ), N_{HI} ($-\delta_{HI,0}/(\delta_{HI,1} + L_{HI}/E\,A_{HI})$)						0	191.6944/E	0

El estado 0 tiene esfuerzos simétricos y el estado 1 antisimétricos. Por ello $\Sigma N_0 N_1 = 0$ y en consecuencia $\delta_{HI,0} = 0$ y $N_{HI} = 0$. Los esfuerzos finales son los correspondientes al estado 0.

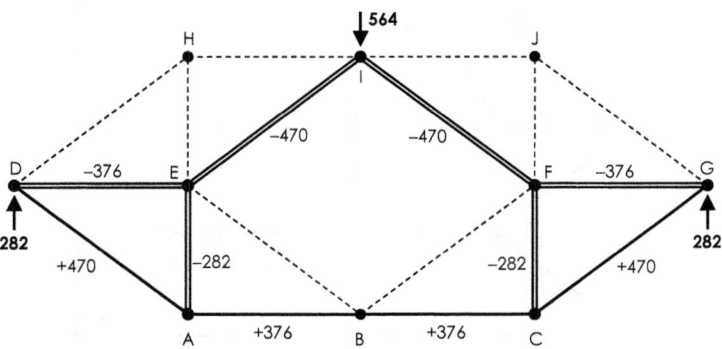

Ejercicio 1.3.2.04

Todas las barras del sistema articulado de la figura son perfiles del mismo material y sección transversal. Con las fuerzas horizontales expresadas en kN y las cotas en metros, determinar los valores de los esfuerzos en toda la estructura.

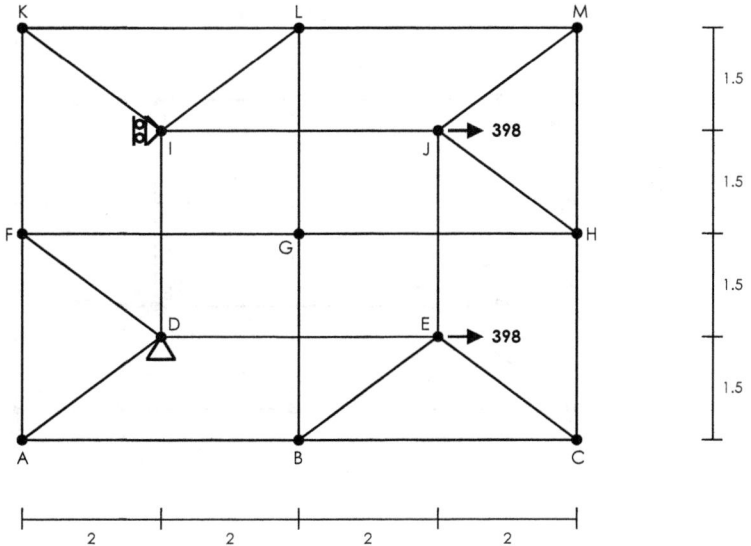

SOLUCIÓN

El sistema es internamente hiperestático de primer grado ($g = 24 + 3 -2 \times 13 = 1$). Para su resolución se elimina la barra JM, sustituyéndola por las dos fuerzas N_{JM} aplicadas sobre sus nudos extremos.

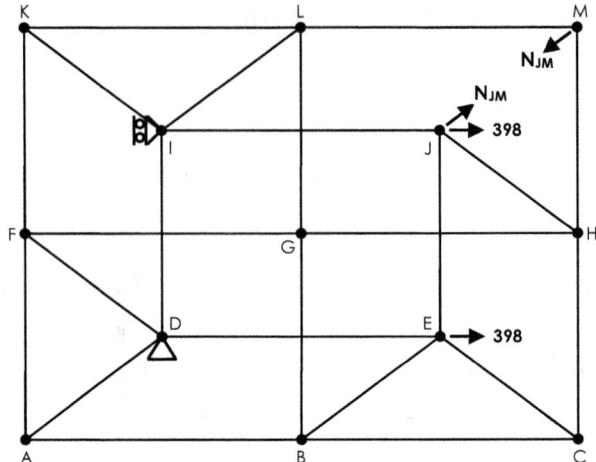

Al eliminar la barra HI, el sistema resultante es isostático y las reacciones y esfuerzos $N_{i,0}$ bajo la carga inicial (estado 0) se determinan muy fácilmente por el método de unicidad.

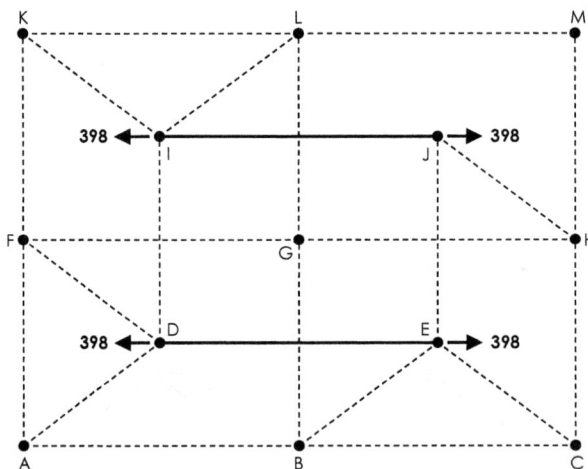

En el estado 1 se consideran exclusivamente dos fuerzas unitarias aplicadas en los nudos H e I. La figura muestra los esfuerzos $N_{i,1}$ obtenidos en este caso.

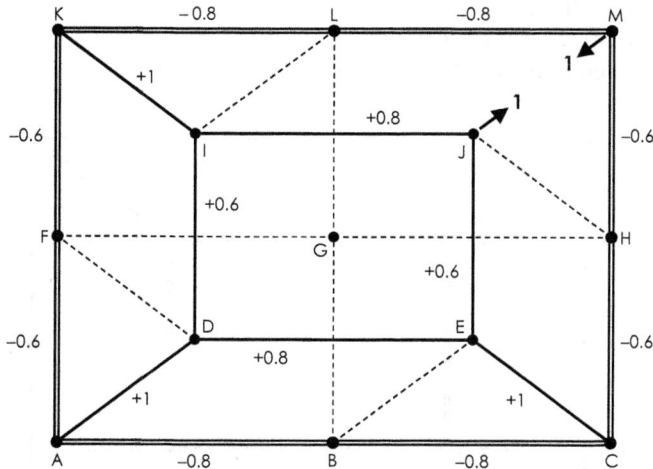

El estado real es la suma del estado 0 más N_{JM} veces el estado 1. La variación final de las distancia entre los nudos J y M tiene que coincidir con la variación de longitud de la barra JM, y para ello: $N_{JM} = -\delta_{JM,0}/(\delta_{JM,1} + L_{JM}/E_{JM} A_{JM})$

Si en la expresión anterior se considera constante la rigidez EA, al ser este factor común a todos los sumandos: $N_{JM} = -[(\Sigma L_i\, N_{i,0}\, N_{i,1})/EA]/[(\Sigma L_i\, N_{i,1}^2)/EA + L_{JM}/EA]$ y al eliminar EA en numerador y denominador se obtiene finalmente

$$N_{JM} = -(\Sigma L_i\, N_{i,0}\, N_{i,1})/((\Sigma L_i\, N_{i,1}^2) + L_{JM})$$

En la tabla de cálculo se incluyen solamente las barras con $N_{i,1}$ no nulo. Una vez determinado el valor de N_{JM} los esfuerzos en las demás barras se obtienen mediante la suma de estados ($N_i = N_{i,0} + N_{i,1} \times N_{JM}$).

Barras	E (kN/cm²)	A (cm²)	L (cm)	N0 (kN)	N1 (adim)	LN0N1 (kN.cm)	LN1² (cm)	N (kN)
AB	–	–	400	0	–0.8	0	256	64
BC	–	–	400	0	–0.8	0	256	64
AF	–	–	300	0	–0.6	0	108	48
AD	–	–	250	0	1	0	250	–80
CE	–	–	250	0	1	0	250	–80
CH	–	–	300	0	–0.6	0	108	48
DE	–	–	400	398	0.8	127360	256	334
DI	–	–	300	0	0.6	0	108	–48
EJ	–	–	300	0	0.6	0	108	–48
FK	–	–	300	0	–0.6	0	108	48
HM	–	–	300	0	–0.6	0	108	48
IJ	–	–	400	398	0.8	127360	256	334
IK	–	–	250	0	1	0	250	–80
KL	–	–	400	0	–0.8	0	256	64
LM	–	–	400	0	–0.8	0	256	64
ΣLN_0N_1, ΣLN_1^2, $N_{JM} = -\Sigma LN_0N_1/(\Sigma LN_1^2 + L_{JM})$						254720	2934	–80

N_{JM} resulta negativo, la barra JM se encuentra comprimida y el sistema presenta un comportamiento opuesto al del estado 1. El marco exterior está solicitado en tracción y las diagonales en compresión, tal como se aprecia en la figura.

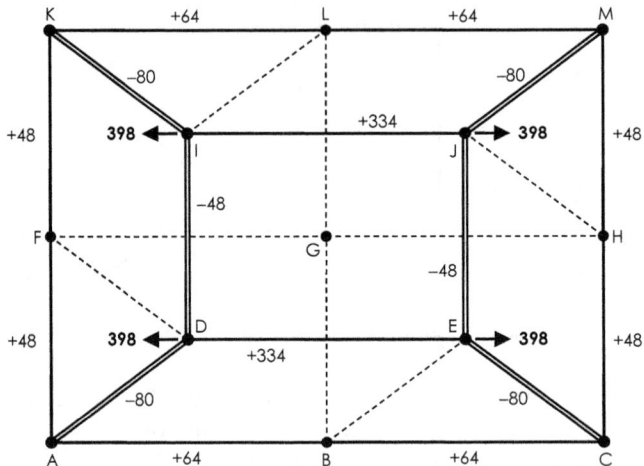

Ejercicio 1.3.2.05

Todas las barras del sistema articulado de la figura están compuestas del mismo material y sección transversal.

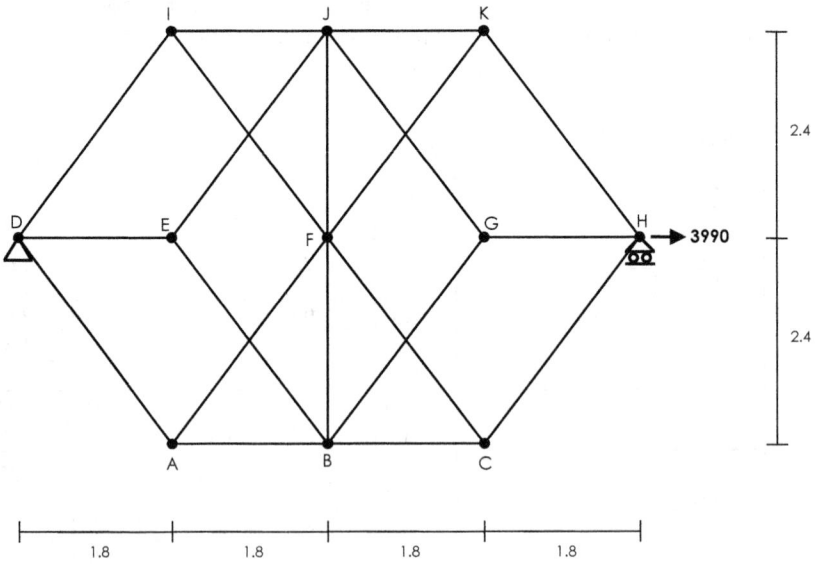

Determinar los valores de sus esfuerzos bajo la fuerza horizontal de 3390 kN aplicada en su apoyo deslizante. Las cotas están expresadas en metros.

SOLUCIÓN

El sistema es internamente hiperestático de primer grado ($g = 20 + 3 - 2 \times 11 = 1$). Para su resolución se elimina la barra FJ, sustituyéndola por las dos fuerzas N_{FJ} aplicadas sobre sus nudos extremos.

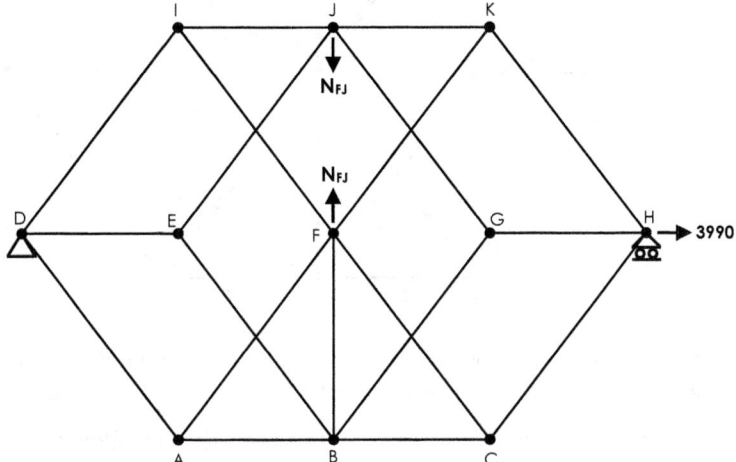

El sistema resultante es isostático y las reacciones y esfuerzos del estado 0 se determinan con facilidad mediante el método de los nudos.

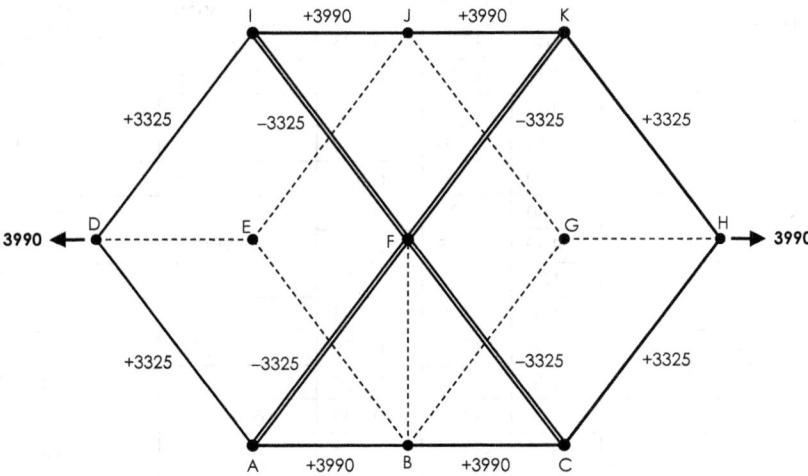

Los esfuerzos correspondientes al estado 1 son los producidos por las dos fuerzas unitarias aplicadas en los nudos F y J. El comportamiento en este caso es también simétrico respecto a los ejes horizontal y vertical.

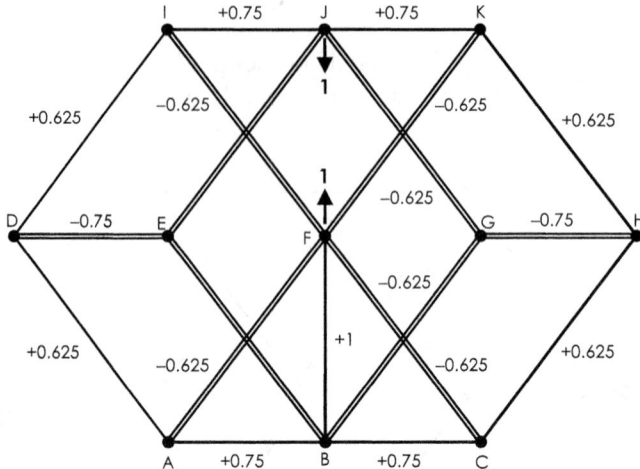

Como en el ejercicio anterior, la rigidez EA es la misma en todas las barras y la incógnita hiperestática viene dada por la expresión: $N_{FJ} = -(\Sigma L_i\, N_{i,0}\, N_{i,1})/[(\Sigma L_i\, N_{i,1}{}^2) + L_{FJ}]$.

A continuación se muestra el correspondiente cuadro de cálculo. Una vez determinado el valor de N_{FJ} los esfuerzos en las demás barras se obtienen mediante la suma de estados ($N_i = N_{i,0} + N_{i,1} \times N_{FJ}$).

Barras	E (kN/cm²)	A (cm²)	L (cm)	N₀ (kN)	N₁ (adim)	LN₀N₁ (kN.cm)	LN₁² (cm)	N (kN)
AB	–	–	180	3990	0.75	538650	101.25	1842
BC	–	–	180	3990	0.75	538650	101.25	1842
AD	–	–	300	3325	0.625	623437.5	117.1875	1535
AF	–	–	300	–3325	–0.625	623437.5	117.1875	–1535
BE	–	–	300	0	–0.625	0	117.1875	1790
BF	–	–	240	0	1	0	240	–2864
BG	–	–	300	0	–0.625	0	117.1875	1790
CF	–	–	300	–3325	–0.625	623437.5	117.1875	–
CH	–	–	300	3325	0.625	623437.5	117.1875	1535
DE	–	–	180	0	–0.75	0	101.25	2148
GH	–	–	180	0	–0.75	0	101.25	2148
DI	–	–	300	3325	0.625	623437.5	117.1875	1535
EJ	–	–	300	0	–0.625	0	117.1875	1790
FI	–	–	300	–3325	–0.625	623437.5	117.1875	–
FK	–	–	300	–3325	–0.625	623437.5	117.1875	–
GJ	–	–	300	0	–0.625	0	117.1875	1790
HK	–	–	300	3325	0.625	623437.5	117.1875	1535
IJ	–	–	180	3990	0.75	538650	101.25	1842
JK	–	–	180	3990	0.75	538650	101.25	1842
$\Sigma LN_0N_1, \Sigma LN_1{}^2, N_{FJ} = -\Sigma LN_0N_1/(\Sigma LN_1{}^2 + L_{FJ})$						7142100	2253.75	–2864

El valor obtenido de N_{FJ} es negativo y la barra FJ se encuentra comprimida. El anillo exterior (hexágono) e interior (rombo) están traccionados, así como las horizontales que los unen. Las barras centrales (concluyentes en F) están comprimidas.

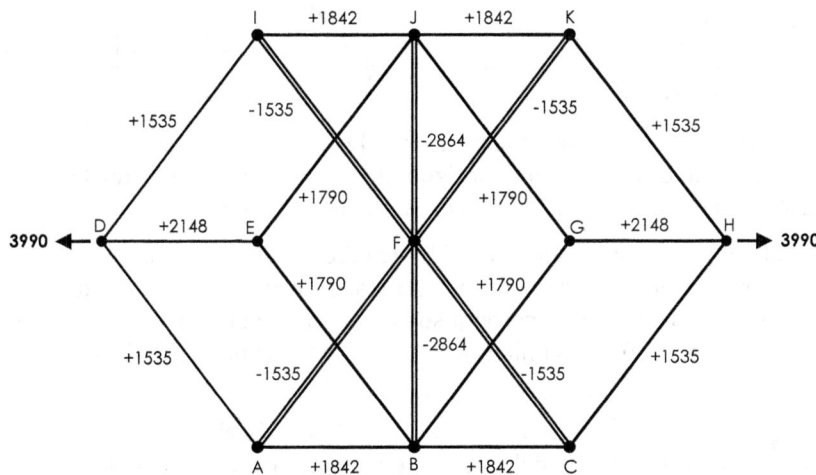

[1.4]. SISTEMAS HIPERESTÁTICOS DE ORDEN SUPERIOR

Cuando la estructura es hiperestática de grado superior a uno, existen tantas incógnitas como grados de hiperestatismo, y para su resolución se debe plantear un número igual de ecuaciones de compatibilidad en deformaciones.

Sin embargo, cada ecuación no proporciona directamente el valor de una incógnita hiperestática. Las ecuaciones e incógnitas están interrelacionadas y es necesaria la resolución del sistema en su conjunto. La existencia de estas interrelaciones aconseja el planteamiento de un método sistemático de cálculo.

[1.4.1]. ECUACIONES CANÓNICAS

Se considera el sistema articulado de la figura que posee, como se puede comprobar, dos grados de hiperestatismo.

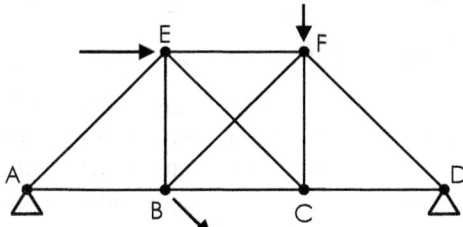

$$n = 6, \ b = 10, \ r = 4 \rightarrow g = b + r - 2n = 2$$

En este caso el sistema posee un exceso de vinculación externa estricta (dos apoyos fijos) y otro de vinculación interna (una barra de más en el cuadrado central BCEF).

Para convertir la estructura en isostática se convierte el apoyo derecho en deslizante y se elimina la barra BF. En ambos casos se incorporan las fuerzas pasivas ejercidas por los vínculos iniciales sobre el sistema. Estas fuerzas corresponden a la reacción horizontal D_x (positiva hacia la izquierda) y al esfuerzo de la barra N_{BF} (positivo en tracción).

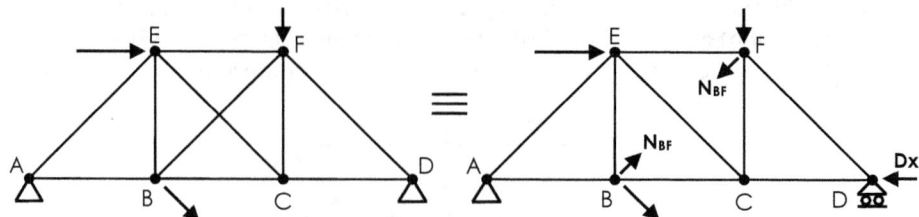

Los valores de las incógnitas hiperestáticas D_x y N_{BF} son aquellos que simultáneamente consiguen un desplazamiento horizontal nulo en el apoyo D y un desplazamiento relativo entre los nudos B y F igual al alargamiento de la barra BF.

Aplicando el principio de superposición de efectos, el sistema isostático de la derecha se descompone en este caso en tres estados. El primero incluye todas las fuerzas activas (estado 0), el segundo incorpora solamente una fuerza horizontal unitaria en el nudo D y el tercero dos fuerzas unitarias aplicadas en los nudos B y F y con la dirección de la recta que los une.

El estado real será por tanto la suma del estado 0 más el producto de la fuerza D_x por el estado 1 más el producto del esfuerzo de la barra BF por el estado 2. La siguiente figura refleja la combinación de con sus correspondientes deformaciones.

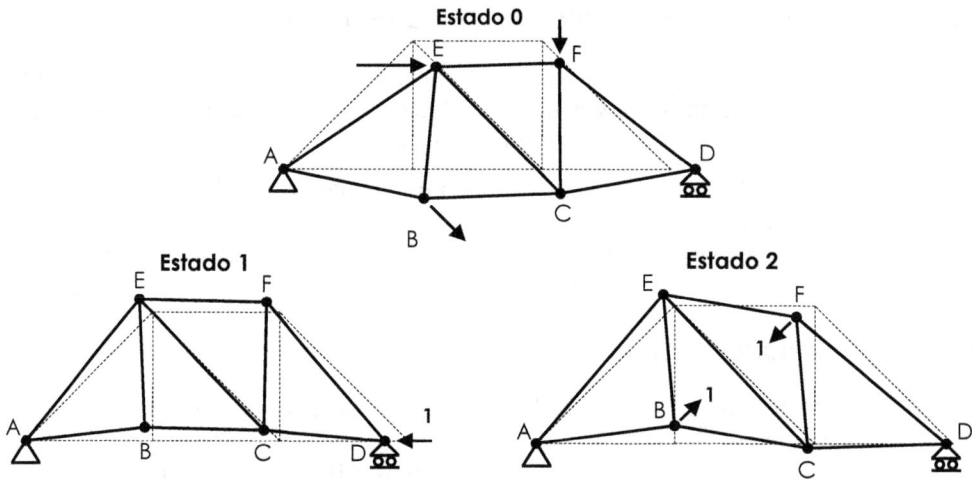

Estado real = Estado 0 + Estado 1 × D_x + Estado 2 × N_{BF}

En el estado con las cargas iniciales (estado 0) el nudo D se desplaza $\delta_{hD,0}$ y la distancia entre los nudos B y F tiene una variación $\delta_{BF,0}$. En el estado 1 la fuerza unitaria horizontal provoca un desplazamiento $\delta_{hD,1}$ del nudo D y una variación de la distancia entre B y F de valor $\delta_{BF,1}$. Las dos fuerzas unitarias del estado 2 producen a su vez un desplazamiento del nudo D de valor $\delta_{hD,2}$ y una variación $\delta_{BF,2}$ de la distancia entre los nudos B y F.

Los signos de las deformaciones se establecen con un criterio común y se calculan teniendo en cuenta los sentidos de las fuerzas unitarias. En este caso, estas determinan como positivos el acortamiento de BF y el desplazamiento hacia la izquierda del nudo D.

Considerando los tres estados, el desplazamiento total del nudo D y la variación de la distancia entre los nudos B y F se determinan mediante las expresiones:

$$\delta_{hD} = \delta_{hD,0} + \delta_{hD,1} \times Dx + \delta_{hD,2} \times N_{BF}$$

$$\delta_{BF} = \delta_{F,0} + \delta_{BF,1} \times Dx + \delta_{BF,2} \times N_{BF}$$

En las ecuaciones de compatibilidad de deformaciones correspondientes a las incógnitas hiperestáticas internas (la segunda en este ejemplo) se debe incorporar también el acortamiento elástico de la barra ($-L_{BF} N_{BF}/E_{BF} A_{BF}$). Por tanto, las incógnitas Dx y N_{BF} se obtendrán de la resolución del sistema:

$$\delta_{hD,0} + \delta_{hD,1} \times Dx + \delta_{hD,2} \times N_{BF} = 0$$

$$\delta_{F,0} + \delta_{BF,1} \times Dx + \delta_{BF,2} \times N_{BF} = -L_{BF} N_{BF}/E_{BF} A_{BF}$$

Este sistema se puede reordenar y expresar en forma canónica:

$$\delta_{hD,1} \times Dx + \delta_{hD,2} \times N_{BF} + \delta_{hD,0} = 0$$

$$\delta_{BF,1} \times Dx + (\delta_{BF,2} + L_{BF}/E_{BF} A_{BF}) \times N_{BF} + \delta_{BF,0} = 0$$

Con carácter general, en una estructura articulada con «g» grados de hiperestatismo, si se denominan F_1, F_2, ..., F_g las incógnitas hiperestáticas, estas vienen determinadas por la resolución de un sistema de ecuaciones canónicas:

$$\delta_{1,1} \times F_1 + \delta_{1,2} \times F_2 + \ldots + \delta_{1,g} \times F_g + \delta_{1,0} = 0$$

$$\delta_{2,1} \times F_1 + \delta_{2,2} \times F_2 + \ldots + \delta_{1,g} \times F_g + \delta_{2,0} = 0$$

$$\ldots\ldots\ldots\ldots\ldots\ldots\ldots\ldots\ldots\ldots\ldots\ldots\ldots\ldots\ldots\ldots$$

$$\delta_{g,1} \times F_1 + \delta_{1,2} \times F_2 + \ldots + \delta_{g,g} \times F_g + \delta_{g,0} = 0$$

[1.4.2]. COEFICIENTES DE INFLUENCIA

Los coeficientes de las ecuaciones canónicas son deformaciones y se denominan coeficientes de influencia $\delta_{a,b}$ porque representan la influencia en la deformación a de las fuerzas unitarias correspondientes al estado b.

Para la determinación de estas deformaciones se emplean como estados ficticios N'_i los propios estados N_i, ya que para a > 0:

$$N'_{i,a} = N_{i,a}$$

Por ello siempre que b sea distinto de a, el coeficiente de influencia puede calcularse mediante

$$\delta_{a,b} = \Sigma L_i N_{i,b} N'_{i,a}/E_i A_i = \Sigma L_i N_{i,b} N_{i,a}/E_i A_i$$

De la expresión anterior se deduce la simetría del sistema:

$$\delta_{a,b} = \delta_{b,a}$$

Cuando b = a, además del sumatorio indicado, si la incógnita hiperestática es interna el coeficiente de influencia se ve incrementado en el valor L/E A de la correspondiente barra:

$$\delta_{a,a} = \Sigma L_i N_{i,a}{}^2/E_i A_i + L/EA \text{ (el 2.° sumando solamente para hiperestatismo interno)}$$

[1.4.3]. Determinación de reacciones y esfuerzos

Una vez resuelto el sistema de ecuaciones canónicas y determinado el valor de las incógnitas hiperestáticas $F_1, F_2 \ldots F_g$, el resto de las reacciones R_i y esfuerzos en las barras N_i se obtienen directamente mediante la suma de estados.

$$R_i = R_{i,0} + R_{i,1} \times F_1 + R_{i,2} \times F_2 + \ldots + R_{i,g} \times F_g$$

$$N_i = N_{i,0} + N_{i,1} \times F_1 + N_{i,2} \times F_2 + \ldots + N_{i,g} \times F_g$$

La deformación final de la estructura es también la suma de las deformaciones de todos los estados.

Como primer ejercicio se plantea a continuación uno similar al expuesto teóricamente, desarrollándolo con valores numéricos.

Ejercicio 1.4.01

En el sistema articulado de la figura las tres barras del cordón superior AEFD tienen un módulo de elasticidad de 1000 kN/cm² y una sección transversal de 500 cm² y para el resto de las barras E = 20000 kN/cm² y A = 25 cm². Con las cargas expresadas en kN y las cotas en metros, determinar los valores de los esfuerzos en todas las barras.

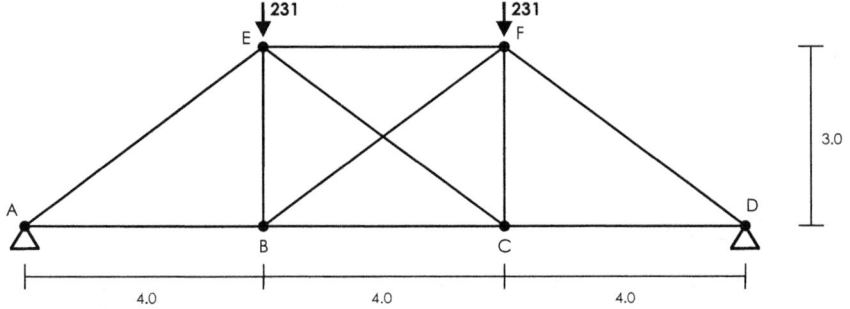

SOLUCIÓN

Se eliminan la coacción horizontal en el apoyo D y la barra BF, sustituyéndolas por sus efectos: la reacción Dx y las dos fuerzas N_{BF} aplicadas sobre los nudos B y F.

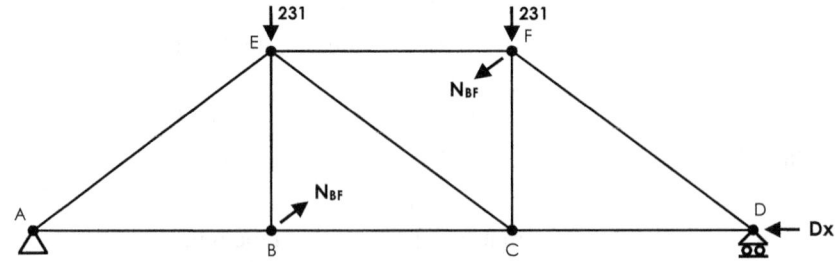

El sistema resultante es isostático y las reacciones y esfuerzos $N_{i,0}$ correspondientes al estado 0 (solamente con las cargas iniciales) se determinan con facilidad.

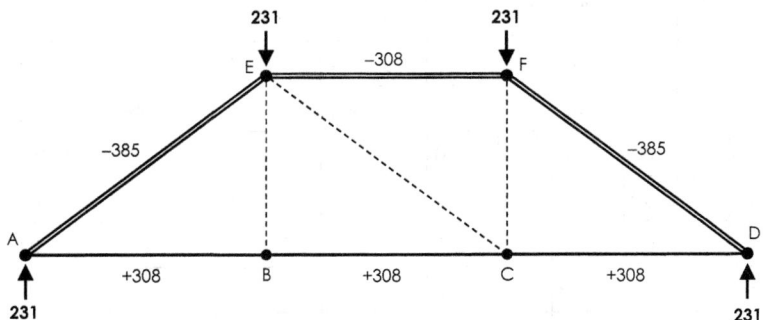

El estado 1 está solicitado por una fuerza unitaria horizontal en el apoyo D y los esfuerzos provocados $N_{i,1}$ son inmediatos (por el método de unicidad).

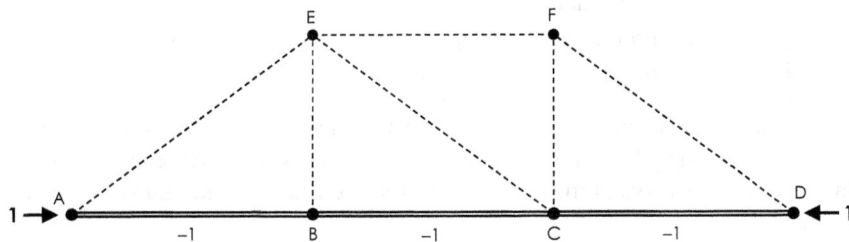

En el estado 2 se considera la misma estructura con dos únicas fuerzas unitarias aplicadas en los nudos B y F. Nuevamente se resuelve el sistema, obteniendo las reacciones y los valores de los esfuerzos $N_{i,2}$ en las barras.

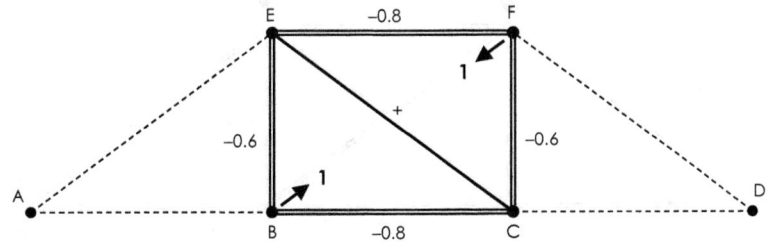

A continuación se compone un cuadro para la determinación de los correspondientes factores de influencia, incluyendo en él todas las barras con $N_{i,1}$ o $N_{i,2}$ no nulos.

Las unidades son las habituales (E en kN/cm^2, A en cm^2, L en cm, N_0 en kN, N_1 y N_2 adimensionales y los factores de influencia en cm y cm/kN).

B	E	A	L	N_0	N_1	N_2	$\dfrac{LN_0N_1}{EA}$	$\dfrac{LN_0N_2}{EA}$	$\dfrac{LN_1N_2}{EA}$	$\dfrac{LN_1^2}{EA}$	$\dfrac{LN_2^2}{EA}$
AB	20000	25	400	308	−1	0	−0.2464	0	0	0.0008	0
BC	20000	25	400	308	−1	−0.8	−0.2464	−0.19712	0.00064	0.0008	0.000512
CD	20000	25	400	308	−1	0	−0.2464	0	0	0.0008	0
BE	20000	25	300	0	0	−0,6	0	0	0	0	0.000216
CE	20000	25	500	0	0	1	0	0	0	0	0.001
CF	20000	26	300	0	0	−0.6	0	0	0	0	0.000216
EF	1000	500	400	−308	0	−0.8	0	0.19712	0	0	0.000512
						Σ	−0.7392	0	0.00064	0.0024	0.002456

Considerando además que la barra EF tiene un cociente L/EA de valor 0.001, se plantean las ecuaciones canónicas:

$$0.0024 \times D_x + 0.00064 \times N_{BF} + (-0.7392) = 0$$
$$0.00064 \times D_x + (0.002456 + 0.001) \times N_{BF} = 0$$

Su resolución proporciona los valores de las incógnitas hiperestáticas $D_x = 324$, $N_{BF} = -60$. El signo negativo de esta última indica que la barra BF está realmente comprimida. Las restantes reacciones y esfuerzos se determinan mediante la suma de los tres estados:

$$R_i = R_{i,0} + R_{i,1} \times 324 + R_{i,2} \times (-60)$$
$$N_i = N_{i,0} + N_{i,1} \times 324 + N_{i,2} \times (-60)$$

Los resultados obtenidos se trasladan finalmente a la figura. En ella se aprecia el efecto del hiperestatismo y la participación de las distintas barras y apoyos.

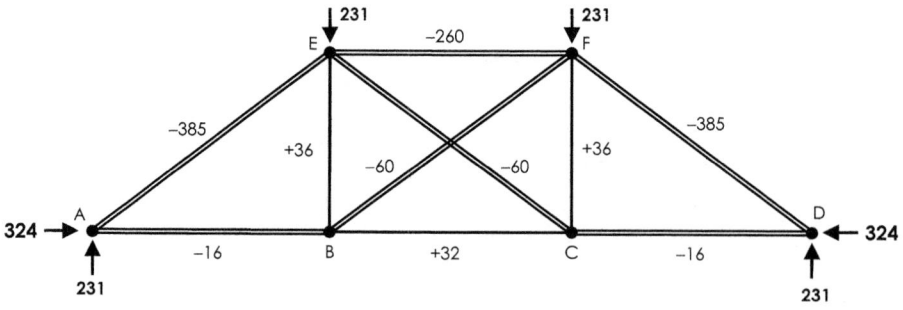

Ejercicio 1.4.02

Todas las barras del sistema articulado de la figura tienen la misma sección transversal y el mismo módulo de elasticidad.

Determinar los esfuerzos en todas las barras, empleando como incógnitas hiperestáticas las reacciones en el apoyo derecho.

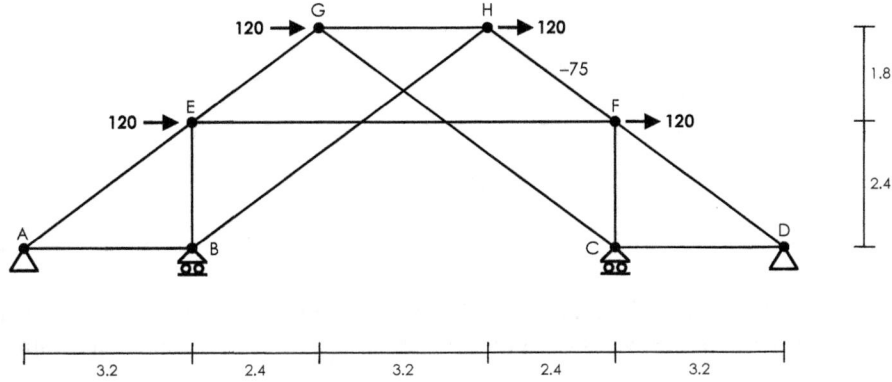

Fuerzas en kN y cotas, en metros

SOLUCIÓN

Se eliminan las coacciones al movimiento horizontal y vertical en el apoyo D y se sustituyen por las fuerzas desconocidas Dx y Dy.

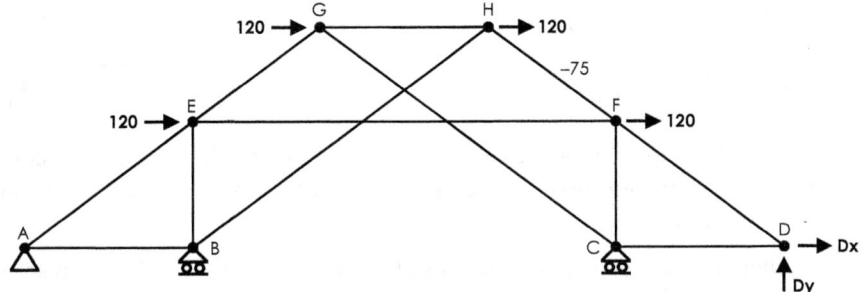

En el sistema isostático resultante se determinan las reacciones en los otros tres apoyos y los esfuerzos $N_{i,0}$ en todas las barras bajo la acción exclusiva de las cuatro fuerzas horizontales. La siguiente figura representa el estado 0.

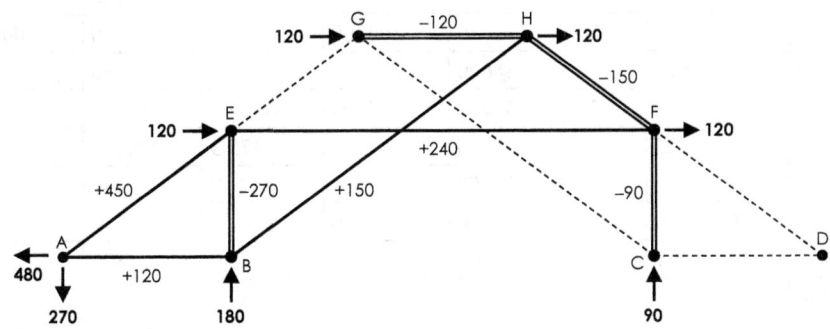

El estado 1 está solicitado por una fuerza unitaria horizontal en el apoyo D. Nuevamente se determinan las correspondientes reacciones y los esfuerzos $N_{i,1}$.

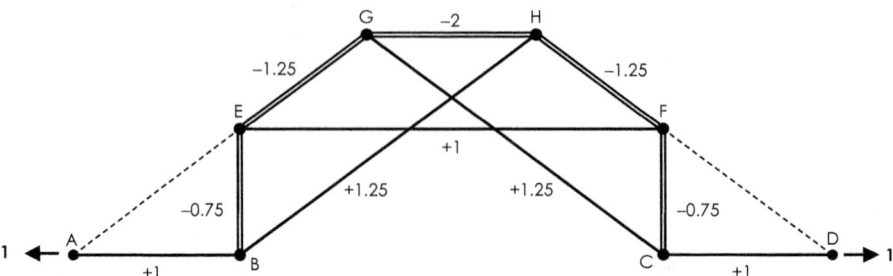

En el estado 2 la fuerza unitaria aplicada es vertical sobre el nudo D. Las reacciones en los apoyos A,B y C y los esfuerzos $N_{i,2}$ en las barras se indican en la figura.

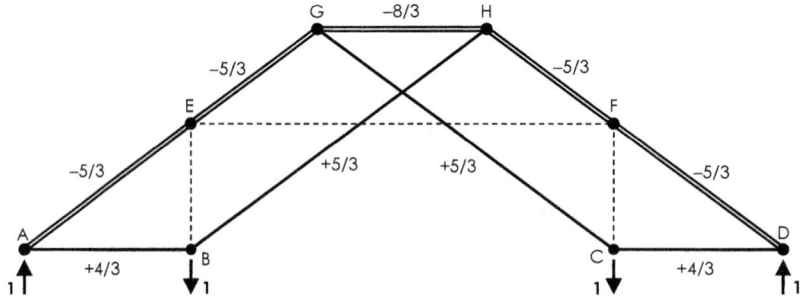

En este ejercicio los valores del módulo de elasticidad y del área de la sección transversal son los mismos en todas las barras y no influyen por ello en la distribución de reacciones y esfuerzos.

El producto EA se puede eliminar del sistema de ecuaciones y el cuadro se compone directamente sin los términos E y A.

B	L	N_0	N_1	N_2	LN_0N_1	LN_0N_2	LN_1N_2	LN_1^2	LN_2^2
AB	320	120	1	4/3	38400	51200	1280/3	320	5120/9
CD	320	0	1	4/3	0	0	1280/3	320	5120/9
AE	400	450	0	−5/3	0	−300000	0	0	10000/9
BE	240	−270	−0.75	0	48600	0	0	135	0
BH	700	150	1.25	5/3	131250	175000	4375/3	1093.75	17500/9
CG	700	0	1.25	5/3	0	0	4375/3	1093.75	17500/9
CF	240	−90	−0.75	0	16200	0	0	135	0
DF	400	0	0	−5/3	0	0	0	0	10000/9
EF	800	240	1	0	192000	0	0	800	0
EG	300	0	−1.25	−5/3	0	0	625	468.75	2500/3
FH	300	−150	−1.25	−5/3	56250	75000	625	468.75	2500/3
GH	320	−120	−2	−8/3	76800	102400	5120/3	1280	20480/9
				Σ	559500	103600	20180/3	6115	100720/9

Las sumas finales obtenidas son los coeficientes de las correspondientes ecuaciones de compatibilidad:

$$6115 \times Dx + 20180/3 \times Dy + 559500 = 0$$

$$20180/3 \times Dx + 100720/9 \times Dy + 103600 = 0$$

Su resolución proporciona los valores de las incógnitas hiperestáticas ($Dx = -240$, $Dy = 135$). Las demás reacciones y los esfuerzos en barras se obtienen mediante la suma de estados.

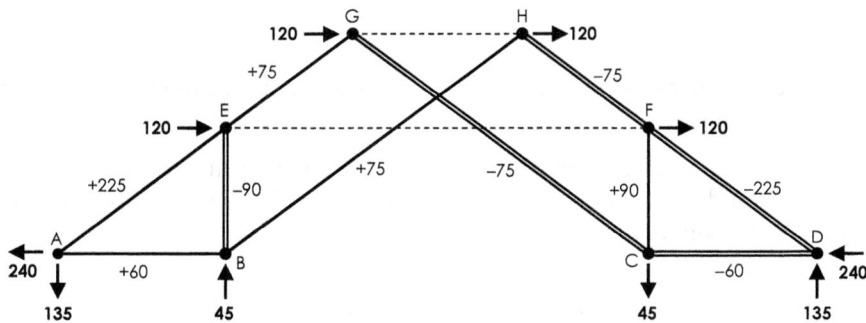

Ejercicio 1.4.03

Determinar las reacciones en los apoyos y los esfuerzos en todas las barras del sistema articulado del ejercicio anterior, empleando ahora como incógnitas hiperestáticas los esfuerzos en las dos barras horizontales EF y GH.

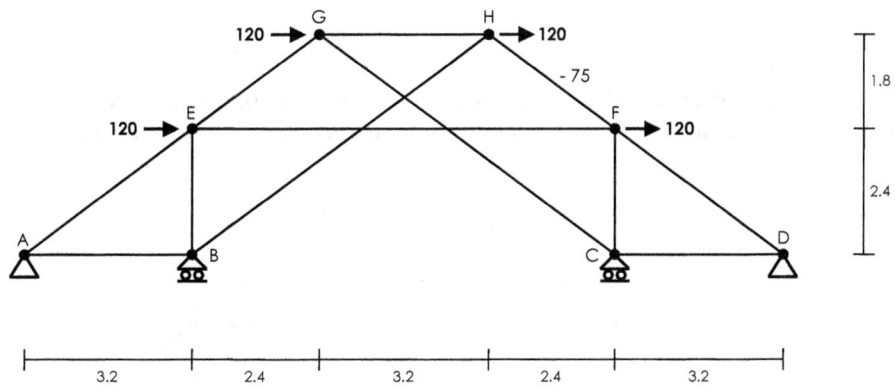

Fuerzas en kN y cotas, en metros

SOLUCIÓN

Se eliminan las correspondientes barras y se sustituyen por las fuerzas ejercidas sobre sus apoyos extremos N_{EF} y N_{GH}.

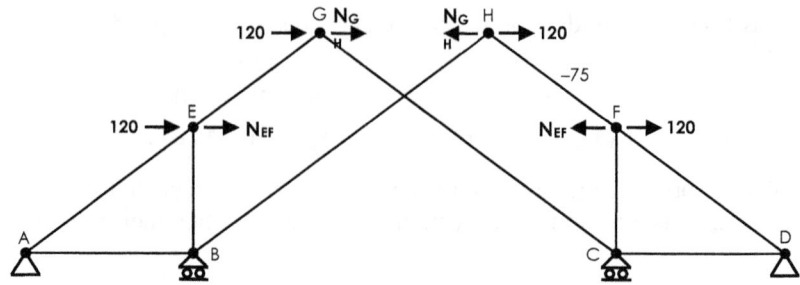

En el ejercicio anterior se eliminaban dos vínculos externos. En este caso se eliminan dos vínculos internos.

El sistema resultante es también isostático y mediante el método de los nudos se obtienen con facilidad los valores de los esfuerzos $N_{i,0}$ en las barras (y las reacciones en los apoyos) correspondientes al estado 0.

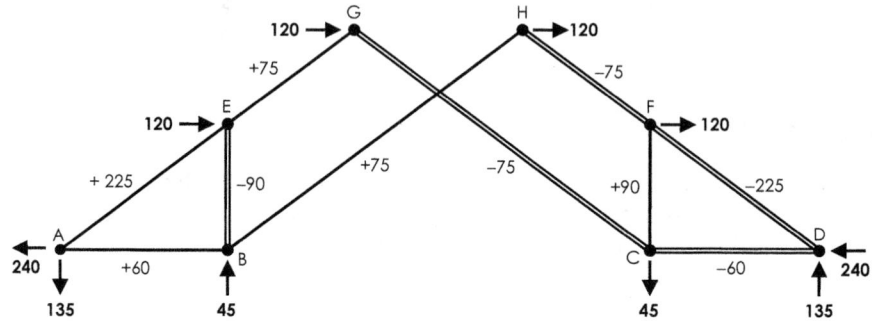

El estado 1 está solicitado por dos fuerzas unitarias horizontales aplicadas sobre los nudos E y F. El cálculo de las reacciones y los esfuerzos $N_{i,1}$ es particularmente sencillo.

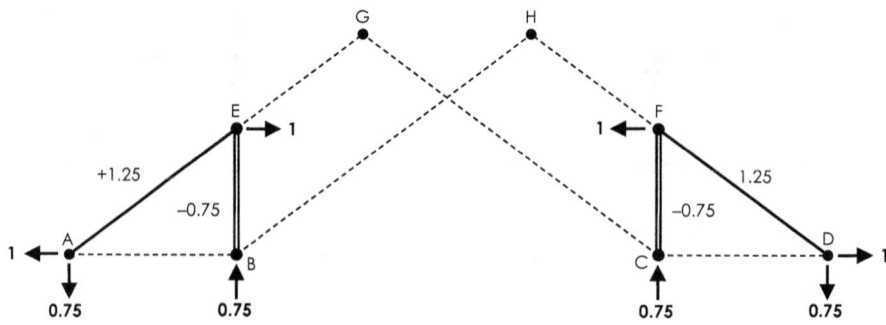

En el estado 2 las fuerzas unitarias están aplicadas en los nudos G y H. Las reacciones en los apoyos y los esfuerzos $N_{i,2}$ en las barras se indican en la figura.

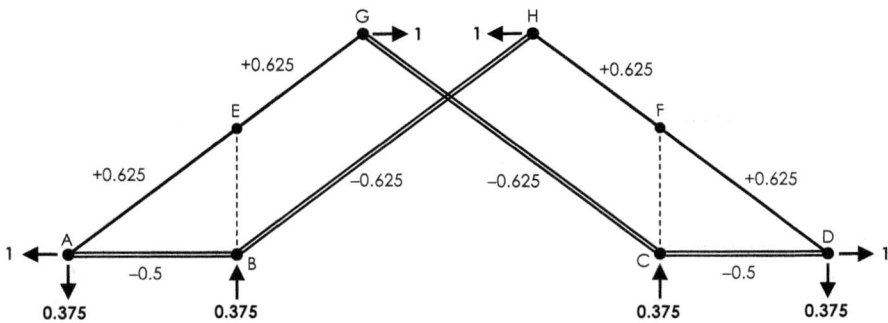

La tabla siguiente recoge los valores de los esfuerzos en los tres estados, y sus productos cruzados por las correspondientes longitudes.

B	L	N_0	N_1	N_2	LN_0N_1	LN_0N_2	LN_1N_2	LN_1^2	LN_2^2
AB	320	60	0	−0.5	0	−9600	0	0	80
CD	320	−60	0	−0.5	0	9600	0	0	80
AE	400	225	1.25	0.625	112500	56250	312.5	625	156.25
BE	240	−90	−0.75	0	16200	0	0	135	0
BH	700	75	0	−0.625	0	−32812.5	0	0	273.4375
CG	700	−75	0	−0.625	0	32812.5	0	0	273.4375
CF	240	90	−0.75	0	−16200	0	0	135	0
DF	400	−225	1.25	0.625	−112500	−56250	312.5	625	156.25
EG	300	75	0	0.625	0	14062.5	625	0	117.1875
FH	300	−75	0	0.625	0	−14062.5	625	0	117.1875
				Σ	0	0	1875	1520	1253.75

En la tabla se aprecia que la suma de los productos LN_0N_1 y LN_0N_2 son ambos nulos. Esto es debido a que los esfuerzos en los estados 1 y 2 son simétricos y los esfuerzos del estado 0 antisimétricos.

En consecuencia, resultan nulos los dos términos independientes de las ecuaciones canónicas y estas solamente se satisfacen para valores simultáneamente nulos de las dos incógnitas:

$$N_{EF} = 0$$

$$N_{GH} = 0$$

Por ello, las dos barras horizontales EF y GH presentan esfuerzos nulos y las reacciones en los apoyos y esfuerzos en el resto de las barras corresponden directamente a los del estado 0.

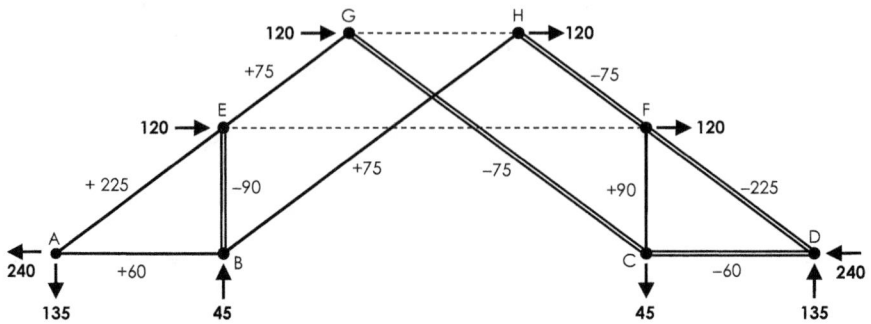

Ejercicio 1.4.04

El sistema de la figura representa un tramo central de una viga articulada continua. En los nudos extremos A,E,F y J se supone coartado el desplazamiento horizontal, las cargas en F y J adoptan la mitad del valor y la barras verticales AF y EJ se modelizan con la mitad de área.

Todas las barras son perfiles de acero del mismo módulo de elasticidad. Las horizontales tienen una sección transversal de 120 cm^2, las diagonales de 60 cm^2 y las verticales de 30 cm^2. Con las cargas expresadas en kN y las cotas en metros, determinar los valores de las reacciones en los apoyos y esfuerzos en las barras. ¿Qué efectos tendría un cambio en los valores indicados para las secciones transversales?

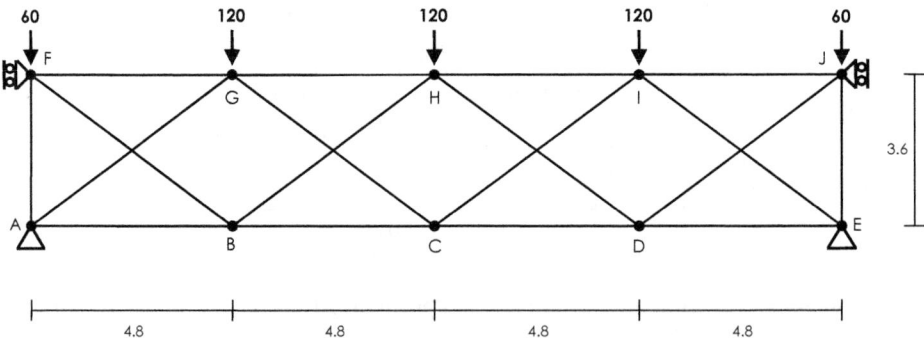

SOLUCIÓN

Con 10 nudos, 18 barras y 6 incógnitas de reacción externa, la estructura es hiperestática de 4.° grado (g = b + r −2n = 4). Se pueden reducir dos grados de hiperestatismo considerando la simetría del sistema y realizando el análisis de la mitad del mismo. Para ello se disponen los correspondientes vínculos de coacción al movimiento perpendicular al eje de simetría.

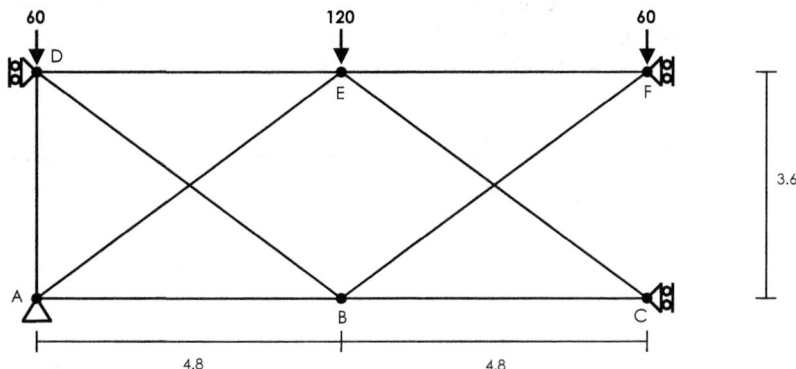

Se ha adaptado la identificación de los nudos a la nueva geometría. El sistema posee ahora 6 nudos, 9 barras y 5 incógnitas de reacción en sus apoyos. Es efectivamente hiperestático de 2.º grado ($g = b + r - 2n = 2$) y para transformarlo en isostático se sustituyen los dos apoyos deslizantes incorporados en F y C por las correspondientes reacciones horizontales Fx y Cx.

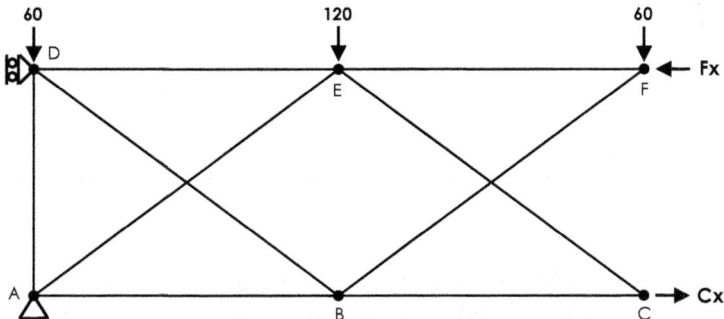

El sentido de las fuerzas se ha establecido suponiendo que el cordón superior está comprimido y el inferior traccionado. Un valor negativo en el resultado de las incógnitas indicaría que esta hipótesis no es correcta.

Considerando solamente las cargas iniciales, se plantea el estado 0 y se determinan por el método de los nudos las reacciones y esfuerzos $N_{i,0}$.

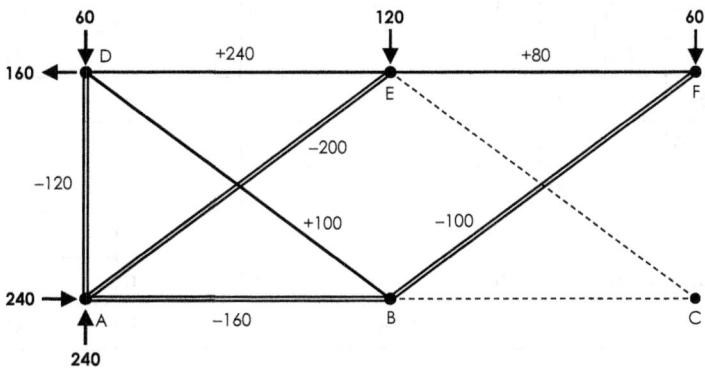

En los estados 1 y 2 se disponen respectivamente fuerzas unitarias horizontales sobre los nudos F (estado 1) y C (estado 2) por el método de unicidad se obtienen directamente los esfuerzos $N_{i,1}$ y $N_{i,2}$ representados en las siguientes figuras.

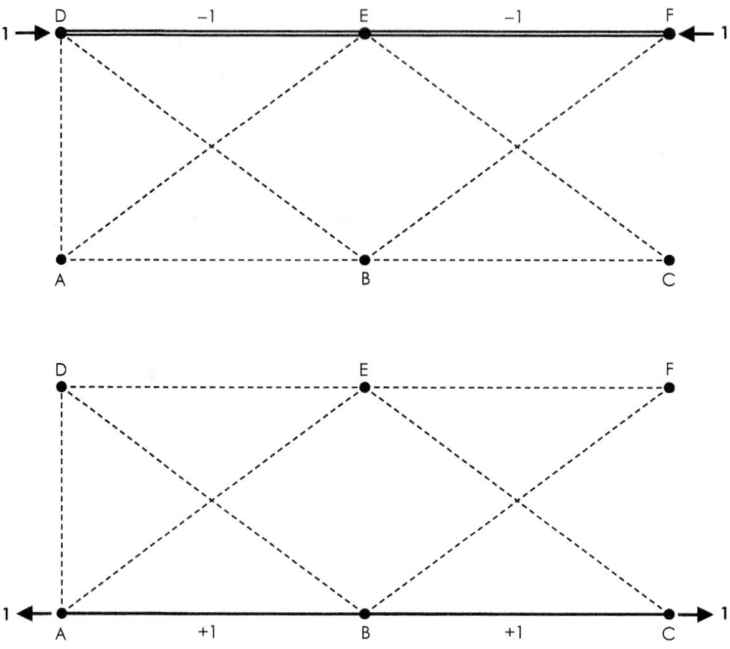

El módulo de elasticidad es común a todas las barras, se simplifica directamente en las ecuaciones de compatibilidad y por ello no se considera en el cuadro.

B	A	L	N_0	N_1	N_2	LN_0N_1/A	LN_0N_2/A	LN_1N_2/A	LN_1^2/A	LN_2^2/A
AB	120	480	−160	0	1	0	−640	0	0	4
BC	120	480	0	0	1	0	0	0	0	4
AD	30	360	−120	0	0	0	0	0	0	0
AE	60	600	−200	0	0	0	0	0	0	0
BD	60	600	100	0	0	0	0	0	0	0
BF	60	600	−100	0	0	0	0	0	0	0
CE	60	600	0	0	0	0	0	0	0	0
DE	120	480	240	−1	0	−960	0	0	4	0
EF	120	480	80	−1	0	−320	0	0	4	0
					Σ	−1280	−640	0	8	8

Con las sumas obtenidas se plantean las correspondientes ecuaciones. En este caso los estados 1 y 2 son claramente independientes y la nulidad del término $\Sigma L N_1 N_2 / A$ provoca que las ecuaciones de compatibilidad sean también independientes:

$$8 \times Fx - 1280 = 0$$
$$8 \times Cx - 640 = 0$$

Su resolución es inmediata y proporciona los valores Fx = 160, Cx = 80. Las restantes reacciones y esfuerzos se determinan mediante la suma de los estados.

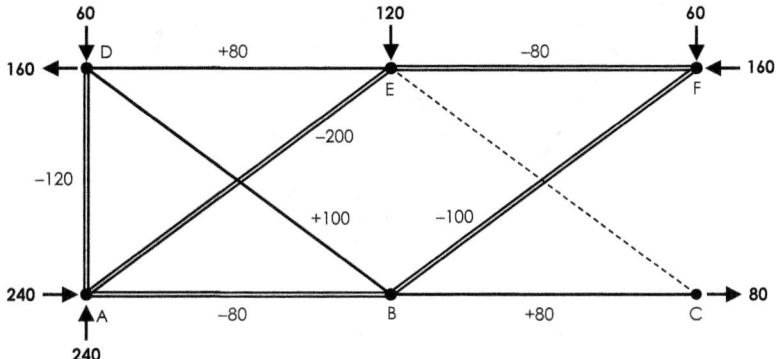

Considerando la simetría del sistema, se completan finalmente las reacciones y esfuerzos en la estructura original.

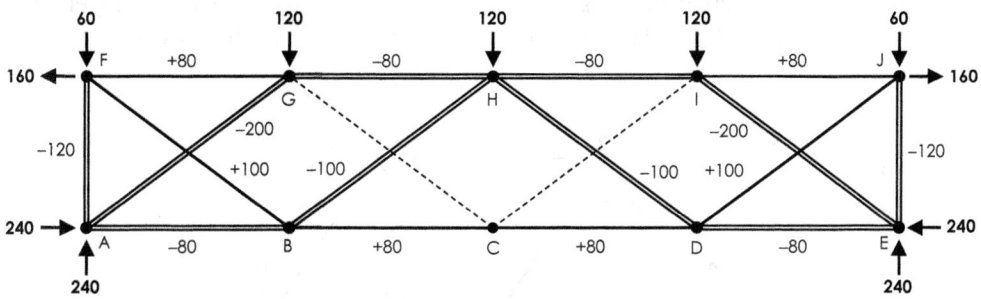

En la tabla se aprecia con claridad la falta de participación de las 5 filas centrales. En la barra vertical y las diagonales se verifica $N_{i,1} = 0$ y $N_{i,2} = 0$ y, de hecho, podrían haberse suprimido en el cuadro. Las áreas de estos grupos de barras no intervienen en el cálculo y un cambio en las mismas no tendría efectos sobre las reacciones y esfuerzos.

La distribución hiperestática de esfuerzos depende solamente de las barras horizontales, y como en todas estas la sección transversal es constante, una modificación del área de este grupo tampoco influiría en los resultados.

Ejercicio 1.4.05

El sistema articulado de la figura está formado por barras del mismo material y diferentes secciones transversales (50 cm^2 en las barras del hexágono exterior, 25 cm^2 en las del rombo interior y 20 cm^2 en las diagonales centrales).

Determinar las reacciones y esfuerzos que producen las cuatro cargas indicadas, en kN. Las cotas se expresan en metros.

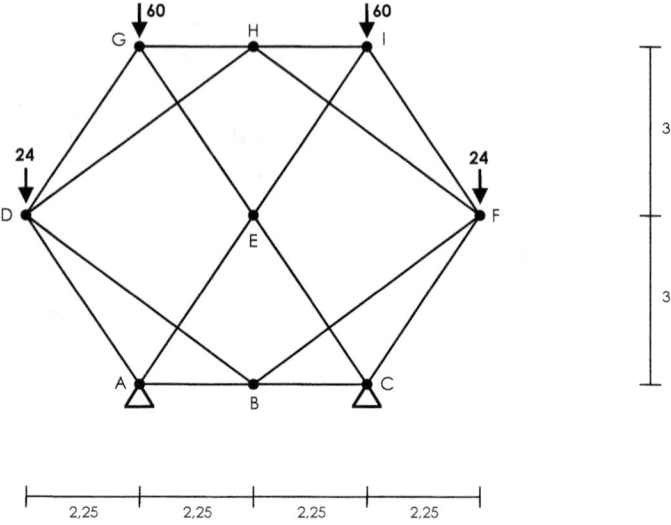

SOLUCIÓN

El sistema es hiperestático de 2.º grado y se transforma en isostático sustituyendo la coacción horizontal en C por la reacción Cx y la barra BF por las fuerzas N_{BF}.

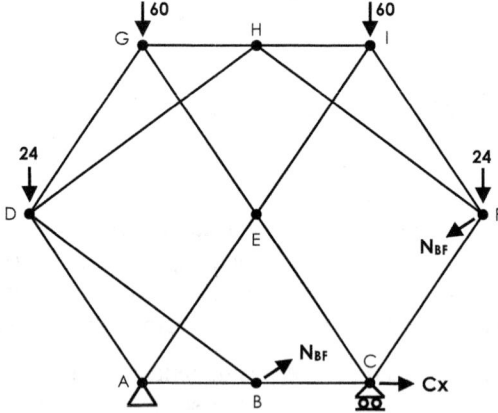

En el estado 0 se consideran exclusivamente las cargas iniciales. Las reacciones se obtienen directamente considerando la simetría de fuerzas. El equilibrio del nudo B impone un esfuerzo nulo en la barra BD y la simetría de barras y el equilibrio del nudo H imponen simultáneamente la nulidad de los esfuerzos de DH y FH. A partir de aquí, comenzando en el nudo D se determinan con facilidad los esfuerzos $N_{i,0}$.

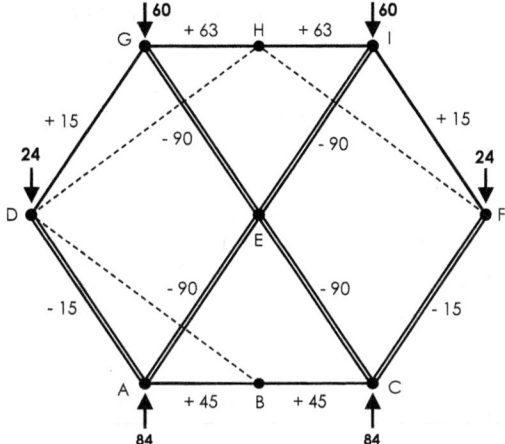

El estado 1 es particularmente simple. La fuerza unitaria horizontal aplicada en el nudo C solamente produce esfuerzos $N_{i,1}$ en el tramo inferior AC.

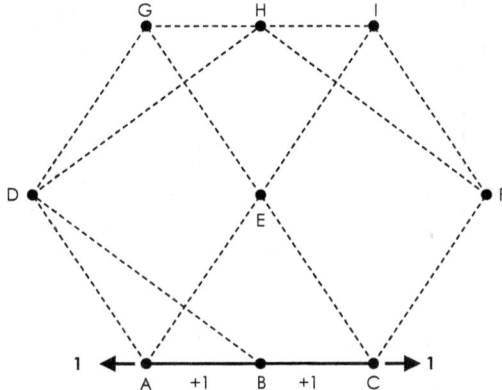

En el estado 2 las únicas fuerzas actuantes son dos unitarias aplicadas en los nudos B y F según la dirección que los une. En este caso las reacciones en los apoyos son nulas y los esfuerzos $N_{i,2}$ en las barras se pueden obtener aplicando el método de Henneberg. Los resultados obtenidos se representan en la figura siguiente.

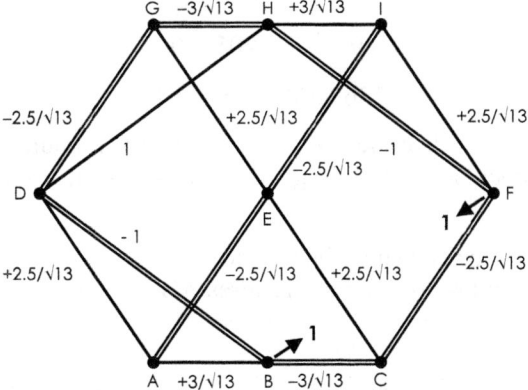

El módulo de elasticidad es común a todas las barras y no se considera por ello en la tabla correspondiente.

B	A	L	N_0	N_1	N_2	LN_0N_1/A	LN_0N_2/A	LN_1N_2/A	LN_1^2/A	LN_2^2/A
AB	50	225	45	1	$3/\sqrt{13}$	202.5	$607.5/\sqrt{13}$	$13.5/\sqrt{13}$	4.5	40.5/13
BC	50	225	45	1	$-3/\sqrt{13}$	202.5	$-607.5/\sqrt{13}$	$-13.5/\sqrt{13}$	4.5	40.5/13
AD	50	375	−15	0	$2.5/\sqrt{13}$	0	$-281.25/\sqrt{13}$	0	0	46.875/13
AE	25	375	−90	0	$-2.5/\sqrt{13}$	0	$3375/\sqrt{13}$	0	0	93.75/13
BD	20	$150\sqrt{13}$	0	0	−1	0	0	0	0	$97.5/\sqrt{13}$
CE	25	375	−90	0	$2.5/\sqrt{13}$	0	$-3375/\sqrt{13}$	0	0	93.75/13
CF	50	375	−15	0	$-2.5/\sqrt{13}$	0	$281.25/\sqrt{13}$	0	0	46.875/13
DG	50	375	15	0	$-2.5/\sqrt{13}$	0	$-281.25/\sqrt{13}$	0	0	46.875/13
DH	20	$150\sqrt{13}$	0	0	1	0	0	0	0	$97.5/\sqrt{13}$
EG	25	375	−90	0	$2.5/\sqrt{13}$	0	$-3375/\sqrt{13}$	0	0	93.75/13
EI	25	375	−90	0	$-2.5/\sqrt{13}$	0	$3375/\sqrt{13}$	0	0	93.75/13
FH	20	$150\sqrt{13}$	0	0	−1	0	0	0	0	$97.5/\sqrt{13}$
FI	50	375	15	0	$2.5/\sqrt{13}$	0	$281.25/\sqrt{13}$	0	0	46.875/13
GH	50	225	63	0	$-3/\sqrt{13}$	0	$-850.5/\sqrt{13}$	0	0	40.5/13
HI	50	225	63	0	$3/\sqrt{13}$	0	$850.5/\sqrt{13}$	0	0	40.5/13
					Σ	405	0	0	9	136.85567

Tras las correspondientes sumas se aprecia que los términos $\Sigma LN_0N_2/A$ y $\Sigma LN_1N_2/A$ resultan ambos nulos. Esto se debe al carácter antisimétrico de los esfuerzos en el estado 2 y simétrico en los estados 0 y 1.

La nulidad del término $\Sigma LN_1N_2/A$ provoca la independencia de las ecuaciones de compatibilidad:

$$9 \times Cx + 405 = 0$$

$$136.85567 \times N_{BF} = 0$$

De la primera ecuación de obtiene el valor $Cx = -45$. La nulidad de $\Sigma LN_0N_2/A$ elimina el término independiente de la segunda ecuación y su resultado es lógicamente $N_{BF} = 0$.

El estado 2 no participa en la distribución de esfuerzos. Estos son los correspondientes al estado 0, salvo en las dos barras inferiores AB y BC que se anulan al considerar también el estado 1.

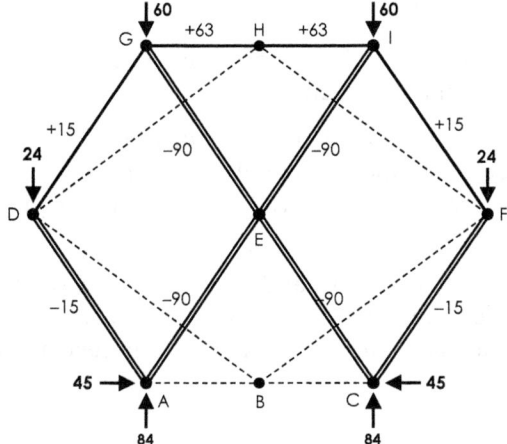

El estado 2 tampoco influye en las reacciones. Las componentes verticales corresponden al estado 0 y las horizontales las provoca el estado 1.

El rombo interior no colabora en la resistencia de las cargas aplicadas y en este caso (al igual que en el ejercicio anterior), una alteración de las áreas correspondientes a cada grupo de barras no modifica las reacciones y esfuerzos del sistema.

Esto último resulta válido mientras se mantengan constantes las secciones transversales en todas las barras de cada uno de los grupos (hexágono, rombo y diagonales). Un cambio puntual de perfil en una única barra sí provocaría variaciones en la distribución de esfuerzos, al romper la simetría del sistema.

[1.5]. ECUACIONES DE COMPATIBILIDAD SINGULARES

En este apartado se estudian los efectos de determinados tipos de enlaces y cargas que dan lugar a desplazamientos adicionales a los provocados por la deformabilidad elástica de las barras.

Se comienza considerando la influencia de posibles desplazamientos en los apoyos externos, bien por la deformabilidad de los mismos bajo las cargas aplicadas o por la aparición de movimientos impuestos por asientos del terreno u otras causas.

Posteriormente se abordan los efectos de las deformaciones no elásticas de las barras, debidas a la dilatación térmica, o a variaciones longitudinales ocasionadas por defectos en su construcción.

En los sistemas isostáticos, las reacciones y esfuerzos dependen exclusivamente de las condiciones de equilibrio y, al no influir en ellas los desplazamientos de los nudos, los efectos descritos anteriormente no alteran los valores de las reacciones en los apoyos y los esfuerzos en las barras.

Sin embargo, las estructuras hiperestáticas son sensibles a las deformaciones (a través de las ecuaciones de compatibilidad) y se ven muy afectadas por los desplazamientos impuestos. Este impacto aumenta con la rigidez del sistema y el grado de hiperestatismo.

[1.5.1]. APOYOS ELÁSTICOS

Hasta el momento se ha considerado siempre nulo el desplazamiento en los grados de libertad coartados por los enlaces externos.

Esta hipótesis de coacción total con independencia de las fuerzas aplicadas no es aplicable en determinadas ocasiones y, por ello, se plantea la existencia de apoyos que «ceden» elásticamente por efecto de las cargas y se desplazan de manera proporcional a las mismas.

En contraposición a la situación ideal de rigidez infinita ($\delta = 0$ para cualquier F), la rigidez del apoyo elástico es la fuerza necesaria para provocar un desplazamiento unitario. Este valor k se calcula como el cociente entre la fuerza aplicada y el desplazamiento producido:

$$k = F/\delta$$

Los apoyos con rigidez finita modifican la correspondiente ecuación de compatibilidad. En esta no se impone ya un desplazamiento nulo, sino el correspondiente a la fuerza ejercida por el apoyo:

$$\delta = F/k$$

Los siguientes ejercicios muestran esta alteración de la ecuación de compatibilidad y su influencia sobre el comportamiento estructural del sistema. Para la realización del correspondiente análisis comparativo, se introducen diversos apoyos elásticos sobre estructuras articuladas hiperestáticas ya estudiadas en ejercicios previos. En todos los casos las fuerzas se expresan en kN y las cotas en metros.

Ejercicio 1.5.1.01

El sistema articulado hiperestático de la figura está formado por perfiles HEB-120 de acero laminado (E = 21000 kN/cm², A = 34 cm²).

En el extremo derecho de su cordón inferior (nudo G) se dispone un apoyo elástico vertical de 330 kN/cm de rigidez (Ky).

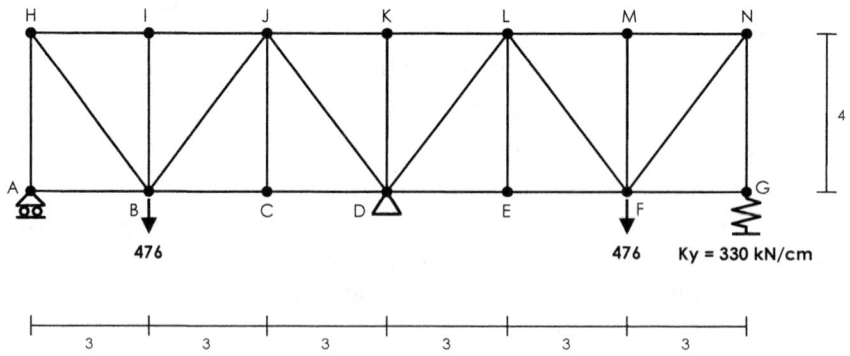

Determinar los valores de las reacciones y los esfuerzos en todas las barras y comparar los resultados con los obtenidos en el Ejercicio 1.3.1.01.

SOLUCIÓN

El sistema tiene 12 nudos, 25 barras y 4 incógnitas de reacción externa. Su grado de hiperestatismo es g = b + r −2n = 1 y para su resolución se libera la coacción al movimiento vertical en el nudo G. Se sustituye el apoyo elástico por la fuerza Gy que este ejerce sobre la estructura.

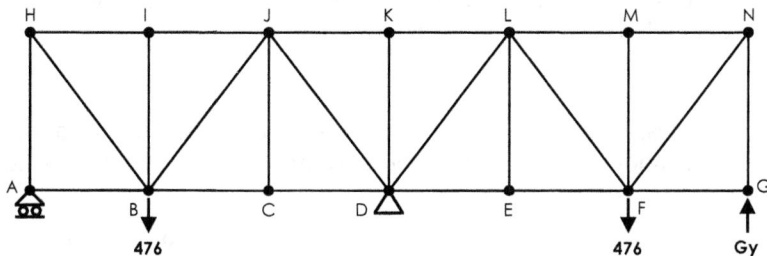

Esta fuerza Gy es proporcional al descenso del nudo G y su factor de proporcionalidad es la rigidez del resorte elástico: $Gy = -\delta_{vG} \times Ky$

El sistema resultante es isostático y las reacciones y esfuerzos $N_{i,0}$ correspondientes al estado 0 (solamente con las cargas iniciales) se determinan con facilidad.

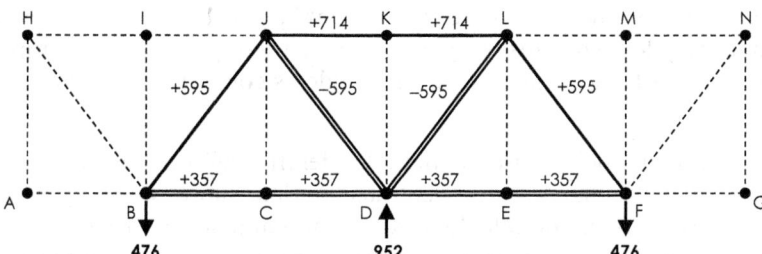

En el estado 1 se considera la misma estructura con una única fuerza unitaria aplicada en el nudo G y en dirección vertical. Nuevamente se resuelve el sistema, obteniendo las reacciones y los valores de los esfuerzos $N_{i,1}$ en las barras.

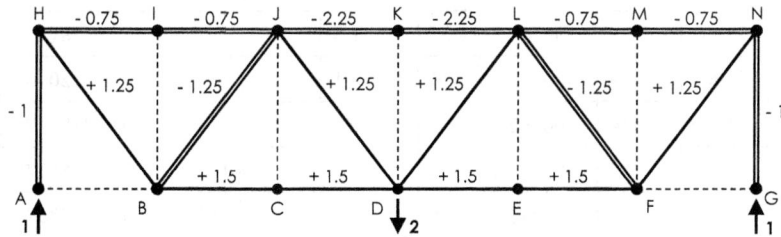

Para el cálculo de los desplazamientos verticales en ambos estados se precisarían a su vez dos estados virtuales (con esfuerzos $N'_{i,0}$ y $N'_{i,1}$), pero coinciden ambos con el estado 1.

$$N'_{i,0} = N'_{i,1} = N_{i,1}$$

Considerando además las características geométricas y mecánicas de las barras, los desplazamientos verticales del nudo G en los dos estados adoptan los valores:

$$\delta_{vG,0} = \Sigma L_i \, N_{i,0} \, N'_{i,0}/E_i \, A_i = \Sigma L_i \, N_{i,0} \, N_{i,1}/E_i \, A_i$$

$$\delta_{vG,1} = \Sigma L_i \, N_{i,1} \, N'_{i,1}/E_i \, A_i = \Sigma L_i \, N_{i,1} \, N_{i,1}/E_i \, A_i$$

El estado real es la suma del estado 0 más Gy veces el estado 1. El desplazamiento vertical total del nudo G se calcula mediante

$$\delta_{vG} = \delta_{vG,0} + \delta_{vG,1} \times Gy$$

Para que este desplazamiento δ_{vG} valga –Gy/Ky (el correspondiente al descenso del apoyo elástico), el apoyo real tiene que ejercer sobre la estructura una reacción vertical Gy de valor:

$$\delta_{vG} = \delta_{vG,0} + \delta_{vG,1} \times Gy = -Gy/Ky \rightarrow Gy = -\delta_{vG,0}/(\delta_{vG,1} + 1/Ky)$$

Finalmente, con el valor de Gy se determinan los esfuerzos en todas las barras a partir de los $N_{i,0}$ y $N_{i,1}$ ya obtenidos, aplicando la suma de estados.

$$N_i = N_{i,0} + N_{i,1} \times Gy$$

Todos los cálculos numéricos se organizan en el siguiente cuadro. En él se incluyen todas las barras con $N_{i,1}$ no nulo (no se eliminan las barras con $N_{i,0} = 0$). Además, en este caso la geometría y los esfuerzos $N_{i,0}$ y $N_{i,1}$ son simétricos y se realizan agrupaciones de barras con idénticos E, A, $N_{i,0}$ y $N_{i,1}$, considerándolas como una barra única con la longitud total.

La columna inicial del cuadro contiene la identificación de las barras, las tres siguientes sus parámetros E, A y L, a continuación los valores de $N_{i,0}$ y $N_{i,1}$ y las dos siguientes son las columnas de cálculo de los desplazamientos $\delta_{vG,0}$ y $\delta_{vG,1}$. En la última fila se disponen las correspondientes sumas y valor de Gy, y en la última columna los esfuerzos reales tras la suma de estados.

Barras	E (kN/cm²)	A (cm²)	L (cm)	N₀ (kN)	N₁ (adim)	LN₀N₁/EA (cm)	LN₁²/EA (cm/kN)	N (kN)
BD,DF	21000	34	300 × 4	−357	1.5	−0.9	0.003781513	27
AH,GN	21000	34	400 × 2	0	−1	0	0.001120448	−220
BH,FN	21000	34	500 × 2	0	1.25	0	0.002188375	275
BJ,FL	21000	34	500 × 2	595	−1.25	−1.0416667	0.002188375	320
DJ,DL	21000	34	500×2	−595	1.25	−1.0416667	0.002188375	−320
HJ,LN	21000	34	300 × 4	0	−0.75	0	0.000945378	−165
JK,KL	21000	34	300 × 2	714	−2.25	−1.35	0.004254202	219
$\delta_{vG,0}$ (Σ), $\delta_{vG,1}$ (Σ), Gy [$-\delta_{vG,0}/(\delta_{vG,1}+1/Ky)$]						−4.33333333	0.016666667	220

La reacción en el apoyo central también se puede determinar mediante la suma de estados:

$$Dy = Dy_{,0} + Dy_{,1} \times Gy = 952 \text{ kN} - 2 \times 220 \text{ kN} = 512 \text{ kN}$$

Los resultados se trasladan a la figura, que refleja finalmente el funcionamiento del sistema hiperestático con el apoyo elástico.

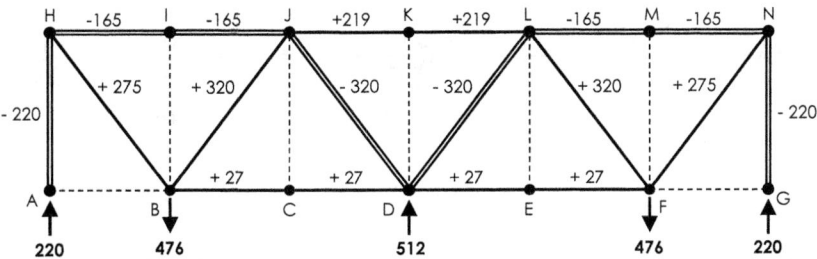

A continuación se reproduce el resultado del Ejercicio 1.3.1.01 que, con la misma geometría y cargas, consideraba un apoyo deslizante convencional en el nudo G.

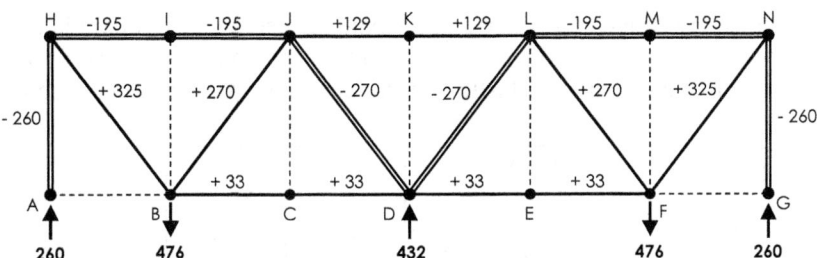

El análisis comparativo de ambas respuestas estructurales muestra con claridad el efecto del apoyo elástico en G.

La carga total aplicada de 952 kN se redistribuye hiperestáticamente entre el apoyo central y los dos extremos. Cuando estos tienen un desplazamiento vertical nulo absorben 260 kN cada uno y el central los 432 kN restantes (tal como se aprecia en la última figura).

El descenso del punto G motivado por la elasticidad del apoyo provoca una disminución de su reacción de 40 kN (su valor es de 220 kN de acuerdo con la primera figura). Considerando también la disminución simétrica de otros 40 kN de la reacción en A, el apoyo central se sobrecarga en este caso 80 kN, hasta alcanzar los 512 kN indicados.

En toda estructura hiperestática, los elementos más rígidos absorben mayor carga. En este caso, la pérdida de rigidez del apoyo G y su descenso al considerarlo elástico da lugar a una transferencia de reacción hacia el apoyo central. Los esfuerzos en las barras acompañan la mencionada variación de las reacciones.

Ejercicio 1.5.1.02

El sistema articulado hiperestático de la figura está formado por perfiles HEB-120 de acero laminado (E = 21000 kN/cm^2, A = 34 cm^2).

En el punto medio de su cordón inferior se dispone un apoyo elástico vertical de 48 kN/cm de rigidez (Ky), con capacidad de coacción total al movimiento horizontal.

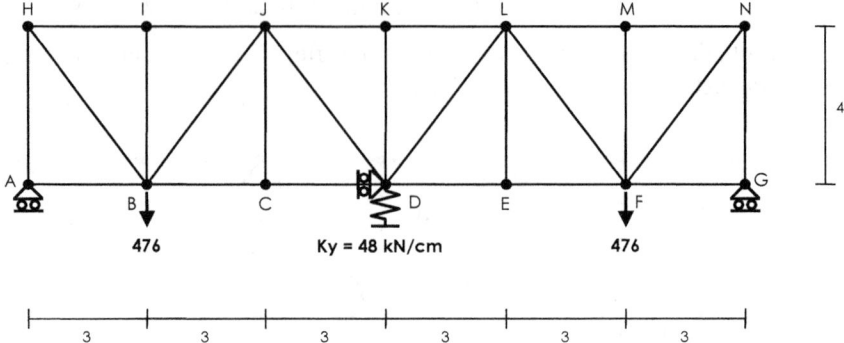

Determinar los valores de las reacciones y los esfuerzos en todas las barras y comparar los resultados con los obtenidos en los Ejercicios 1.3.1.01 y 1.5.1.01.

SOLUCIÓN

El sistema es hiperestático de primer grado y para su resolución se libera la coacción al movimiento vertical en el nudo D. Manteniendo la coacción existente al desplazamiento horizontal, se sustituye el apoyo elástico por la fuerza Dy que este ejerce sobre el nudo.

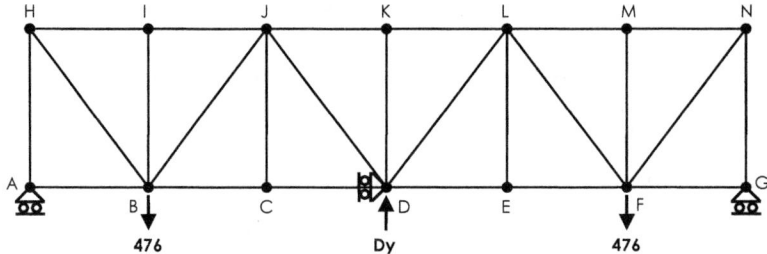

Esta fuerza Dy es proporcional al descenso del nudo D de la estructura y su factor de proporcionalidad es la rigidez del resorte elástico: $Dy = -\delta_{vD} \times Ky$

El sistema resultante es isostático. La cercha ahora es biapoyada y las reacciones y esfuerzos $N_{i,0}$ correspondientes al estado 0 se determinan con facilidad.

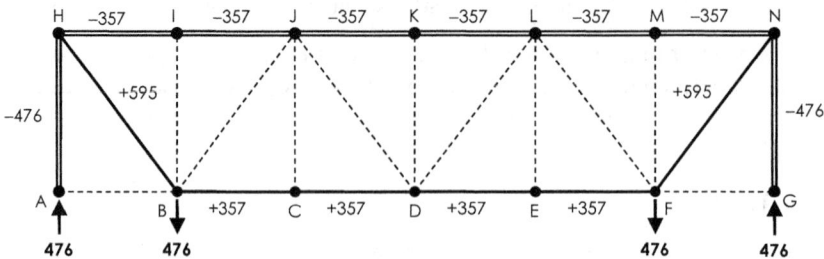

En el estado 1 se considera la misma estructura con una única fuerza unitaria aplicada en el nudo D y en dirección vertical. Nuevamente se resuelve el sistema, obteniendo las reacciones y los valores de los esfuerzos $N_{i,1}$ en las barras.

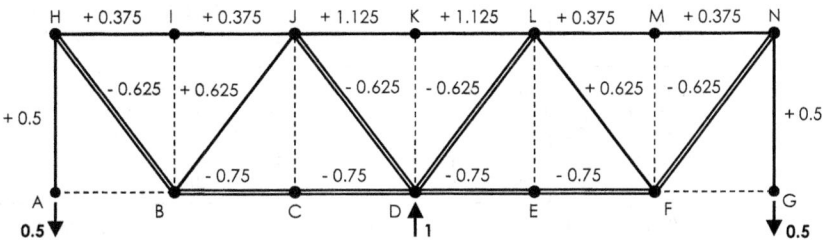

Para el cálculo de los desplazamientos verticales en ambos estados se precisarían a su vez dos estados virtuales (con esfuerzos $N'_{i,0}$ y $N'_{i,1}$), pero coinciden ambos con el estado 1.

$$N'_{i,0} = N'_{i,1} = N_{i,1}$$

Considerando además las características geométricas y mecánicas de las barras, los desplazamientos verticales del nudo D en los dos estados adoptan los valores:

$$\delta_{vD,0} = \Sigma L_i \, N_{i,0} \, N'_{i,0}/E_i \, A_i = \Sigma L_i \, N_{i,0} \, N_{i,1}/E_i \, A_i$$

$$\delta_{vD,1} = \Sigma L_i \, N_{i,1} \, N'_{i,1}/E_i \, A_i = \Sigma L_i \, N_{i,1} \, N'_{i,1}/E_i \, A_i$$

El estado real es la suma del estado 0 más Dy veces el estado 1. El desplazamiento vertical total del nudo D se calcula mediante

$$\delta_{vD} = \delta_{vD,0} + \delta_{vD,1} \times Dy$$

Para que este desplazamiento δvD valga $-Dy/Ky$ (el correspondiente al descenso del apoyo elástico), el apoyo real tiene que ejercer sobre la estructura una reacción vertical Dy de valor:

$$\delta_{vD} = \delta_{vD,0} + \delta_{vD,1} \times Dy = -Dy/Ky \rightarrow Dy = -\delta_{vD,0}/(\delta_{vD,1} + 1/Ky)$$

Finalmente, con el valor de Dy se determinan fácilmente los esfuerzos en todas las barras a partir de los $N_{i,0}$ y $N_{i,1}$ ya obtenidos, aplicando la suma de estados.

$$N_i = N_{i,0} + N_{i,1} \times Dy$$

Todos los cálculos numéricos se organizan en el siguiente cuadro. En él se incluyen todas las barras con $N_{i,1}$ no nulo (no se eliminan las barras con $N_{i,0} = 0$). Además, en este caso la geometría y los esfuerzos $N_{i,0}$ y $N_{i,1}$ son simétricos y se realizan agrupaciones de barras con idénticos E, A, $N_{i,0}$ y $N_{i,1}$, considerándolas como una barra única con la longitud total.

La columna inicial del cuadro contiene la identificación de las barras, las tres siguientes sus parámetros E, A y L, a continuación los valores de $N_{i,0}$ y $N_{i,1}$ y las dos siguientes son las columnas de cálculo de los desplazamientos $\delta_{vD,0}$ y $\delta_{vD,1}$. En la última fila se disponen las correspondientes sumas y valor de Dy, y en la última columna los esfuerzos reales tras la suma de estados.

Barras	E (kN/cm²)	A (cm²)	L (cm)	N₀ (kN)	N₁ (adim)	LN₀N₁/EA (cm)	LN₁²/EA (cm/kN)	N (kN)
BD,DF	21000	34	300×4	+357	−0.75	−0.45	0,000945378	303
AH,GN	21000	34	400×2	−476	+0.5	−0.266667	0,000280112	−440
BH,FN	21000	34	500×2	+595	−0.625	−0.520833	0,000547094	550
BJ,FL	21000	34	500×2	0	+0.625	0	0,000547094	45
DJ,DL	21000	34	500×2	0	−0.625	0	0,000547094	−45
HJ,LN	21000	34	300×4	−357	+0.375	−0.225	0,000236345	−330
JK,KL	21000	34	300×2	−357	+1.125	−0.3375	0,001063550	−276
$\delta_{vD,0}$ (Σ), $\delta_{vD,1}$ (Σ), Dy $[-\delta_{vD,0}/(\delta_{vD,1}+1/Ky)]$						−1.8	0.004166667	72

En el Ejercicio 1.3.1.01 se empleó como incógnita hiperestática la reacción Gy en el apoyo extremo. Se podría haber utilizado en su lugar la incógnita Dy en el apoyo central. Obviando por un momento la elasticidad del apoyo (rigidez Ky infinita) el cuadro anterior permite comprobar los resultados entonces obtenidos

$$Dy = -(-1.8/0.004166667) = 432$$

Volviendo al presente ejercicio, la reacción en el apoyo G se determina mediante la suma de estados:

$$Gy = Gy_{,0} + Gy_{,1} \times Dy = 476 \text{ kN} -0.5 \times 72 \text{ kN} = 440 \text{ kN}$$

Los resultados se trasladan a la figura, que refleja finalmente el funcionamiento del sistema hiperestático con el apoyo elástico en el nudo central.

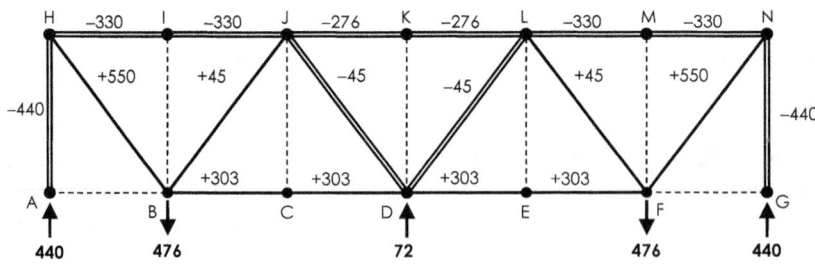

A continuación se reproduce el resultado del Ejercicio 1.5.1.01 que, con la misma geometría y cargas, consideraba el apoyo elástico en el extremo G.

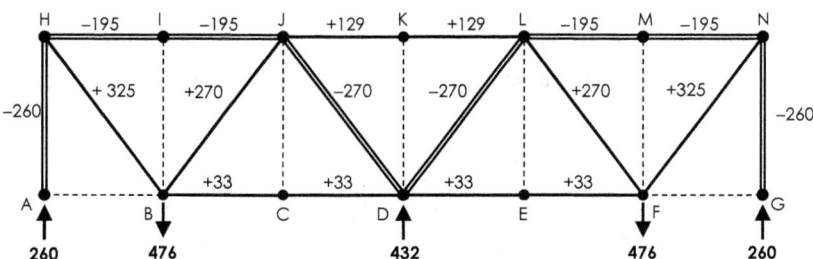

Finalmente se reproduce también el resultado del Ejercicio 1.3.1.01 (el original sin apoyos elásticos) y se analizan comparativamente los tres casos.

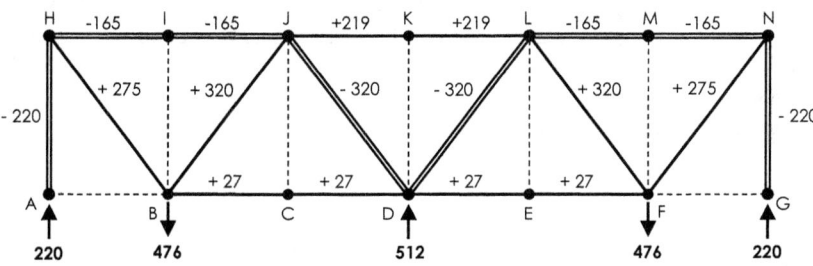

Ahora es el apoyo central el que cede elásticamente y con su descenso transfiere capacidad de reacción a los apoyos extremos. Estos adoptan mayor protagonismo en la resistencia a la carga total aplicada, llegando a doblar su reacción (440 kN) respecto al caso anterior (220 kN).

La mayor reducción de rigidez del apoyo elástico en este caso (48 kN/cm frente a los 330 kN/cm del ejercicio anterior) es que la provoca que la redistribución hiperestática de esfuerzos sea también mayor (de 360 kN respecto a la situación inicial del Ejercicio 1.3.1.01 frente a los 80 kN del ejercicio anterior).

En resumen, la carga total aplicada de 952 kN tiene una distribución intermedia en la situación sin apoyos elásticos (260 – 432 – 260), se carga más el apoyo central cuando se dispone un apoyo elástico en el extremo (220 – 512 –220) y colaboran más los apoyos extremos cuando se dispone un apoyo elástico en el centro (440 – 72 –440).

Los esfuerzos en las barras adoptan los valores correspondientes a las reacciones indicadas, llegando en este último caso a entrar en compresión el tramo central JL.

Ejercicio 1.5.1.03

La figura representa un sistema articulado hiperestático formado por barras metálicas de 20000 kN/cm² de módulo elástico y 125 cm² de sección transversal. En su extremo izquierdo se dispone un apoyo elástico horizontal de rigidez Kx = 152 kN/cm, con capacidad de coacción total al movimiento vertical.

Bajo la solicitación de las cuatro cargas de 960 kN, determinar los valores de las reacciones y esfuerzos y comparar los resultados con los del Ejercicio 1.3.1.04.

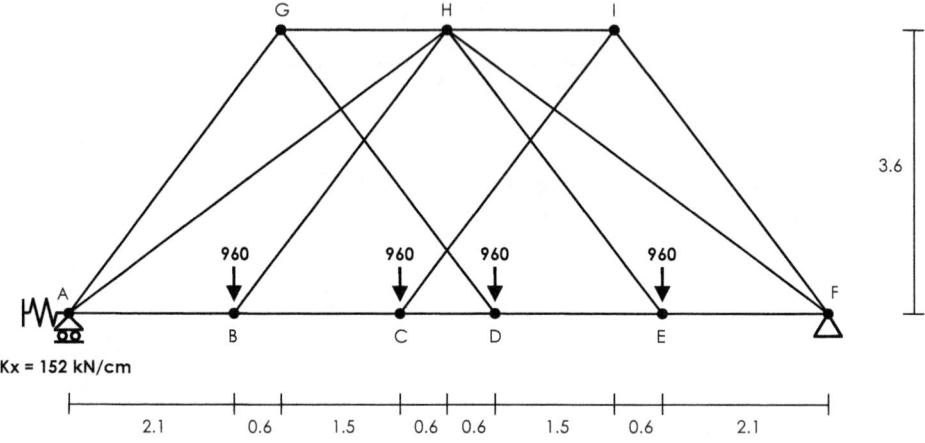

SOLUCIÓN

El sistema tiene un grado de hiperestatismo y para su resolución se transforma en isostático sustituyendo el apoyo fijo F por uno deslizante horizontal y la fuerza Ax ejercida por el apoyo elástico (proporcional a su desplazamiento horizontal $Ax = -\delta_{hA} \times Kx$).

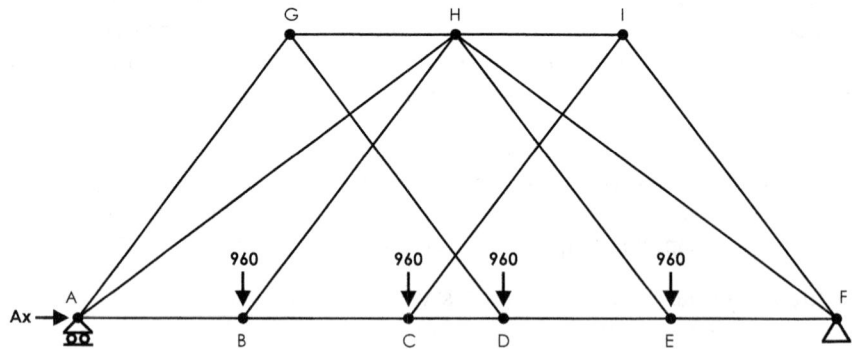

Los esfuerzos $N_{i,0}$ correspondientes al estado 0 se pueden obtener mediante el método de los nudos (secuencia D,G,A,B) y la condición de simetría.

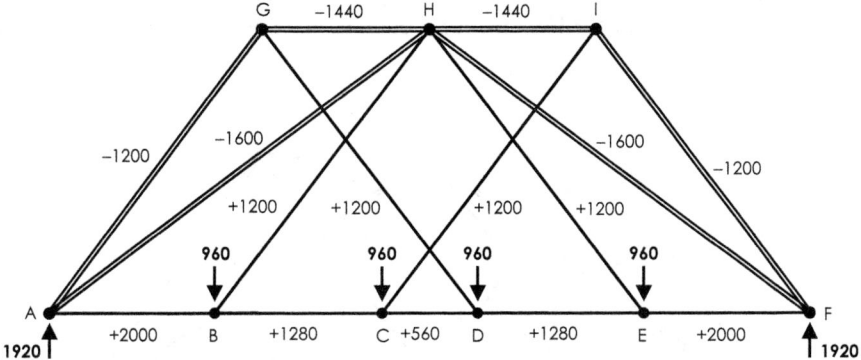

Los esfuerzos $N_{i,1}$ correspondientes al estado 1 son inmediatos. La fuerza unitaria en F se transmite directamente al apoyo F y todas las barras superiores tienen esfuerzo nulo.

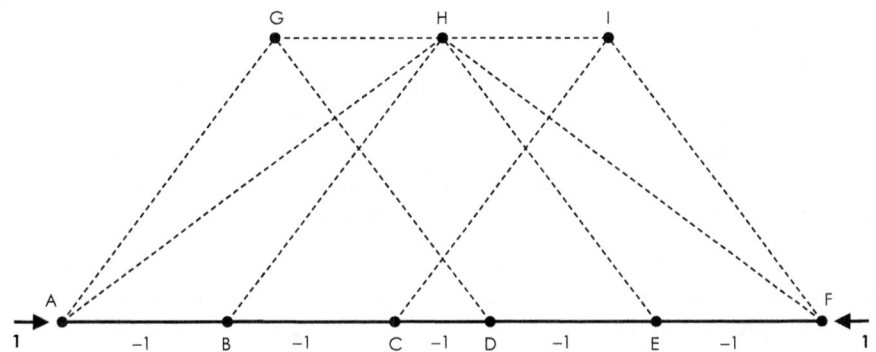

Solamente las barras del cordón inferior AF tienen incidencia en la determinación de la incógnita hiperestática Ax. Además, las barras AB y EF por una parte, y BC y DE por otra, son simétricas, tienen los mismos valores de E, A, N_0 y N_1 y se pueden agrupar.

Barras	E (kN/cm²)	A (cm²)	L (cm)	N_0 (kN)	N_1 (adim)	LN_0N_1/EA (cm)	LN_1^2/EA (cm/kN)	N (kN)
AB,EF	20000	125	210×2	2000	−1	−0.33600	0.000168	1917
BC,DE	20000	125	210×2	1280	−1	−0.21504	0.000168	1197
CD	20000	125	120	560	−1	−0.02688	0.000048	477
$\delta_{hA,0} (\Sigma)$, $\delta_{hA,1} (\Sigma)$, Ax $[-\delta_{hA,0}/(\delta_{hA,1}+1/Kx)]$						−0.57792	0.000384	83

La reacción horizontal en el apoyo izquierdo se obtiene considerando su desplazamiento en la ecuación de compatibilidad:

$$\delta_{hA} = \delta_{vA,0} + \delta_{hA,1} \times Ax = -Ax/Kx \rightarrow Ax = -\delta_{hA,0}/(\delta_{hA,1} + 1/Kx)$$

Los esfuerzos finales de todas las barras superiores son los correspondientes al estado 0. Los de las barras del cordón inferior vienen dados por $N_{i,0} + N_{i,1} \times Fx$ y se extraen de la tabla.

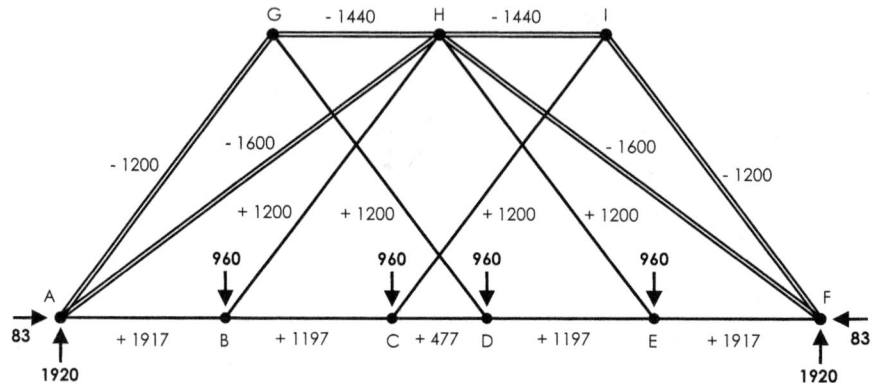

En la figura siguiente se reproducen los resultados del Ejercicio 1.3.1.04. Comparándolos con los anteriores se aprecia claramente el efecto del apoyo deslizante en A. La reducción de su capacidad de coacción al movimiento horizontal hace que tenga un comportamiento más próximo a un apoyo deslizante que a uno fijo y esto se traduce en la aparición de una importante tracción del cordón inferior.

En el caso inicial del apoyo fijo en A, su coacción total al movimiento se consigue mediante una reacción horizontal de un valor muy elevado (más de dieciocho veces superior) que provoca compresiones en los tres tramos centrales del cordón inferior.

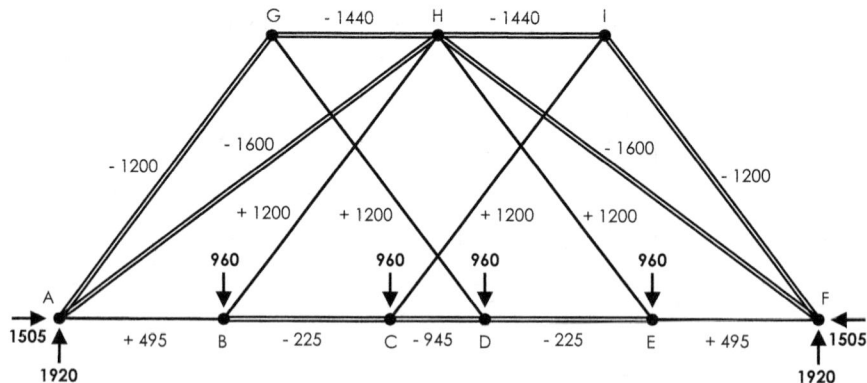

Los esfuerzos en las barras superiores no se ven afectados por el carácter elástico del apoyo (los valores $N_{i,1}$ correspondientes al estado 1 son todos nulos).

Ejercicio 1.5.1.04

Analizar el efecto de la introducción de un apoyo elástico horizontal (Kx = 114 kN/cm) y vertical (Ky = 30 kN/cm) en el extremo derecho de la estructura hiperestática de segundo orden del Ejercicio 1.4.02, considerando para ello un valor EA = 100000 kN en todas las barras.

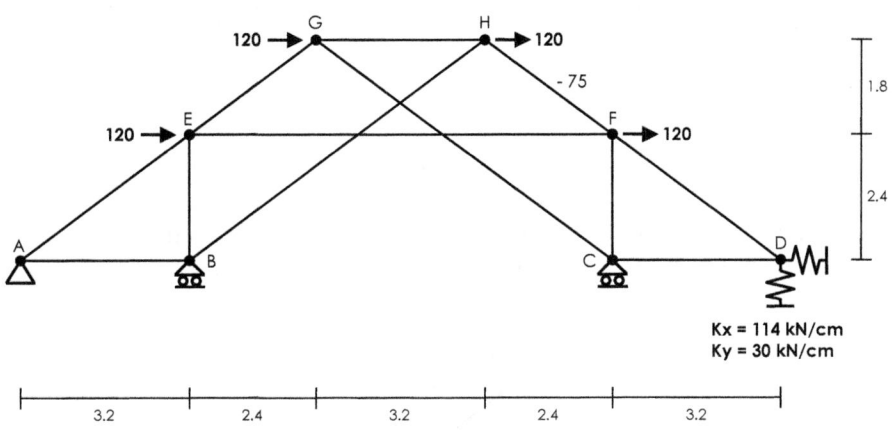

SOLUCIÓN

Se eliminan las coacciones al movimiento horizontal y vertical en el apoyo D y se sustituyen por las fuerzas desconocidas Dx y Dy ejercidas por el apoyo elástico.

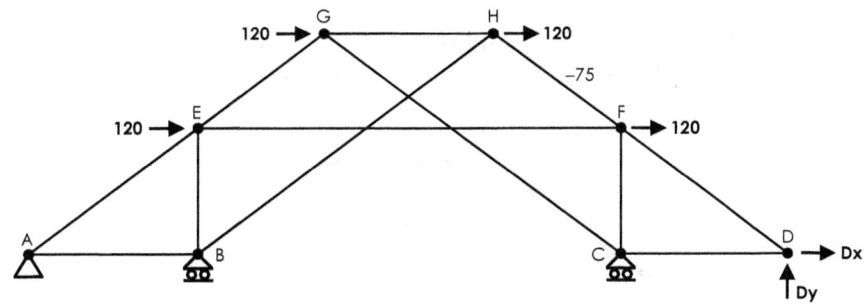

En el sistema isostático resultante se determinan las reacciones en los otros tres apoyos y los esfuerzos $N_{i,0}$ en todas las barras bajo la acción exclusiva de las cuatro fuerzas horizontales. La figura siguiente representa el estado 0.

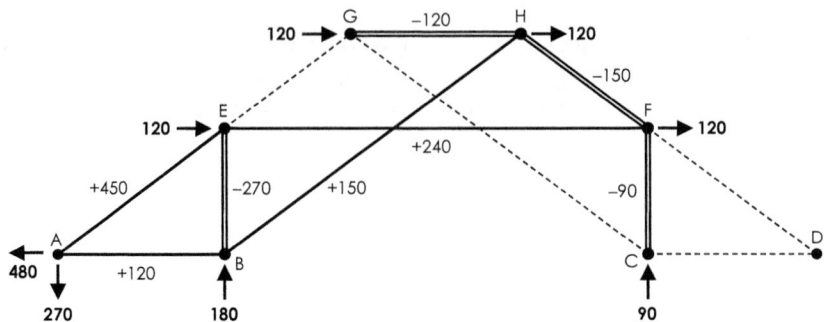

El estado 1 está solicitado por una fuerza unitaria horizontal en el apoyo D. Nuevamente se determinan las correspondientes reacciones y los esfuerzos $N_{i,1}$.

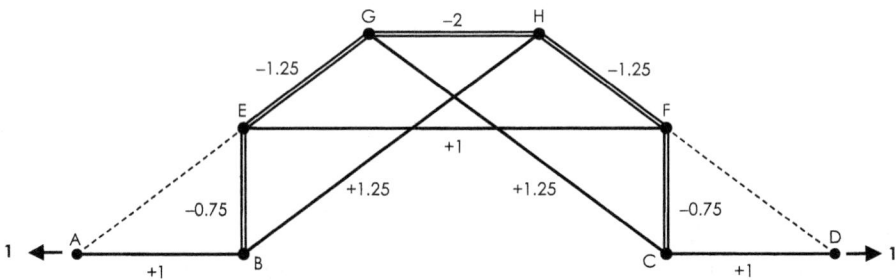

En el estado 2 la fuerza unitaria aplicada es vertical sobre el nudo D. Las reacciones en los apoyos A, B y C y los esfuerzos $N_{i,2}$ en las barras se indican en la figura.

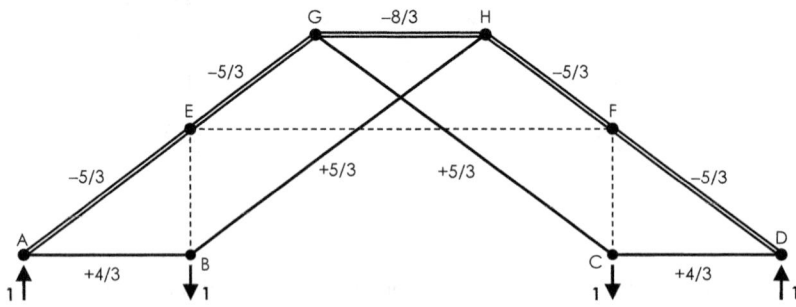

El denominador EA (idéntico para todas las barras) se elimina del cuadro y se aplica posteriormente al sistema de ecuaciones.

B	L	N_0	N_1	N_2	LN_0N_1	LN_0N_2	LN_1N_2	LN_1^2	LN_2^2
AB	320	120	1	4/3	38400	51200	1280/3	320	5120/9
CD	320	0	1	4/3	0	0	1280/3	320	5120/9
AE	400	450	0	−5/3	0	−300000	0	0	10000/9
BE	240	−270	−0.75	0	48600	0	0	135	0
BH	700	150	1.25	5/3	131250	175000	4375/3	1093.75	17500/9
CG	700	0	1.25	5/3	0	0	4375/3	1093.75	17500/9
CF	240	−90	−0.75	0	16200	0	0	135	0
DF	400	0	0	−5/3	0	0	0	0	10000/9
EF	800	240	1	0	192000	0	0	800	0
EG	300	0	−1.25	−5/3	0	0	625	468.75	2500/3
FH	300	−150	−1.25	−5/3	56250	75000	625	468.75	2500/3
GH	320	−120	−2	−8/3	76800	102400	5120/3	1280	20480/9
				Σ	559500	103600	20180/3	6115	100720/9

Las sumas finales divididas por EA se trasladan a las correspondientes ecuaciones de compatibilidad. En ellas se consideran los desplazamientos reales del nudo D en función de sus rigideces:

$$0.06115 \times Dx + 0.20180/3 \times Dy + 5.59500 = -Dx/114$$
$$0.20180/3 \times Dx + 1.00720/9 \times Dy + 1.03600 = -Dy/30$$

La resolución de este sistema proporciona los siguientes valores redondeados de las incógnitas hiperestáticas: Dx = −132, Dy = 54. Las demás reacciones y los esfuerzos en barras se obtienen mediante la suma de estados.

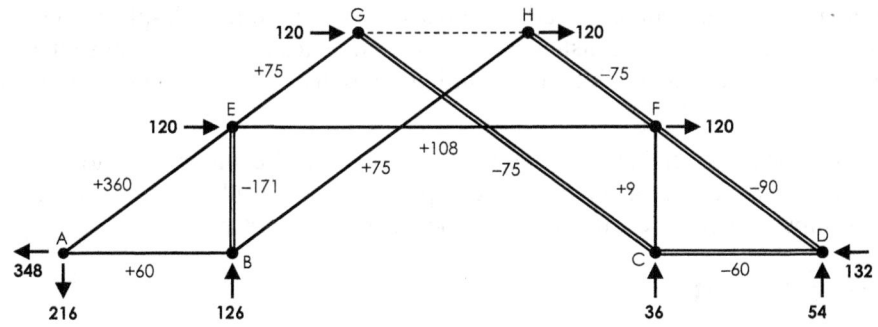

A continuación se transcriben los resultados obtenidos en el Ejercicio 1.4.02 (con un apoyo fijo en el nudo D) y en la figura inferior se reflejan las diferencias de reacciones y esfuerzos entre ambos casos. Allí se aprecia bien el efecto del apoyo elástico horizontal y vertical. La zona derecha pierde rigidez y transfiere claramente cargas a la zona izquierda. Las barras con trazo discontinuo no se ven afectadas por el movimiento del apoyo.

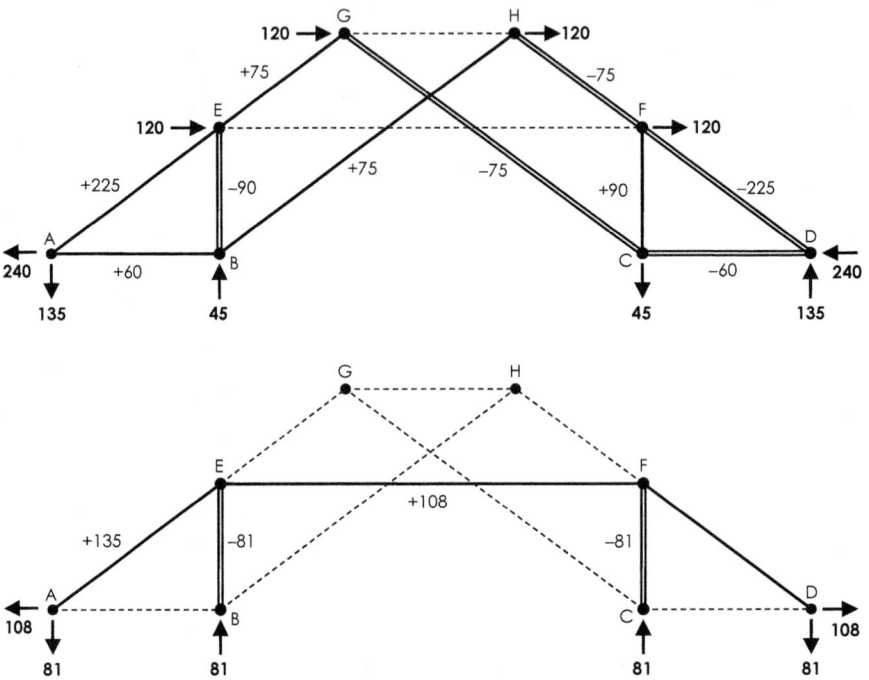

[1.5.2]. APOYOS CON DESPLAZAMIENTOS IMPUESTOS

Bien sea por asientos del terreno o por movimientos de otras estructuras a las que se ancla el sistema articulado en estudio, en ocasiones se producen desplazamientos impuestos en sus apoyos. En los sistemas hiperestáticos estos desplazamientos intervienen en las ecuaciones de compatibilidad y dan lugar a redistribuciones de reacciones y esfuerzos.

Los siguientes ejercicios muestran sus efectos sobre el comportamiento estructural del sistema. Para favorecer un análisis comparativo, se consideran diversos desplazamientos impuestos sobre estructuras ya resueltas en ejercicios previos.

Ejercicio 1.5.2.01

En el sistema articulado hiperestático de la figura (formado por perfiles HEB-120 de acero laminado, con E = 21000 kN/cm^2 y A = 34 cm^2), el apoyo deslizante del extremo derecho de su cordón inferior experimenta un descenso impuesto de 20 milímetros.

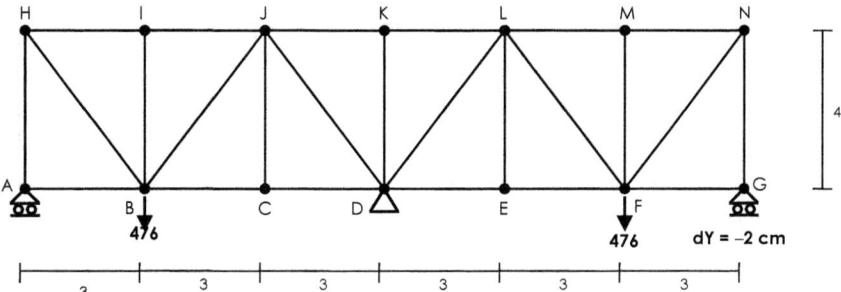

Determinar los valores de las reacciones y los esfuerzos en todas las barras y comparar los resultados con los obtenidos en los Ejercicios 1.3.1.01 y 1.5.1.01.

SOLUCIÓN

El sistema es hiperestático de primer grado y para su resolución se libera la coacción al movimiento vertical en el nudo G. Se sustituye el apoyo deslizante por la fuerza Gy que este ejerce sobre la estructura.

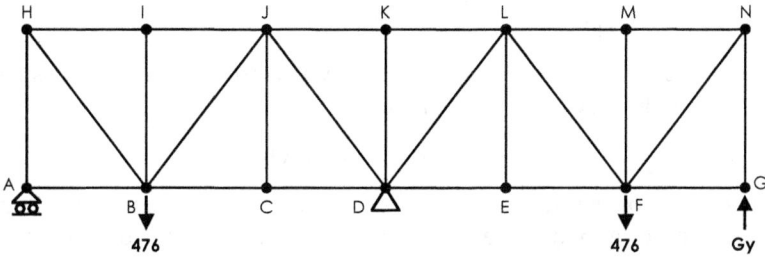

El sistema resultante es isostático y las reacciones y esfuerzos $N_{i,0}$ correspondientes al estado 0 (solamente con las cargas iniciales) son los indicados en el Ejercicio 1.3.1.01.

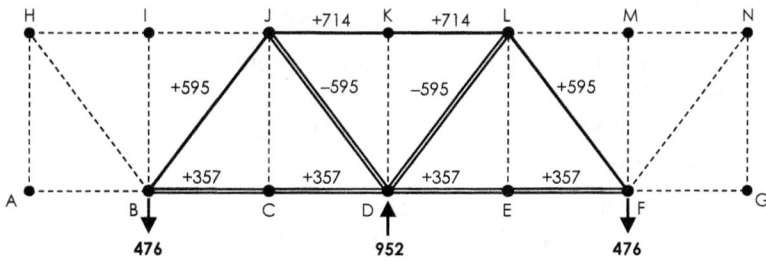

En el estado 1 se considera la misma estructura con una única fuerza unitaria aplicada en el nudo G y en dirección vertical. Nuevamente se resuelve el sistema, obteniendo las reacciones y los valores de los esfuerzos $N_{i,1}$ en las barras.

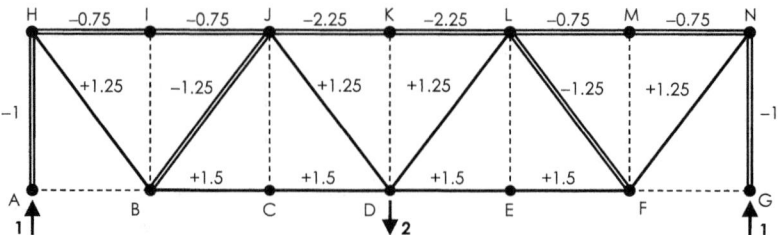

Para el cálculo de los desplazamientos verticales en ambos estados se precisarían a su vez dos estados virtuales (con esfuerzos $N'_{i,0}$ y $N'_{i,1}$), pero coinciden ambos con el estado 1.

$$N'_{i,0} = N'_{i,1} = N_{i,1}$$

Considerando además las características geométricas y mecánicas de las barras, los desplazamientos verticales del nudo G en los dos estados adoptan los valores:

$$\delta_{vG,0} = \Sigma L_i\, N_{i,0}\, N'_{i,0}/E_i\, A_i = \Sigma L_i\, N_{i,0}\, N_{i,1}/E_i\, A_i$$

$$\delta_{vG,1} = \Sigma L_i\, N_{i,1}\, N'_{i,1}/E_i\, A_i = \Sigma L_i\, N_{i,1}\, N'_{i,1}/E_i\, A_i$$

El estado real es la suma del estado 0 más Gy veces el estado 1. El desplazamiento vertical total del nudo G se calcula mediante

$$\delta_{vG} = \delta_{vG,0} + \delta_{vG,1} \times Gy$$

Para que este desplazamiento δ_{vG} adopte el valor –2 cm (el correspondiente al descenso impuesto en el apoyo), el apoyo real tiene que ejercer sobre la estructura una reacción vertical Gy:

$$\delta_{vG} = \delta_{vG,0} + \delta_{vG,1} \times Gy = -2\ \text{cm} \rightarrow Gy = -(\delta_{vG,0} + 2\ \text{cm})/\delta_{vG,1}$$

Finalmente, con el valor de Gy se determinan los esfuerzos en todas las barras a partir de los $N_{i,0}$ y $N_{i,1}$ ya obtenidos, aplicando la suma de estados.

$$N_i = N_{i,0} + N_{i,1} \times Gy$$

Todos los cálculos numéricos se organizan en el siguiente cuadro. En él se incluyen todas las barras con $N_{i,1}$ no nulo. La geometría y los esfuerzos $N_{i,0}$ y $N_{i,1}$ son simétricos y se realizan agrupaciones de barras con idénticos E, A, $N_{i,0}$ y $N_{i,1}$, considerándolas como una barra única con la longitud total.

La columna inicial del cuadro contiene la identificación de las barras, las tres siguientes sus parámetros E, A y L, a continuación los valores de $N_{i,0}$ y $N_{i,1}$ y las dos siguientes son las columnas de cálculo de los desplazamientos $\delta_{vG,0}$ y $\delta_{vG,1}$. En la última fila se disponen las correspondientes sumas y valor de Gy, y en la última columna los esfuerzos reales tras la suma de estados.

Barras	E (kN/cm²)	A (cm²)	L (cm)	N₀ (kN)	N₁ (adim)	LN₀N₁/EA (cm)	LN₁²/EA (cm/kN)	N (kN)
BD,DF	21000	34	300 × 4	−357	1.5	−0.9	0.003781513	−147
AH,GN	21000	34	400 × 2	0	−1	0	0.001120448	−140
BH,FN	21000	34	500 × 2	0	1.25	0	0.002188375	175
BJ,FL	21000	34	500 × 2	595	−1.25	−1.0416667	0.002188375	420
DJ,DL	21000	34	500 × 2	−595	1.25	−1.0416667	0.002188375	−420
HJ,LN	21000	34	300 × 4	0	−0.75	0	0.000945378	−105
JK,KL	21000	34	300 × 2	714	−2.25	−1.35	0.004254202	399
$\delta_{vG,0}$ (Σ), $\delta_{vG,1}$ (Σ), Gy[(−($\delta_{vG,0}$ + 2)/$\delta_{vG,1}$]						−4.33333333	0.016666667	140

La reacción en el apoyo central también se determina mediante la suma de los correspondientes estados:

$$Dy = Dy_{,0} + Dy_{,1} \times Gy = 952 \text{ kN} - 2 \times 140 \text{ kN} = 672 \text{ kN}$$

Los resultados se trasladan a la figura, que refleja finalmente el funcionamiento del sistema hiperestático con el desplazamiento impuesto en el apoyo G.

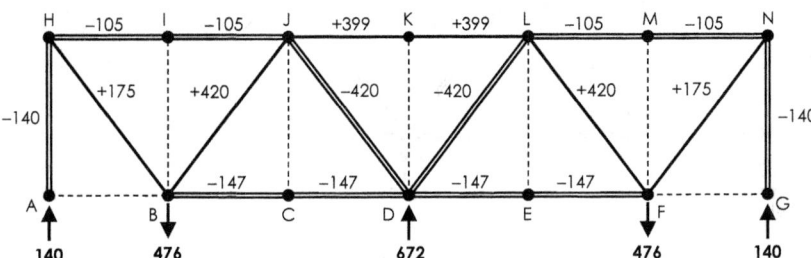

A continuación se reproduce el resultado de los Ejercicios 1.3.1.01 y 1.5.1.01 que, con la misma geometría y cargas, consideraban respectivamente un apoyo deslizante y un apoyo elástico en el nudo G.

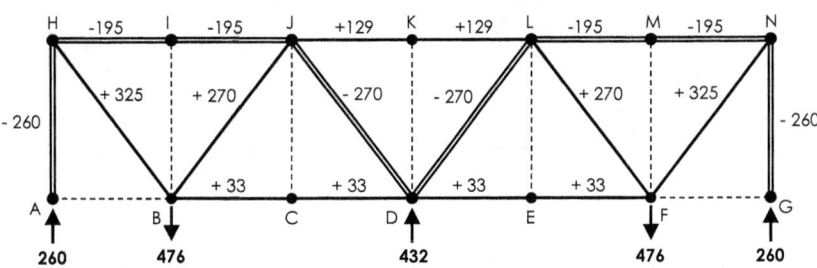

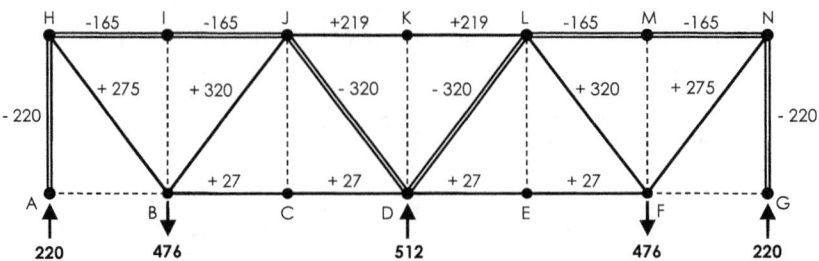

El análisis comparativo de la primera respuesta estructural respecto a estas dos últimas muestra el efecto del apoyo elástico en G.

Se aprecia que el descenso impuesto de 20 milímetros en el apoyo extremo tiene un fuerte impacto en la redistribución hiperestática de esfuerzos. Los apoyos extremos se descargan hasta los 140 kN, el apoyo central se sobrecarga hasta los 672 kN y esto da lugar a la compresión del tramo inferior BF.

Para el análisis exclusivo de la influencia del desplazamiento impuesto se elimina el efecto de las cargas aplicadas de 476 kN restando de la primera figura las reacciones y esfuerzos de la segunda. El descenso del apoyo G provoca el siguiente estado tensional:

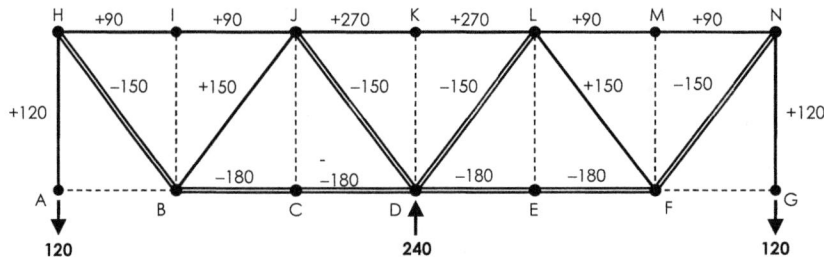

Por otra parte, para el análisis comparado de los efectos relativos del desplazamiento impuesto frente al apoyo elástico (con independencia de las cargas aplicadas) se restan de la primera figura las reacciones y esfuerzos de la tercera. El resultado obtenido se refleja en la última figura:

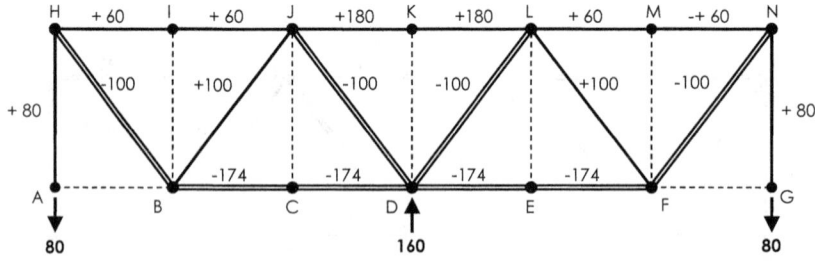

En ella se puede observar que ambos efectos son cualitativamente similares (en ambos casos desciende el apoyo G) pero cuantitativamente superiores en el caso del desplazamiento impuesto (el descenso es mayor que el correspondiente al acortamiento elástico del apoyo).

En general, los movimientos impuestos de los apoyos producen alteraciones de relevante consideración en las reacciones y esfuerzos de las barras.

Ejercicio 1.5.2.02

En el sistema articulado hiperestático del ejercicio anterior se considera ahora una plena coacción al movimiento vertical de los apoyos extremos y un descenso impuesto de 20 milímetros en su apoyo fijo central.

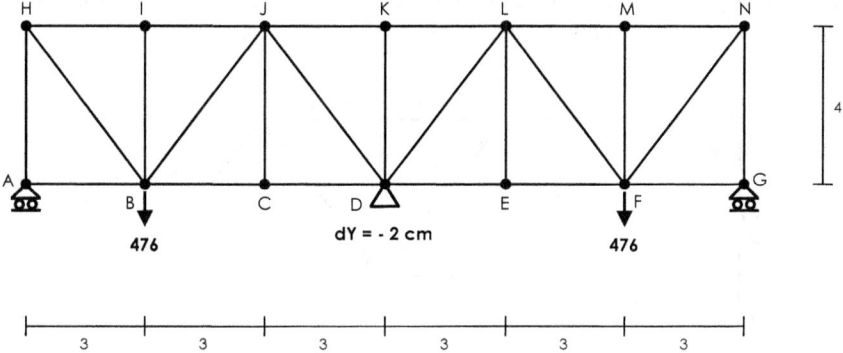

Determinar los valores de las reacciones y los esfuerzos en todas las barras y comparar los resultados con los obtenidos en el ejercicio precedente.

SOLUCIÓN

El sistema es hiperestático de primer grado. Para su resolución se libera la coacción al movimiento vertical en el nudo D. Manteniendo la coacción existente al desplazamiento horizontal, se sustituye el apoyo vertical por la fuerza Dy que ejerce sobre el nudo D de la estructura.

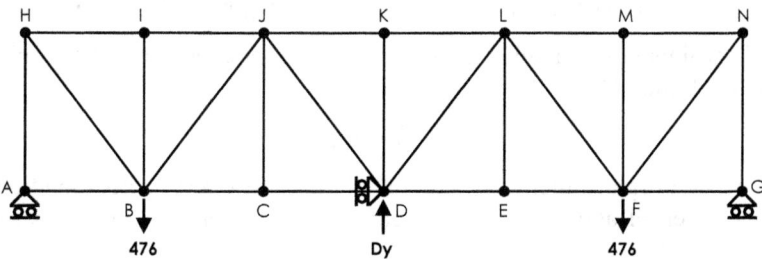

Esta fuerza Dy será la necesaria para que el apoyo central descienda efectivamente 20 milímetros.

El sistema resultante es isostático. La cercha es biapoyada y las reacciones y esfuerzos $N_{i,0}$ correspondientes al estado 0 son los obtenidos en el Ejercicio 1.5.1.02.

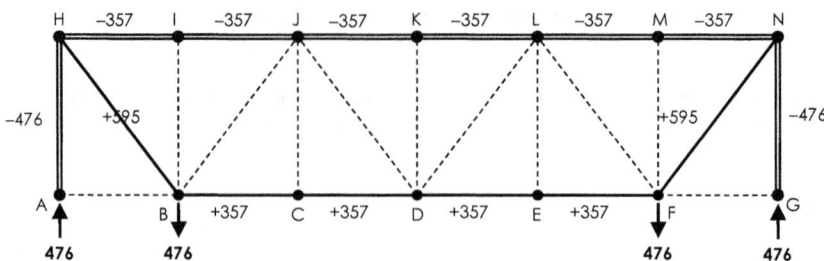

En el estado 1 se considera la misma estructura con una única fuerza unitaria aplicada en el nudo D y en dirección vertical. Nuevamente se resuelve el sistema, obteniendo las reacciones y los valores de los esfuerzos $N_{i,1}$ en las barras.

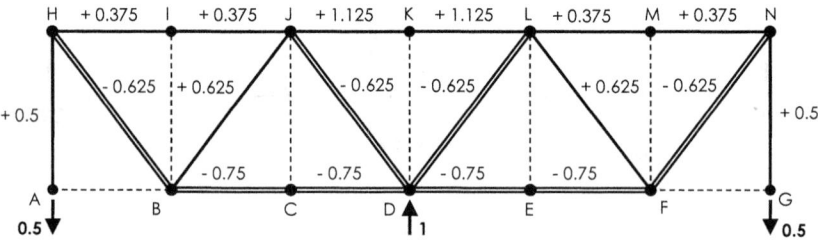

Para el cálculo de los desplazamientos verticales en ambos estados se precisarían a su vez dos estados virtuales (con esfuerzos $N'_{i,0}$ y $N'_{i,1}$), pero coinciden ambos con el estado 1.

$$N'_{i,0} = N'_{i,1} = N_{i,1}$$

Considerando además las características geométricas y mecánicas de las barras, los desplazamientos verticales del nudo D en los dos estados adoptan los valores:

$$\delta_{vD,0} = \Sigma L_i\, N_{i,0}\, N'_{i,0}/E_i\, A_i = \Sigma L_i\, N_{i,0}\, N_{i,1}/E_i\, A_i$$

$$\delta_{vD,1} = \Sigma L_i\, N_{i,1}\, N'_{i,1}/E_i\, A_i = \Sigma L_i\, N_{i,1}\, N'_{i,1}/E_i\, A_i$$

El estado real es la suma del estado 0 más Dy veces el estado 1. El desplazamiento vertical total del nudo D se calcula mediante

$$\delta_{vD} = \delta_{vD,0} + \delta_{vD,1} \times Dy$$

Para que este desplazamiento δ_{vD} adopte el valor –2 cm (el correspondiente al descenso impuesto en el apoyo), el apoyo real tiene que ejercer sobre la estructura una reacción vertical Dy:

$$\delta_{vD} = \delta_{vD,0} + \delta_{vD,1} \times Dy = -2\ cm \rightarrow Dy = -(\delta_{vD,0} + 2\ cm)/\delta_{vD,1}$$

Finalmente, con el valor de Dy se determinan los esfuerzos en todas las barras a partir de los $N_{i,0}$ y $N_{i,1}$ ya obtenidos, aplicando la suma de estados.

$$N_i = N_{i,0} + N_{i,1} \times Dy$$

Todos los cálculos numéricos se organizan en el siguiente cuadro. En él se incluyen todas las barras con $N_{i,1}$ no nulo. Además, la geometría y los esfuerzos $N_{i,0}$ y $N_{i,1}$ son simétricos y se realizan agrupaciones de barras con idénticos E, A, $N_{i,0}$ y $N_{i,1}$, considerándolas como una barra única con la longitud total.

La columna inicial del cuadro contiene la identificación de las barras, las tres siguientes sus parámetros E, A y L, a continuación los valores de $N_{i,0}$ y $N_{i,1}$ y las dos siguientes son las columnas de cálculo de los desplazamientos $\delta_{vD,0}$ y $\delta_{vD,1}$. En la última fila las se disponen las correspondientes sumas y valor de Dy, y en la última columna los esfuerzos reales tras la suma de estados.

Barras	E (kN/cm²)	A (cm²)	L (cm)	N₀ (kN)	N₁ (adim)	LN₀N₁/EA (cm)	LN₁²/EA (cm/kN)	N (kN)
BD,DF	21000	34	300×4	+357	−0.75	−0.45	0,000945378	393
AH,GN	21000	34	400×2	−476	+0.5	−0.266667	0,000280112	−500
BH,FN	21000	34	500×2	+595	−0.625	−0.520833	0,000547094	625
BJ,FL	21000	34	500×2	0	+0.625	0	0,000547094	−30
DJ,DL	21000	34	500×2	0	−0.625	0	0,000547094	30
HJ,LN	21000	34	300×4	−357	+0.375	−0.225	0,000236345	−375
JK,KL	21000	34	300×2	−357	+1.125	−0.3375	0,001063550	−411
$\delta_{vD,0}$ (Σ), $\delta_{vD,1}$ (Σ), Dy[(−($\delta_{vD,0}$ + 2)/$\delta_{vD,1}$]						−1.8	0.004166667	−48

La reacción en los apoyos extremos también se puede determinar mediante la suma de estados:

$$Gy = Gy_{,0} + Gy_{,1} \times Dy = 476 \text{ kN} -0.5 \times (-48) \text{ kN} = 500 \text{ kN}$$

Los resultados se trasladan a la primera figura, que refleja el funcionamiento del sistema hiperestático con el descenso impuesto en el apoyo central. En la segunda figura se reproducen los resultados obtenidos en el ejercicio anterior (con el desplazamiento impuesto en el apoyo extremo).

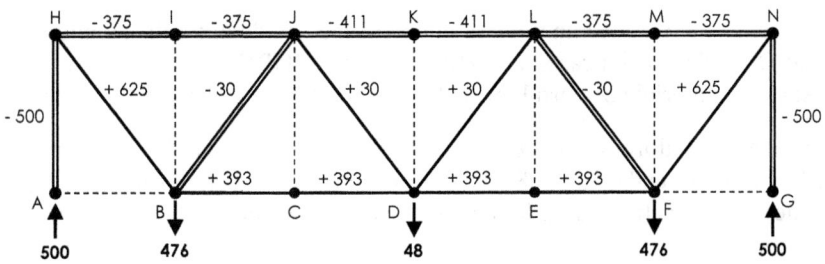

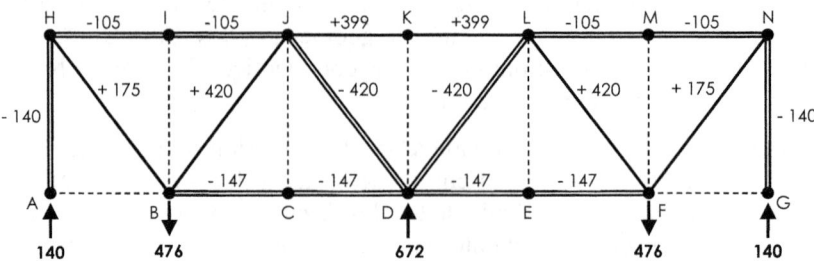

Si el descenso impuesto en G provocaba efectos de consideración, se observa que un descenso equivalente en D los provoca aún mayores. La reacción en el apoyo central llega a cambiar de sentido (a pesar de la influencia de las cargas) y las reacciones extremas sobrepasan los valores de éstas. Los esfuerzos en los tramos centrales BF, DJ, DL y JL cambian asimismo de signo.

Los efectos exclusivos del descenso impuesto del apoyo central también se pueden obtener eliminando la contribución de N_0 en el cuadro anterior. $\delta_{vD,0} = 0$ da lugar a un valor de $Dy = -480$ kN y los esfuerzos se obtienen mediante el producto $N_{i,1} \times Dy$.

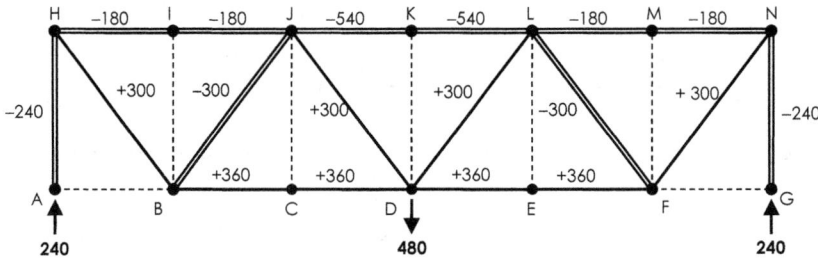

Ejercicio 1.5.2.03

La figura representa un sistema hiperestático compuesto de dos subsistemas articulados en el nudo D. Todas las barras son perfiles en cajón 2UPN-160 con 48 cm² de sección transversal y el material es acero laminado (E = 21000 kN/cm²).

Determinar los valores de las reacciones y los esfuerzos en todas las barras provocados por la carga aplicada de 1168 kN y un desplazamiento horizontal impuesto en el apoyo B de 73 milímetros hacia la derecha. Indicar las barras afectadas por dicho desplazamiento.

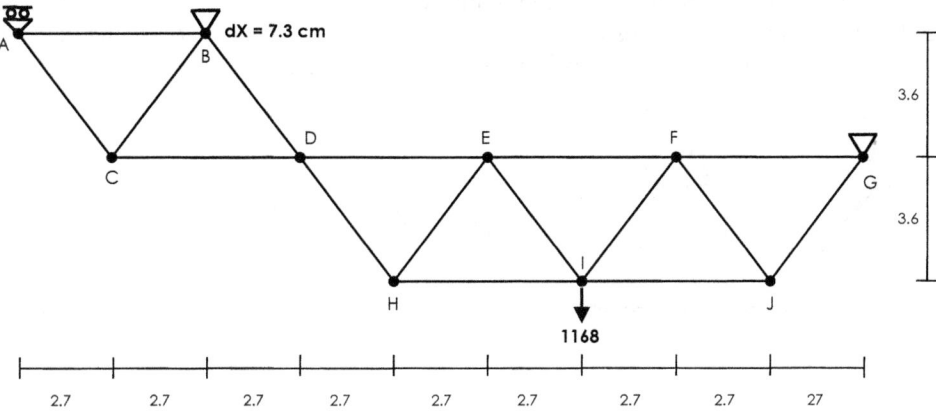

SOLUCIÓN

El sistema tiene 10 nudos, 16 barras y 5 incógnitas de reacción externa. Su grado de hiperestatismo es $b + r - 2n = 1$ y para su resolución se transforma en isostático sustituyendo el apoyo fijo en el nudo B por uno deslizante y la fuerza Bx que ejerce sobre el sistema.

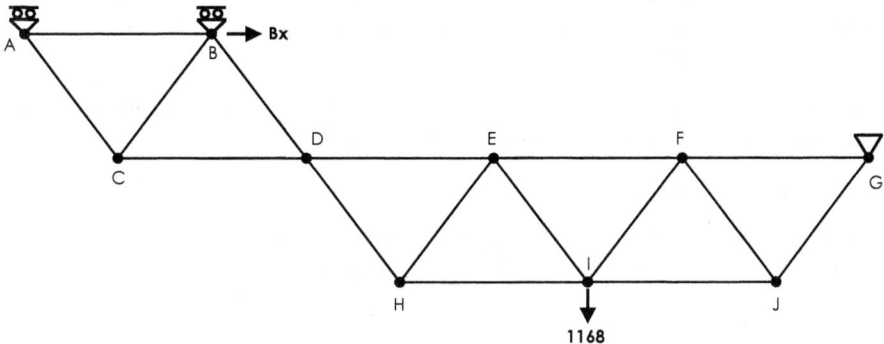

Las reacciones y esfuerzos $N_{i,0}$ correspondientes al estado 0 (solamente con la carga de 1168 kN) se muestran en la figura. El subsistema derecho presenta esfuerzos simétricos.

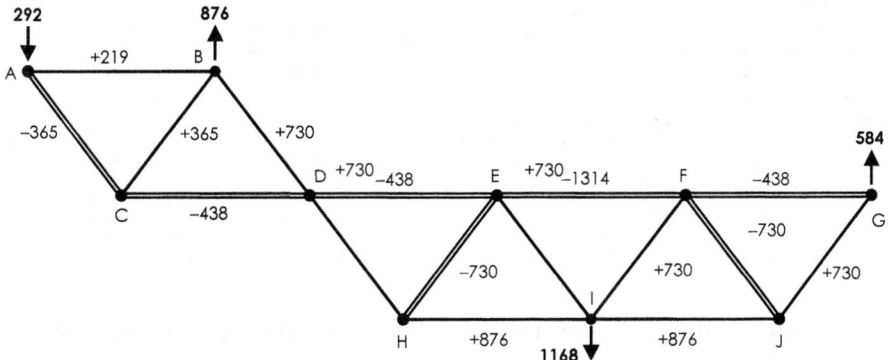

En el estado 1 se elimina la carga inicial y se dispone una fuerza unitaria horizontal aplicada en el nudo B. En este caso, el subsistema derecho actúa como una barra única entre D y G y el cálculo de los esfuerzos $N_{i,1}$ es muy sencillo.

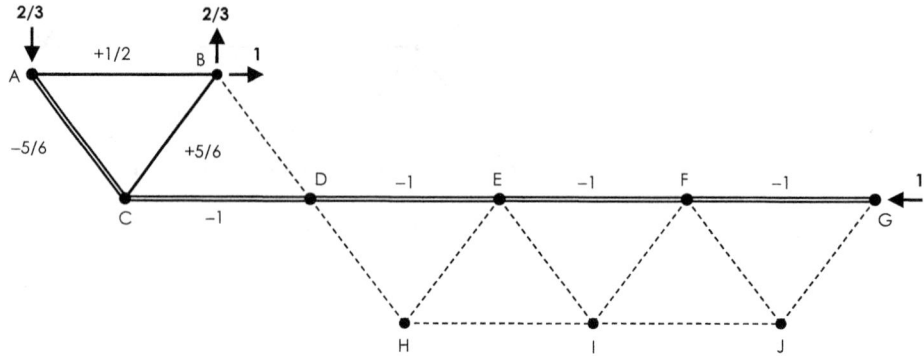

Son muchas las barras con esfuerzos $N_{i,1}$ nulos y que no intervienen por ello en la reacción horizontal del apoyo B. Solamente las barras con esfuerzo en la figura anterior intervienen en la tabla correspondiente.

Además de los esfuerzos obtenidos en los dos estados, la tabla se completa con las características mecánicas y geométricas de las barras, que permiten la determinación de los desplazamientos horizontales en B.

A partir de los valores de $\delta_{hB,0}$, $\delta_{hB,1}$ y considerando también el desplazamiento impuesto en el apoyo, se determina la reacción horizontal en B.

$$\delta_{hB} = \delta_{hB,0} + \delta_{hB,1} \times Bx = 7.3 \text{ cm} \rightarrow Bx = -(\delta_{hB,0} - 7.3 \text{ cm})/\delta_{hB,1}$$

Finalmente, con el valor de Bx se determinan los esfuerzos en todas las barras a partir de los $N_{i,0}$ y $N_{i,1}$ ya obtenidos, aplicando la expresión:

$$N_i = N_{i,0} + N_{i,1} \times Bx$$

Barras	E (kN/cm²)	A (cm²)	L (cm)	N₀ (kN)	N₁ (adim)	LN₀N₁/EA (cm)	LN₁²/EA (cm/kN)	N (kN)
AB	21000	48	540	219	1/2	0,058660714	0,0001339286	1179
AC	21000	48	450	−365	−5/6	0,135788690	0,0003100198	−1965
BC	21000	48	450	365	5/6	0,135788690	0,0003100198	−1965
CE,FG	21000	48	1620	−438	−1	0,703928571	0,0016071429	−2358
EF	21000	48	540	−1314	−1	0,703928571	0,0005357143	−3234
$\delta_{hB,0}$ (Σ), $\delta_{hB,1}$ (Σ), Bx $[-(\delta_{hB,0} - 7.3)/\delta_{hB,1}]$						1,738095237	0,0028968254	1920

Las reacciones verticales en los apoyos A, B y G se pueden determinar mediante la suma de estados:

$Ay = Ay_{,0} + Ay_{,1} \times Bx = 292 \text{ kN} -2/3 \times 1920 \text{ kN} = -1572 \text{ kN}$

$By = By_{,0} + By_{,1} \times Bx = 876 \text{ kN} + 2/3 \times 1920 \text{ kN} = 2156 \text{ kN}$

$Gy = Gy_{,0} + Gy_{,1} \times Bx = 584 \text{ kN} + 0 \times 1920 \text{ kN} = 584 \text{ kN}$

La figura recoge los resultados finales. El desplazamiento impuesto provoca elevados valores de las reacciones y esfuerzos en las barras con $N_{i,1}$ no nulos y no afecta a las barras con $N_{i,1}$ nulos (su esfuerzo es independiente del desplazamiento horizontal en B). Esta influencia se puede constatar también comparando estos resultados con los del Ejercicio 1.3.1.02.

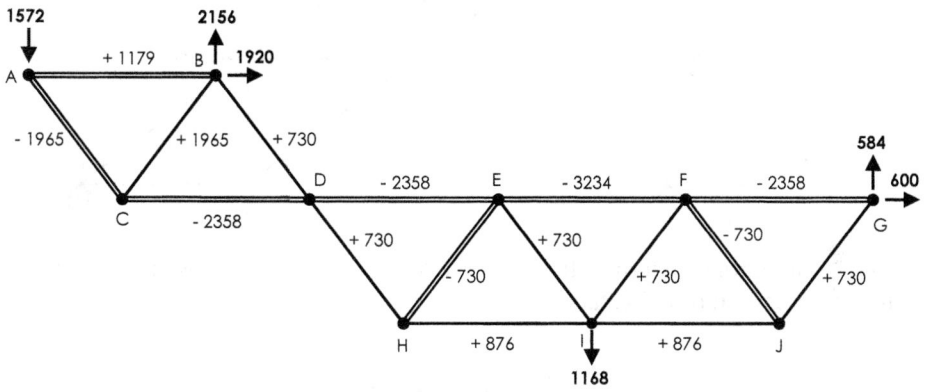

Ejercicio 1.5.2.04

Todas las barras del sistema hiperestático de segundo grado de la figura tienen una rigidez EA de 100000 kN.

Sin considerar ninguna otra acción exterior, determinar las reacciones en los apoyos y los esfuerzos en todas las barras provocados por un desplazamiento vertical impuesto en el apoyo C de 91 milímetros en sentido ascendente.

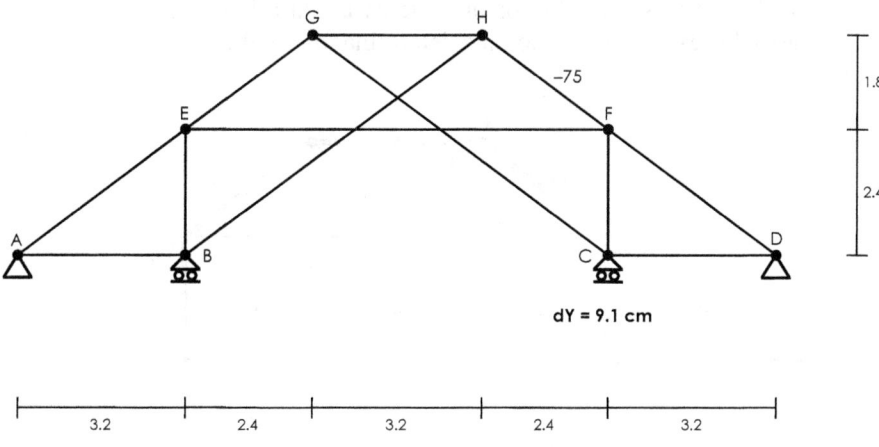

SOLUCIÓN

El sistema se transforma en isostático eliminando las coacciones al movimiento horizontal en D y vertical en C y sustituyéndolas por las fuerzas desconocidas Dx y Cy. Una de las incógnitas hiperestáticas corresponde al grado de libertad del desplazamiento impuesto.

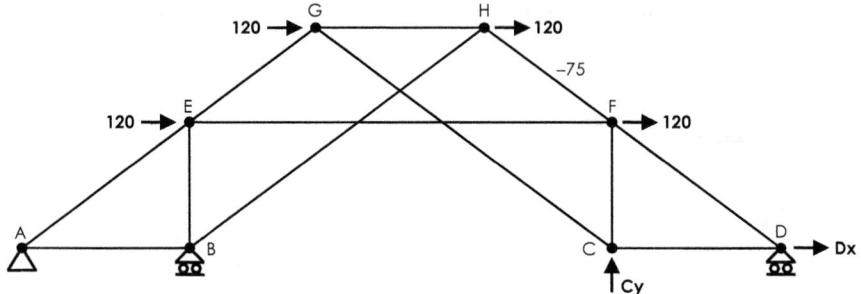

Al no existir cargas externas directamente aplicadas en los nudos, son nulos en este caso todos los esfuerzos del estado 0.

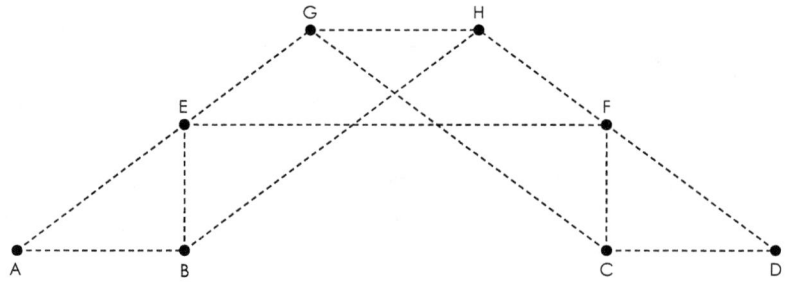

El estado 1 está solicitado por una fuerza unitaria horizontal en el apoyo D. Las reacciones y los esfuerzos $N_{i,1}$ son los determinados en el Ejercicio 1.4.02:

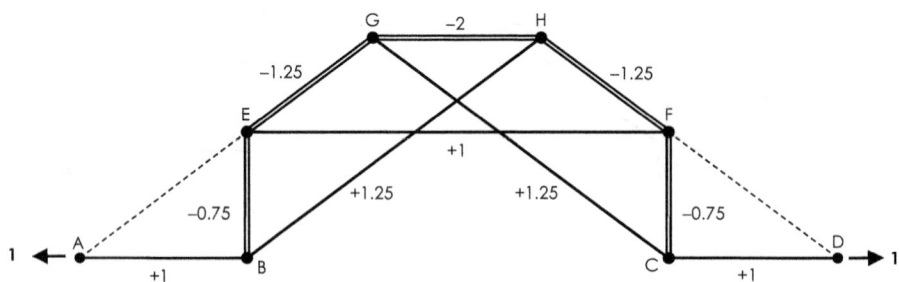

En el estado 2 la fuerza unitaria aplicada es vertical sobre el nudo C. Las reacciones en los apoyos A, B y C y los esfuerzos $N_{i,2}$ en las barras son los opuestos a los obtenidos en el Ejercicio 1.4.02 (con la fuerza unitaria aplicada en el nudo D).

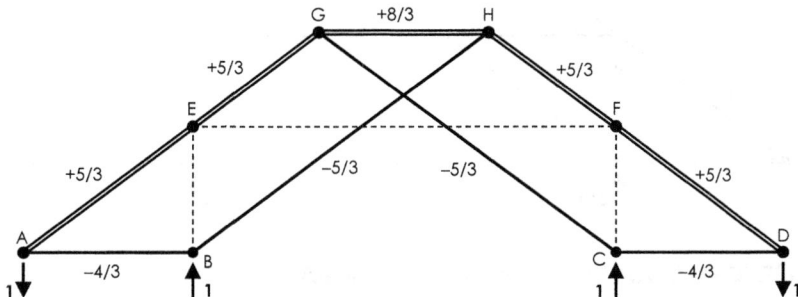

En la tabla se eliminan, en este caso, tres columnas en las que interviene el estado 0. Los valores de la rigidez son comunes a todas las barras y se tienen en cuenta posteriormente en el planteamiento de las ecuaciones de compatibilidad.

B	L	N_1	N_2	LN_1N_2	LN_1^2	LN_2^2
AB	320	1	–4/3	–1280/3	320	5120/9
CD	320	1	–4/3	–1280/3	320	5120/9
AE	400	0	5/3	0	0	10000/9
BE	240	–0.75	0	0	135	0
BH	700	1.25	–5/3	–4375/3	1093.75	17500/9
CG	700	1.25	–5/3	–4375/3	1093.75	17500/9
CF	240	–0.75	0	0	135	0
DF	400	0	5/3	0	0	10000/9
EF	800	1	0	0	800	0
EG	300	–1.25	5/3	–625	468.75	2500/3
FH	300	–1.25	5/3	–625	468.75	2500/3
GH	320	–2	8/3	–5120/3	1280	20480/9
			Σ	–20180/3	6115	100720/9

Las sumas finales obtenidas divididas entre la rigidez común EA son los coeficientes de las ecuaciones de compatibilidad. En el término independiente de la segunda se introduce el desplazamiento impuesto en el apoyo C:

$$0.06115 \times Dx - 0.20180/3 \times Cy = 0$$

$$-0.20180/3 \times Dx + 1.00720/9 \times Cy = 9.1$$

Su resolución proporciona los valores de las incógnitas hiperestáticas (Dx = 264, Cy = 240). Las demás reacciones y los esfuerzos en barras se obtienen mediante la suma de estados.

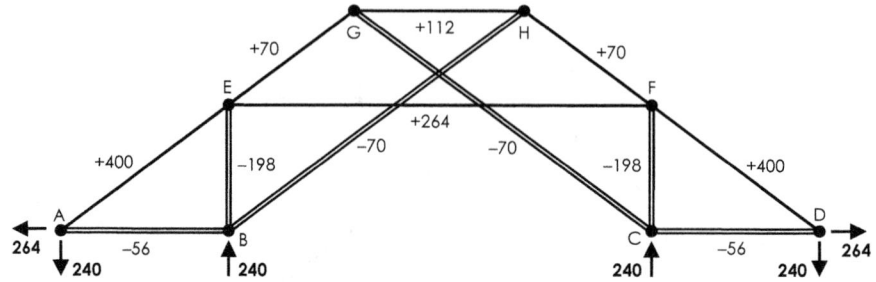

[1.5.3]. DEFORMACIONES ATENSIONALES EN BARRAS

Con independencia de la deformación elástica producida por los esfuerzos, la longitud de las barras puede presentar variaciones no relacionadas con su estado tensional. Esto se produce, por ejemplo, por posibles errores de construcción o por las variaciones de temperatura.

En este último caso, la dilatación dL que experimenta una barra por el efecto de una variación térmica depende de su longitud L, del coeficiente de dilatación C_d del material y de la diferencia entre la temperatura final y la inicial (dT = $T_f - T_i$), mediante la expresión dL = L C_d dT.

Estas variaciones atensionales no alteran las reacciones ni esfuerzos en las estructuras isostáticas, pero deben incorporarse a las ecuaciones de compatibilidad en los sistemas hiperestáticos sumándolas a las correspondientes deformaciones elásticas.

Los siguientes ejemplos aclaran los procedimientos de actuación y lo hacen sobre sistemas estructurales previamente resueltos, para el establecimiento del oportuno análisis comparativo y de impacto de estas deformaciones impuestas.

Ejercicio 1.5.3.01

El sistema articulado hiperestático de la figura está formado por perfiles de acero laminado (E = 21000 kN/cm^2) de 60 cm^2 de sección transversal.

La barra BF experimenta un incremento térmico de 24 ºC. El material posee un coeficiente de dilatación de valor 1.2×10^{-5} ºC^{-1}.

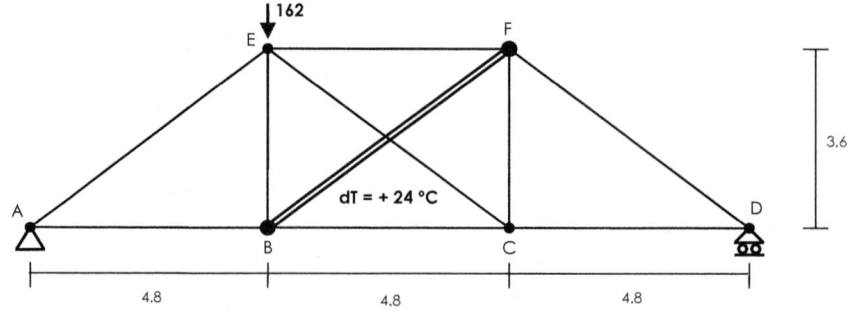

Determinar los valores de las reacciones y los esfuerzos en todas sus barras y compararlos con los correspondientes al Ejercicio 1.3.2.01.

SOLUCIÓN

El sistema es internamente hiperestático de primer grado. Para su resolución se elimina la barra BF, sustituyéndola por sus efectos: las dos fuerzas N_{BF} aplicadas sobre sus nudos extremos.

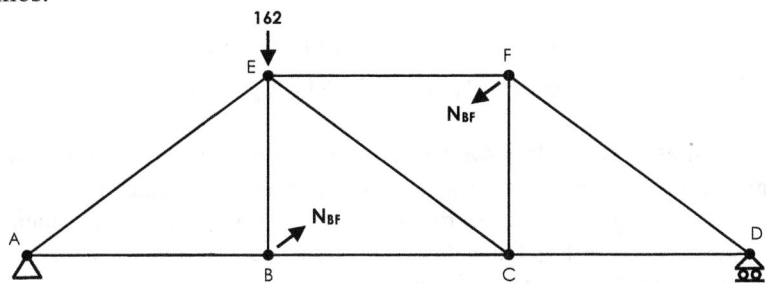

El sistema resultante es isostático y las reacciones y esfuerzos $N_{i,0}$ y $N_{i,1}$ correspondientes respectivamente a los estados 0 (solamente con la carga inicial) y 1 (con dos únicas fuerzas unitarias aplicadas en los nudos B y F) son los determinados previamente en el Ejercicio 1.3.2.01.

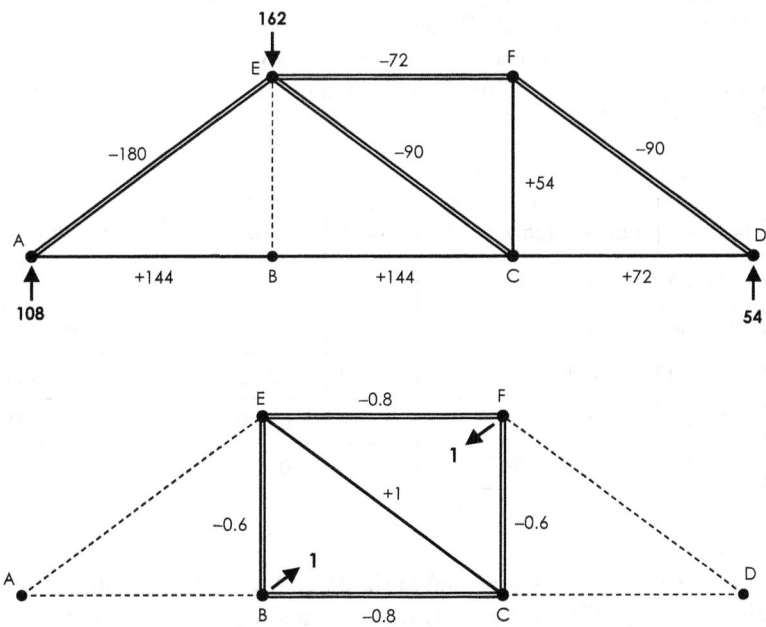

Para el cálculo de las variaciones de las distancias entre B y F en ambos estados se precisan a su vez dos estados virtuales (con esfuerzos $N'_{i,0}$ y $N'_{i,1}$), pero coinciden ambos con el estado 1.

$$N'_{i,0} = N'_{i,1} = N_{i,1}$$

Considerando además las características geométricas y mecánicas de las barras, estas variaciones adoptan los valores:

$$\delta_{BF,0} = \Sigma L_i N_{i,0} N'_{i,0}/E_i A_i = \Sigma L_i N_{i,0} N_{i,1}/E_i A_i$$

$$\delta_{BF,1} = \Sigma L_i N_{i,1} N'_{i,1}/E_i A_i = \Sigma L_i N_{i,1} N'_{i,1}/E_i A_i$$

El estado real es la suma del estado 0 más N_{BF} veces el estado 1. La variación final de la distancia entre nudos ($\delta_{BF} = -(\delta_{BF,0} + \delta_{BF,1} \times N_{BF})$) tiene que coincidir con la variación elástica de longitud de la barra BF más su variación por la dilatación térmica ($\delta_{BF} = L_{BF} N_{BF}/E_{BF} A_{BF} + L_{BF} Cd_{BF} dT_{BF}$). El signo negativo de la primera se debe al sentido adoptado para las fuerzas unitarias. Igualando ambas se determina la incógnita hiperestática:

$$N_{BF} = -(\delta_{BF,0} + L_{BF} Cd_{BF} dT_{BF})/(\delta_{BF,1} + L_{BF}/E_{BF} A_{BF})$$

Todos los cálculos numéricos se organizan en el siguiente cuadro. En él se incluyen todas las barras con $N_{i,1}$ no nulo (no se eliminan las barras con $N_{i,0} = 0$).

La columna inicial del cuadro contiene la identificación de las barras, las tres siguientes sus parámetros E, A y L y a continuación los valores de $N_{i,0}$ y $N_{i,1}$. Las dos siguientes son las columnas de cálculo de las variaciones de distancias $\delta_{BF,0}$ $\delta_{BF,1}$; en la última fila se disponen las correspondientes sumas y valor N_{BF} calculado con la expresión anterior, y en la última columna los esfuerzos reales tras la suma de estados ($N_i = N_{i,0} + N_{i,1} \times N_{BF}$).

Barras	E (kN/cm²)	A (cm²)	L (cm)	N_0 (kN)	N_1 (adim)	LN_0N_1 (cm)	LN_1^2 (cm/kN)	N (kN)
BC	21000	60	480	144	−0.8	−0.04388571	0.0002438095	192
BE	21000	60	360	0	−0.6	0	0.0001028571	36
CE	21000	60	600	−90	1	−0.04285714	0.0004761904	−150
CF	21000	60	360	54	−0.6	−0.00925714	0.0001028571	90
EF	21000	60	480	−72	−0.8	0.02194285	0.0002438095	−24
$\delta_{BF,0}$ (Σ), $\delta_{BF,1}$ (Σ), N_{BF}						−0.07405714	0.0011695238	−60

En el Ejercicio 1.3.2.01 se simplificó la rigidez EA en varias columnas del cuadro y en la ecuación de compatibilidad para la determinación de N_{BF}. La existencia ahora de una deformación impuesta independiente de EA no permite esta simplificación.

El valor de los esfuerzos finales en el resto de las barras (en las que $N_{i,1} = 0$) coincide con el correspondiente al estado 0. Las reacciones en los apoyos también se pueden determinar sumando los estados (en este caso, las reacciones son nulas en el estado 1 y las totales coinciden directamente con las del estado 0).

Todos los resultados se trasladan a la figura y ésta refleja finalmente el funcionamiento del sistema hiperestático con el incremento térmico en la barra BF.

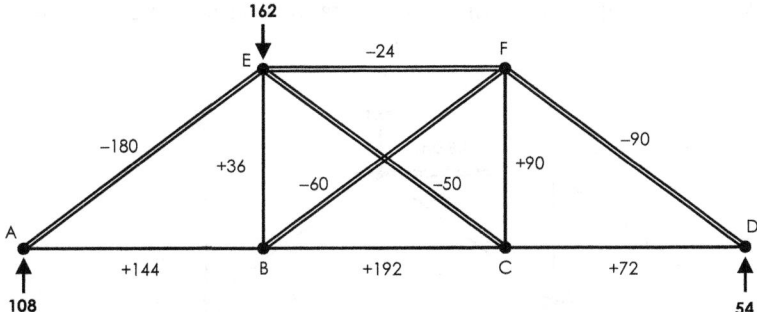

A continuación se transcriben las reacciones y esfuerzos obtenidos en el Ejercicio 1.3.2.01 para su análisis comparativo.

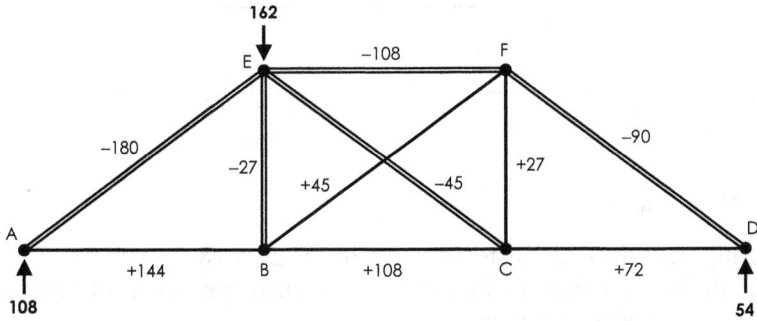

De acuerdo con el principio de superposición, la diferencia entre los valores de ambas figuras refleja el efecto exclusivo de la dilatación térmica en la barra BF:

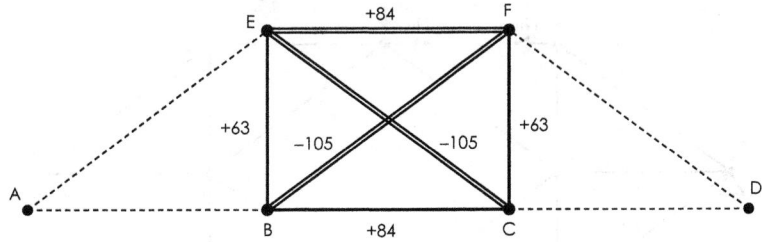

Como se puede apreciar, este efecto no altera las reacciones y modifica simétricamente los esfuerzos en el rectángulo central (comprimiendo las diagonales y traccionando los lados).

Ejercicio 1.5.3.02

El sistema hiperestático representado está formado por barras de un material con módulo de elasticidad $E = 10000$ kN/cm^2. Las correspondientes al hexágono exterior tienen una sección transversal de 75 cm^2, las del rombo interior de 45 cm^2 y el resto de 60 cm^2.

Determinar los esfuerzos en toda la estructura producidos por la carga vertical de 564 kN y un incremento de longitud (por error de ejecución) de 35 milímetros en la barra HI. Analizar comparativamente los resultados con los obtenidos en el Ejercicio 1.3.2.03.

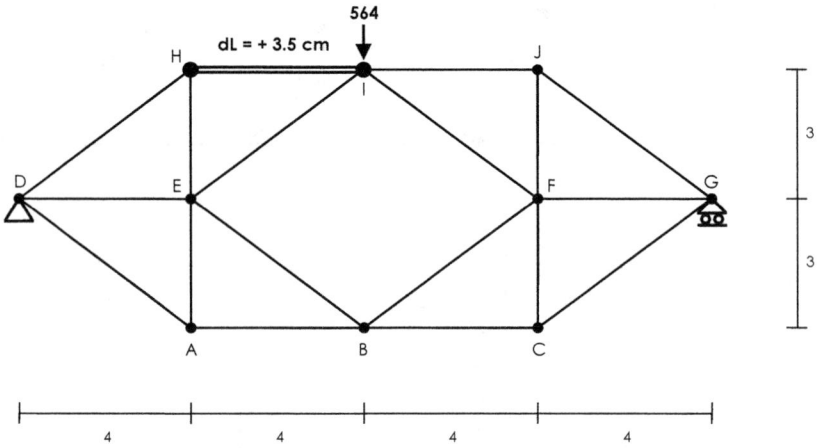

SOLUCIÓN

El grado de hiperestatismo del sistema es $g = b + r - 2n = 18 + 3 - 2 \times 10 = 1$. Se adopta como incógnita hiperestática el esfuerzo N_{HI} y se sustituye la barra HI por las fuerzas ejercidas sobre sus nudos extremos.

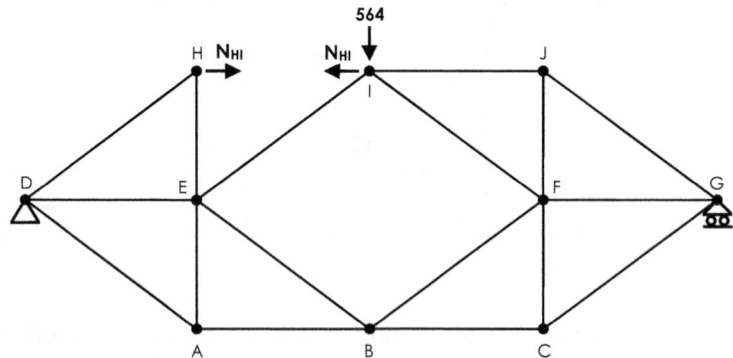

Sobre el sistema isostático resultante se reflejan las reacciones y esfuerzos que provoca la carga inicial (estado 0), ya determinados en el Ejercicio 1.3.2.03.

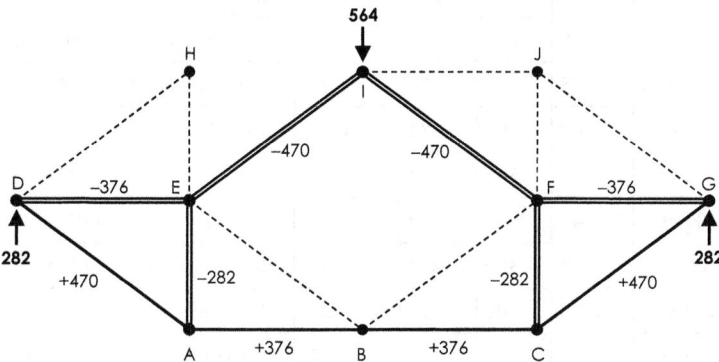

En el estado 1 se consideran exclusivamente dos fuerzas unitarias aplicadas en los nudos H e I. Del mismo ejercicio se obtienen también los valores de los esfuerzos $N_{i,1}$ en todas las barras.

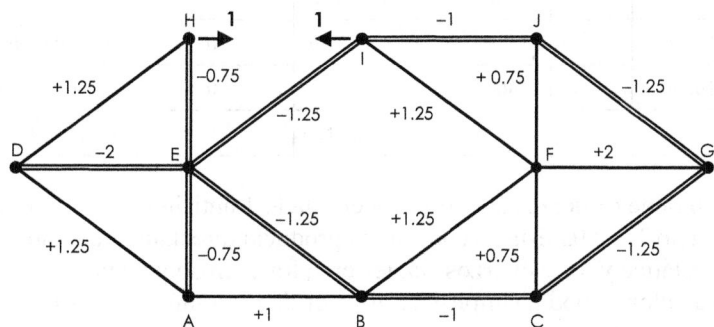

El estado real es la suma del estado 0 más N_{HI} veces el estado 1. La variación final de la distancia entre los nudos $[\delta_{HI} = -(\delta_{HI,0} + \delta_{HI,1} \times N_{HI})]$ ha de coincidir con la variación elástica de la longitud de la barra HI más su variación por error de construcción $(\delta_{HI} = L_{HI} N_{HI}/E_{HI} A_{HI} + dL_{HI})$. El signo negativo de la primera se debe al sentido adoptado para las fuerzas unitarias. Igualando ambas se determina la incógnita hiperestática:

$$N_{HI} = -(\delta_{HI,0} + dL_{HI})/(\delta_{HI,1} + L_{HI}/E_{HI} A_{HI})$$

A continuación se reproduce la tabla correspondiente con todos los datos de las barras y los valores obtenidos de los cálculos.

Barras	E (kN/cm²)	A (cm²)	L (cm)	N_0 (kN)	N_1 (adim)	LN_0N_1 (cm)	LN_1^2 (cm/kN)	N (kN)
AB	10000	75	400	376	1	0.200533333	0.000533333	198.36
BC	10000	75	400	376	−1	−0.200533333	0.000533333	553.64
AD	10000	75	500	470	1.25	0.391666667	0.001041667	247.95
AE	10000	60	300	−282	−0.75	0.105750000	0.000281250	−148.77
BE	10000	45	500	0	−1.25	0	0.001736111	222.05
BF	10000	45	500	0	1.25	0	0.001736111	−222.05
CF	10000	60	300	−282	0.75	−0.105750000	0.000281250	−415,23
CG	10000	75	500	470	−1.25	−0.391666667	0.001041667	692.05
DE	10000	60	400	−376	2	−0.501333333	0.002666667	−20.72
FG	10000	60	400	−376	−2	0.501333333	0.002666667	−731.28
DH	10000	75	500	0	1.25	0	0.001041667	−222,05
EH	10000	60	300	0	−0.75	0	0.000281250	133.23
EI	10000	45	500	−470	−1.25	0.652777778	0.001736111	−247.95
FI	10000	45	500	−470	1.25	−0.652777778	0.001736111	−692.05
FJ	10000	60	300	0	0.75	0	0.000281250	−133.23
GJ	10000	75	500	0	−1.25	0	0.001041667	222.05
IJ	10000	75	400	0	−1	0	0.000533333	177.64
$\delta_{HI,0}$ (Σ), $\delta_{HI,1}$ (Σ), N_{HI}						0	0.019169444	−177.64

El estado 0 tiene esfuerzos simétricos y el estado 1 antisimétricos. Por ello $\Sigma N_0 N_1 = 0$. En el Ejercicio 1.3.2.03 esta circunstancia producía directamente la nulidad de la incógnita hiperestática y los esfuerzos finales eran los correspondientes al estado 0. Además, en los cálculos se podía simplificar el valor de E (común a todas las barras).

Sin embargo, la aparición ahora de un alargamiento impuesto en la barra HI proporciona un valor no nulo para N_{HI}. A pesar de seguir siendo $\delta_{HI,0} = 0$

$$N_{HI} = -dL_{HI}/(\delta_{HI,1} + L_{HI}/E_{HI} A_{HI}) = 177.64 \text{ kN}$$

También se aprecia la influencia del módulo de elasticidad, aunque sea el mismo en toda la estructura. El efecto de la deformación impuesta aumenta con el valor de E.

Los esfuerzos en las restantes barras se determinan mediante la suma de estados. Estos se trasladan a la figura siguiente y allí se aprecia el funcionamiento del sistema hiperestático con el incremento de longitud de la barra HI.

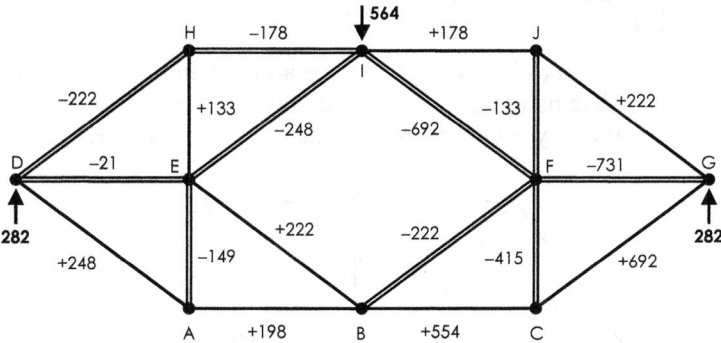

Para el correspondiente análisis comparativo se reproducen a continuación los resultados obtenidos en el Ejercicio 1.3.2.03. La última figura refleja las diferencias (excluyendo los efectos de la carga aplicada de 564 kN) y permite el estudio de la influencia exclusiva de la deformación impuesta.

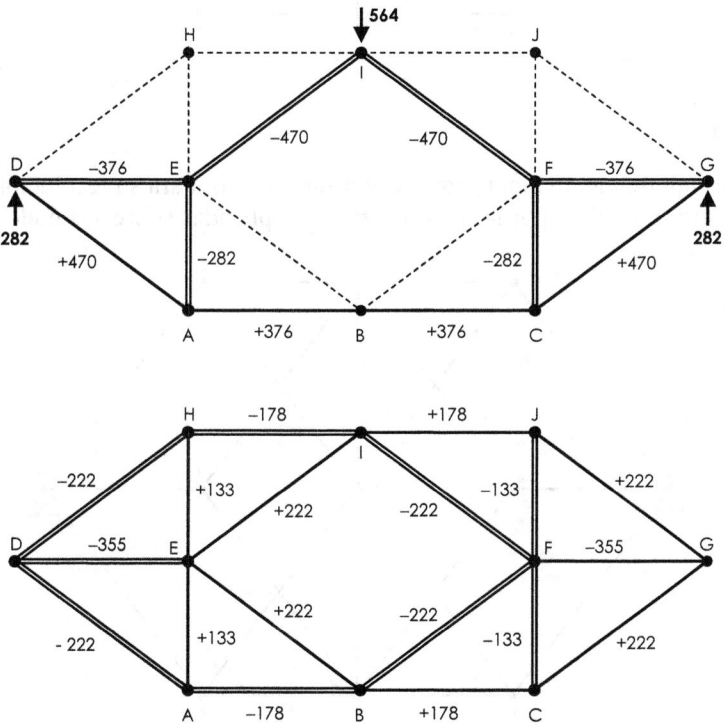

A pesar de la falta de simetría del alargamiento de la barra HI, los esfuerzos presentan un comportamiento simétrico ante el eje horizontal DG y antisimétrico frente al eje vertical BI.

Ejercicio 1.5.3.03

Determinar los esfuerzos producidos por un acortamiento inicial de 16 milímetros en la barra vertical FJ del sistema estructural representado. Todas las barras poseen una sección transversal de 50 cm^2 y están compuestas de un material con E = 20000 kN/cm^2.

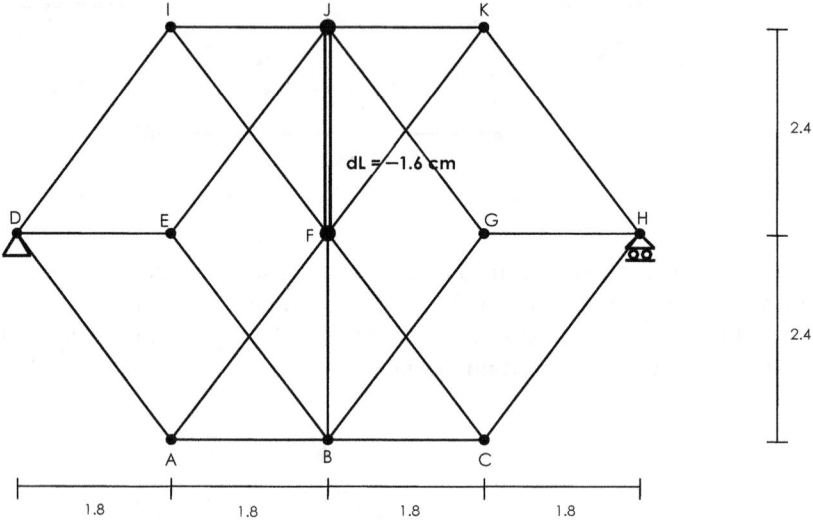

SOLUCIÓN

El sistema es internamente hiperestático de primer grado. Para su resolución se elimina la barra FJ, sustituyéndola por las dos fuerzas N_{FJ} aplicadas sobre sus nudos extremos.

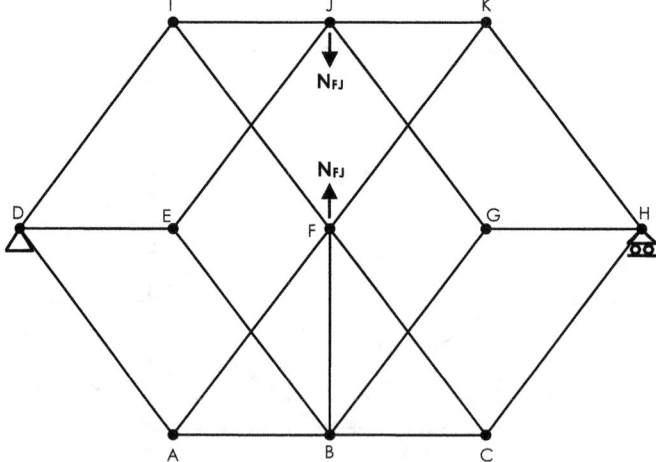

Al no existir cargas exteriores sobre los nudos, los esfuerzos $N_{i,0}$ correspondientes al estado 0 son todos nulos. Los esfuerzos $N_{i,1}$ correspondientes al estado 1 son los producidos por las dos fuerzas unitarias aplicadas en los nudos F y J, y se han obtenido previamente en el Ejercicio 1.3.2.05.

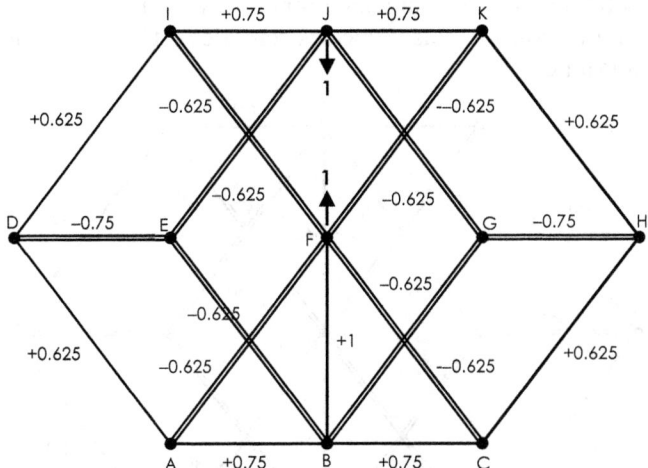

Como $\delta_{HI,0} = 0$ y la rigidez EA es la misma en todas las barras, la incógnita hiperestática se puede determinar mediante una expresión simplificada.

$$N_{FJ} = -dL_{FJ}/(\delta_{FJ,1} + L_{FJ}/EA) = -dL_{FJ}/[(\Sigma L_i N_{i,1}^2)/EA + L_{FJ}/EA]$$
$$= -EA\, dL_{FJ}/[(\Sigma L_i N_{i,1}^2) + L_{FJ}]$$

Esto permite una notable reducción del correspondiente cuadro de cálculo. Una vez determinado N_{FJ}, los esfuerzos en las demás barras se obtienen multiplicando $N_{i,1}$ por ese valor.

Barras	L (cm)	N_1 (adim)	LN_1^2 (cm)	N (kN)
AB	180	0.75	101.25	481.2
BC	180	0.75	101.25	481.2
AD	300	0.625	117.1875	401
AF	300	−0.625	117.1875	−401
BE	300	−0.625	117.1875	−401
BF	240	1	240	641.6
BG	300	−0.625	117.1875	−401
CF	300	−0.625	117.1875	−401
CH	300	0.625	117.1875	401
DE	180	−0.75	101.25	−481.2
GH	180	−0.75	101.25	−481.2
DI	300	0.625	117.1875	401
EJ	300	−0.625	117.1875	−401
FI	300	−0.625	117.1875	−401
FK	300	−0.625	117.1875	−401
GJ	300	−0.625	117.1875	−401
HK	300	0.625	117.1875	401
IJ	180	0.75	101.25	481.2
JK	180	0.75	101.25	481.2
ΣLN_1^2, N_{FJ}			2253.75	−641.6

Los esfuerzos finales son directamente proporcionales a los del estado 1. Como en él, las barras del anillo exterior y las verticales centrales están traccionadas y el resto de las interiores comprimidas.

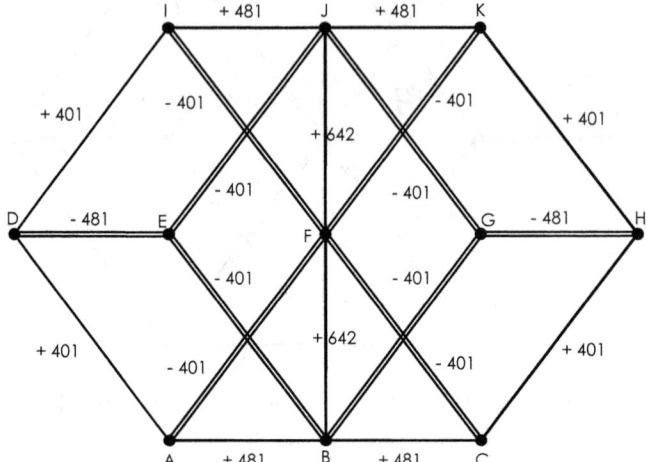

Es significativo resaltar que la pequeña variación de longitud de una barra (menor del 1%) provoca esfuerzos muy notables en toda la estructura.

Ejercicio 1.5.3.04

Todas las barras del sistema articulado hiperestático de la figura son perfiles de acero laminado (E = 21000 kN/cm², Cd = 1.2 × 10⁻⁵ °C⁻¹) con una sección transversal de 38 cm² (las exteriores) y 26 cm² (las interiores). Determinar los esfuerzos provocados por un descenso térmico de 30 °C en su barra HJ.

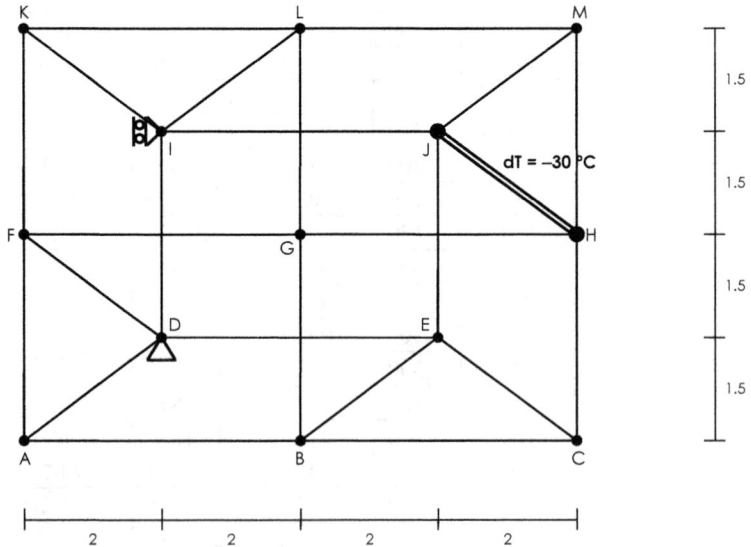

SOLUCIÓN

El sistema es internamente hiperestático de primer grado. Para su resolución se elimina inicialmente la barra HJ, sustituyéndola por las dos fuerzas N_{HJ} aplicadas en sus extremos.

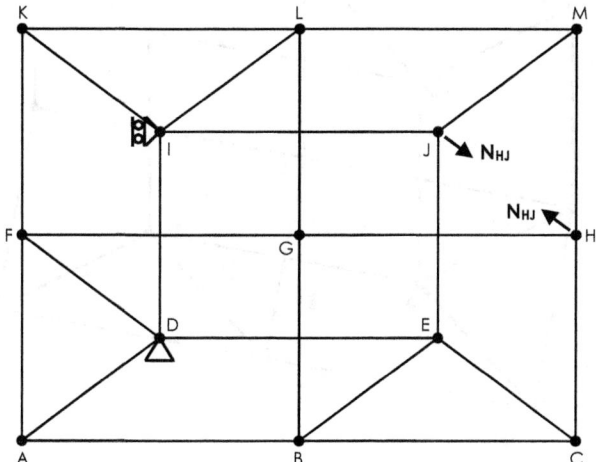

No existen cargas exteriores sobre los nudos y, por tanto, tampoco un estado 0. En el estado 1 se consideran exclusivamente dos fuerzas unitarias aplicadas en los nudos H y J.

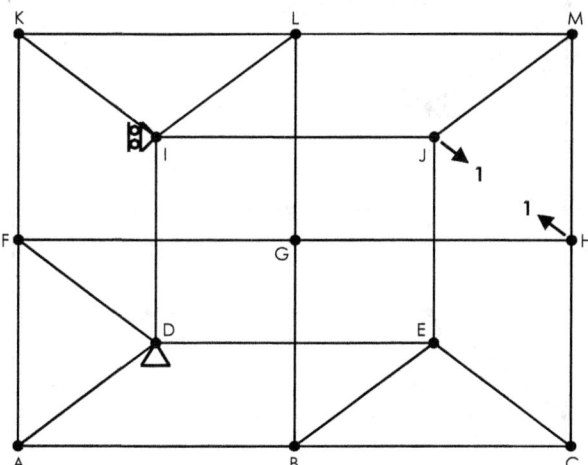

En este caso, los esfuerzos $N_{i,1}$ no se pueden calcular porque la eliminación de la barra HJ transforma la estructura en un sistema crítico. Su condición de mecanismo se puede comprobar en la siguiente figura: en ella se refleja la distorsión producida por un acercamiento entre los nudos H y J, manteniendo inalterables las longitudes de las barras.

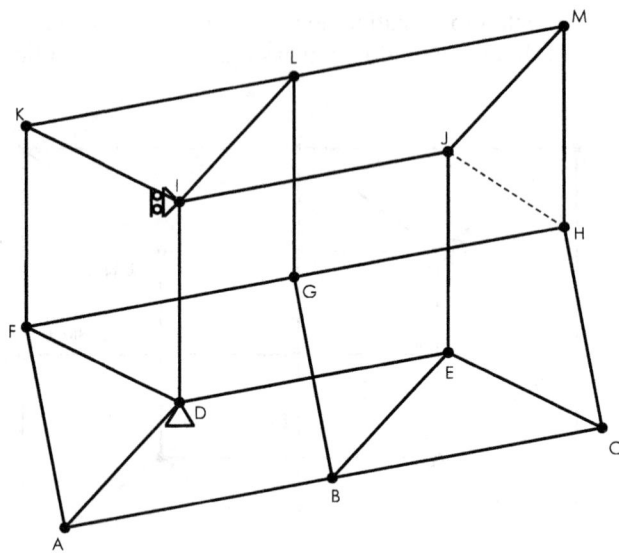

Un descenso de temperatura en la barra HJ producirá una deformación homotética a la indicada y esfuerzos nulos en todas las barras.

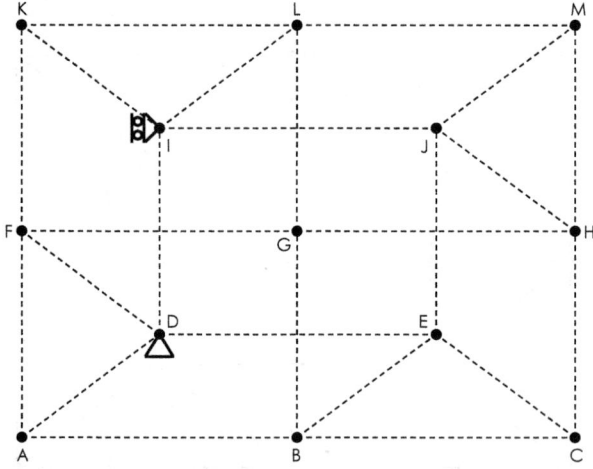

Como se puede apreciar en este ejercicio, aunque es lo habitual, no siempre una deformación impuesta acarrea estados tensionales en estructuras hiperestáticas. En la estructura analizada, una variación longitudinal de una o varias de las barras señaladas con doble trazo en la siguiente figura no produce esfuerzos.

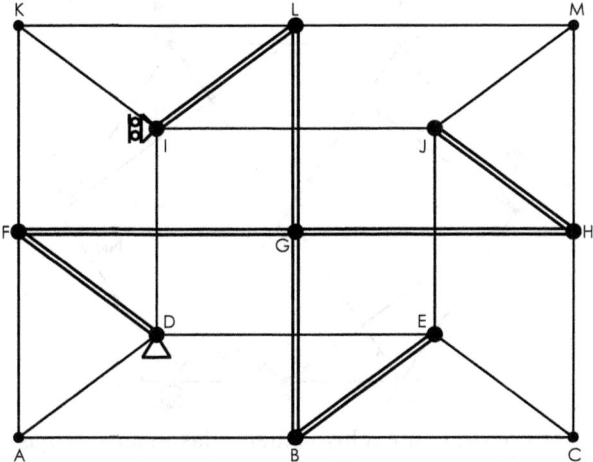

Sin embargo, cualquier variación longitudinal en una de las barras reflejadas en trazo simple provoca esfuerzos de consideración en ese conjunto de barras (y esfuerzos nulos en las marcadas con doble trazo).

Ejercicio 1.5.3.05

El sistema articulado de la figura está formado por barras del mismo material (E = 18000 kN/cm²) y diferentes secciones transversales (50 cm² en las barras del hexágono exterior, 25 cm² en las del rombo interior y 20 cm² en las diagonales centrales).

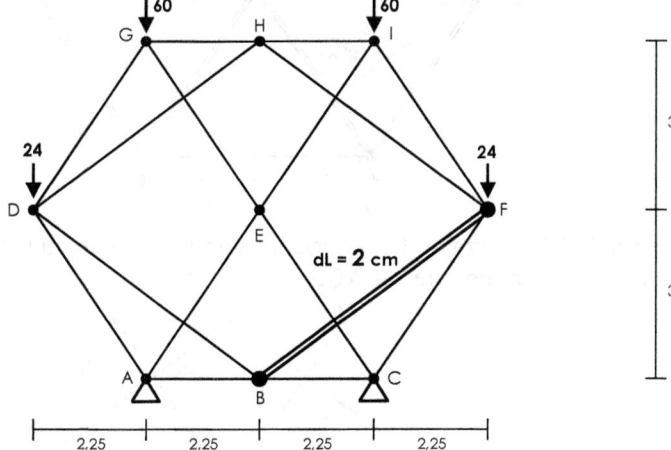

Determinar las reacciones y esfuerzos que producen las cuatro cargas indicadas y un incremento inicial de longitud de 20 milímetros en la barra BF. Comparar los resultados con los del Ejercicio 1.4.05 y analizar el efecto exclusivo de la deformación impuesta.

SOLUCIÓN

El sistema es hiperestático de segundo grado y se transforma en isostático sustituyendo la coacción horizontal en C por la reacción Cx y la barra BF por las fuerzas N_{BF}.

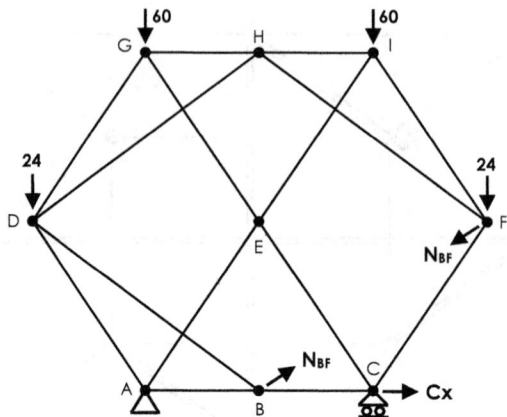

En el estado 0 se consideran exclusivamente las cuatro cargas iniciales sobre los nudos. Las reacciones y los esfuerzos $N_{i,0}$ son los determinados previamente en el Ejercicio 1.4.05.

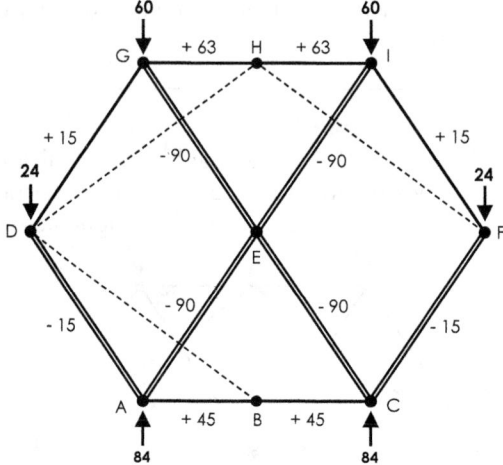

En el estado 1 la fuerza unitaria horizontal aplicada en el nudo C solamente produce esfuerzos $N_{i,1}$ en el tramo inferior AC.

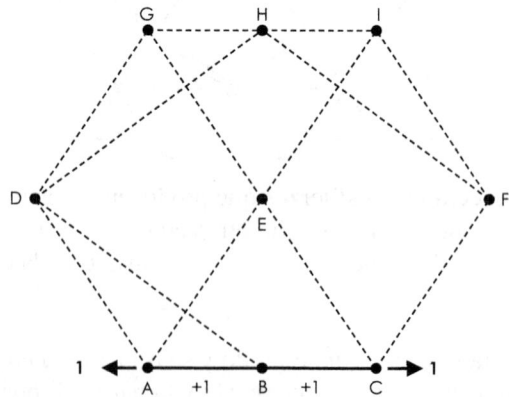

En el estado 2 las únicas fuerzas actuantes son dos unitarias aplicadas en los nudos B y F según la dirección que los une. En este caso las reacciones en los apoyos son nulas y los esfuerzos $N_{i,2}$ en las barras se pueden obtener aplicando el método de Henneberg. Los resultados así obtenidos en el Ejercicio 1.4.05 se representan en la figura siguiente.

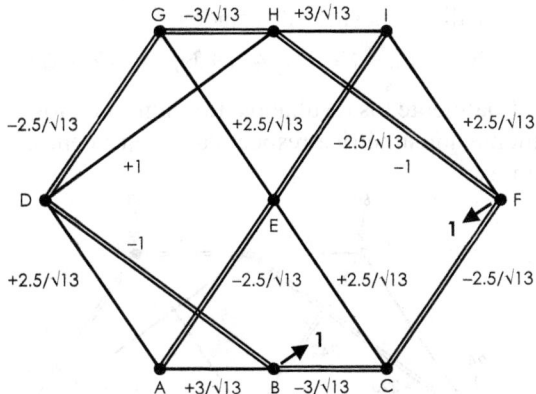

El módulo de elasticidad es común a todas las barras y no se considera por ello en la tabla (se aplicará después en la segunda ecuación de compatibilidad).

B	A	L	N_0	N_1	N_2	LN_0N_1/A	LN_0N_2/A	LN_1N_2/A	LN_1^2/A	LN_2^2/A
AB	50	225	45	1	$3/\sqrt{13}$	202.5	$607.5/\sqrt{13}$	$13.5/\sqrt{13}$	4.5	40.5/13
BC	50	225	45	1	$-3/\sqrt{13}$	202.5	$-607.5/\sqrt{13}$	$-13.5/\sqrt{13}$	4.5	40.5/13
AD	50	375	−15	0	$2.5/\sqrt{13}$	0	$-281.25/\sqrt{13}$	0	0	46.875/13
AE	25	375	−90	0	$-2.5/\sqrt{13}$	0	$3375/\sqrt{13}$	0	0	93.75/13
BD	20	$150\sqrt{13}$	0	0	−1	0	0	0	0	$97.5/\sqrt{13}$
CE	25	375	−90	0	$2.5/\sqrt{13}$	0	$-3375/\sqrt{13}$	0	0	93.75/13
CF	50	375	−15	0	$-2.5/\sqrt{13}$	0	$281.25/\sqrt{13}$	0	0	46.875/13
DG	50	375	15	0	$-2.5/\sqrt{13}$	0	$-281.25/\sqrt{13}$	0	0	46.875/13
DH	20	$150\sqrt{13}$	0	0	1	0	0	0	0	$97.5/\sqrt{13}$
EG	25	375	−90	0	$2.5/\sqrt{13}$	0	$-3375/\sqrt{13}$	0	0	93.75/13
EI	25	375	−90	0	$-2.5/\sqrt{13}$	0	$3375/\sqrt{13}$	0	0	93.75/13
FH	20	$150\sqrt{13}$	0	0	−1	0	0	0	0	$97.5/\sqrt{13}$
FI	50	375	15	0	$2.5/\sqrt{13}$	0	$281.25/\sqrt{13}$	0	0	46.875/13
GH	50	225	63	0	$-3/\sqrt{13}$	0	$-850.5/\sqrt{13}$	0	0	40.5/13
HI	50	225	63	0	$3/\sqrt{13}$	0	$850.5/\sqrt{13}$	0	0	40.5/13
					Σ	405	0	0	9	136.85567

Las sumas $\Sigma LN_0N_2/A$ y $\Sigma LN_1N_2/A$ resultan ambas nulas por el carácter antisimétrico de los esfuerzos en el estado 2 y simétrico en los estados 0 y 1.

La nulidad del término $\Sigma LN_1N_2/A$ provoca la independencia de las ecuaciones de compatibilidad. La primera ecuación es independiente del valor de E.

$$9 \times Cx + 405 = 0 \rightarrow Cx = -45$$

La nulidad de $\Sigma L N_0 N_2 / A$ elimina el término independiente elástico de la segunda ecuación. El alargamiento impuesto de la barra BF hace intervenir el módulo de elasticidad: $(136.85567 + L_{BF}/A_{BF})/E \times N_{BF} - 2 = 0 \rightarrow N_{BF} = -219.65$.

Las reacciones son las correspondientes al estado 0. El resto de los esfuerzos se obtiene a partir de Cx y mediante la suma de estados:

$$N_i = N_{i,0} + N_{i,1} \times (-45) + N_{i,2} \times (-219.65)$$

La figura refleja finalmente los resultados. Los signos de los esfuerzos presentan una distribución doblemente antisimétrica respecto a los ejes centrales horizontal y vertical (pero no así sus valores).

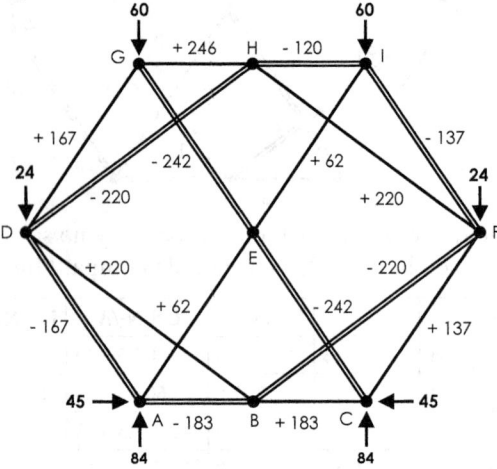

Para el análisis comparativo con el Ejercicio 1.4.05 (sin la deformación impuesta) se transcriben a continuación los resultados allí obtenidos.

En este caso, los esfuerzos presentan una distribución simétrica respecto al eje vertical central, tanto en signos como en valores.

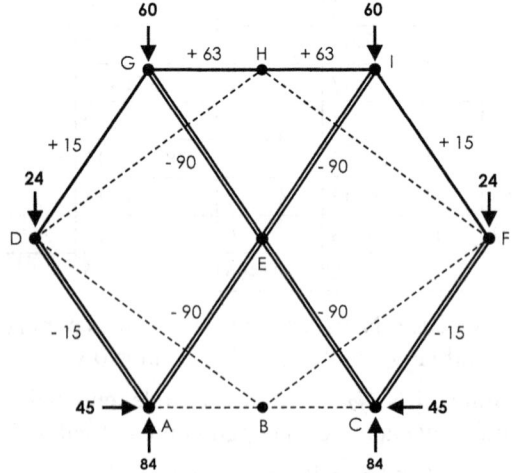

La figura anterior refleja las diferencias entre ambos resultados y proporciona los efectos de alargamiento inicial de 20 milímetros en la barra BF.

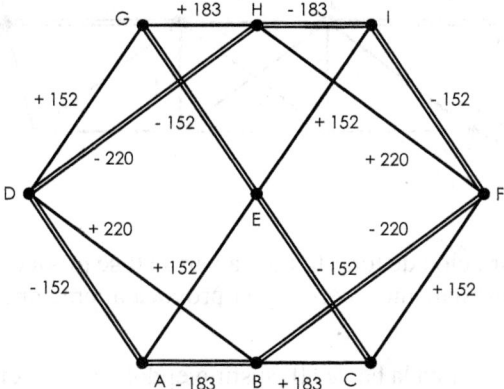

Ahora el comportamiento doblemente antisimétrico respecto a ambos ejes centrales (horizontal y vertical) es aplicable tanto a los signos como a los valores de los esfuerzos en todas las barras.

Ejercicio 1.5.3.06

El sistema articulado de la figura está formado por barras de 20000 kN/cm^2 de módulo de elasticidad y 10^{-5} °C^{-1} de coeficiente de dilatación. Las horizontales tienen una sección transversal de 50 cm^2 y el resto de 25 cm^2.

Determinar los valores de los esfuerzos en toda la estructura provocados por la fuerza horizontal aplicada en el apoyo deslizante y por un incremento térmico de 46 °C en las tres barras horizontales del cordón superior (GH, HI, IJ) y de 18 °C en las dos inclinadas extremas (AG, JF).

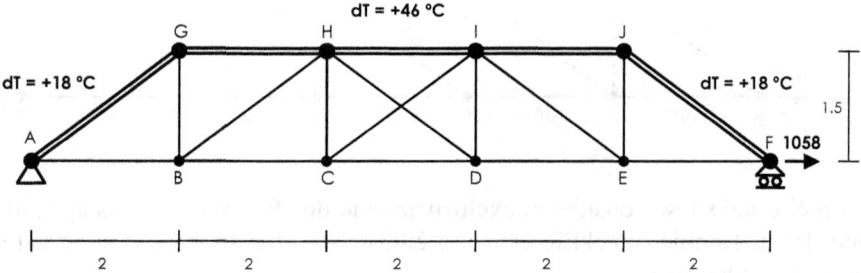

Analizar el efecto aislado de la dilatación térmica comparando los resultados de este ejercicio con los obtenidos en el Ejercicio 1.3.2.02.

SOLUCIÓN

La variación de temperatura en las barras AG, GH, IJ y JK se produce en una zona de la estructura con comportamiento isostático.

Su incremento de longitud por dilatación provoca deformaciones como las reflejadas en la figura siguiente, pero no variaciones en los esfuerzos de las barras.

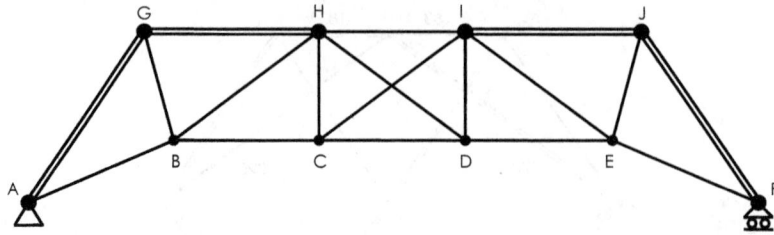

Sin embargo, la variación de longitud de la barra HI se produce en la zona central de la estructura, con hiperestatismo interno, y sí provoca alteraciones en los esfuerzos de las barras.

Para su análisis se elimina la barra HI, sustituyéndola por sus efectos sobre la estructura (las dos fuerzas N_{HI} aplicadas sobre sus nudos extremos).

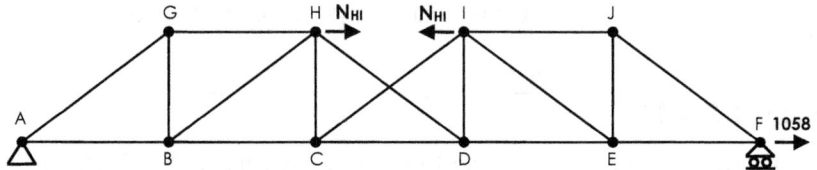

Los sentidos de estas fuerzas suponen inicialmente un comportamiento en tracción de la barra HI y es previsible un resultado negativo de la incógnita hiperestática N_{HI}.

Las reacciones y esfuerzos $N_{i,0}$ del nuevo sistema isostático bajo la carga inicial (estado 0) se determinan fácilmente por el método de unicidad.

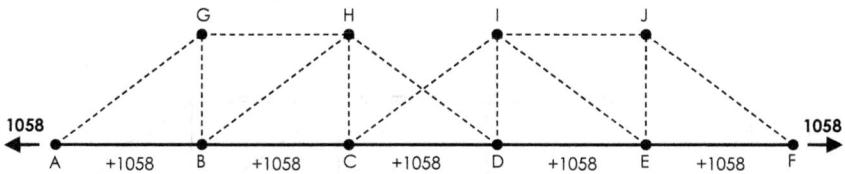

En el estado 1 se consideran exclusivamente dos fuerzas unitarias aplicadas en los nudos H e I. También en el Ejercicio 1.3.2.02 están calculados los valores de los esfuerzos $N_{i,1}$ en todas las barras.

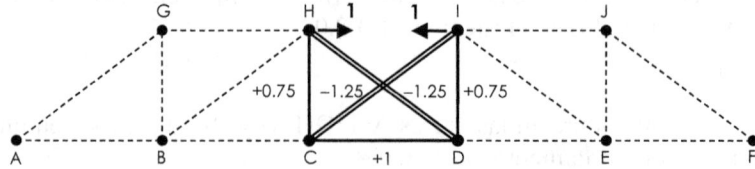

El estado real es la suma del estado 0 más N_{HI} veces el estado 1. La variación final de la distancia entre los nudos extremos de la barra HI [$\delta_{HI} = -(\delta_{HI,0} + \delta_{HI,1} \times N_{HI})$] tiene que coincidir con la variación elástica de la longitud de la barra más su variación por la dilatación térmica ($\delta_{HI} = L_{HI} N_{HI}/E_{HI} A_{HI} + L_{HI} Cd_{HI} dT_{HI}$). Igualando ambas expresiones se determina el valor de la incógnita hiperestática.

$$N_{HI} = -(\delta_{HI,0} + L_{HI} Cd_{HI} dT_{HI})/(\delta_{HI,1} + L_{HI}/E_{HI} A_{HI})$$

Todos los cálculos numéricos se organizan en el correspondiente cuadro, incluyendo en él solamente las cinco barras con $N_{i,1}$ no nulo.

Barras	E (kN/cm²)	A (cm²)	L (cm)	N₀ (kN)	N₁ (adim)	LN₀N₁/EA (cm)	LN₁²/EA (cm/kN)	N (kN)
CD	20000	50	200	1058	1	0.2116	0.00020000	926
CH	20000	25	150	0	0.75	0	0.00016875	−99
CI	20000	25	250	0	−1,25	0	0.00078125	165
DH	20000	25	250	0	−1.25	0	0.00078125	165
DI	20000	25	150	0	0.75	0	0.00016875	−99
$\delta_{HI,0}$ (Σ), $\delta_{HI,1}$ (Σ), N_{HI}						0.2116	0.0021	−132

Sustituyendo los valores de las sumas $\delta_{HI,0}$ y $\delta_{HI,1}$, los datos de la barra HI y los de su dilatación térmica, se llega al valor reflejado en la última fila y columna de la tabla:

$$N_{HI} = -(0.2116 + 200 \times 10^{-5} \times 46)/[0.0021 + 200/(20000 \times 50)] = -132$$

Con este esfuerzo se calculan (mediante suma de estados) los correspondientes a las otras cinco barras del rectángulo central y se disponen en la última columna. Las reacciones y los esfuerzos en el resto de las barras (donde $N_{i,1} = 0$) son los correspondientes al estado 0. Los resultados finales se indican en la figura.

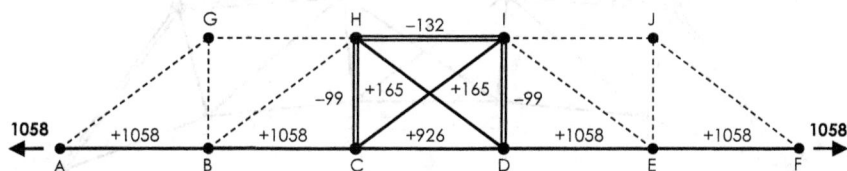

Para analizar las diferencias con el Ejercicio 1.3.2.02 se reproducen a continuación los resultados allí obtenidos.

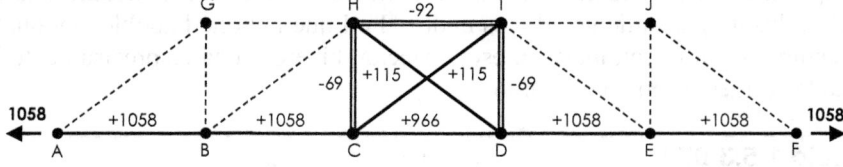

Mediante la aplicación del principio de superposición de efectos, se elimina ahora la contribución de la carga horizontal en el apoyo F. Restando, barra a barra, los esfuerzos correspondientes de las dos figuras anteriores se obtiene el efecto del incremento térmico de la barra HI.

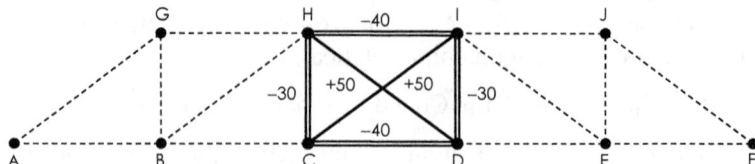

Como se puede observar, el impacto de esta deformación impuesta sobre los esfuerzos en las barras se circunscribe al rectángulo hiperestático. Sí afecta, sin embargo, a las deformaciones de todo el sistema y en la siguiente figura se refleja una aproximación de esta influencia.

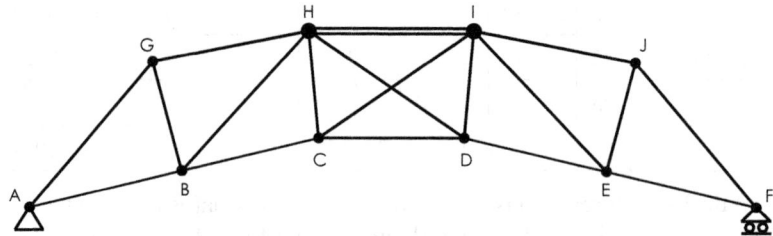

Si a esta deformación se le suma la indicada al comienzo del ejercicio para las otras cuatro barras laterales (con la diferencia de escalas adecuada), se obtiene finalmente la representación de las deformaciones de la estructura motivadas por el incremento térmico en las cinco barras superiores.

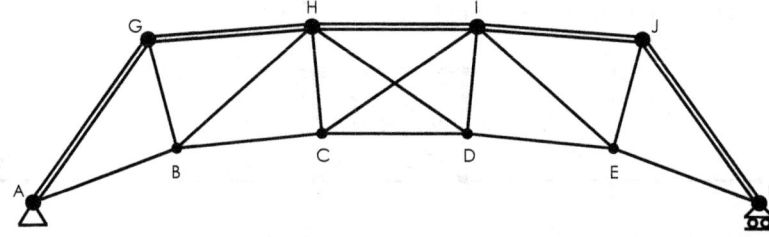

El efecto relativo de la dilatación de la barra central HI sobre las deformaciones es menor que el correspondiente a las cuatro barras laterales. Esto es debido a la mayor coacción a los desplazamientos de los nudos H e I que impone la doble diagonal en el tramo central. Como contrapartida, esta coacción hiperestática es precisamente la que provoca los esfuerzos en dicho tramo.

Ejercicio 1.5.3.07

Todas las barras del sistema estructural de la figura tienen un módulo de elasticidad de valor E = 15000 kN/cm^2 y una sección transversal de 54 cm^2.

Determinar los valores de los esfuerzos producidos por diversos alargamientos iniciales de 31 milímetros en las barras verticales. Analizar primero los efectos del alargamiento de la barra central CH, a continuación los efectos del alargamiento de las dos laterales AF y EJ y finalmente los de las tres barras simultáneamente.

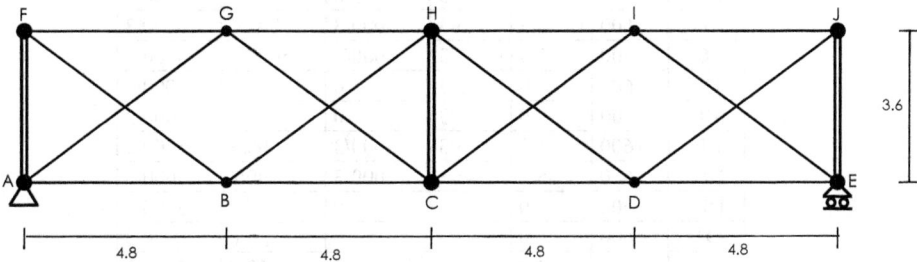

SOLUCIÓN

El sistema tiene 2 grados de hiperestatismo interno. Se sustituyen inicialmente las barras CH y EJ por las fuerzas que ejercen sobre la estructura.

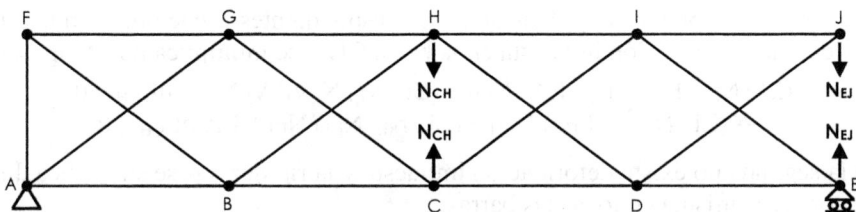

A continuación se obtienen los esfuerzos $N_{i,1}$ y $N_{i,2}$ correspondientes a los estados 1 y 2 con fuerzas unitarias en los correspondientes nudos.

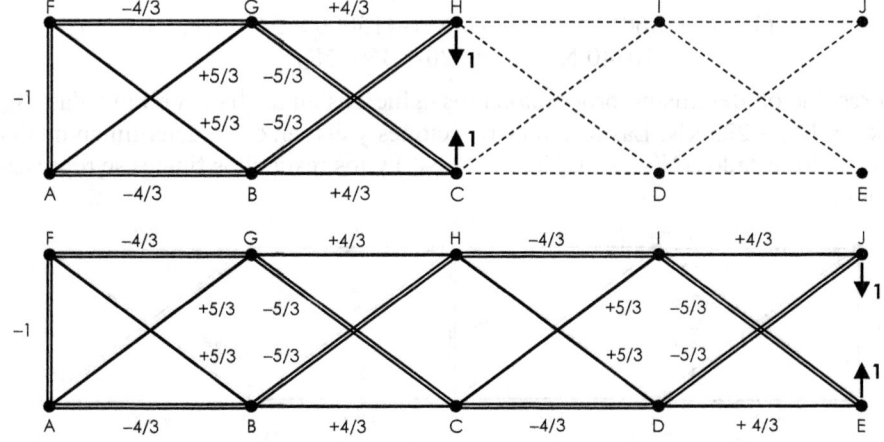

Con los resultados se compone la tabla siguiente. No se incluyen las columnas de los módulos de elasticidad y las áreas por ser comunes a todas las barras.

B	L	N_1	N_2	LN_1N_2	$LN_1{}^2$	$LN_2{}^2$
AB	480	−4/3	−4/3	2560/3	2560/3	2560/3
BC	480	4/3	4/3	2560/3	2560/3	2560/3
CD	480	0	−4/3	0	0	2560/3
DE	480	0	4/3	0	0	2560/3
AG	600	5/3	5/3	5000/3	5000/3	5000/3
CG	600	−5/3	−5/3	5000/3	5000/3	5000/3
CI	600	0	5/3	0	0	5000/3
EI	600	0	−5/3	0	0	5000/3
BF	600	5/3	5/3	5000/3	5000/3	5000/3
BH	600	−5/3	−5/3	5000/3	5000/3	5000/3
DH	600	0	5/3	0	0	5000/3
DJ	600	0	−5/3	0	0	5000/3
FG	480	−4/3	−4/3	2560/3	2560/3	2560/3
GH	480	4/3	4/3	2560/3	2560/3	2560/3
HI	480	0	−4/3	0	0	2560/3
IJ	480	0	4/3	0	0	2560/3
AF	360	−1	−1	360	360	360
			Σ	10440	10440	20520

Con las sumas obtenidas se plantean las correspondientes ecuaciones. En la primera se considera la deformación impuesta en la barra CH y se multiplica por la rigidez EA.

$$(\Sigma L_i N_{i,1}{}^2/EA + L_{CH}/EA)\, N_{CH} + (\Sigma L_i N_{i,1} N_{i,2}/EA)\, N_{EJ} + dL_{CH} = 0$$
$$\rightarrow (\Sigma L_i N_{i,1}{}^2 + L_{CH})\, N_{CH} + (\Sigma L_i N_{i,1} N_{i,2})\, N_{EJ} + EA\, dL_{CH} = 0$$

En la segunda no existe deformación impuesta y la rigidez EA se simplifica directamente por ser la misma en todas las barras:

$$(\Sigma L_i N_{i,1} N_{i,2})\, N_{CH} + (\Sigma L_i N_{i,2}{}^2 + L_{EJ})\, N_{EJ} = 0$$

Sustituyendo los valores de los sumatorios obtenidos en el cuadro, las longitudes de las barras y la rigidez y alargamiento inicial, se llega al siguiente sistema:

$$(10440 + 360)\, N_{CH} + 10440\, N_{EJ} - (15000 \times 54 \times 3.1) = 0$$
$$10440\, N_{CH} + (20520 + 360)\, N_{EJ} = 0$$

La resolución del mismo proporciona los esfuerzos en las barras eliminadas: $N_{CH} = -450$ kN y $N_{EJ} = 225$ kN. Las restantes reacciones y esfuerzos se determinan mediante la suma de los estados ($N_i = -450\, N_{i,1} + 225\, N_{i,2}$) y los resultados finales se representan en la figura.

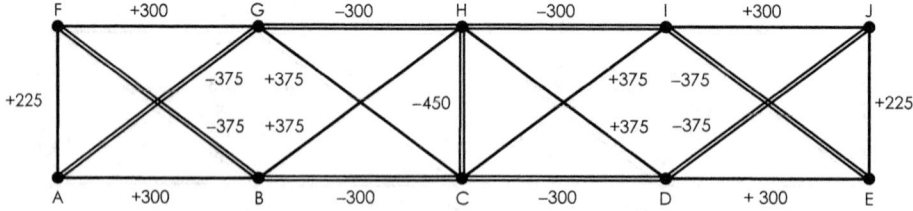

Para la determinación de los efectos de las variaciones de longitud de las barras de los extremos, el sistema se transforma ahora en isostático sustituyendo las mismas por las fuerzas ejercidas.

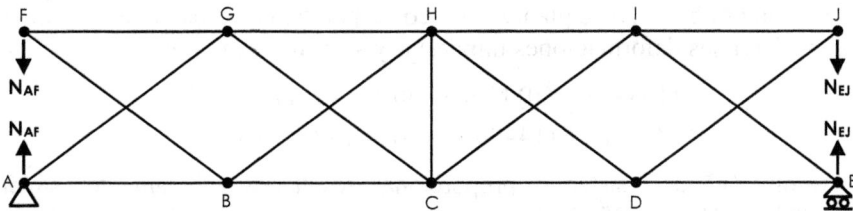

En este caso los esfuerzos $N_{i,1}$ correspondientes al estado 1 son los simétricos de los anteriores respecto al eje vertical BG y los del estado 2 ($N_{i,2}$) simétricos a su vez a estos últimos respecto al eje central CH.

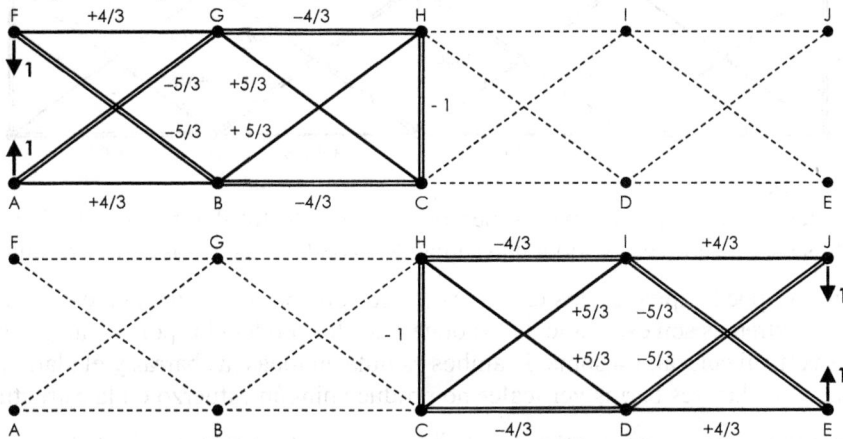

Estos resultados se trasladan a la tabla correspondiente. Los estados son casi excluyentes ($LN_1N_2 = 0$ salvo en la barra CH) y simétricos ($LN_1^2 = LN_2^2$).

B	L	N_1	N_2	LN_1N_2	LN_1^2	LN_2^2
AB	480	4/3	0	0	2560/3	0
BC	480	−4/3	0	0	2560/3	0
CD	480	0	−4/3	0	0	2560/3
DE	480	0	4/3	0	0	2560/3
AG	600	−5/3	0	0	5000/3	0
CG	600	5/3	0	0	5000/3	0
CI	600	0	5/3	0	0	5000/3
EI	600	0	−5/3	0	0	5000/3
BF	600	−5/3	0	0	5000/3	0
BH	600	5/3	0	0	5000/3	0
DH	600	0	5/3	0	0	5000/3
DJ	600	0	−5/3	0	0	5000/3
FG	480	4/3	0	0	2560/3	0
GH	480	−4/3	0	0	2560/3	0
HI	480	0	−4/3	0	0	2560/3
IJ	480	0	4/3	0	0	2560/3
CH	360	−1	−1	360	360	360
			Σ	360	10440	10440

Con las sumas obtenidas se plantean las correspondientes ecuaciones. Ahora en ambas se consideran las deformaciones impuestas y se multiplican por la rigidez EA.

$$(10440 + 360) \, N_{CH} + 360 \, N_{EJ} - 2511000 = 0$$

$$360 \, N_{CH} + (14400 + 360) \, N_{EJ} - 2511000 = 0$$

La resolución del sistema proporciona resultados obviamente simétricos: $N_{CH} = -225$ kN y $N_{EJ} = -225$ kN. Las restantes reacciones y los esfuerzos se determinan mediante la suma de los estados y los esfuerzos totales son, en este caso, los representados.

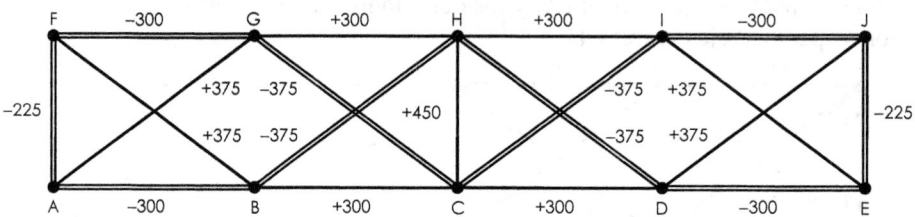

De acuerdo con el principio de superposición, los efectos del incremento de longitud en las tres barras verticales se obtienen sumando los esfuerzos de los dos casos anteriores.

Como se puede apreciar, los esfuerzos producidos por el alargamiento de las barras verticales extremas son exactamente los opuestos a los producidos por el alargamiento de la barra vertical central. La suma de ambos es nula en todas las barras y el alargamiento simultáneo de las tres barras verticales no produce ningún esfuerzo en la estructura.

A continuación se representan las deformaciones del sistema articulado en los tres casos de estudio. La primera figura corresponde al incremento de longitud (muy amplificado) en la barra central.

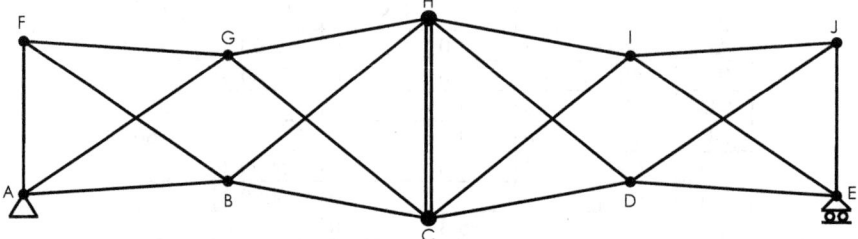

La segunda figura refleja la deformación producida por el incremento de longitud de las barras laterales (con el mismo factor de amplificación).

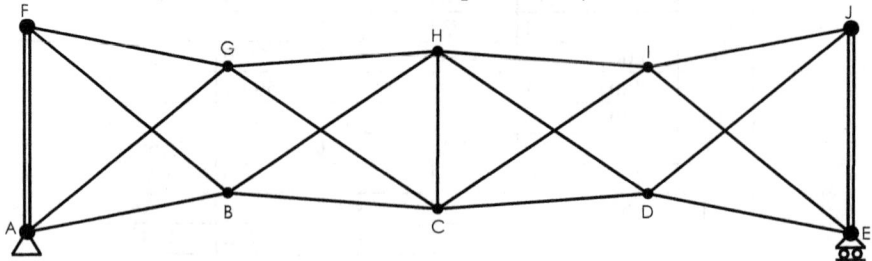

Finalmente, la suma de las dos deformaciones anteriores proporciona la correspondiente al alargamiento de las tres barras verticales.

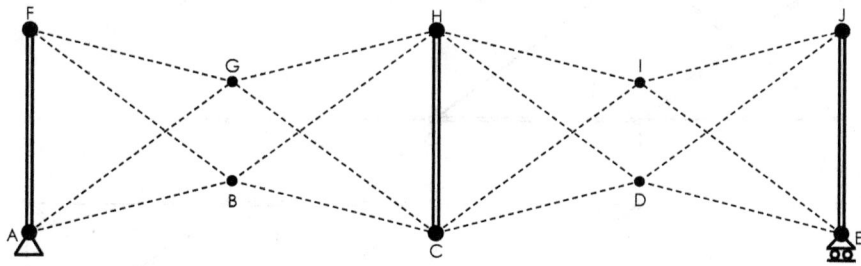

Ejercicio 1.5.3.08

Como en el ejercicio anterior, todas las barras del sistema de la figura tienen un módulo de elasticidad de valor $E = 15000$ kN/cm^2 y una sección transversal de 54 cm^2.

Determinar ahora los esfuerzos producidos por diversos alargamientos iniciales de 31 milímetros en las barras diagonales. Analizar primero los efectos del alargamiento de las barras BH y CI, a continuación los de BF y DJ, después los de las cuatro barras indicadas y finalmente los de cualquier combinación de diagonales.

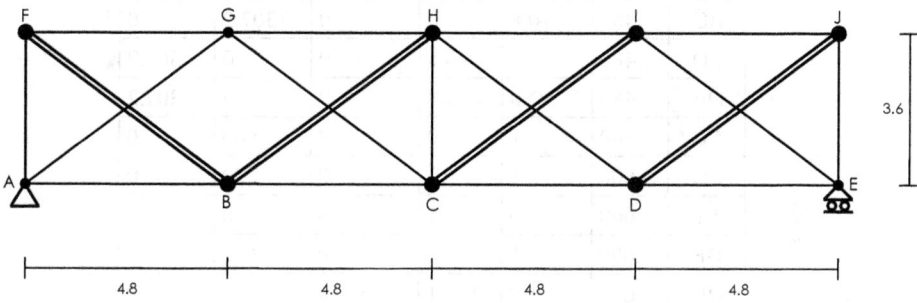

SOLUCIÓN

Para transformar el sistema en isostático se sustituyen inicialmente las barras BH y CI por las fuerzas que ejercen sobre la estructura.

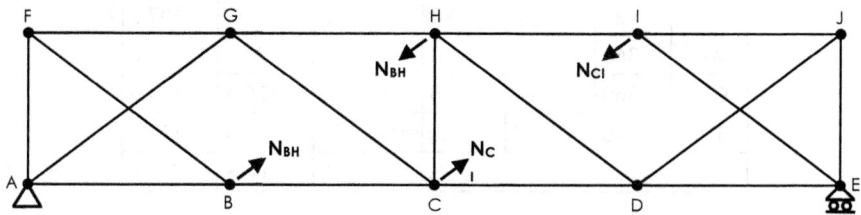

A continuación se obtienen los esfuerzos $N_{i,1}$ y $N_{i,2}$ en los estados 1 y 2 con las fuerzas unitarias aplicadas en los correspondientes nudos.

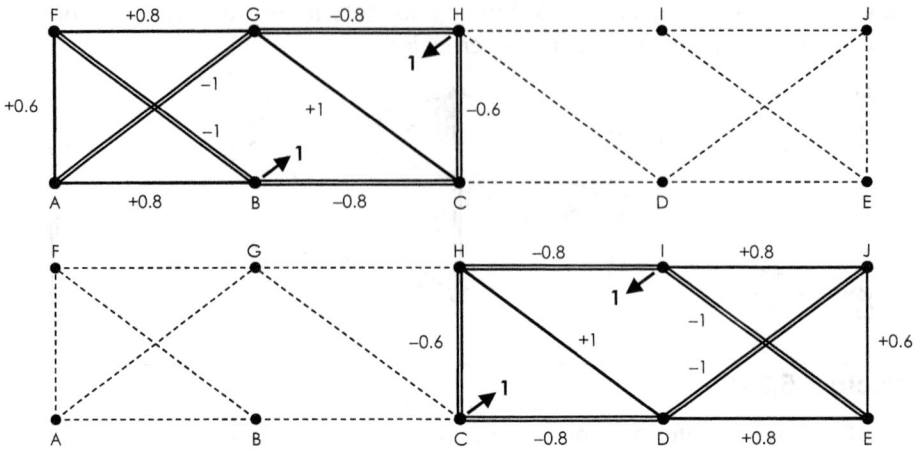

Estos esfuerzos se trasladan al correspondiente cuadro (no se incluyen los módulos de elasticidad ni las áreas, por ser iguales en todas las barras).

B	L	N_1	N_2	LN_1N_2	LN_1^2	LN_2^2
AB	480	0.8	0	0	307.2	0
BC	480	−0.8	0	0	307.2	0
CD	480	0	−0.8	0	0	307.2
DE	480	0	0.8	0	0	307.2
AG	600	−1	0	0	600	0
CG	600	1	0	0	600	0
EI	600	0	−1	0	0	600
BF	600	−1	0	0	600	0
DH	600	0	1	0	0	600
DJ	600	0	−1	0	0	600
FG	480	0.8	0	0	307.2	0
GH	480	−0.8	0	0	307.2	0
HI	480	0	−0.8	0	0	307.2
IJ	480	0	0.8	0	0	307.2
AF	360	0.6	0	0	129.6	0
CH	360	−0.6	−0.6	129.6	129.6	129.6
EJ	360	0	0.6	0	0	129.6
			Σ	129.6	3288	3288

Con las sumas obtenidas se plantean las ecuaciones canónicas, considerando en ambas las deformaciones impuestas multiplicándolas por la rigidez EA.

$$(3228 + 600)\, N_{BH} + 3228\, N_{CI} - (15000 \times 54 \times 3.1) = 0$$

$$3228\, N_{BH} + (3228 + 600)\, N_{CI} - (15000 \times 54 \times 3.1) = 0$$

La resolución del sistema proporciona los esfuerzos en las barras eliminadas: $N_{CH} = -625$ kN y $N_{EJ} = -625$ kN. Los restantes esfuerzos se determinan mediante la suma de los dos estados ($N_i = -625\, N_{i,1} - 625\, N_{i,2}$) y los resultados finales se representan en la figura.

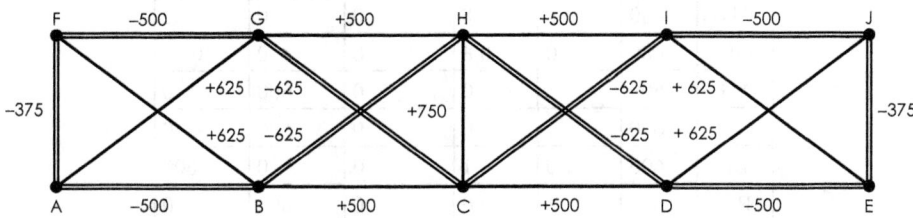

Para la determinación de los efectos de las variaciones de longitud de las diagonales extremas, el sistema se transforma ahora en isostático sustituyendo las mismas por las fuerzas ejercidas.

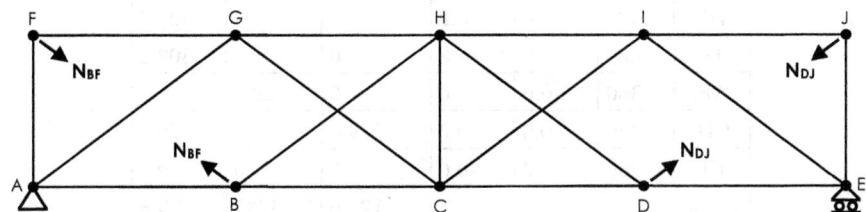

Los esfuerzos correspondientes al estado 1 son los simétricos de los obtenidos en el caso anterior respecto al eje vertical BG y los del estado 2 son simétricos a su vez a estos últimos respecto al eje central CH.

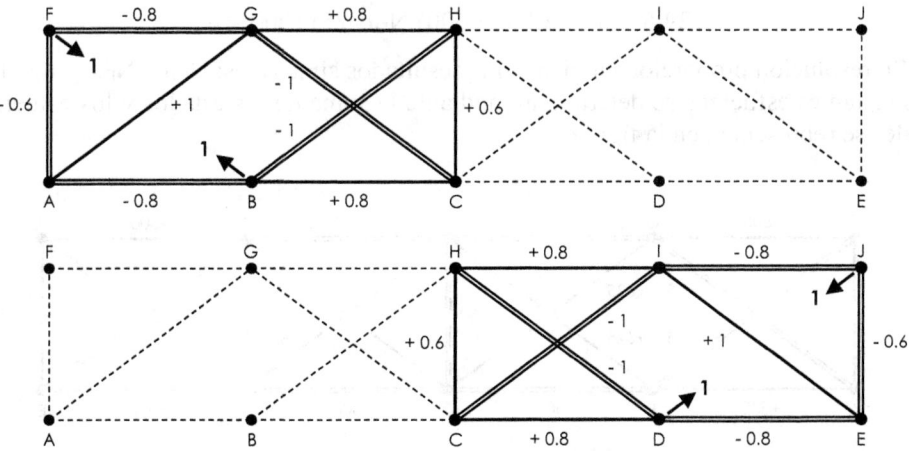

Estos resultados se trasladan al correspondiente cuadro. Los estados 1 y 2 son simétricos y por ello $LN_1^2 = LN_2^2$. Como son además casi excluyentes, sus productos LN_1N_2 resultan nulos salvo en la barra central CH.

B	L	N_1	N_2	LN_1N_2	LN_1^2	LN_2^2
AB	480	−0.8	0	0	307.2	0
BC	480	0.8	0	0	307.2	0
CD	480	0	0.8	0	0	307.2
DE	480	0	−0.8	0	0	307.2
AG	600	1	0	0	600	0
CG	600	−1	0	0	600	0
EI	600	0	1	0	0	600
BF	600	1	0	0	600	0
DH	600	0	−1	0	0	600
DJ	600	0	1	0	0	600
FG	480	−0.8	0	0	307.2	0
GH	480	0,8	0	0	307.2	0
HI	480	0	0.8	0	0	307.2
IJ	480	0	−0.8	0	0	307.2
AF	360	−0.6	0	0	129.6	0
CH	360	0.6	0.6	129.6	129.6	129.6
EJ	360	0	−0.6	0	0	129.6
			Σ	129.6	3288	3288

Las sumas obtenidas son los coeficientes de las ecuaciones canónicas. En ambas se consideran las deformaciones impuestas y se multiplican por la rigidez EA.

$$(3228 + 600)\, N_{BF} + 129.6\, N_{DJ} - 2511000 = 0$$

$$129.6\, N_{BF} + (3228 + 600)\, N_{DJ} - 2511000 = 0$$

Su resolución proporciona lógicamente resultados simétricos: $N_{CH} = N_{EJ} = -625$ kN. Los restantes esfuerzos se determinan mediante la suma de los estados y los esfuerzos totales se representan en la figura.

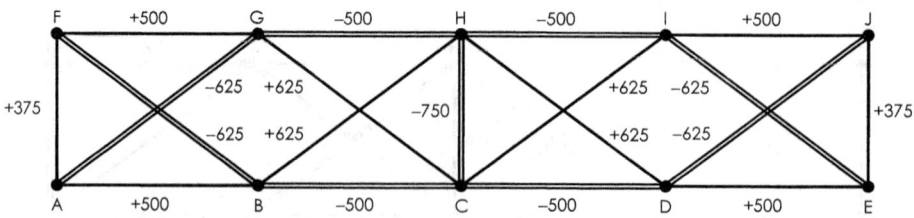

También en este ejercicio los esfuerzos en el segundo caso son opuestos a los del primero. La variación longitudinal de dos diagonales centrales no simétricas produce efectos contrarios a la variación equivalente de dos diagonales extremas simétricas.

El incremento de longitud de las cuatro barras produce esfuerzos nulos en la estructura, a pesar su falta de simetría y del segundo grado de hiperestatismo del sistema.

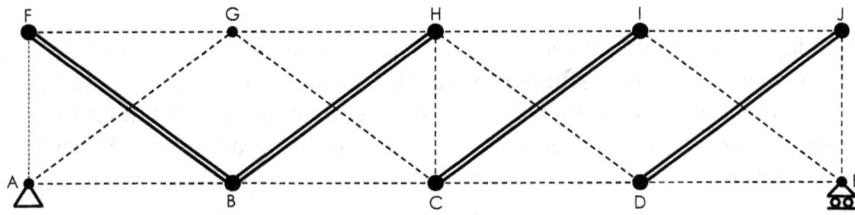

Se observa, por tanto, que la influencia de la deformación impuesta en las barras no depende de su simetría respecto al eje vertical central: los dos primeros casos analizados (no simétrico y simétrico) dan lugar a esfuerzos en todas las barras mientras el tercero (no simétrico) no produce ningún esfuerzo.

Para el análisis de las pautas del comportamiento de este sistema, ante las variaciones longitudinales impuestas en sus diferentes diagonales, se comparan los esfuerzos de los cuatro estados siguientes:

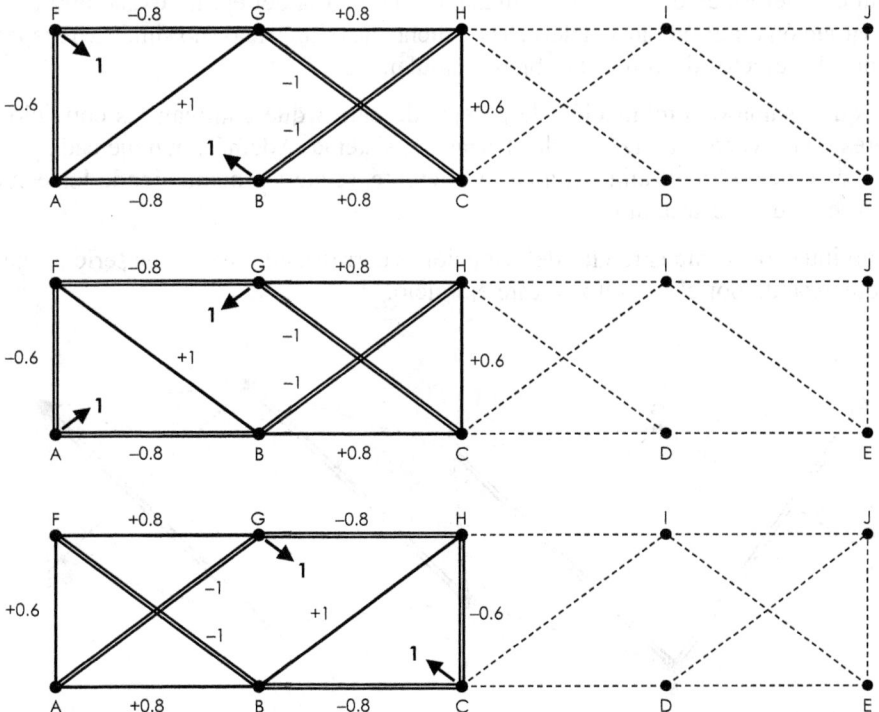

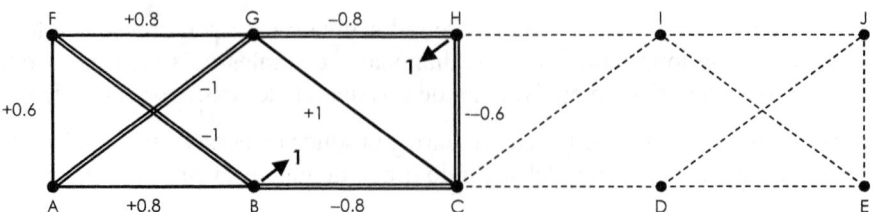

Con independencia de la disposición de barras en la zona derecha (siempre que se conserve el isostatismo), los esfuerzos en los dos estados superiores son iguales, los de los dos estados inferiores también coinciden y la suma de uno cualquiera de los dos estados superiores con uno cualquiera de los dos inferiores da lugar a esfuerzos nulos en todas las barras.

De esto se deduce que la simetría relevante en este caso no es la correspondiente al eje central CH de todo el sistema sino las relativas, en las zonas izquierda y derecha, a sus ejes verticales intermedios BG e ID.

Considerando primero la zona izquierda (ABCFGH), si por cada barra diagonal con deformación impuesta situada a la izquierda del eje BG existe otra con la misma variación longitudinal a la derecha de dicho eje (simétrica o no simétrica respecto al mismo), los efectos de ambas se anulan y no se producen esfuerzos en la estructura.

Del mismo modo, considerando ahora la zona derecha (CDEHIJ), si por cada barra diagonal con deformación impuesta situada a la izquierda del eje ID existe otra con la misma variación longitudinal a la derecha de dicho eje (simétrica o no simétrica respecto al mismo), los efectos de ambas también se anulan.

Cualquier suma o combinación de parejas de barras que cumplan las condiciones anteriores no provoca esfuerzos en las barras del sistema. Además, aunque cada pareja tenga una variación longitudinal impuesta diferente, se siguen manteniendo los esfuerzos nulos en toda la estructura.

A continuación se muestran las deformaciones correspondientes a una serie de ejemplos, comenzando por el resuelto en este ejercicio.

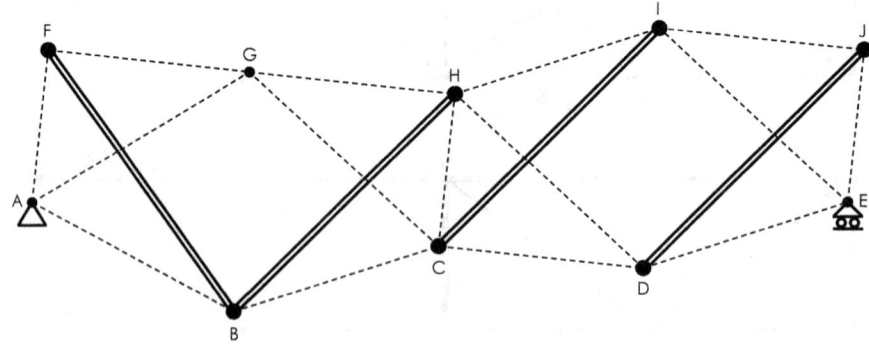

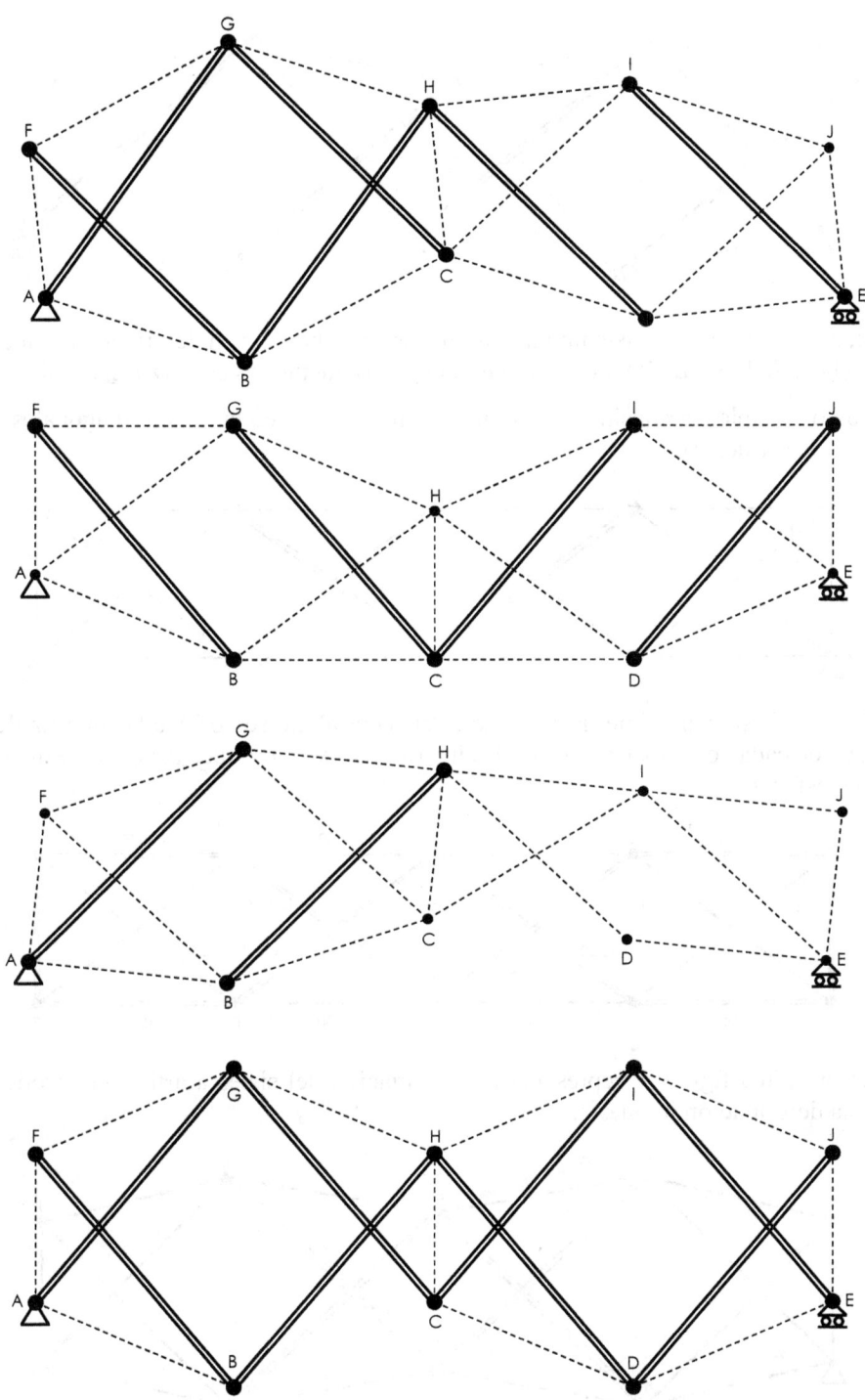

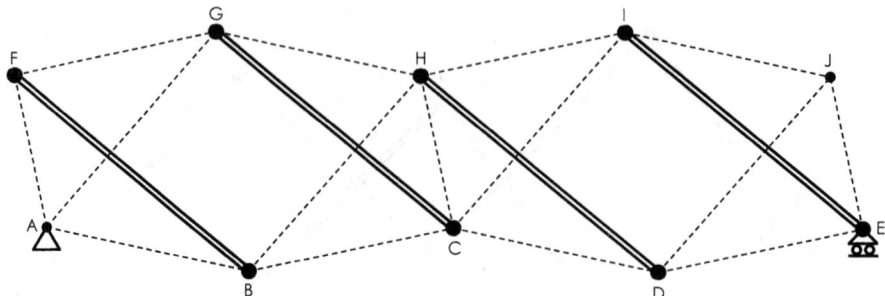

Si, por el contrario, existe un número diferente de barras con deformación impuesta a cada lado de BG o de ID, no se anularán necesariamente los esfuerzos en el sistema.

Como ejemplo, se considera la deformación impuesta en las cuatro diagonales centrales de la estructura.

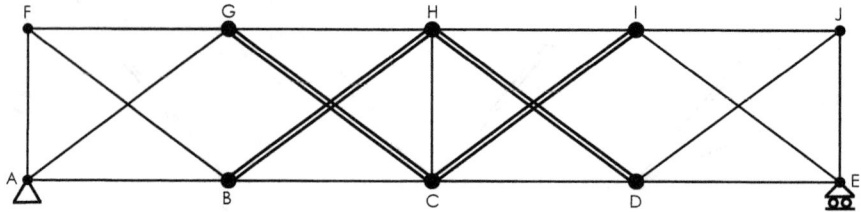

A pesar de su clara simetría respecto al eje central, no se verifica la simetría determinante de cada zona respecto a sus ejes intermedios y se produce la siguiente distribución de esfuerzos:

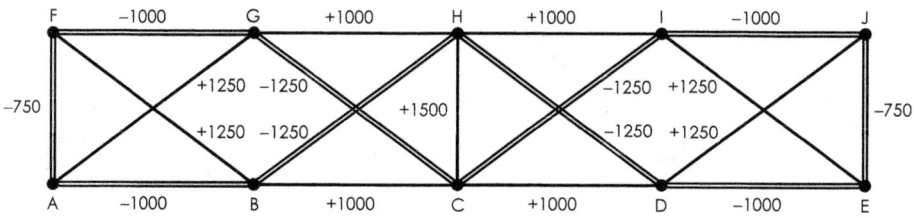

En la última figura se representa la deformación del sistema articulado producida por esta deformación impuesta.

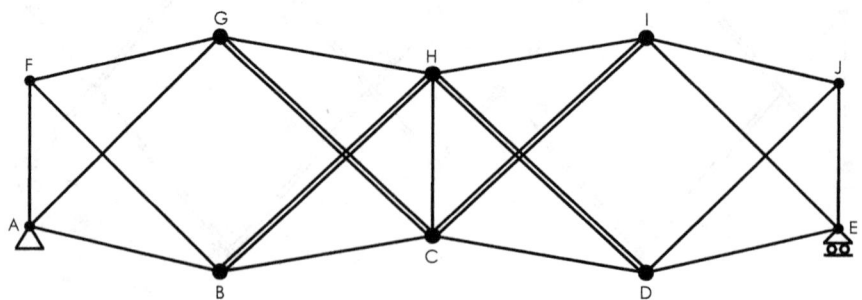

[1.5.4]. FUERZAS EQUIVALENTES SOBRE LOS NUDOS

En todos los ejercicios precedentes el número de barras con variaciones de longitud atensionales (térmicas o por defectos de ejecución) ha sido siempre igual o inferior al grado de hiperestatismo interno. Esto ha permitido la utilización de las ecuaciones de compatibilidad para el establecimiento de las condiciones de deformación impuesta.

Cuando el número de barras con variaciones longitudinales impuestas es superior al grado de hiperestatismo interno, no es aplicable el procedimiento descrito (por no existir suficientes ecuaciones de compatibilidad).

En este caso se plantea otro método de cálculo, basado en la transformación inicial de las deformaciones impuestas en fuerzas equivalentes sobre los nudos y la consideración de estas como cargas externas (incorporándolas al estado 0).

Para la obtención de estas fuerzas equivalentes se analiza una barra anclada en sus extremos mediante apoyos fijos y sometida, por ejemplo, a un incremento de temperatura dT. Los apoyos impiden la dilatación dL y lo hacen ejerciendo dos reacciones R sobre la barra. Su valor se determina considerando la siguiente descomposición en estados:

El alargamiento producido en el primer estado por el incremento térmico tiene que compensarse con el acortamiento provocado en el segundo estado por la fuerza R. Este acortamiento depende del módulo de elasticidad del material E, del área de su sección transversal A y de su longitud L mediante la expresión dL = R L/E A. La mencionada compatibilidad de deformaciones proporciona el valor de R.

$$dL = L \ C_d \ dT = R \ L/E \ A \rightarrow R = E \ A \ C_d \ dT$$

En el caso de una variación longitudinal dL por defecto de construcción, la ecuación de compatibilidad proporciona un nuevo valor de la reacción:

$$dL = R \ L/E \ A \rightarrow R = (E \ A/L) \ dL$$

Si en la estructura se suponen inicialmente fijos los nudos, estas fuerzas R son también las que la barra ejerce sobre sus nudos extremos y se pueden considerar como acciones externas. Al liberarse los nudos, estas fuerzas provocan la deformación elástica de todo el sistema.

Los esfuerzos producidos se determinan, como en otros casos, mediante la descomposición en estados y la resolución del sistema de ecuaciones canónicas.

Finalmente, a los esfuerzos de las barras con deformación impuesta hay que agregarles además los correspondientes a las fuerzas R que los nudos ejercían inicialmente sobre ellas. Los siguientes ejercicios detallan la operativa completa de este procedimiento.

Ejercicio 1.5.4.01

Se considera nuevamente el sistema estructural de los últimos ejercicios, con todas sus barras con módulo de elasticidad E = 15000 kN/cm² y sección transversal de 54 cm².

Determinar en este caso los esfuerzos producidos por los alargamientos iniciales de 62 milímetros en las barras horizontales FG e IJ y de 31 milímetros en las inferiores AB y DE.

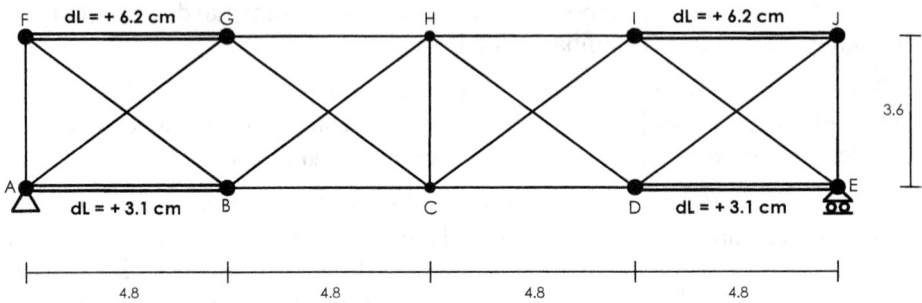

SOLUCIÓN

La estructura tiene un hiperestatismo interno de segundo grado. Sus dos ecuaciones de compatibilidad pueden incluir las condiciones de alargamiento impuesto en dos de las barras (las superiores FG e IJ, por ejemplo), pero los alargamientos iniciales de las otras dos (las inferiores AB y DE) se deben incorporar al sistema mediante las fuerzas equivalentes ejercidas sobre sus nudos extremos.

Estas fuerzas se calculan considerando el desplazamiento impuesto, la longitud y la rigidez EA de las barras:

R = (E A/L) dL = (15000 kN/cm² × 54 cm²/480 cm) × 3.1 cm = 5321.25 kN

Considerando los nudos fijos, este alargamiento inicial en las barras AB y DE produce sobre A, B, D y E las fuerzas indicadas en la figura.

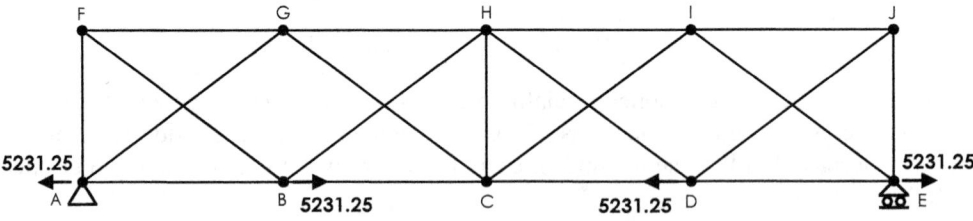

Además, provoca las correspondientes compresiones sobre las barras, que se tendrán en cuenta al final del ejercicio.

Ahora se liberan los nudos y se resuelve el sistema, transformándolo en isostático mediante la sustitución de las barras FG e IJ por las fuerzas que estas ejercen sobre la estructura.

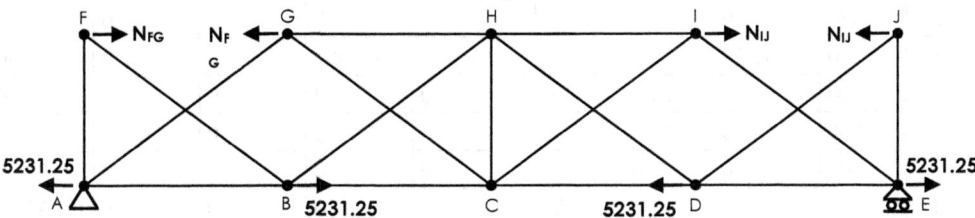

En el estado 0 intervienen solamente las fuerzas provocadas por los alargamientos de las barras inferiores y producen esfuerzos $N_{i,0}$ del mismo valor y de tracción en dichas barras.

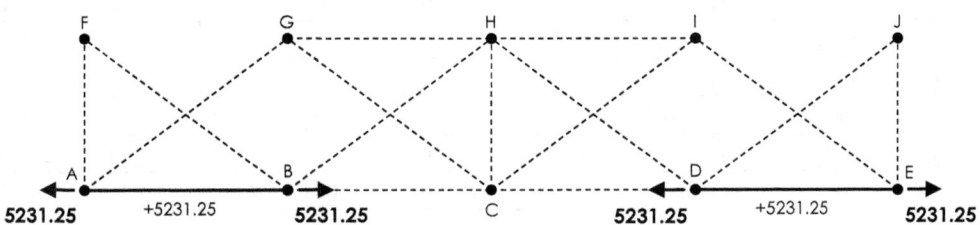

A continuación se obtienen los esfuerzos $N_{i,1}$ y $N_{i,2}$ correspondientes a los estados 1 y 2 con fuerzas unitarias en los correspondientes nudos.

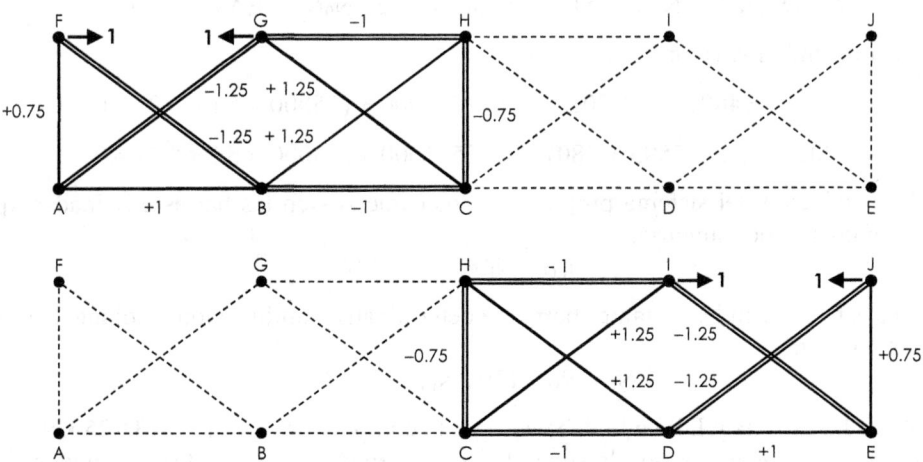

Los esfuerzos en los tres estados se trasladan al correspondiente cuadro (se omiten las columnas de módulos de elasticidad y áreas por ser iguales en todas las barras).

B	L	N_0	N_1	N_2	LN_0N_1	LN_0N_2	LN_1N_2	LN_1^2	LN_2^2
AB	480	5231.25	1	0	2511000	0	0	480	0
BC	480	0	−1	0	0	0	0	480	0
CD	480	0	0	−1	0	0	0	0	480
DE	480	5231.25	0	1	0	2511000	0	0	480
AG	600	0	−1.25	0	0	0	0	937.5	0
CG	600	0	1.25	0	0	0	0	937.5	0
CI	600	0	0	1.25	0	0	0	0	937.5
EI	600	0	0	−1.25	0	0	0	0	937.5
BF	600	0	−1.25	0	0	0	0	937.5	0
BH	600	0	1.25	0	0	0	0	937.5	0
DH	600	0	0	1.25	0	0	0	0	937.5
DJ	600	0	0	−1.25	0	0	0	0	937.5
GH	480	0	−1	0	0	0	0	480	0
HI	480	0	0	−1	0	0	0	0	480
AF	360	0	0.75	0	0	0	0	202.5	0
CH	360	0	−0.75	−0.75	0	0	202.5	202.5	200.5
EJ	360	0	0	0.75	0	0	0	0	202.5
				Σ	2511000	2511000	202.5	5595	5595

Con las sumas anteriores se plantean las ecuaciones canónicas, considerando en ellas las deformaciones impuestas en las barras FG e IJ y multiplicándolas por la rigidez EA.

$$(\Sigma LN_1^2 + L_{FG})\, N_{FG} + (\Sigma LN_1N_2)\, N_{IJ} + \Sigma LN_0N_1 + EA\, dL_{FG} = 0$$

$$(\Sigma LN_1N_2)\, N_{FG} + (\Sigma LN_2^2 + L_{IJ})\, N_{IJ} + \Sigma LN_0N_2 + EA\, dL_{IJ} = 0$$

Sustituyendo los valores numéricos:

$$(5595 + 480)\, N_{FG} + 202.5\, N_{IJ} + 2511000 + (15000 \times 54 \times 6.2) = 0$$

$$202.5\, N_{FG} + (5595 + 480)\, N_{IJ} + 2511000 + (15000 \times 54 \times 6.2) = 0$$

La resolución del sistema proporciona los esfuerzos en las barras eliminadas, que resultan iguales por simetría:

$$N_{FG} = N_{IJ} = -1200 \text{ kN}$$

Los esfuerzos en las restantes barras se determinan a continuación mediante la suma de los estados:

$$N_i = N_{i,0} - 1200\, N_{i,1} - 1200\, N_{i,2}$$

A las barras AB y DE se le debe agregar la compresión inicial (−5231.25 kN). Los esfuerzos en estas barras son la suma de los existentes en esa hipótesis de nudos fijos más los producidos por la liberación de los nudos. Los resultados finales del sistema se representan en la figura.

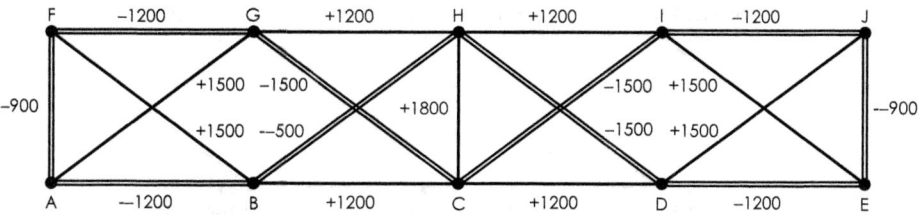

A pesar de la ausencia de simetría de las deformaciones impuestas respecto al eje horizontal central, los esfuerzos sí resultan simétricos respecto a dicho eje. También lo son respecto al eje vertical central CH pero no respecto a los ejes medios BG y DI, en cada uno de los lados.

Ejercicio 1.5.4.02

También sobre la misma estructura y considerando los estados 1 y 2 del ejercicio anterior, determinar finalmente los esfuerzos producidos por los alargamientos iniciales de 31 milímetros en las barras GH y HI y de 62 milímetros en las barras BC y CD y comparar los resultados con los de los ejercicios precedentes.

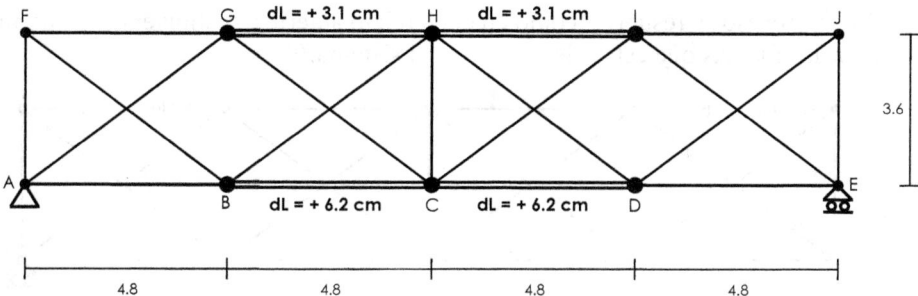

SOLUCIÓN

Al seguir considerando los esfuerzos de las barras FG e IJ como incógnitas hiperestáticas, en las ecuaciones de compatibilidad no interviene ninguna deformación impuesta.

En este caso, los alargamientos iniciales de las cuatro barras GH, HI, BC y CD se introducen en el sistema mediante sus fuerzas equivalentes:

$$R_{BC} = R_{CD} = (15000 \text{ kN/cm}^2 \times 54 \text{ cm}^2/480 \text{ cm}) \times 6.2 \text{ cm} = 10642.5 \text{ kN}$$

$$R_{GH} = R_{HI} = (15000 \text{ kN/cm}^2 \times 54 \text{ cm}^2/480 \text{ cm}) \times 3.1 \text{ cm} = 5321.25 \text{ kN}$$

Considerando los nudos fijos, el alargamiento inicial en las barras horizontales interiores produce sobre B, C, D, G, H e I las fuerzas indicadas en la figura.

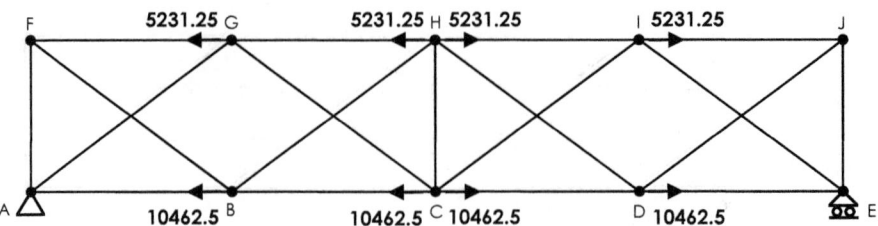

En los nudos centrales C y H las fuerzas ejercidas por las barras adyacentes se anulan entre sí:

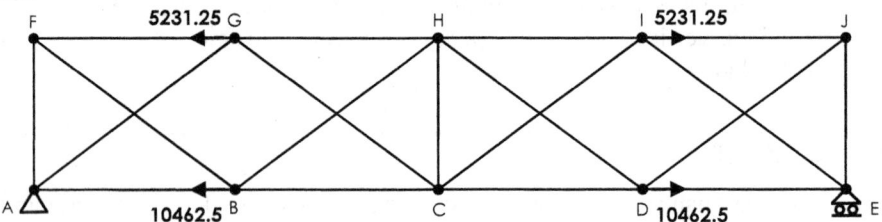

Estos alargamientos impuestos provocan además las correspondientes compresiones sobre las barras, que se suman a las obtenidas en el proceso de deformación elástica tras la liberación de los nudos.

Dicho proceso se resuelve, como en el ejercicio anterior, sustituyendo las barras BH y CI por las fuerzas que estas ejercen sobre el sistema.

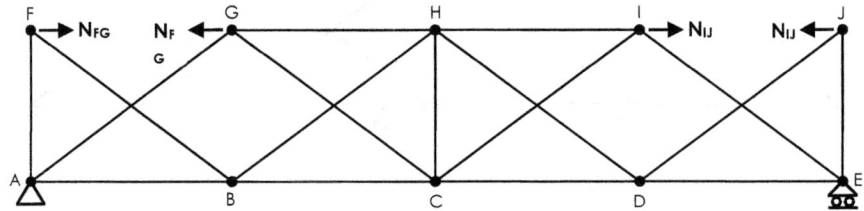

En el estado 0 intervienen solamente las fuerzas equivalentes calculadas. Por ser isostático, los esfuerzos $N_{i,0}$ producidos son tracciones del mismo valor en las barras con deformación impuesta y nulos en todas las demás.

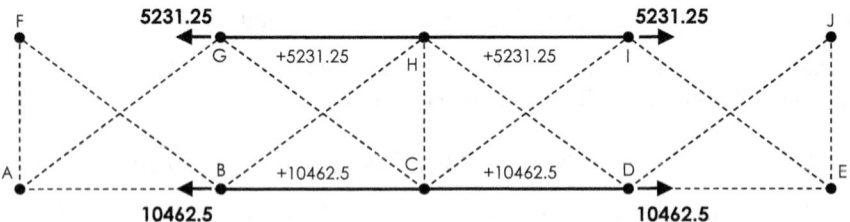

Los esfuerzos $N_{i,1}$ y $N_{i,2}$ correspondientes a los estados 1 y 2 son los del ejercicio anterior, y en el cuadro correspondiente solamente se alteran las columnas N_0, LN_0N_1 y LN_0N_2.

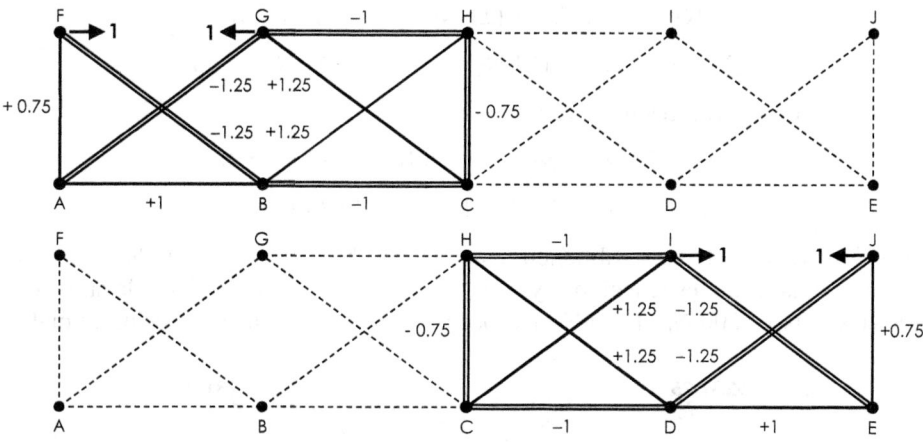

B	L	N_0	N_1	N_2	LN_0N_1	LN_0N_2	LN_1N_2	LN_1^2	LN_2^2
AB	480	0	1	0	0	0	0	480	0
BC	480	10462.5	−1	0	−5022000	0	0	480	0
CD	480	10462.5	0	−1	0	−5022000	0	0	480
DE	480	0	0	1	0	0	0	0	480
AG	600	0	−1.25	0	0	0	0	937.5	0
CG	600	0	1.25	0	0	0	0	937.5	0
CI	600	0	0	1.25	0	0	0	0	937.5
EI	600	0	0	−1.25	0	0	0	0	937.5
BF	600	0	−1.25	0	0	0	0	937.5	0
BH	600	0	1.25	0	0	0	0	937.5	0
DH	600	0	0	1.25	0	0	0	0	937.5
DJ	600	0	0	−1.25	0	0	0	0	937.5
GH	480	5231.25	−1	0	−2511000	0	0	480	0
HI	480	5231.25	0	−1	0	−2511000	0	0	480
AF	360	0	0.75	0	0	0	0	202.5	0
CH	360	0	−0.75	−0.75	0	0	202.5	202.5	200.5
EJ	360	0	0	0.75	0	0	0	0	202.5
				Σ	−7533000	−7533000	202.5	5595	5595

Con las sumas anteriores se plantean las ecuaciones canónicas. En este caso, no incluyen ninguna condición de deformación impuesta y se pueden eliminar los denominadores EA.

$$(\Sigma LN_1{}^2 + L_{FG})\, N_{FG} + (\Sigma LN_1N_2)\, N_{IJ} + \Sigma LN_0N_1 = 0$$

$$(\Sigma LN_1N_2)\, N_{FG} + (\Sigma LN_2{}^2 + L_{IJ})\, N_{IJ} + \Sigma LN_0N_2 = 0$$

Sustituyendo los valores numéricos:

$$(5595 + 480)\, N_{FG} + 202.5\, N_{IJ} - 7533000 = 0$$

$$202.5\, N_{FG} + (5595 + 480)\, N_{IJ} - 7533000 = 0$$

Resolviendo el sistema se obtienen los esfuerzos $N_{FG} = N_{IJ} = 1200$ kN en las barras eliminadas. Las restantes reacciones y esfuerzos se determinan mediante la suma de los estados ($N_i = N_{i,0}\ 1200\ N_{i,1}\ 1200\ N_{i,2}$) y, por último, se suma la compresión inicial:

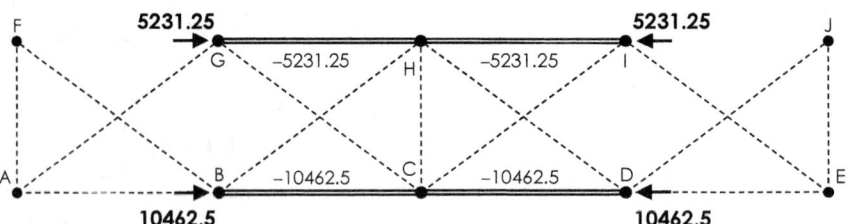

Los resultados finales se representan en la figura. Se observa que son los opuestos a los obtenidos en el ejercicio anterior.

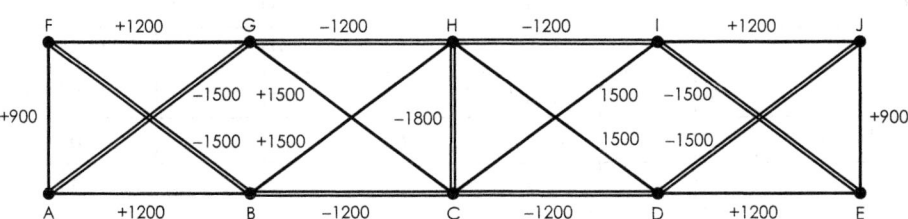

De ello se deduce que la suma de los desplazamientos impuestos en los dos ejercicios provoca esfuerzos nulos en todas las barras (a pesar de la asimetría horizontal):

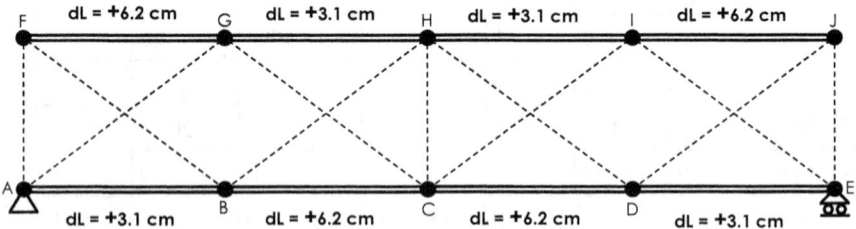

Esto es debido a que, alterando el orden de las barras, esta suma se puede descomponer en dos estados con esfuerzos nulos.

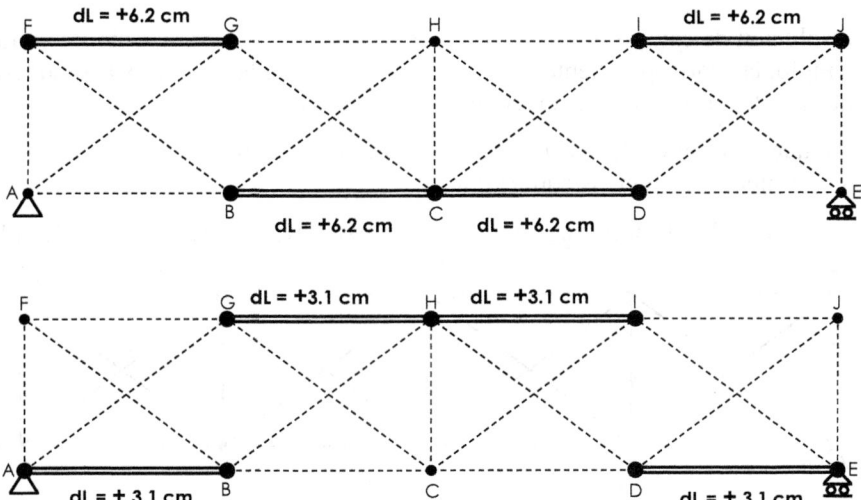

En ambas figuras se aprecia la simetría de cada lado respecto a sus ejes medios BG e ID. La respuesta estructural frente a las deformaciones impuestas en las barras horizontales es similar a la expuesta en el Ejercicio 1.5.3.08 para las barras inclinadas. Un mismo número de barras horizontales con igual alargamiento inicial a derecha e izquierda de los ejes medios BG e ID en cada lado de la estructura produce esfuerzos nulos.

Considerando globalmente los resultados de los Ejercicios 1.5.3.07, 1.5.3.08, 1.5.4.01 y 1.5.4.02, cualquier combinación de deformaciones iniciales iguales en las barras verticales con otras deformaciones en las barras horizontales y diagonales que respeten el criterio mencionado, da lugar a esfuerzos nulos en todas las barras.

Ejercicio 1.5.4.03

En el sistema estructural hiperestático de cuarto grado representado en la figura, todas las barras tienen valores de $E = 15000$ kN/cm^2, $C_d = 0.000012$ °C^{-1} y $A = 54$ cm^2.

Determinar los esfuerzos producidos por un incremento térmico de 30 °C en las ocho barras horizontales. Comprobar si es nulo, como en el caso de los ejercicios anteriores.

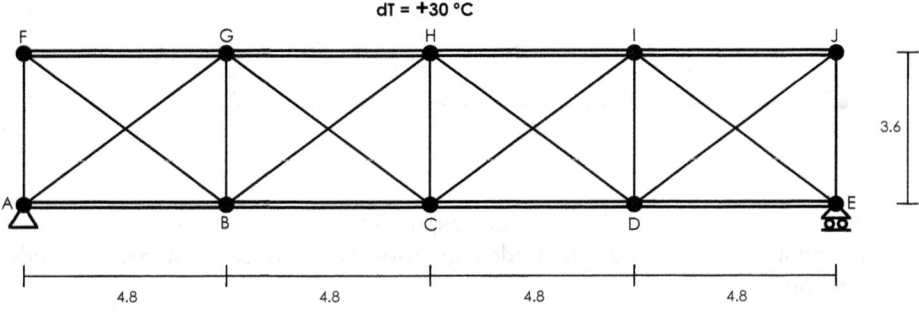

SOLUCIÓN

En la resolución de este sistema hiperestático se emplean cuatro ecuaciones canónicas (por ejemplo, las correspondientes a las deformaciones de las cuatro barras superiores) y en ellas puede considerarse el efecto del incremento de temperatura de estas barras.

La dilatación térmica de las cuatro barras inferiores se introduce en el sistema aplicando en los nudos las fuerzas equivalentes.

$$R = E \, A \, C_d \, dT = 15000 \text{ kN/cm}^2 \times 54 \text{ cm}^2 \times 0.000012 \text{ °C}^{-1} \times 30 \text{ °C} = 291.6 \text{ kN}$$

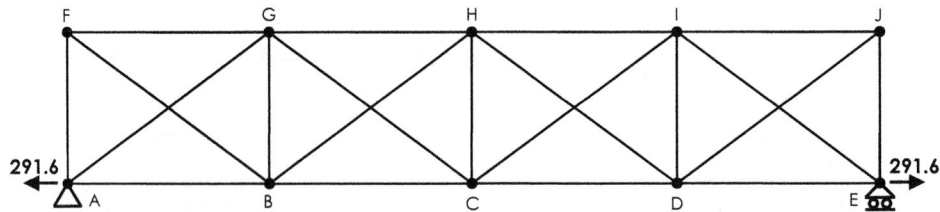

El sistema se transforma en isostático sustituyendo inicialmente las barras FG, GH, HI e IJ por las fuerzas estas que ejercen sobre la estructura.

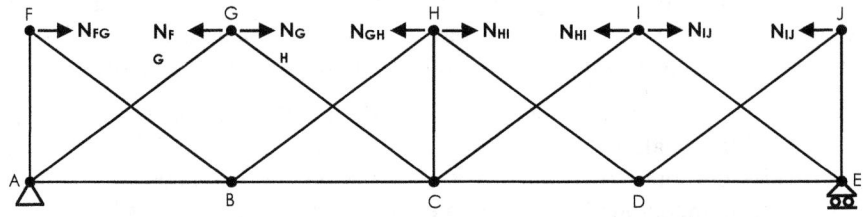

El estado 0 es el correspondiente a las fuerzas equivalentes indicadas. Por ser isostático, los esfuerzos $N_{i,0}$ producidos son directamente tracciones de valor R en las barras inferiores y nulos en todas las demás.

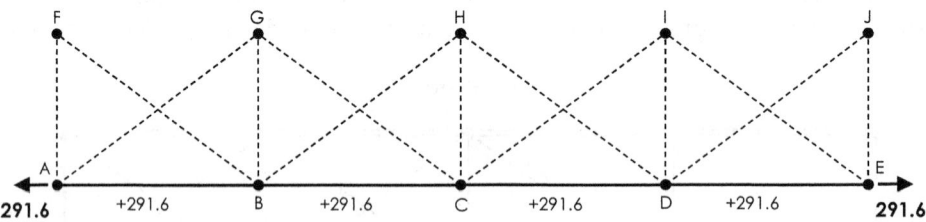

Los esfuerzos $N_{i,1}$, $N_{i,2}$, $N_{i,3}$ y $N_{i,4}$ correspondientes a los estados 1, 2, 3 y 4 (con las fuerzas unitarias aplicadas en los nudos superiores) son muy similares y se indican a continuación.

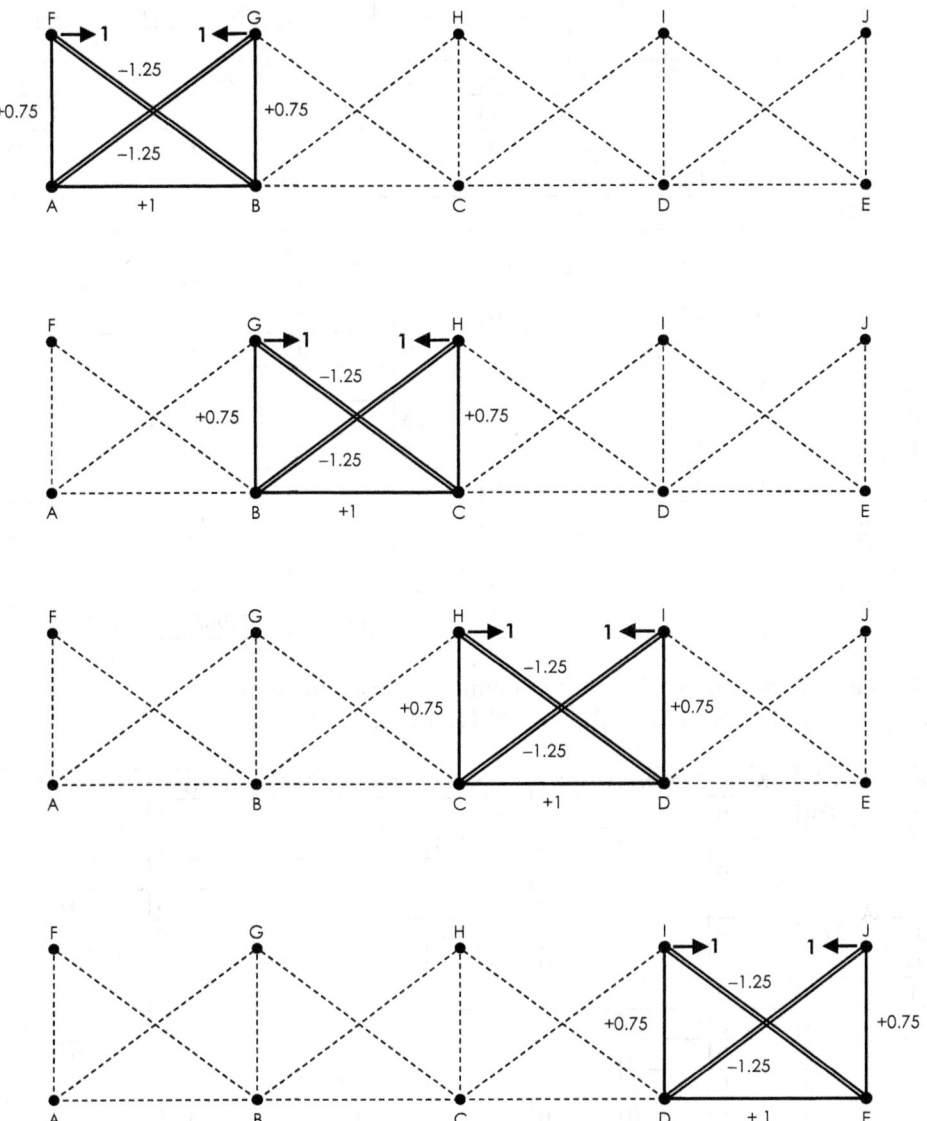

Con los esfuerzos obtenidos en los cinco estados se componen dos cuadros. El primero de ellos incluye, para cada barra, su longitud, los esfuerzos N_0, N_1, N_2, N_3 y N_4 y los productos LN_0N_1, LN_0N_2, LN_0N_3 y LN_0N_4.

Las columnas correspondientes al módulo de elasticidad y al área de la sección no se incorporan por ser iguales para todas las barras.

B	L	N_0	N_1	N_2	N_3	N_4	$L\,N_0N_1$	$L\,N_0N_2$	$L\,N_0N_3$	$L\,N_0N_4$
AB	480	291.6	1	0	0	0	139968	0	0	0
BC	480	291.6	0	1	0	0	0	139968	0	0
CD	480	291.6	0	0	1	0	0	0	139968	0
DE	480	291.6	0	0	0	1	0	0	0	139968
AG	600	0	−1.25	0	0	0	0	0	0	0
CG	600	0	0	−1.25	0	0	0	0	0	0
CI	600	0	0	0	−1.25	0	0	0	0	0
EI	600	0	0	0	0	−1,25	0	0	0	0
BF	600	0	−1.25	0	0	0	0	0	0	0
BH	600	0	0	−1.25	0	0	0	0	0	0
DH	600	0	0	0	−1.25	0	0	0	0	0
DJ	600	0	0	0	0	−1,25	0	0	0	0
AF	360	0	0.75	0	0	0	0	0	0	0
BH	360	0	0.75	0.75	0	0	0	0	0	0
CH	360	0	0	0.75	0.75	0	0	0	0	0
DI	360	0	0	0	0.75	0.75	0	0	0	0
EJ	360	0	0	0	0	0.75	0	0	0	0
						Σ	139968	139968	139968	139968

El segundo cuadro contiene las columnas correspondientes a los productos LN_1^2, LN_1N_2, LN_1N_3, LN_1N_4, LN_2^2, LN_2N_3, LN_2N_4, LN_3^2, LN_3N_4 y LN_4^2.

B	$L\,N_1^2$	$L\,N_1N_2$	$L\,N_1N_3$	$L\,N_1N_4$	$L\,N_2^2$	$L\,N_2N_3$	$L\,N_2N_4$	$L\,N_3^2$	$L\,N_3N_4$	$L\,N_4^2$
AB	480	0	0	0	0	0	0	0	0	0
BC	0	0	0	0	480	0	0	0	0	0
CD	0	0	0	0	0	0	0	480	0	0
DE	0	0	0	0	0	0	0	0	0	480
AG	937.5	0	0	0	0	0	0	0	0	0
CG	0	0	0	0	937.5	0	0	0	0	0
CI	0	0	0	0	0	0	0	937.5	0	0
EI	0	0	0	0	0	0	0	0	0	937.5
BF	937.5	0	0	0	0	0	0	0	0	0
BH	0	0	0	0	937.5	0	0	0	0	0
DH	0	0	0	0	0	0	0	937,5	0	0
DJ	0	0	0	0	0	0	0	0	0	937.5
AF	202,5	0	0	0	0	0	0	0	0	0
BG	202.5	202.5	0	0	202.5	0	0	0	0	0
CH	0	0	0	0	202.5	202.5	0	202,5	0	0
DI	0	0	0	0	0	0	0	202,5	202.5	202.5
EJ	0	0	0	0	0	0	0	0	0	202.5
Σ	2760	202.5	0	0	2760	202.5	0	2760	202.5	2760

En el sistema de ecuaciones canónicas se introducen los alargamientos iniciales en las barras horizontales superiores y se multiplican todos los términos por el factor EA.

$(\Sigma LN_1{}^2 + L_{FG}) N_{FG} + (\Sigma LN_1 N_2) N_{GH} + (\Sigma LN_1 N_3) N_{HI} + (\Sigma LN_1 N_4) N_{IJ} + (\Sigma LN_0 N_1) + L_{FG} C_d \, dT \, EA = 0$

$(\Sigma LN_1 N_2) N_{FG} + (\Sigma LN_2{}^2 + L_{GH}) N_{GH} + (\Sigma LN_2 N_3) N_{HI} + (\Sigma LN_2 N_4) N_{IJ} + (\Sigma LN_0 N_2) + L_{GH} C_d \, dT \, EA = 0$

$(\Sigma LN_1 N_3) N_{FG} + (\Sigma LN_2 N_3) N_{GH} + (\Sigma LN_3{}^2 + L_{HI}) N_{HI} + (\Sigma LN_3 N_4) N_{IJ} + (\Sigma LN_0 N_3) + L_{HI} C_d \, dT \, EA = 0$

$(\Sigma LN_1 N_4) N_{FG} + (\Sigma LN_2 N_4) N_{GH} + (\Sigma LN_3 N_4) N_{HI} + (\Sigma LN_4{}^2 + L_{IJ}) N_{IJ} + (\Sigma LN_0 N_4) + L_{IJ} C_d \, dT \, EA = 0$

Sustituyendo los correspondientes valores numéricos:

$(2760 + 480) N_{FG} + 202.5 N_{GH} + 139968 + (480 \times 0.000012 \times 30 \times 15000 \times 54) = 0$

$202.5 N_{FG} + (2760 + 480) N_{GH} + 202.5 N_{HI} + 139968 + (480 \times 0.000012 \times 30 \times 15000 \times 54) = 0$

$202.5 N_{GH} + (2760 + 480) N_{HI} + 202.5 N_{IJ} + 139968 + (480 \times 0.000012 \times 30 \times 15000 \times 54) = 0$

$202.5 N_{HI} + (2760 + 480) N_{IJ} + 139968 + (480 \times 0.000012 \times 30 \times 15000 \times 54) = 0$

La resolución del sistema proporciona los esfuerzos en las barras eliminadas: en las extremas $N_{FG} = N_{IJ} = -81.618$ kN y en las intermedias $N_{GH} = N_{HI} = -76.517$ kN. Los esfuerzos restantes se obtienen mediante la suma de los estados ($N_i = N_{i,0} - 81.618 \, N_{i,1} - 76.517 \, N_{i,2} - 76.517 \, N_{i,3} - 81.618 \, N_{i,4}$) y a las barras inferiores se le suma la compresión inicial:

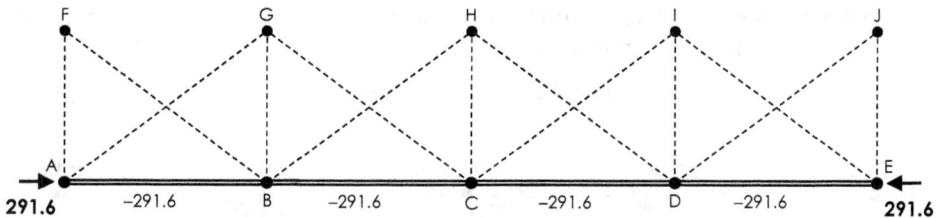

Los resultados finales se representan en la figura. Un mismo incremento térmico en las ocho barras horizontales provoca esfuerzos de compresión en ellas y en las verticales, y de tracción en las diagonales. Respecto al ejercicio anterior, la incorporación de las barras interiores BG y DI (y el consiguiente aumento del grado de hiperestatismo) elimina la nulidad de los esfuerzos allí obtenida.

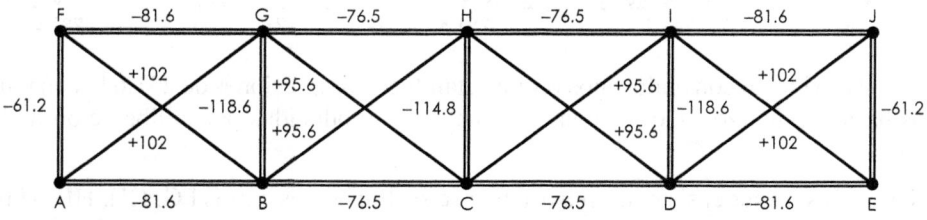

Ejercicio 1.5.4.04

Como en el ejercicio anterior, todas las barras del sistema de la figura tienen parámetros de valores E = 15000 kN/cm², C_d = 0.000012 °C⁻¹ y A = 54 cm².

Determinar ahora los esfuerzos producidos por un incremento térmico general de 30° C y también por un hipotético alargamiento inicial de 20 milímetros en todas las barras.

Comparar finalmente ambos resultados y justificar las diferencias de comportamiento estructural.

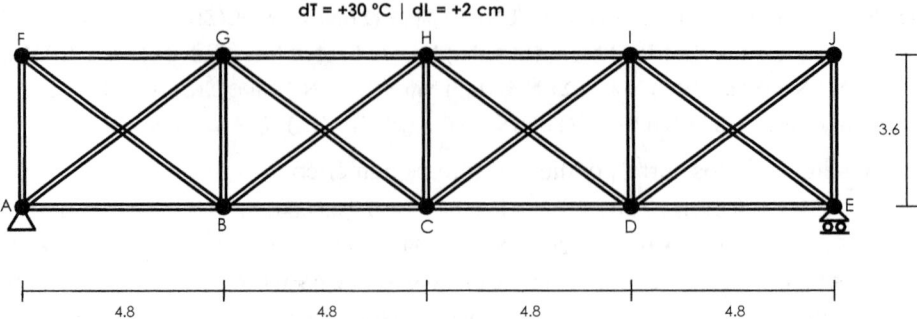

SOLUCIÓN

Para la resolución del sistema hiperestático de cuarto grado se emplean las mismas incógnitas N_{FG}, N_{IJ}, N_{GH} y N_{HI} y los mismos estados 1, 2, 3 y 4 del ejercicio anterior.

El incremento general de temperatura en el resto de las barras se impone a través de sus fuerzas equivalentes sobre sus nudos extremos. En el caso de la dilatación térmica, éstas no dependen de la longitud de la barra y adoptan todas el mismo valor:

$$R = E \; A \; C_d \; dT = 15000 \text{ kN/cm}^2 \times 54 \text{ cm}^2 \times 0.000012 \text{ }^\circ C^{-1} \times 30 \text{ }^\circ C = 291.6 \text{ kN}$$

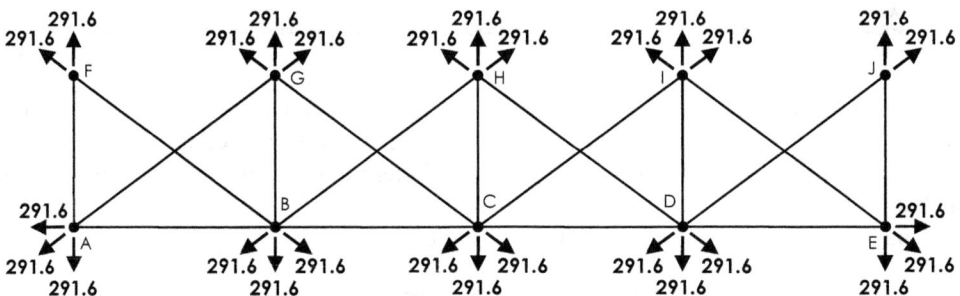

El estado inicial con nudos fijos provoca también compresiones de 291.6 kN en todas estas barras, esfuerzos que se suman al final a los producidos por la liberación de los nudos.

Para transformar el sistema en isostático se sustituyen las barras FG, GH, HI e IJ por las fuerzas que estas ejercen sobre la estructura.

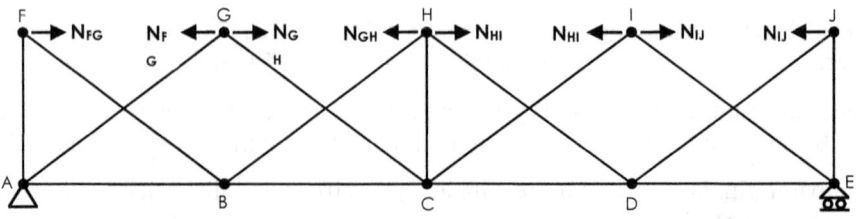

Los esfuerzos correspondientes al estado 0 son todos de tracción y con el mismo valor.

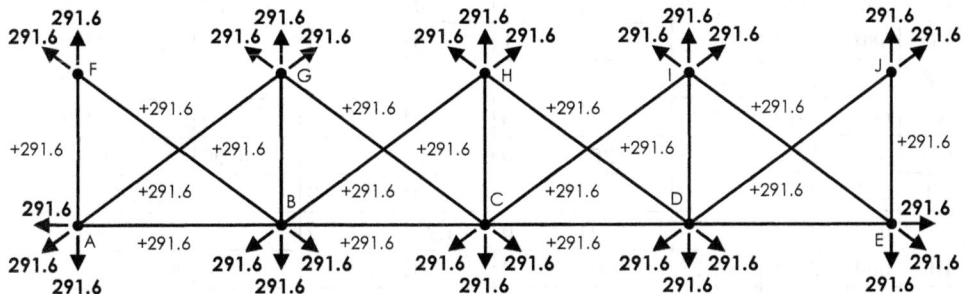

Los esfuerzos $N_{i,1}$, $N_{i,2}$, $N_{i,3}$ y $N_{i,4}$ correspondientes a los estados 1, 2, 3 y 4 son los mismos del ejercicio precedente. Por el grado de hiperestatismo también se precisan dos cuadros: el primero solamente incorpora variaciones en las columnas N_0, LN_0N_1, LN_0N_2, LN_0N_3 y LN_0N_4 y el segundo es idéntico al de aquel.

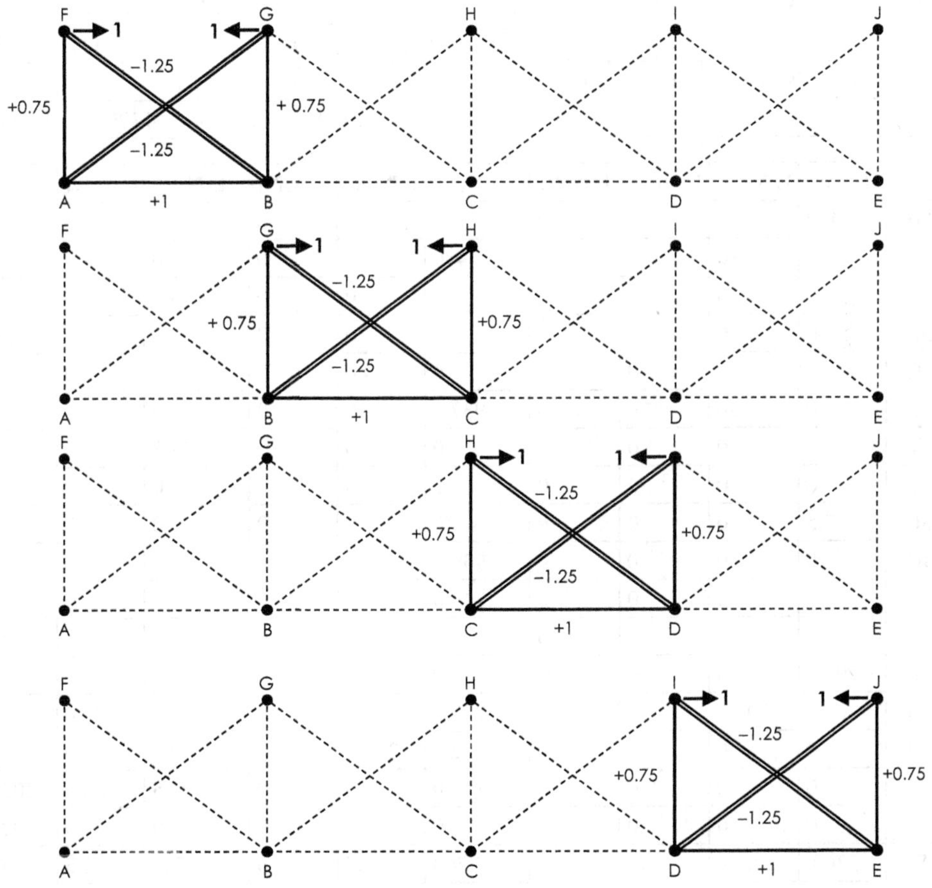

B	L	N_0	N_1	N_2	N_3	N_4	LN_0N_1	$L N_0N_2$	$L N_0N_3$	$L N_0N_4$
AB	480	291.6	1	0	0	0	139968	0	0	0
BC	480	291.6	0	1	0	0	0	139968	0	0
CD	480	291.6	0	0	1	0	0	0	139968	0
DE	480	291.6	0	0	0	1	0	0	0	139968
AG	600	291.6	−1.25	0	0	0	−218700	0	0	0
CG	600	291.6	0	−1.25	0	0	0	−218700	0	0
CI	600	291.6	0	0	−1.25	0	0	0	−218700	0
EI	600	291.6	0	0	0	−1,25	0	0	0	−218700
BF	600	291.6	−1.25	0	0	0	−218700	0	0	0
BH	600	291.6	0	−1.25	0	0	0	−218700	0	0
DH	600	291.6	0	0	−1.25	0	0	0	−218700	0
DJ	600	291.6	0	0	0	−1,25	0	0	0	−218700
AF	360	291.6	0.75	0	0	0	78732	0	0	0
BH	360	291.6	0.75	0.75	0	0	78732	78732	0	0
CH	360	291.6	0	0.75	0.75	0	0	78732	78732	0
DI	360	291.6	0	0	0.75	0.75	0	0	78732	78732
EJ	360	291.6	0	0	0	0.75	0	0	0	78732
						Σ	−139968	−139968	−139968	−139968

B	$L N_1^2$	$L N_1N_2$	$L N_1N_3$	$L N_1N_4$	$L N_2^2$	$L N_2N_3$	$L N_2N_4$	$L N_3^2$	$L N_3N_4$	$L N_4^2$
AB	480	0	0	0	0	0	0	0	0	0
BC	0	0	0	0	480	0	0	0	0	0
CD	0	0	0	0	0	0	0	480	0	0
DE	0	0	0	0	0	0	0	0	0	480
AG	937.5	0	0	0	0	0	0	0	0	0
CG	0	0	0	0	937.5	0	0	0	0	0
CI	0	0	0	0	0	0	0	937.5	0	0
EI	0	0	0	0	0	0	0	0	0	937.5
BF	937.5	0	0	0	0	0	0	0	0	0
BH	0	0	0	0	937.5	0	0	0	0	0
DH	0	0	0	0	0	0	0	937,5	0	0
DJ	0	0	0	0	0	0	0	0	0	937.5
AF	202,5	0	0	0	0	0	0	0	0	0
BG	202.5	202.5	0	0	202.5	0	0	0	0	0
CH	0	0	0	0	202.5	202.5	0	202,5	0	0
DI	0	0	0	0	0	0	0	202,5	202.5	202.5
EJ	0	0	0	0	0	0	0	0	0	202.5
Σ	2760	202.5	0	0	2760	202.5	0	2760	202.5	2760

Sustituyendo estos valores en las ecuaciones canónicas, considerando la dilatación térmica de las cuatro barras superiores y multiplicando todos los términos por la rigidez EA, queda el sistema:

$$(2760 + 480)\ N_{FG} + 202.5\ N_{GH} - 139968 + (480 \times 0.000012 \times 30 \times 15000 \times 54) = 0$$

$$202.5\ N_{FG} + (2760 + 480)\ N_{GH} + 202.5\ N_{HI} - 139968 + (480 \times 0.000012 \times 30 \times 15000 \times 54) = 0$$

$$202.5\ N_{GH} + (2760 + 480)\ N_{HI} + 202.5\ N_{IJ} - 139968 + (480 \times 0.000012 \times 30 \times 15000 \times 54) = 0$$

$$202.5\ N_{HI} + (2760 + 480)\ N_{IJ} - 139968 + (480 \times 0.000012 \times 30 \times 15000 \times 54) = 0$$

Los productos $480 \times 0.000012 \times 30 \times 15000 \times 54$ tienen también el valor 139968 pero con signo contrario. Por ello los términos independientes en las cuatro ecuaciones se anulan y también resultan lógicamente nulos los valores de las incógnitas.

$$N_{FG} = N_{GH} = N_{HI} = N_{IJ} = 0$$

Los restantes esfuerzos se determinan mediante la suma de los estados ($N_i = N_{i,0}$). A todas las barras se les suma además la compresión inicial:

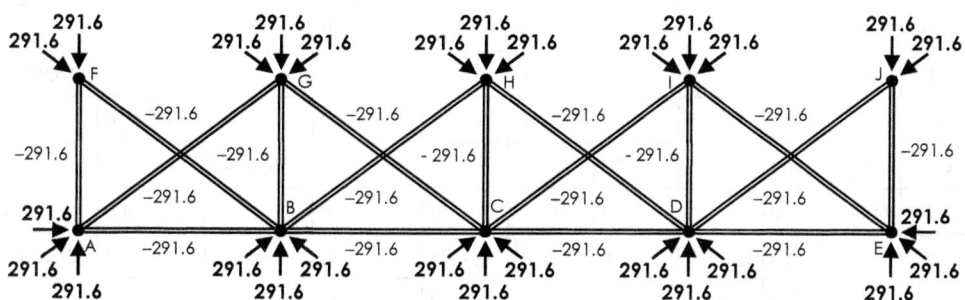

Su valor también coincide con el de $N_{i,0}$ cambiado de signo. Los esfuerzos finales son, por tanto, nulos en todas las barras.

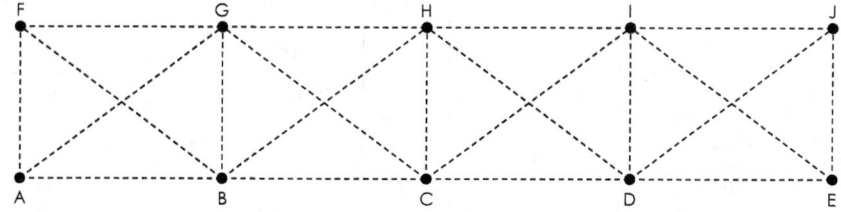

Por ser las dilataciones térmicas proporcionales a las longitudes de las barras, un mismo incremento general de temperatura en todas da lugar a un escalado homotético de la estructura respecto al apoyo fijo A, sin que se produzcan esfuerzos en las barras.

Se analiza a continuación la hipótesis del incremento longitudinal constante de 2 cm en todas las barras. En este caso las fuerzas equivalentes sobre los nudos extremos sí son dependientes de las longitudes [R = (EA/L) dL] y el estado 0 es ahora el indicado.

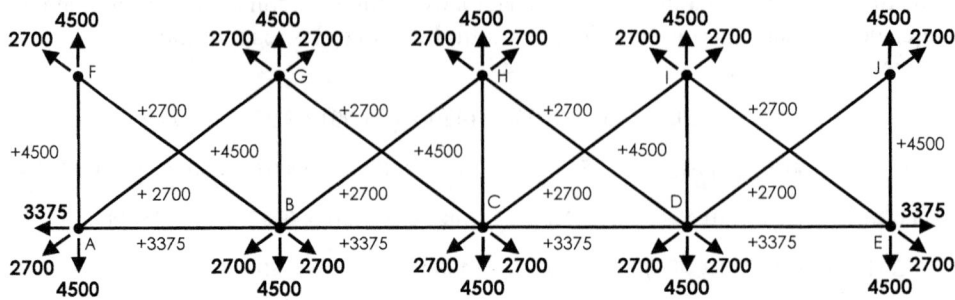

Solamente se ve afectado el primer cuadro que tiene, en este caso, valores diferentes en la columna N_0 y sus derivadas.

B	L	N_0	N_1	N_2	N_3	N_4	LN_0N_1	$L\,N_0N_2$	$L\,N_0N_3$	$L\,N_0N_4$
AB	480	3375	1	0	0	0	1620000	0	0	0
BC	480	3375	0	1	0	0	0	1620000	0	0
CD	480	3375	0	0	1	0	0	0	1620000	0
DE	480	3375	0	0	0	1	0	0	0	1620000
AG	600	2700	−1.25	0	0	0	−2025000	0	0	0
CG	600	2700	0	−1.25	0	0	0	−2025000	0	0
CI	600	2700	0	0	−1.25	0	0	0	−2025000	0
EI	600	2700	0	0	0	−1,25	0	0	0	−2025000
BF	600	2700	−1.25	0	0	0	−2025000	0	0	0
BH	600	2700	0	−1.25	0	0	0	−2025000	0	0
DH	600	2700	0	0	−1.25	0	0	0	−2025000	0
DJ	600	2700	0	0	0	−1,25	0	0	0	−2025000
AF	360	4500	0.75	0	0	0	1215000	0	0	0
BH	360	4500	0.75	0.75	0	0	1215000	1215000	0	0
CH	360	4500	0	0.75	0.75	0	0	1215000	1215000	0
DI	360	4500	0	0	0.75	0.75	0	0	1215000	1215000
EJ	360	4500	0	0	0	0.75	0	0	0	1215000
						Σ	0	0	0	0

Los sumatorios correspondientes resultan todos nulos. Combinándolos con los del segundo cuadro (el mismo del caso anterior) y considerando los incrementos iniciales de longitud en las barras superiores, se obtienen unas ecuaciones canónicas (multiplicadas por EA) muy simples:

$$(2760 + 480)\ N_{FG} + 202.5\ N_{GH} + (2 \times 15000 \times 54) = 0$$

$$202.5\ N_{FG} + (2760 + 480)\ N_{GH} + 202.5\ N_{HI} + (2 \times 15000 \times 54) = 0$$

$$202.5\ N_{GH} + (2760 + 480)\ N_{HI} + 202.5\ N_{IJ} + (2 \times 15000 \times 54) = 0$$

$$202.5\ N_{HI} + (2760 + 480)\ N_{IJ} + (2 \times 15000 \times 54) = 0$$

La resolución del sistema proporciona los esfuerzos en las barras eliminadas, en las extremas $N_{FG} = N_{IJ} = -472.3$ kN y en las intermedias $N_{GH} = N_{HI} = -442.8$ kN.

Los esfuerzos en las restantes barras se determinan, como siempre, mediante la suma de los estados.

$$N_i = N_{i,0} - 473.3\ N_{i,1} - 442.8\ N_{i,2} - 442.8\ N_{i,3} - 472.3\ N_{i,4}$$

A los así obtenidos se les deben añadir los correspondientes a la situación de nudos fijos (las compresiones provocadas inicialmente por las fuerzas equivalentes actuando sobre las barras).

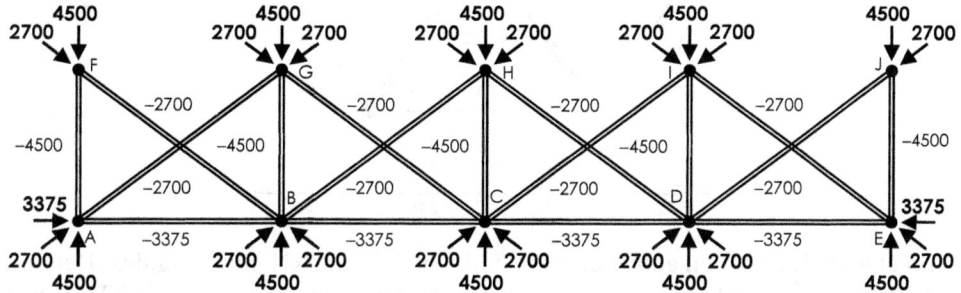

Tras esta última suma, los esfuerzos finales en esta segunda hipótesis se representan sobre las barras de la estructura.

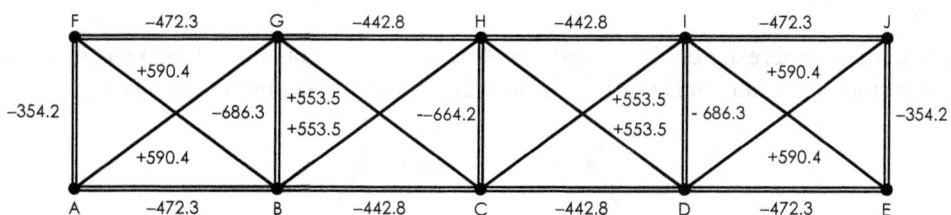

A diferencia del caso anterior (el incremento térmico general), los esfuerzos no resultan nulos, aunque sí simétricos respecto a los ejes centrales horizontal y vertical.

Esto se debe a que unos incrementos de longitud constantes (20 milímetros) en todas las barras no suponen unas variaciones longitudinales proporcionales a sus longitudes y no permiten una deformación homotética de toda la estructura con ausencia de esfuerzos.

Aun así, en el sistema analizado en los Ejercicios 1.5.3.07, 1.5.3.08, 1.5.4.01 y 1.5.4.02, este alargamiento inicial constante hubiera producido esfuerzos nulos. Se puede concluir que las especiales condiciones de comportamiento allí indicadas se pierden tras la adición de las dos barras verticales intermedias y el aumento con ello del grado de hiperestatismo del sistema.

Ejercicio 1.5.4.05

El sistema articulado de la figura está formado por barras del mismo material (E = 18000 kN/cm^2, C_d = 0.000012 $^\circ$C^{-1}) y diferentes secciones transversales (50 cm^2 en las barras exteriores y 25 cm^2 en las interiores).

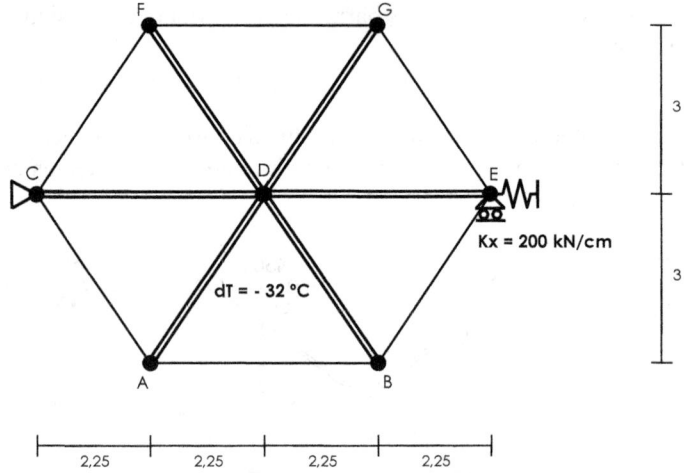

En el nudo E existe un apoyo elástico horizontal de 200 kN/cm de rigidez. Determinar las reacciones y esfuerzos que ocasiona un descenso de temperatura de 32 $^\circ$C en las seis barras interiores. Analizar la influencia de la rigidez Kx considerando sus casos extremos: apoyo fijo (rigidez infinita) y apoyo deslizante (rigidez nula).

SOLUCIÓN

El sistema es hiperestático de segundo grado y se transforma en isostático sustituyendo la coacción horizontal en E por la reacción Ex y la barra FG por las fuerzas N_{FG}.

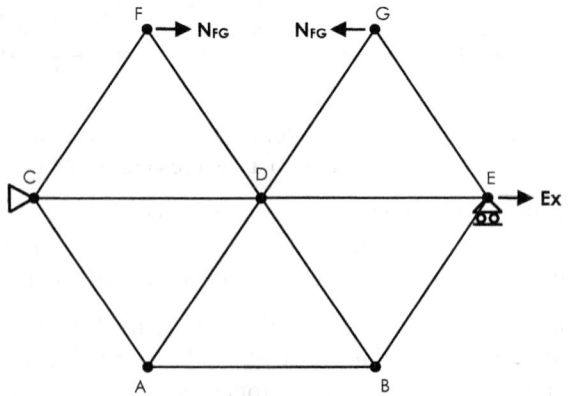

En el estado 0 se consideran exclusivamente las fuerzas equivalentes ejercidas sobre los nudos por el acortamiento térmico de las barras radiales.

$$R = E \, A \, C_d \, dT = 18000 \text{ kN/cm}^2 \times 25 \text{ cm}^2 \times 0.000012 \text{ °C}^{-1} \times (-32 \text{ °C}) = -172.8 \text{ kN}$$

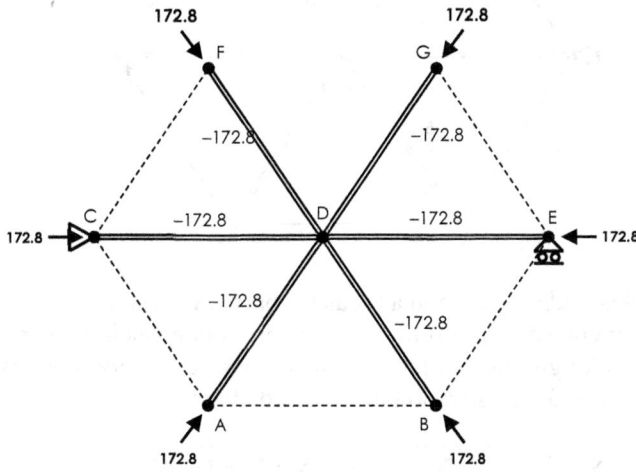

En este caso, los esfuerzos en el estado 0 son compresiones y los ejercidos por las fuerzas equivalentes sobre las barras, tracciones.

En el estado 1 la fuerza unitaria horizontal aplicada en el nudo E solamente produce esfuerzos $N_{i,1}$ en el tramo horizontal DE.

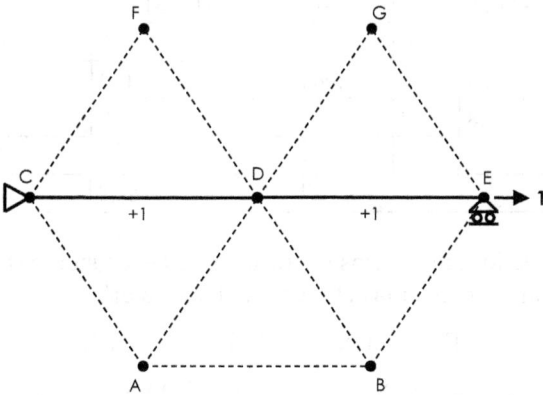

En el estado 2 las únicas fuerzas actuantes son dos unitarias aplicadas en los nudos B y F según la dirección que los une. Las reacciones en los apoyos son nulas y los esfuerzos $N_{i,2}$ en las barras son los indicados en la figura.

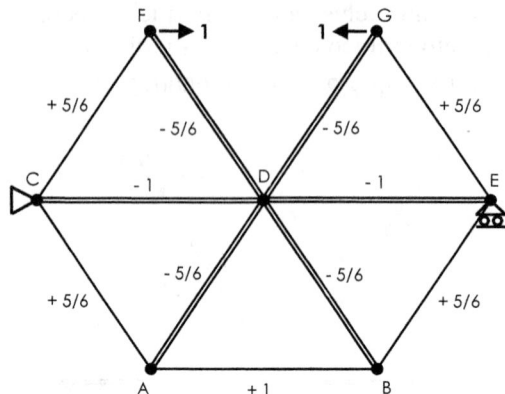

El módulo de elasticidad es común a todas las barras y no se considera por ello en el cuadro (se tendrá en cuenta posteriormente en la primera ecuación de compatibilidad). Los productos de las longitudes por las combinaciones de esfuerzos en los distintos estados se dividen entre el área correspondiente a cada barra.

B	A	L	N_0	N_1	N_2	LN_0N_1/A	LN_0N_2/A	LN_1N_2/A	LN_1^2/A	LN_2^2/A
AB	50	450	0	0	1	0	0	0	0	9
AC	50	375	0	0	5/6	0	0	0	0	125/24
AD	25	375	−172.8	0	−5/6	0	2160	0	0	125/12
BD	25	375	−172.8	0	−5/6	0	2160	0	0	125/12
BE	50	375	0	0	5/6	0	0	0	0	125/24
CD	25	450	−172.8	1	−1	−3110.4	3110.4	- 18	18	18
DE	25	450	−172.8	1	−1	−3110.4	3110.4	- 18	18	18
CF	50	375	0	0	5/6	0	0	0	0	125/24
DF	25	375	−172.8	0	−5/6	0	2160	0	0	125/12
DG	25	375	−172.8	0	−5/6	0	2160	0	0	125/12
EG	50	375	0	0	5/6	0	0	0	0	125/24
					Σ	−6220.8	14860.8	−36	36	107.5

Los resultados de los sumatorios se trasladan a las ecuaciones canónicas. En la primera de ellas se considera además el efecto del apoyo elástico.

$$(\Sigma LN_1^2/EA)\, Ex + (\Sigma LN_1N_2/EA)\, N_{FG} + \Sigma LN_0N_1/EA = -Ex/Ky$$

$$(\Sigma LN_1N_2/EA)\, Ex + (\Sigma LN_2^2/EA + L_{FG}/EA)\, N_{FG} + \Sigma LN_0N_2/EA = 0$$

Multiplicando ambas por el módulo de elasticidad y sustituyendo los valores numéricos:

$$36\, Ex - 36\, N_{FG} - 6220.8 = (-Ex/200) \times 18000$$

$$-36\, Ex + (107.5 + 450/50)\, N_{FG} + 14860.8 = 0$$

La resolución del sistema de ecuaciones proporciona la reacción horizontal en el apoyo derecho Ex = 14.177 kN y el esfuerzo axil en la barra superior N_{FG} = −123.18 kN. Los esfuerzos en las restantes barras se determinan mediante la suma de los estados.

$$N_i = N_{i,0} + 14.177 \, N_{i,1} - 123.18 \, N_{i,2}$$

En las barras interiores, a los esfuerzos obtenidos se les suman los correspondientes a la situación de nudos fijos (en este caso, las tracciones provocadas inicialmente por el descenso térmico).

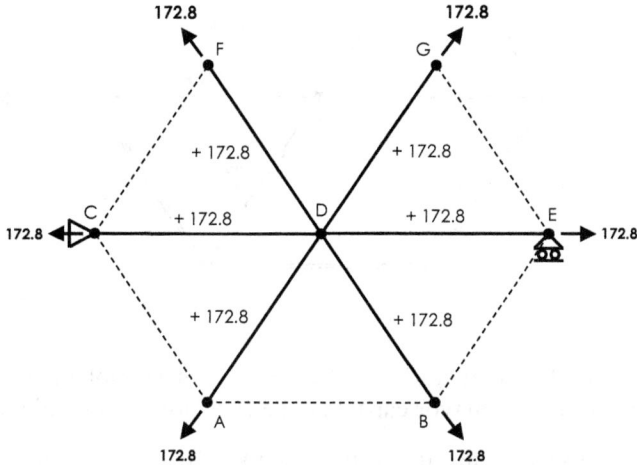

Los esfuerzos finales se reflejan en la siguiente figura. Las barras exteriores se encuentran comprimidas y las radiales interiores traccionadas. Se aprecia la doble simetría respecto a los ejes horizontal y vertical por el nudo D.

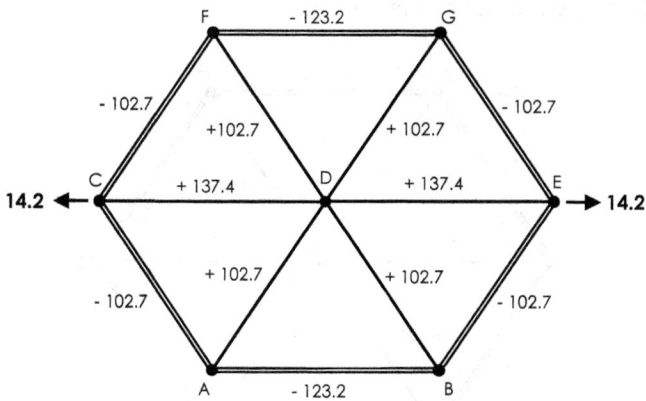

Para el cálculo correspondiente a la hipótesis de rigidez infinita en el apoyo elástico (apoyo fijo en E) basta con anular el término $(-Ex/Kx)$ de la primera ecuación. El nuevo sistema arroja como resultados $Ex = 65.471$ kN y $N_{FG} = -107.329$ kN. Los esfuerzos obtenidos (mediante suma de estados y adición de las tracciones iniciales) se reflejan en la figura.

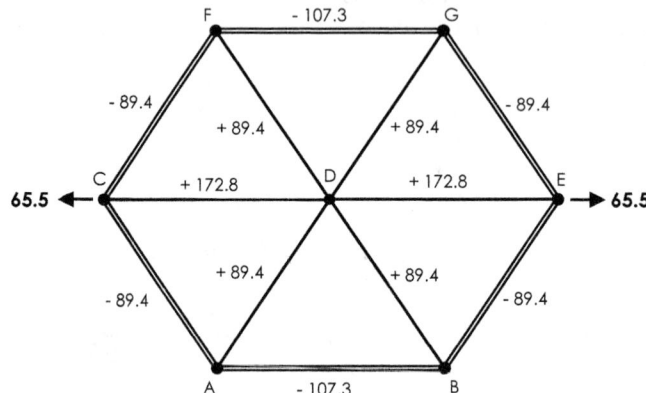

El aumento de rigidez en el apoyo elástico eleva considerablemente la reacción horizontal en el mismo (por su mayor capacidad de coacción al movimiento).

A excepción de las barras que unen ambos apoyos fijos (que mantienen lógicamente la tracción inicial), se observa también una disminución de los esfuerzos en las demás barras con carácter general. Dentro del reparto motivado por el hiperestatismo, en este caso los efectos del descenso térmico se absorben en mayor medida en los apoyos y colaboran menos las barras.

En la hipótesis de rigidez nula (apoyo deslizante) $Ex = 0$, el grado de hiperestatismo se rebaja a 1 y la segunda ecuación proporciona directamente $N_{FG} = -127.561$ kN. Los esfuerzos resultantes se indican a continuación.

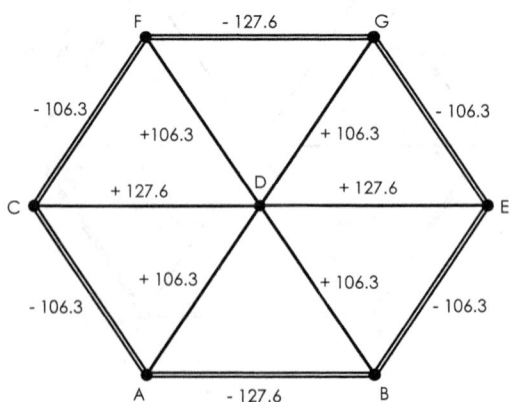

En esta hipótesis la totalidad de los efectos del descenso térmico se absorbe en las barras y por ello sus esfuerzos son superiores a los otros dos casos (salvo el tramo CE).

Ejercicio 1.5.4.06

En el sistema estructural del ejercicio anterior (E = 18000 kN/cm^2, A = 50 cm^2 en las barras exteriores y A = 25 cm^2 en las interiores), se sustituye el apoyo elástico por uno fijo con un desplazamiento impuesto de 6 milímetros hacia la derecha.

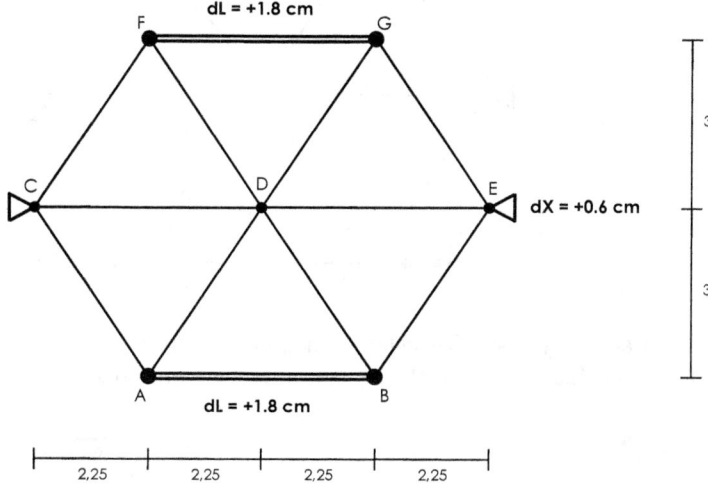

Determinar las reacciones y esfuerzos que producen dos alargamientos iniciales de 18 milímetros en las barras superior e inferior. ¿Qué efectos produciría un alargamiento doble en una de las barras? Considerar también la hipótesis de desplazamiento impuesto nulo (apoyo fijo) y comparar los resultados.

SOLUCIÓN

Al igual que en el ejercicio anterior, el sistema es hiperestático de segundo grado y se transforma en isostático sustituyendo la coacción horizontal en E por la reacción Ex y la barra FG por las fuerzas N$_{FG}$.

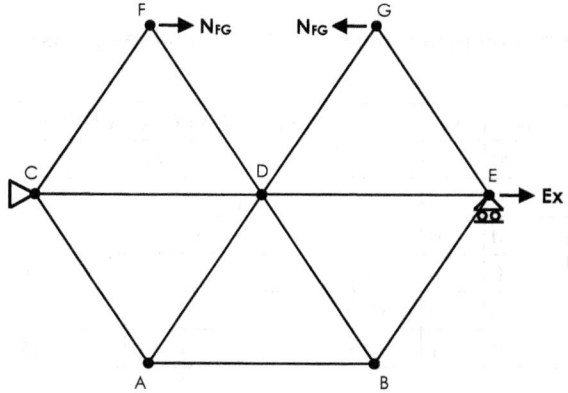

En el estado 0, en este caso, se consideran las fuerzas equivalentes provocadas por el alargamiento inicial de la barra inferior en la situación de nudos fijos. Los esfuerzos $N_{i,0}$ son todos nulos salvo en la barra AB.

$$R = (EA/L) \, dL = (18000 \text{ kN/cm}^2 \times 50 \text{ cm}^2/450 \text{ cm}) \times 1.8 \text{ cm} = 3600 \text{ kN}$$

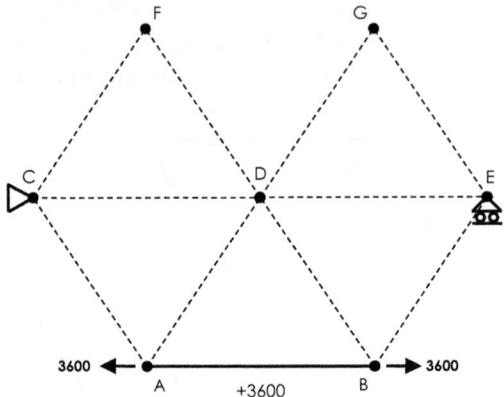

Los estados 1 y 2 son los establecidos en el ejercicio precedente. Los valores obtenidos de los esfuerzos $N_{i,1}$ y $N_{i,2}$ se reproducen a continuación.

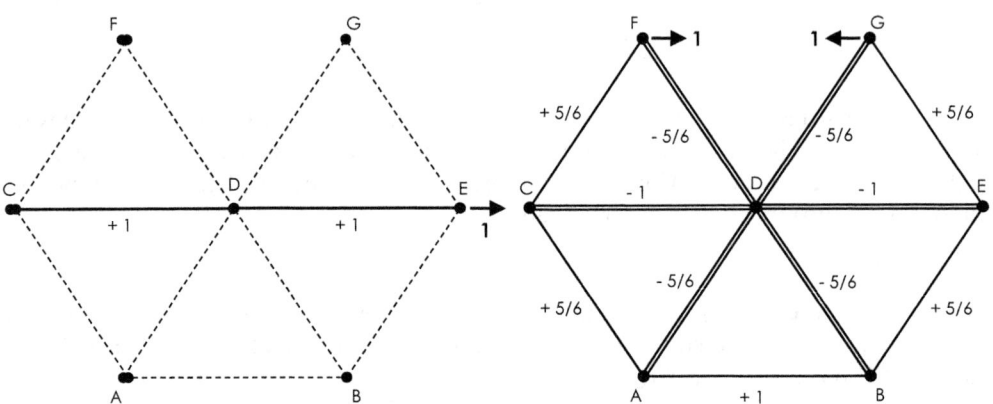

En la tabla correspondiente solo se producen cambios en las columnas N_0, LN_0N_1/A y LN_0N_2/A.

B	A	L	N_0	N_1	N_2	LN_0N_1/A	LN_0N_2/A	LN_1N_2/A	LN_1^2/A	LN_2^2/A
AB	50	450	3600	0	1	0	32400	0	0	9
AC	50	375	0	0	5/6	0	0	0	0	125/24
AD	25	375	0	0	−5/6	0	0	0	0	125/12
BD	25	375	0	0	−5/6	0	0	0	0	125/12
BE	50	375	0	0	5/6	0	0	0	0	125/24
CD	25	450	0	1	−1	0	0	−18	18	18

B	A	L	N_0	N_1	N_2	LN_0N_1/A	LN_0N_2/A	LN_1N_2/A	LN_1^2/A	LN_2^2/A
DE	25	450	0	1	−1	0	0	−18	18	18
CF	50	375	0	0	5/6	0	0	0	0	125/24
DF	25	375	0	0	−5/6	0	0	0	0	125/12
DG	25	375	0	0	−5/6	0	0	0	0	125/12
EG	50	375	0	0	5/6	0	0	0	0	125/24
					Σ	0	32400	−36	36	107.5

Ahora los estados 0 y 1 son independientes ($N_0N_1 = 0$). El resto de los sumatorios se trasladan a las ecuaciones canónicas. En la primera se considera el desplazamiento impuesto de 6 milímetros en el apoyo derecho.

$$(\Sigma LN_1^2/EA)\, Ex + (\Sigma LN_1N_2/EA)\, N_{FG} + \Sigma LN_0N_1/EA + dX = 0$$

En la segunda ecuación se tiene en cuenta el alargamiento inicial de la barra superior (el de la inferior se ha considerado en el estado 0).

$$(\Sigma LN_1N_2/EA)\, Ex + (\Sigma LN_2^2/EA + L_{FG}/EA)\, N_{FG} + \Sigma LN_0N_2/EA + dL_{FG} = 0$$

Multiplicando ambas ecuaciones por el módulo de elasticidad y sustituyendo los valores correspondientes, queda el sistema:

$$36\, Ex - 36\, N_{FG} + 0.6 \times 18000 = 0$$

$$-36\, Ex + (107.5 + 450/50)\, N_{FG} + 32400 + 1.8 \times 18000 = 0$$

La resolución del mismo proporciona la reacción horizontal en el apoyo $Ex = -370.807$ kN y el esfuerzo en la barra superior $N_{FG} = -670.807$ kN. Los esfuerzos en las restantes barras se determinan mediante la suma de los estados.

$$N_i = N_{i,0} + N_{i,1} \times (-370.807) + N_{i,2} \times (-670.807)$$

Al esfuerzo en la barra inferior AB se le agrega la compresión inicial de 3600 kN y los resultados finales se indican en la figura.

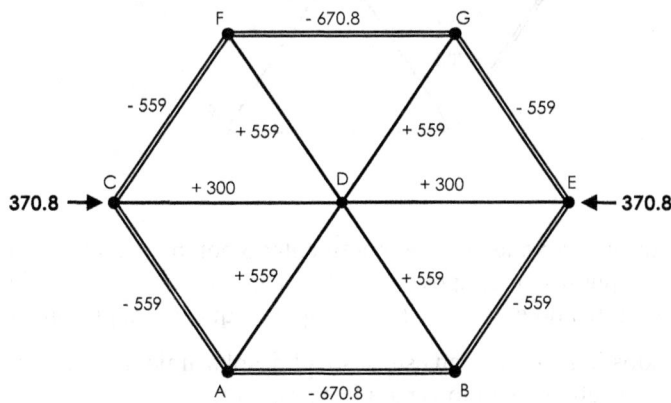

Del análisis de las columnas N_0 y LN_0N_2/A del cuadro y del término independiente de la segunda ecuación de compatibilidad ($\Sigma LN_0N_2/EA + dL_{FG} = 1.8$ cm $+ 1.8$ cm $= 3.6$ cm) se desprende que la hipótesis de un alargamiento inicial doble en una de las barras (AB o FG) no alteraría los esfuerzos obtenidos.

Si el alargamiento de 36 milímetros se produce en la barra AB el término ($\Sigma LN_0N_2/EA$) adopta el valor 3.6 cm y el término dL_{FG} es nulo. Si se produce en la barra superior FG ($\Sigma LN_0N_2/EA$) es ahora nulo y dL_{FG} vale 3.6 cm. En todos los casos el término independiente (suma de ambos) vale 3.6 cm. La asimetría horizontal en los alargamientos impuestos no rompe la simetría horizontal de los esfuerzos provocados.

Para determinar los esfuerzos en la hipótesis de desplazamiento impuesto nulo en el apoyo E fijo, se elimina el término dX de la primera ecuación de compatibilidad. La segunda no se altera.

$$36\ Ex - 36\ N_{FG} = 0$$
$$-36\ Ex + (107.5 + 450/50)\ N_{FG} + 32400 + 1.8 \times 18000 = 0$$

La resolución del nuevo sistema de ecuaciones proporciona valores iguales para las dos incógnitas ($Ex = N_{FG} = -804.969$ kN). Los esfuerzos en las restantes barras se determinan mediante la suma de los estados.

$$N_i = N_{i,0} - (N_{i,1} + N_{i,2}) \times 804.969$$

Al esfuerzo en la barra inferior AB se le agrega la compresión inicial de 3600 kN y los resultados finales se indican en la figura.

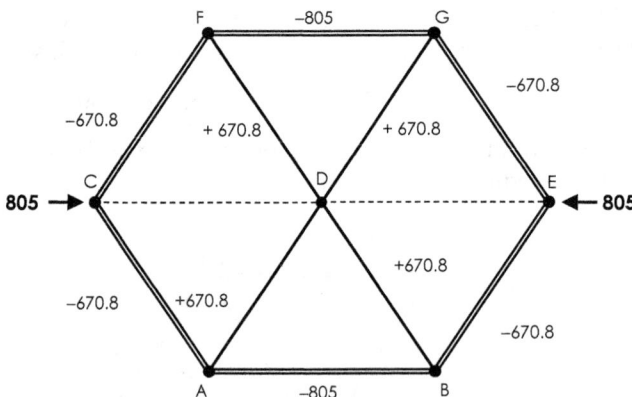

Las reacciones horizontales se han incrementado notablemente con la supresión del desplazamiento impuesto en el apoyo derecho. También han aumentado los esfuerzos en las barras, exceptuando el tramo CE entre apoyos que ahora presenta esfuerzo nulo.

Estos resultados indican que, en este caso, el desplazamiento impuesto de 6 milímetros en el nudo E resulta beneficioso para la estructura.

Para justificar este comportamiento se considera la deformación que provocarían los alargamientos iniciales en las barras si el apoyo derecho fuera deslizante. Obviamente el nudo E se desplazaría hacia la derecha (manteniendo el apoyo fijo en el apoyo izquierdo). Un desplazamiento impuesto del nudo E en el mismo sentido es coherente con esta deformación y suaviza el efecto de los alargamientos en AB y FG. Un apoyo fijo en E coarta totalmente la tendencia de movimiento y lo hace ejerciendo una reacción mayor y dando lugar a mayores esfuerzos en las barras.

Ejercicio 1.5.4.07

La estructura hiperestática de tercer grado representada en la figura está formada por barras de dos materiales diferentes.

El trapecio inferior CABFEDC tiene un módulo de elasticidad E = 8000 kN/cm^2, un coeficiente de dilatación Cd = 0.00001 ºC^{-1} y una sección transversal de 50 cm^2.

El resto de las barras tiene un módulo de elasticidad E = 12500 kN/cm^2, un coeficiente de dilatación Cd = 0.000012 ºC^{-1} y dos secciones diferentes a su vez. En las verticales A tiene un valor de 40 cm^2 y en las horizontales e inclinadas de 20 cm^2.

En su extremo derecho (nudo G) existe un apoyo elástico vertical de 500 kN/cm de rigidez Ky y en el apoyo fijo inferior se considera un desplazamiento horizontal impuesto de 6 milímetros hacia la derecha.

Los nudos A, F, H y J están solicitados por las cargas indicadas y las cuatro barras inferiores (AC, AB, BF y FG) experimentan un incremento de temperatura de 36 ºC.

Finalmente se supone la existencia de dos errores de ejecución en las barras BF e IJ. La primera tiene un acortamiento inicial de 9 milímetros y la segunda un alargamiento inicial de 18 milímetros.

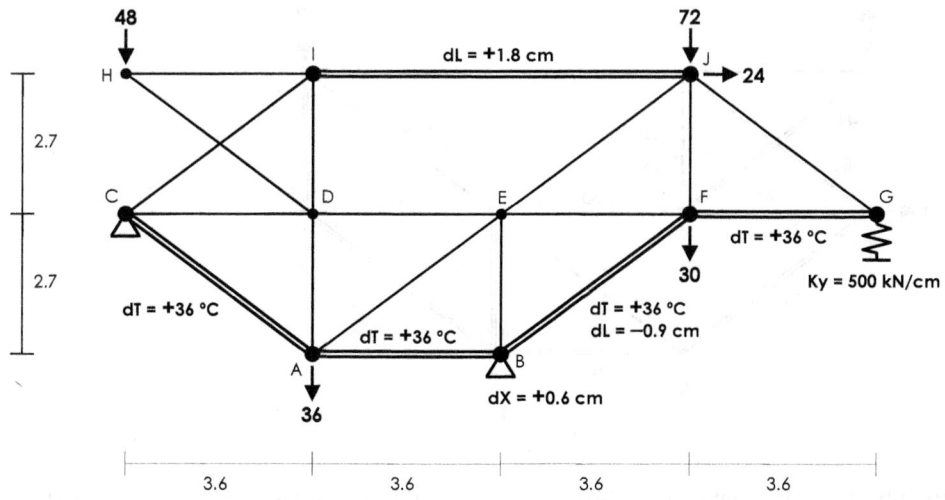

Determinar las reacciones en los apoyos y los esfuerzos en las barras producidos por todas las acciones indicadas.

SOLUCIÓN

El apoyo elástico en G, el desplazamiento horizontal impuesto en B y el alargamiento inicial en la barra horizontal superior IJ se consideran en las correspondientes ecuaciones de compatibilidad. Las dilataciones térmicas en las barras inferiores y el acortamiento inicial en la barra BF se incorporan a las fuerzas existentes sobre los nudos.

El sistema se transforma en isostático sustituyendo el apoyo en G, la coacción horizontal en B y la barra IJ por las fuerzas Gy, Bx y N_{IJ} ejercidas sobre la estructura.

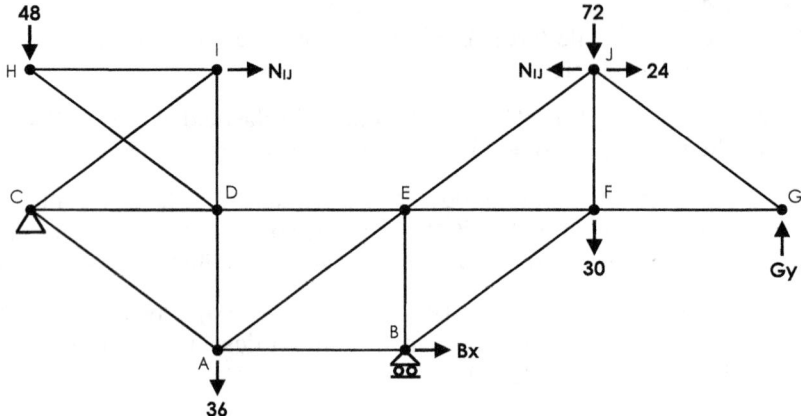

En el estado 0 se consideran los efectos de las cargas aplicadas en los nudos y las fuerzas equivalentes producidas por las deformaciones impuestas (las dilataciones térmicas y el acortamiento en BF). Puede a su vez descomponerse en tres subestados. El primero (subestado 0A) incluye solamente las cargas exteriores sobre los nudos B, G, H y J. Los esfuerzos $N_{i,0A}$ en las barras se representan en la figura.

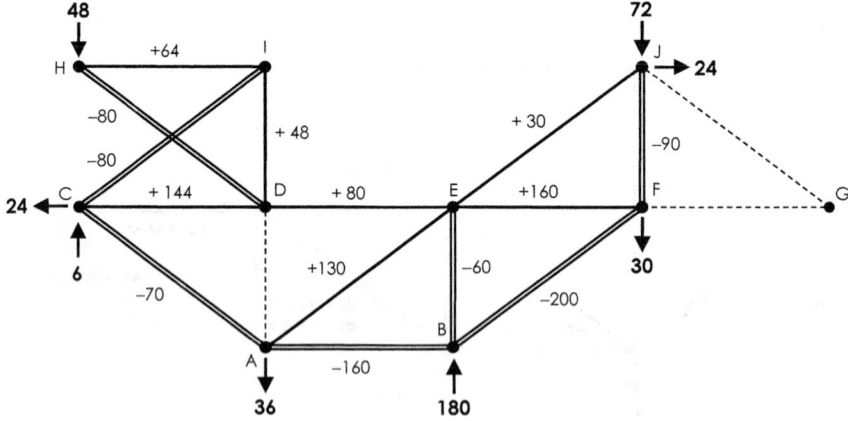

El subestado 0B contiene el efecto de la variación de temperatura en las barras CA, AB, BF y FG. En las tres primeras $C_d = 0.00001$ °C^{-1} y en la última $C_d = 0.000012$ °C^{-1}. Las fuerzas equivalentes en la situación de nudos fijos se calculan mediante la expresión:

$$R = E\,A\,C_d\,dT$$

$$RCA = RAB = RBF = 8000\ kN/cm^2 \times 50\ cm^2 \times 0.00001\ °C^{-1} \times 36\ °C = 144\ kN$$

$$RFG = 12500\ kN/cm^2 \times 20\ cm^2 \times 0.000012\ °C^{-1} \times 36\ °C = 108\ kN$$

Los esfuerzos $N_{i,0B}$ son tracciones de dichos valores en las barras indicadas y nulos en todas las demás.

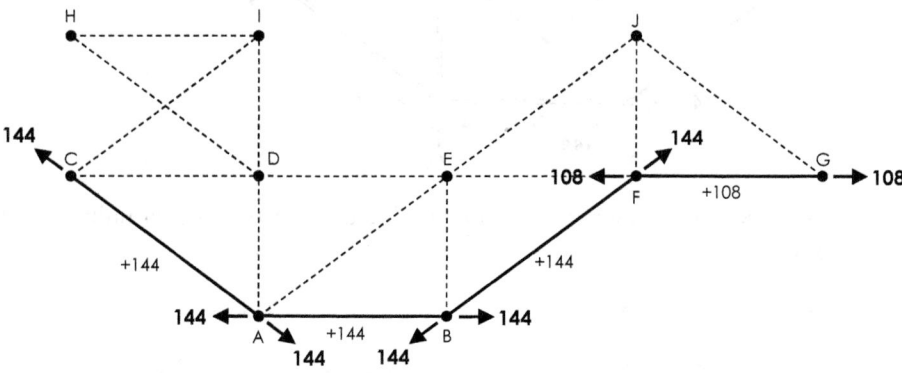

Los esfuerzos $N_{i,0C}$ correspondientes al subestado 0C son los producidos por las fuerzas equivalentes al acortamiento inicial de la barra BF.

$$R = (EA/L)\,dL = (8000\ kN/cm^2 \times 50\ cm^2/450\ cm) \times (-0.9\ cm) = -800\ kN$$

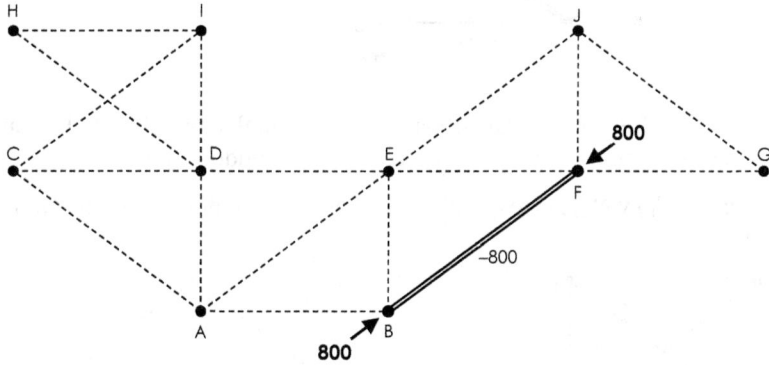

La actuación de las fuerzas equivalentes descritas provoca esfuerzos de sentido contrario sobre las barras que se suman posteriormente a los resultantes de la liberación de los nudos.

En la barra BF se combinan los efectos del incremento térmico de 36 °C y su acortamiento inicial de 9 milímetros. Sumando los tres subestados anteriores se obtienen los esfuerzos $N_{i,0}$ correspondientes al estado 0.

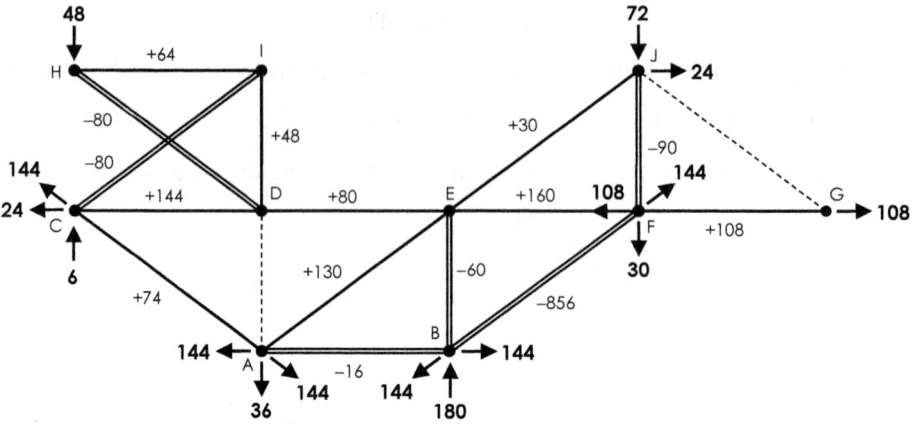

Los esfuerzos $N_{i,1}$ del estado 1 son los producidos por una fuerza unitaria vertical aplicada en el nudo G.

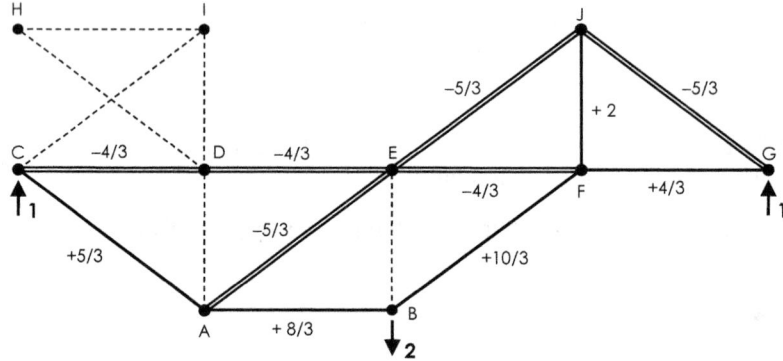

En el estado 2 la fuerza unitaria aplicada es horizontal sobre el nudo B y en el estado 3 se disponen dos fuerzas unitarias opuestas sobre los nudos I y J.

Los esfuerzos $N_{i,2}$ y $N_{i,3}$ correspondientes a ambos estados se representan en las dos figuras siguientes.

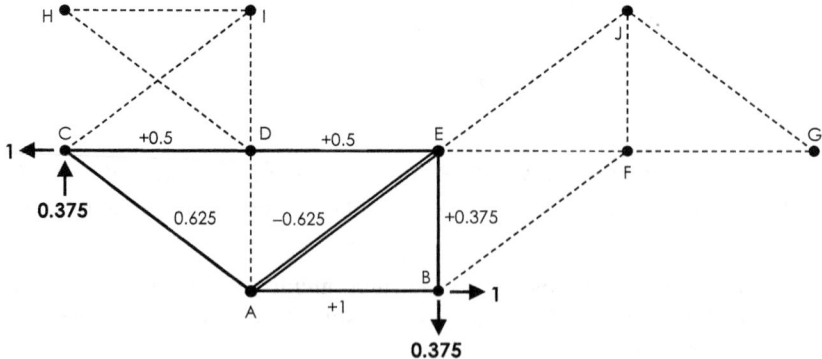

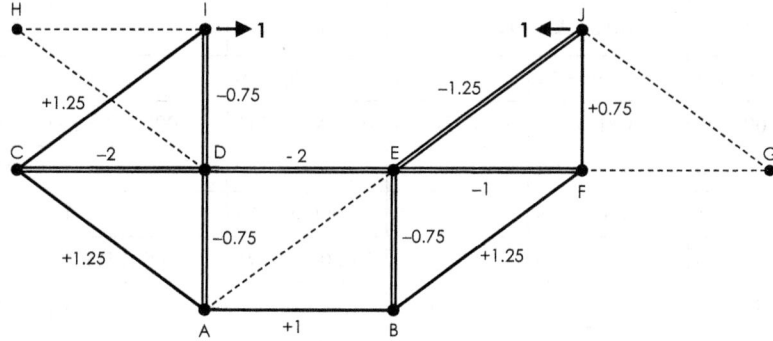

Con los esfuerzos de los cuatro estados se componen dos tablas. En la primera se incluyen las columnas E, A, L, N_0, N_1, N_2, N_3, LN_0N_1/EA, LN_0N_2/EA y LN_0N_3/EA y en la segunda, las columnas LN_1^2/EA, LN_1N_2/EA, LN_1N_3/EA, LN_2^2/EA, LN_2N_3/EA y LN_3^2/EA.

B	E	A	L	N_0	N_1	N_2	N_3	LN_0N_1/EA	$L\,N_0N_2/EA$	$L\,N_0N_3/EA$
AB	8000	50	360	−16	8/3	1	1	−0.0384	−0.0144	−0.0144
AC	8000	50	450	74	5/3	0.625	1.25	0.13875	0.05203125	0.1040625
AD	12500	40	270	0	0	0	−0.75	0	0	0
AE	12500	20	450	130	−5/3	−0.625	0	- 0.39	- 0.14625	0
BE	12500	40	270	-60	0	0.375	−0.75	0	- 0.01215	0.0243
BF	8000	50	450	- 856	10/3	0	1.25	- 3.21	0	- 1.20375
CD	8000	50	360	144	−4/3	0.5	−2	- 0.1728	0.0648	- 0.2592
DE	8000	50	360	80	−4/3	0.5	−2	- 0.096	0.036	- 0.144
EF	8000	50	360	160	−4/3	0	−1	−0.192	0	−0.144
FG	12500	20	360	108	4/3	0	0	0.20736	0	0
CI	12500	20	450	−80	0	0	1.25	0	0	−0.18
DH	12500	20	450	−80	0	0	0	0	0	0
DI	12500	40	270	48	0	0	−0.75	0	0	−0.01944
EJ	12500	20	450	30	−5/3	0	−1.25	−0.09	0	−0.0675
FJ	12500	40	270	−90	2	0	0.75	−0.0972	0	−0.03645
GJ	12500	20	450	0	−5/3	0	0	0	0	0
HI	12500	20	360	64	0	0	0	0	0	0
							Σ	−3,94029	−0,01996875	−1,9403775

B	L N_1^2/EA	L N_1N_2/EA	L N_1N_3/EA	L N_2^2/EA	L N_2N_3/EA	L N_3^2/EA
AB	0.0064	0.0024	0.0024	0.0009	0.0009	0.0009
AC	0.003125	0.001171875	0.00234375	0.0004394531	0.00087890625	0.0017578125
AD	0	0	0	0	0	0.00030375
AE	0.005	0.001875	0	0.000703125	0	0
BE	0	0	0	0.0000759375	−0.000151875	0.00030375
BF	0.0125	0	0.0046875	0	0	0.001757813
CD	0.0016	−0.0006	0.0024	0.000225	−0.0009	0.0036
DE	0.0016	−0,0006	0.0024	0.000225	−0.0009	0.0036
EF	0.0016	0	0.0012	0	0	0.0009
FG	0.00256	0	0	0	0	0
CI	0	0	0	0	0	0.0028125
DH	0	0	0	0	0	0
DI	0	0	0	0	0	0.00030375
EJ	0.005	0	0.00375	0	0	0.0028125
FJ	0.00216	0	0.00081	0	0	0.00030375
GJ	0.005	0	0	0	0	0
HI	0	0	0	0	0	0
Σ	0,046545	0,004246875	0,01999125	0,0025685156	−0,0001729688	0,019355625

Con los valores de los sumatorios resultantes de ambos cuadros se componen las tres ecuaciones canónicas. En la primera de ellas se considera el apoyo elástico dispuesto en el nudo E:

$$(\Sigma LN_1^2/EA)\,Gy + (\Sigma LN_1N_2/EA)\,Bx + (\Sigma LN_1N_3/EA)\,N_{IJ} + (\Sigma LN_0N_1/EA) = -Gy/Ky$$

La segunda ecuación incorpora el desplazamiento horizontal impuesto en B:

$$(\Sigma LN_1N_2/EA)\,Gy + (\Sigma LN_2^2/EA)\,Bx + (\Sigma LN_2N_3/EA)\,N_{IJ} + (\Sigma LN_0N_2/EA) = dX$$

En la tercera ecuación se tiene en cuenta el alargamiento inicial de la barra IJ:

$$(\Sigma LN_1N_3/EA)\,Gy + (\Sigma LN_2N_3/EA)\,Bx + (\Sigma LN_3^2/EA + L_{IJ}/EA)\,N_{IJ} + (\Sigma LN_0N_3/EA) + dL_{IJ} = 0$$

Sustituyendo los correspondientes valores numéricos se obtiene el siguiente sistema:

$$0,046545\ Gy + 0,004246875\ Bx + 0,01999125\ N_{IJ} - 3,94029 = -Gy/500$$

$$0,004246875\ Gy + 0,0025685156\ Bx - 0,0001729688\ N_{IJ} - 0,01996875 = 0.6$$

$$0,01999125\ Gy - 0,0001729688\ Bx + (0,019355625 + 0.00288)\ N_{IJ} - 1,9403775 + 1.8 = 0$$

Su resolución proporciona la reacción vertical en el apoyo elástico Gy = 119.409 kN, la reacción horizontal en el apoyo fijo inferior Bx = 37.152 kN y el esfuerzo en la barra superior N_{IJ} = –100.754 kN.

Las restantes reacciones y esfuerzos se determinan inicialmente mediante la suma de los cuatro estados

$$N_i = N_{i,0} + 119.409\ N_{i,1} + 37.152\ N_{i,2} - 100.754\ N_{i,3}$$

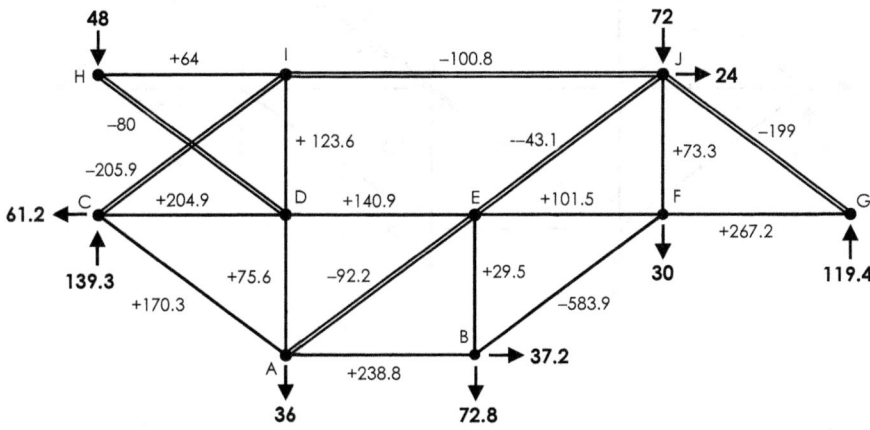

A los esfuerzos de las barras inferiores CA, AB, BF y FG se les suman los correspondientes a la situación inicial de nudos fijos (los aplicados sobre las barras por las fuerzas equivalentes producidas por la dilatación térmica y el acortamiento de la barra BF):

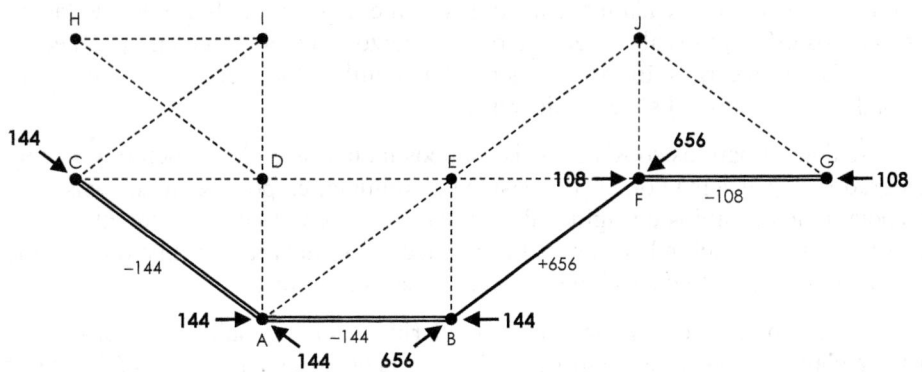

Como se puede apreciar, en la barra BF se han considerado los dos efectos (800 − 144 = 656). Tras la suma indicada, los esfuerzos finales en todas las barras se representan en la última figura.

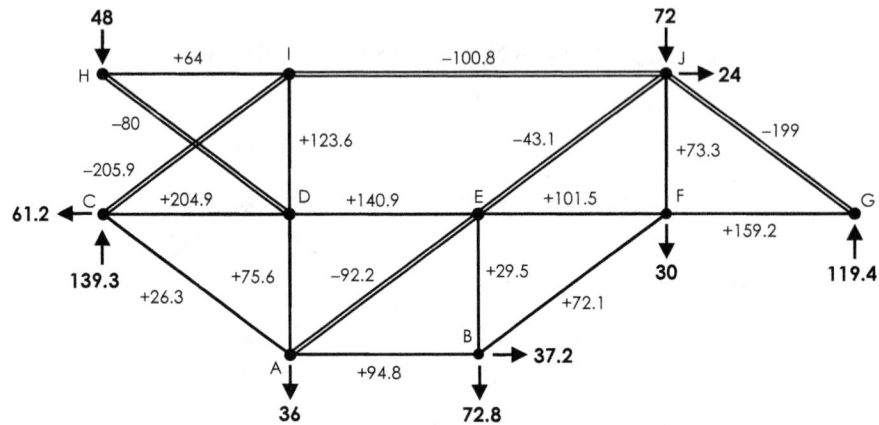

[1.6]. ANÁLISIS DE MODALIDADES RESISTENTES

En los sistemas isostáticos existe una única modalidad de respuesta de la estructura a las cargas aplicadas. Con independencia de la rigidez EA de cada barra, las ecuaciones de equilibrio determinan los valores de los esfuerzos y las reacciones en los apoyos.

Sin embargo, en los sistemas hiperestáticos, el exceso de vinculación provoca la existencia de distintas modalidades resistentes en la estructura. Las cargas aplicadas pueden recorrer distintos caminos dentro del sistema en su tránsito hacia los apoyos.

La colaboración de cada mecanismo resistente depende de la rigidez de las barras: los caminos más rígidos absorben mayores esfuerzos y colaboran en mayor medida a la resistencia de las cargas. En ocasiones resulta de utilidad la identificación de estas modalidades resistentes del sistema hiperestático.

Si se determinan los subsistemas isostáticos incluidos en la estructura y se calculan sus grados de participación en la resistencia conjunta, es posible un análisis de la influencia de los cambios de rigidez de algunas barras en el comportamiento global del sistema. Actuando sobre los valores EA se puede modificar la distribución de esfuerzos y «dirigir» el conjunto de acciones a través de la estructura.

Un ejemplo en el que se aprecian con claridad estas modalidades resistentes es el sistema planteado en el Ejercicio 1.3.2.05. Se trata de un sistema hiperestático de primer grado y a continuación, se analizan sus dos modalidades resistentes.

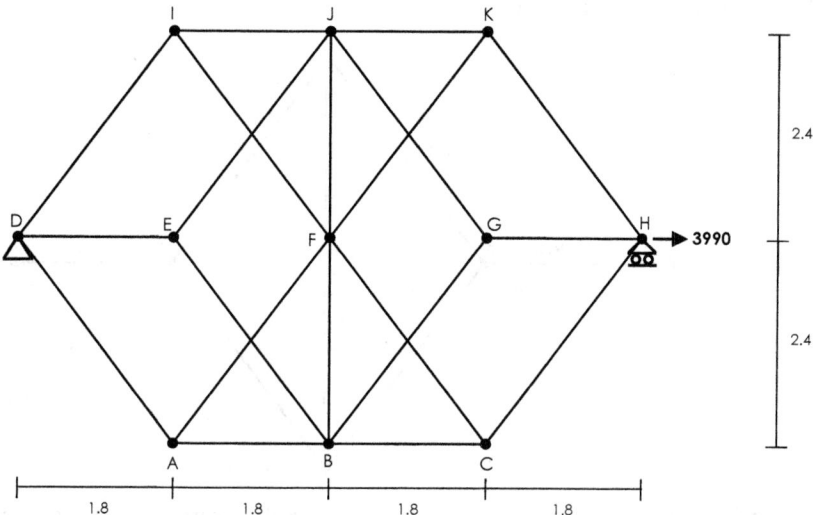

La fuerza horizontal aplicada en el nudo H se traslada hasta el apoyo D a través de dos grupos de barras: uno formado por el hexágono exterior con las diagonales centrales y el otro por el rombo interior, la vertical central y las dos barras horizontales.

Cada uno de estos dos subsistemas isostáticos sería capaz de resistir la totalidad de la carga aplicada. Las figuras reproducen los esfuerzos que se producirían en cada caso:

SUBSISTEMA ISOSTÁTICO A

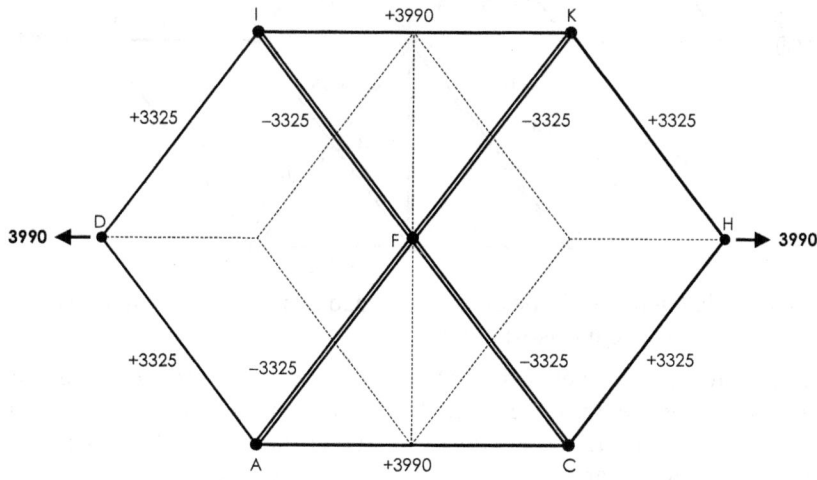

Subsistema isostático B

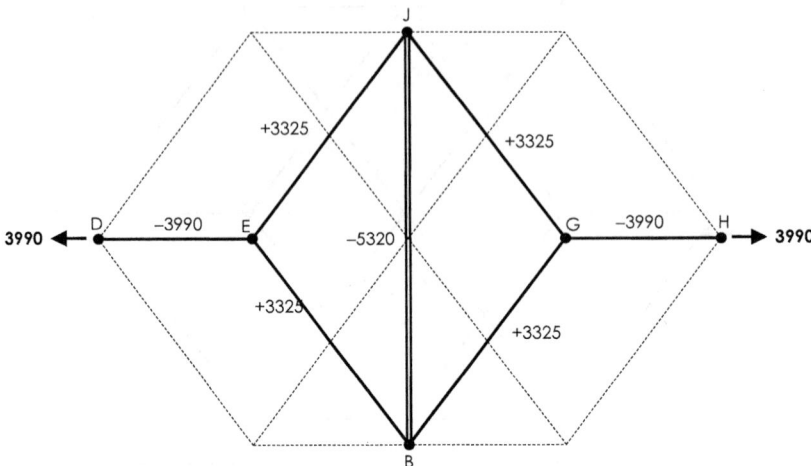

En la realidad, la carga aplicada de 3990 kN se reparte entre las dos modalidades resistentes, en función de sus respetivas rigideces (las fuerzas horizontales aplicadas en D y H que provocan un alargamiento unitario entre ambos nudos).

Todas las barras colaboran y los esfuerzos finales son los obtenidos en el mencionado ejercicio:

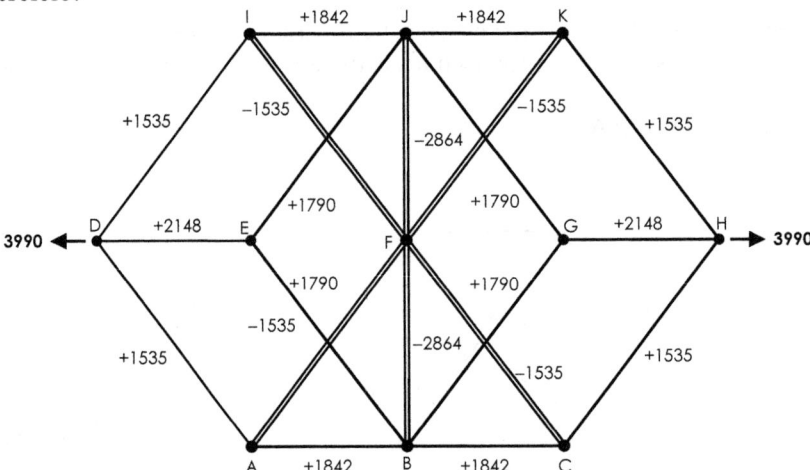

Para analizar la contribución de cada modalidad resistente se comparan estos esfuerzos con los de los subsistemas isostáticos.

En el subsistema A la fuerza de 3990 kN provoca unas tracciones iguales en las barras AC e IK. Los esfuerzos reales en dichas barras son de 1842 kN, que es un 46,17 % de los 3990 kN. En cambio, en el subsistema B, la fuerza de 3990 kN provoca unas tracciones iguales en las barras GH y DE. Los esfuerzos reales en dichas barras son de 2148 kN, que es un 53,83 % de los 3990 kN.

En consecuencia, la carga inicial aplicada de 3990 kN se divide en dos partes: 1842 kN los absorbe la modalidad resistente A y los otros 2148 kN la modalidad B.

Esta proporción de participaciones se puede alterar cambiando el producto EA de algunas barras. Por ejemplo, para provocar un menor esfuerzo en la barra EJ bastaría con disminuir la sección transversal de las barras BJ o GH, o aumentar el perfil de las barras del hexágono exterior.

Al aumentar la rigidez en uno de los subsistemas isostáticos, está modalidad participa en mayor proporción en detrimento de la otra.

El número de modalidades resistentes de un sistema aumenta lógicamente con su grado de hiperestatismo. A continuación se muestran varios ejemplos de subsistemas isostáticos incluidos en una estructura hiperestática de 6.º grado, simétrica y solicitada por dos cargas de igual magnitud.

SISTEMA HIPERESTÁTICO

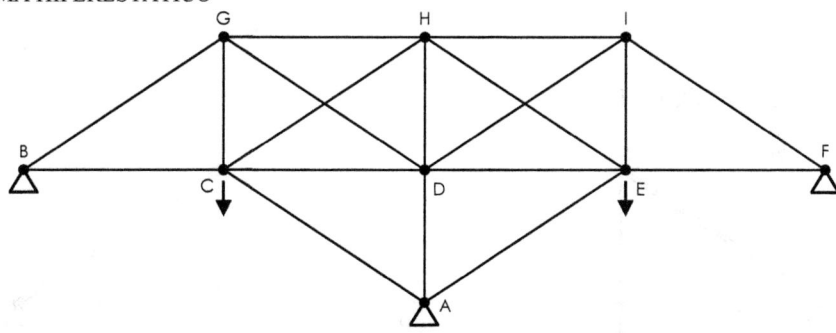

SUBSISTEMA ISOSTÁTICO A

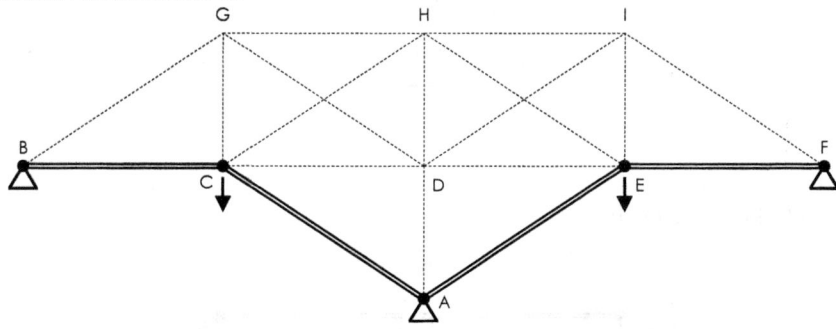

SUBSISTEMA ISOSTÁTICO B

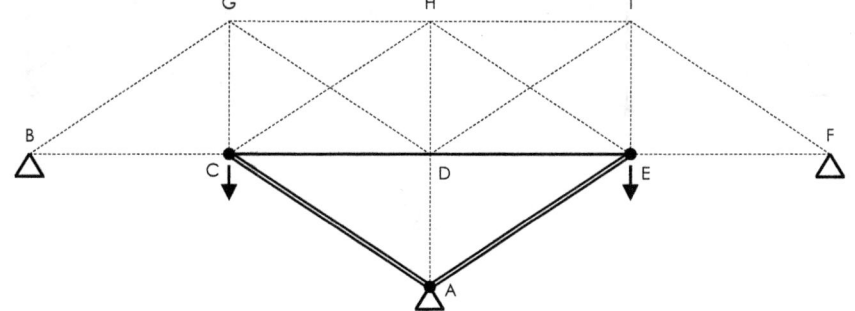

Subsistema isostático C

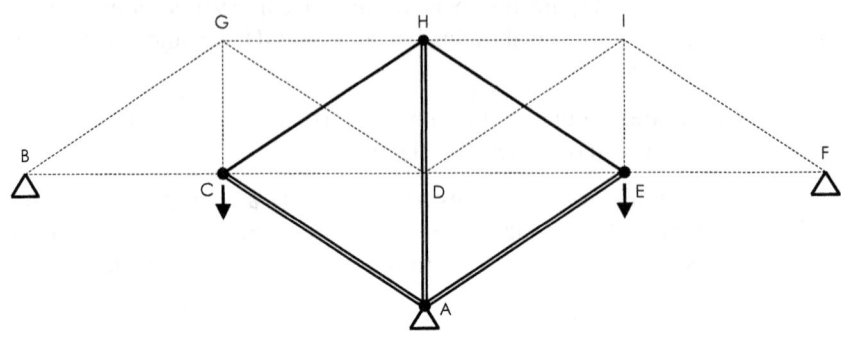

Subsistema isostático D

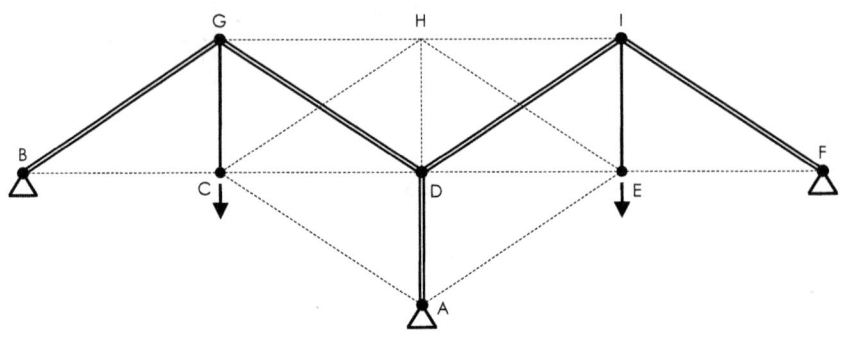

Subsistema isostático E

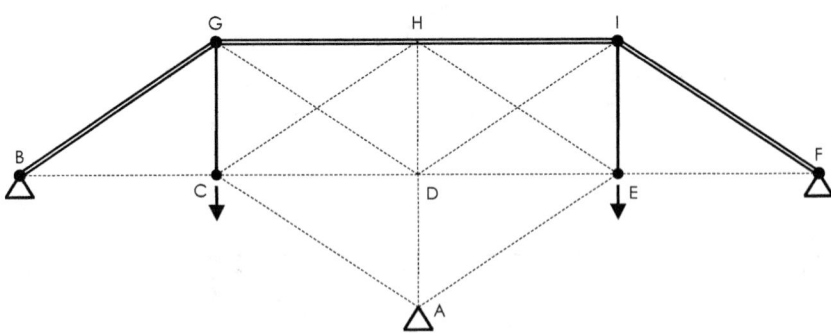

SUBSISTEMA ISOSTÁTICO F

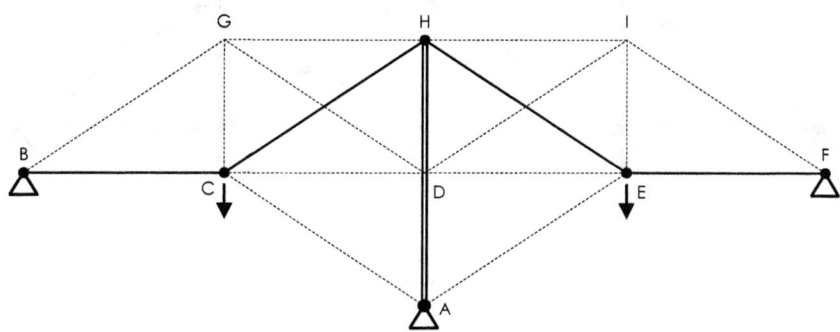

SUBSISTEMA ISOSTÁTICO G

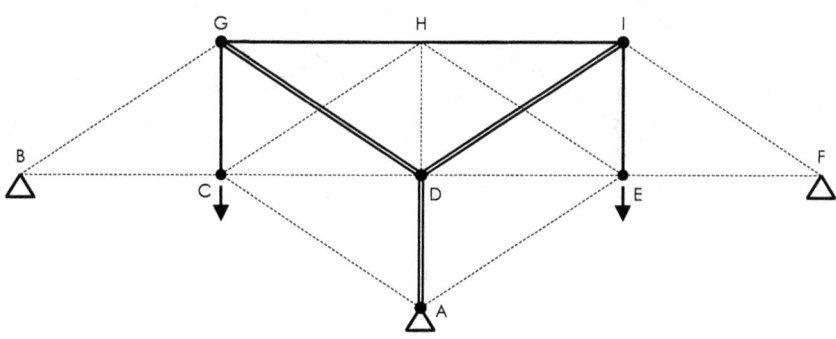

SUBSISTEMA ISOSTÁTICO H

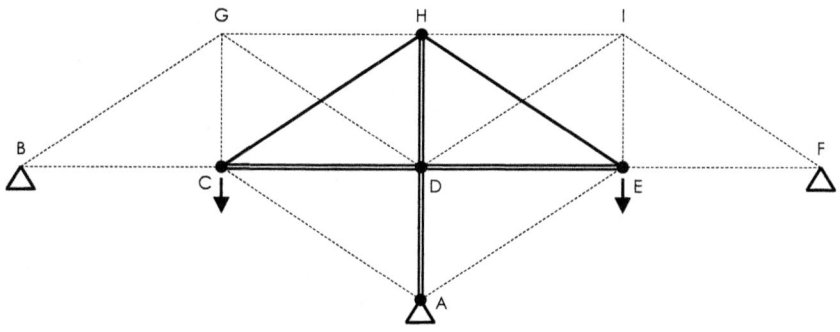

Subsistema isostático I

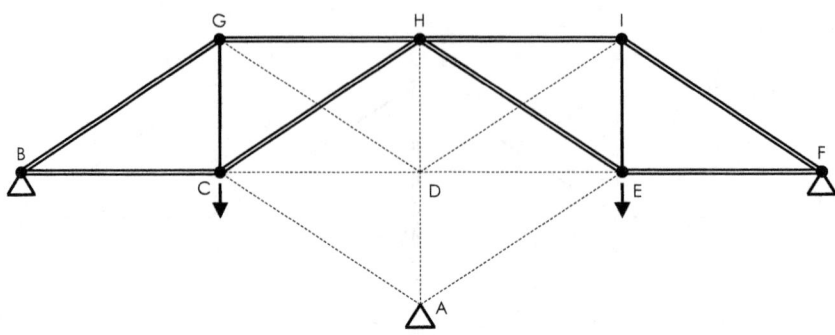

Subsistema isostático J

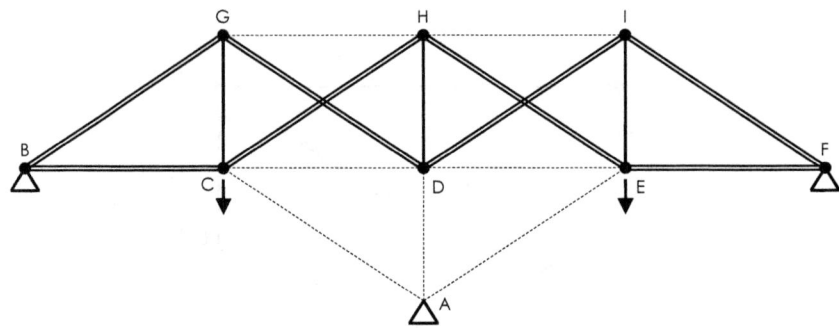

Además de los subsistemas isostáticos indicados, existen otras posibilidades de transmisión de cargas a los apoyos. El número de mecanismos resistentes y la probabilidad de que las barras participen en más de una modalidad, aumentan sensiblemente con el grado de hiperestatismo.

Homestead Grays Bridge (Pittsburgh)
Commons.wikimedia.org
Jimmy Thomas

CAPÍTULO 2

CÁLCULO MATRICIAL DE SISTEMAS ARTICULADOS

[2.1]. Introducción

Los procedimientos de cálculo de estructuras hiperestáticas planteados con el método clásico de flexibilidad (mediante ecuaciones de compatibilidad en deformaciones) se vuelven muy laboriosos a medida que aumenta el grado de hiperestatismo del sistema.

En el presente capítulo se aborda el procedimiento basado en el método de rigidez y se desarrolla mediante cálculo matricial. Este enfoque resulta especialmente útil en los sistemas con grados de hiperestatismo elevados, porque su operativa matemática disminuye con el aumento de las coacciones sobre la estructura.

Tras una exposición general del método, se muestra la formación de las matrices de rigidez de las barras, su proceso de ensamblaje en la estructura, la introducción de cargas y coacciones, el cálculo de los desplazamientos en los nudos y la obtención de los esfuerzos y reacciones. El procedimiento es muy sistemático y además, susceptible de automatización informática.

Al final del capítulo se incluye una colección de ejercicios completamente desarrollados que proporcionan una visión detallada de la aplicación práctica del método.

[2.2]. Procedimiento y etapas de cálculo

Frente al enfoque empleado hasta el momento (método de flexibilidad) en el que los desplazamientos en los nudos se obtenían a partir de las fuerzas sobre el sistema, y se utilizaban para componer ecuaciones de compatibilidad, el método de rigidez plantea el proceso inverso: ahora las fuerzas aplicadas en los nudos se disponen en función de sus desplazamientos y, sustituyéndolas en las ecuaciones de equilibrio, se calculan primero las deformaciones. A partir de ellas se determinan los esfuerzos en las barras y posteriormente las reacciones en los apoyos.

La ecuación de partida del método de rigidez es la que relaciona la fuerza aplicada sobre un elemento elástico con la deformación producida. Si se considera inicialmente un muelle aislado, la fuerza ejercida (f) es el producto de la rigidez del muelle (k) por su desplazamiento (d):

$$f = k \cdot d$$

Una estructura articulada en régimen elástico puede modelizarse como un conjunto de muelles (las barras) que la dotan de una rigidez global K_{ij}. El conjunto de fuerzas actuantes sobre los nudos F_i se relaciona con sus desplazamientos d_j mediante una generalización de la fórmula anterior, expresada en modo matricial:

$$[F_i] = [K_{ij}][d_j]$$

$[F_i]$ es el vector de fuerzas nodales. En un sistema articulado de n nudos es un vector de 2n componentes (fuerzas horizontal y vertical sobre cada nudo). Por su parte, $[d_j]$ es el vector de desplazamientos nodales y también tiene 2n componentes (el desplazamiento horizontal y vertical de cada nudo).

$[K_{ij}]$ es la matriz de rigidez del sistema. Es una matriz cuadrada de 2n filas y 2n columnas que caracteriza el conjunto de resistencias a la deformación propio de una estructura concreta.

$$
\begin{bmatrix} F_1 \\ F_2 \\ \dots \\ F_{2N} \end{bmatrix}
=
\begin{bmatrix}
K_{1,1} & K_{1,2} & \dots\dots & K_{1,2N} \\
K_{2,1} & K_{2,2} & \dots\dots & K_{2,2N} \\
\dots & \dots & \dots\dots & \dots \\
K_{2N,1} & K_{2N,2} & \dots\dots & K_{2N,2N}
\end{bmatrix}
\begin{bmatrix} d_1 \\ d_2 \\ \dots \\ d_{2N} \end{bmatrix}
$$

Una vez formada la matriz de rigidez (a partir de las condiciones geométricas y mecánicas de las barras) e introducidas las coacciones de los apoyos, su inversa permite la determinación de los desplazamientos en los nudos a partir de las fuerzas aplicadas.

$$[F_i] = [K_{ij}][d_j] \rightarrow [d_i] = [K_{ij}]^{-1}[F_j]$$

A partir de los desplazamientos de los nudos se obtienen con facilidad las deformaciones de las barras y sus correspondientes esfuerzos. Las reacciones en los apoyos se determinan mediante unas ecuaciones previamente apartadas del sistema. Los siguientes apartados desarrollan todas estas etapas de cálculo.

[2.3]. MATRICES DE RIGIDEZ DE BARRA

Cada barra de la estructura se puede considerar como un sistema elemental de dos nudos que posee a su vez un vector de fuerzas nodales de barra $[F_i]^b$, un vector de desplazamientos nodales de barra $[d_j]^b$, y una matriz de rigidez de barra $[K_{ij}]^b$, que satisfacen la correspondiente ecuación matricial:

$$[F_i]^b = [K_{ij}]^b [d_j]^b$$

El vector $[F_i]^b$ tiene cuatro componentes: la fuerza horizontal F_{x1}^b aplicada sobre el nudo inicial de la barra (nudo 1), la fuerza vertical F_{y1}^b sobre dicho nudo, la fuerza horizontal F_{x2}^b sobre el nudo final (nudo 2) y la correspondiente vertical F_{y2}^b.

De un modo análogo, el vector $[d_i]^b$ tiene otras cuatro componentes: el desplazamiento horizontal d_{x1}^b del nudo inicial de la barra, el desplazamiento vertical d_{y1}^b de dicho nudo, el desplazamiento horizontal d_{x2}^b del nudo final y su desplazamiento vertical d_{y2}^b.

La matriz de rigidez de la barra $[K_{ij}]^b$ tiene 4 filas y columnas y sus componentes se obtienen a partir de las relaciones entre las fuerzas sobre los nudos y los correspondientes desplazamientos.

[2.3.1]. MATRIZ EN COORDENADAS LOCALES

Se considera la barra de la figura, dispuesta en un sistema local de referencia X′Y′ (eje X′ en la dirección de la barra) y solicitada por las fuerzas $F_{x1'}$, $F_{y1'}$, $F_{x2'}$ y $F_{y2'}$ aplicadas sobre sus nudos. Sobre la misma figura se indican los desplazamientos $d_{x1'}$, $d_{y1'}$, $d_{x2'}$ y $d_{y2'}$ de los mismos cuando pasa de la situación inicial (representada en trazo grueso) a la final (en trazo doble).

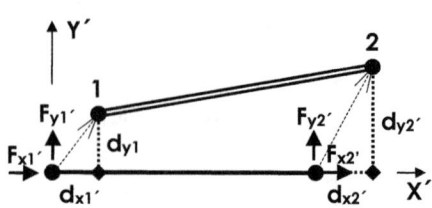

Para determinar las componentes de la matriz de rigidez se obtienen inicialmente los valores de las fuerzas en función de los desplazamientos. Las tres ecuaciones de equilibrio de la barra resuelven tres incógnitas, y proporcionan los siguientes resultados:

$$F_{y1'} = 0 \cdot F_{y2'} = 0 \cdot F_{x1'} = -F_{x2'}$$

Para la obtención de la cuarta incógnita se analizan las deformaciones. El alargamiento de la barra viene determinado por la diferencia $d_{x2'} - d_{x1'}$ (considerando despreciable la variación de longitud producida por los desplazamientos $d_{y1'}$ y $d_{y2'}$).

$$\Delta = d_{x2'} - d_{x1'}$$

Este alargamiento es el producido por una fuerza F aplicada en sus extremos. Suponiendo que la barra tiene una longitud L, una sección transversal de área A y está compuesta de un material con módulo de elasticidad E, se verifica

$$\Delta = FL/EA$$

Igualando las dos expresiones anteriores, sustituyendo F por su valor y despejándolo en función de los desplazamientos, se obtiene

$$d_{x2'} - d_{x1'} = F_{x2'} \cdot L/EA \rightarrow F_{x2'} = (d_{x2'} - d_{x1'})\, EA/L$$

Agrupando las fuerzas y los desplazamientos de nudos en sus respectivos vectores, se plantea la expresión matricial que proporciona los valores de las primeras en función de los segundos.

$$[F_i]^{'b} = [K_{ij}]^{'b}\, [d_j]^{'b}$$

Esta expresión se desarrolla en componentes con los resultados obtenidos:

$$
\begin{bmatrix} F_{x1'} \\ F_{y1'} \\ F_{x2'} \\ F_{y2'} \end{bmatrix}
=
\begin{bmatrix}
EA/L & 0 & -EA/L & 0 \\
0 & 0 & 0 & 0 \\
-EA/L & 0 & EA/L & 0 \\
0 & 0 & 0 & 0
\end{bmatrix}
\begin{bmatrix} d_{x1'} \\ d_{y1'} \\ d_{x2'} \\ d_{y2'} \end{bmatrix}
$$

Considerando el factor común EA/L de la matriz de rigidez de barra en coordenadas locales queda finalmente:

$$[K_{ij}]'^b = EA/L \begin{bmatrix} 1 & 0 & -1 & 0 \\ 0 & 0 & 0 & 0 \\ -1 & 0 & 1 & 0 \\ 0 & 0 & 0 & 0 \end{bmatrix}$$

[2.3.2]. TRANSFORMACIÓN DE COORDENADAS

Cada barra de la estructura articulada posee unos ejes locales X′Y′ según su dirección. El sistema en su conjunto se referencia respecto a unos ejes globales XY. Las componentes de los vectores de fuerzas y desplazamientos nodales de barra, así como las de su matriz de rigidez, deben disponerse de acuerdo con el sistema global de referencia, y esta etapa se realiza mediante la matriz de transformación de coordenadas.

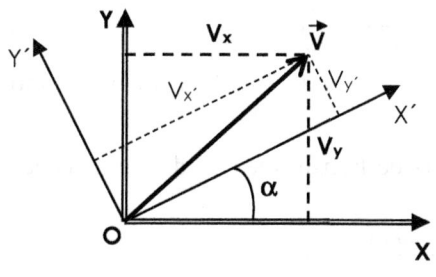

En la figura se representa un vector V y sus componentes $(V_{x'}, V_{y'})$ y (V_x, V_y) en unos ejes locales y globales, respectivamente.

En función del ángulo α de inclinación de la barra respecto a la referencia global XY, la relación entre los componentes se determina geométricamente:

$$V_x = V_x' \cos \alpha - V_y' \operatorname{sen} \alpha$$
$$V_y = V_x' \operatorname{sen} \alpha + V_y' \cos \alpha$$

Aplicando estas expresiones a los vectores F_1 (F_{x1}, F_{y1}), F_2 (F_{x2}, F_{y2}), d_1 (d_{x1}, d_{y1}) y d_2 (d_{x2}, d_{y2}), la obtención de sus componentes en ejes globales en función de las correspondientes a ejes locales, se realiza mediante las siguientes transformaciones matriciales:

$$\begin{bmatrix} F_{x1} \\ F_{y1} \\ F_{x2} \\ F_{y2} \end{bmatrix} = \begin{bmatrix} \cos \alpha & -\operatorname{sen} \alpha & 0 & 0 \\ \operatorname{sen} \alpha & \cos \alpha & 0 & 0 \\ 0 & 0 & \cos \alpha & -\operatorname{sen} \alpha \\ 0 & 0 & \operatorname{sen} \alpha & \cos \alpha \end{bmatrix} \begin{bmatrix} F_{x1'} \\ F_{y1'} \\ F_{x2'} \\ F_{y2'} \end{bmatrix}$$

$$\begin{bmatrix} d_{x1} \\ d_{y1} \\ d_{x2} \\ d_{y2} \end{bmatrix} = \begin{bmatrix} \cos \alpha & -\operatorname{sen} \alpha & 0 & 0 \\ \operatorname{sen} \alpha & \cos \alpha & 0 & 0 \\ 0 & 0 & \cos \alpha & -\operatorname{sen} \alpha \\ 0 & 0 & \operatorname{sen} \alpha & \cos \alpha \end{bmatrix} \begin{bmatrix} d_{x1'} \\ d_{y1'} \\ d_{x2'} \\ d_{y2'} \end{bmatrix}$$

Esquemáticamente $[F_i]^b = [T] [F_j]^{'b}$ y $[d_i]^b = [T] [d_j]^{'b}$ siendo $[T]$ la matriz de transformación:

$$[T] = \begin{bmatrix} \cos\alpha & -\text{sen}\,\alpha & 0 & 0 \\ \text{sen}\,\alpha & \cos\alpha & 0 & 0 \\ 0 & 0 & \cos\alpha & -\text{sen}\,\alpha \\ 0 & 0 & \text{sen}\,\alpha & \cos\alpha \end{bmatrix}$$

[2.3.3]. MATRIZ EN COORDENADAS GLOBALES

Para obtener la expresión de la matriz de rigidez de barra referida a los ejes globales del sistema, se obtienen inicialmente los vectores de fuerzas y desplazamientos en ejes locales en función de sus componentes en ejes globales.

$$[F_i]^b = [T] [F_j]^{'b} \;\rightarrow\; [F_i]^{'b} = [T]^{-1} [F_j]^b$$

$$[d_i]^b = [T] [d_j]^{'b} \rightarrow [d_i]^{'b} = [T]^{-1} [d_j]^b$$

Estos vectores se sustituyen en la expresión $[F_i]^{'b} = [K_{ij}]^{'b} [d_j]^{'b}$ obteniendo como resultado $[T]^{-1} [F_j]^b = [K_{ij}]^{'b} [T]^{-1} [d_j]^b$.

A continuación se premultiplican por la matriz de transformación de coordenadas los dos miembros de la expresión anterior.

$$[T] [T]^{-1} [F_j]^b = [T] [K_{ij}]^{'b} [T]^{-1} [d_j]^b$$

$$\rightarrow [F_j]^b = [T] [K_{ij}]^{'b} [T]^{-1} [d_j]^b$$

Al comparar el resultado con la ecuación en ejes globales $[F_i]^b = [K_{ij}]^b [d_j]^b$ se obtiene la matriz de rigidez en dichos ejes.

$$[K_{ij}]^b = [T] [K_{ij}]^{'b} [T]^{-1} =$$

$$\frac{EA}{L} \begin{bmatrix} \cos\alpha & -\text{sen}\,\alpha & 0 & 0 \\ \text{sen}\,\alpha & \cos\alpha & 0 & 0 \\ 0 & 0 & \cos\alpha & -\text{sen}\,\alpha \\ 0 & 0 & \text{sen}\,\alpha & \cos\alpha \end{bmatrix} \begin{bmatrix} 1 & 0 & -1 & 0 \\ 0 & 0 & 0 & 0 \\ -1 & 0 & 1 & 0 \\ 0 & 0 & 0 & 0 \end{bmatrix} \begin{bmatrix} \cos\alpha & \text{sen}\,\alpha & 0 & 0 \\ -\text{sen}\,\alpha & \cos\alpha & 0 & 0 \\ 0 & 0 & \cos\alpha & \text{sen}\,\alpha \\ 0 & 0 & -\text{sen}\,\alpha & \cos\alpha \end{bmatrix}$$

(la matriz de transformación es ortogonal: su inversa coincide con su traspuesta)

Tras desarrollar las multiplicaciones de matrices de la expresión anterior se obtienen finalmente las componentes de la matriz de rigidez de barra en coordenadas globales.

$$[K_{ij}]^b = EA/L \begin{bmatrix} \cos^2 \alpha & \operatorname{sen} \alpha \cos \alpha & -\cos^2 \alpha & -\operatorname{sen} \alpha \cos \alpha \\ \operatorname{sen} \alpha \cos \alpha & \operatorname{sen}^2 \alpha & -\operatorname{sen} \alpha \cos \alpha & -\operatorname{sen}^2 \alpha \\ -\cos^2 \alpha & -\operatorname{sen} \alpha \cos \alpha & \cos^2 \alpha & \operatorname{sen} \alpha \cos \alpha \\ -\operatorname{sen} \alpha \cos \alpha & -\operatorname{sen}^2 \alpha & \operatorname{sen} \alpha \cos \alpha & \operatorname{sen}^2 \alpha \end{bmatrix}$$

Caso particular $\alpha = 0$ Caso particular $\alpha = 90°$

$$[K_{ij}]^b = EA/L \begin{bmatrix} 1 & 0 & -1 & 0 \\ 0 & 0 & 0 & 0 \\ -1 & 0 & 1 & 0 \\ 0 & 0 & 0 & 0 \end{bmatrix} \qquad [K_{ij}]^b = EA/L \begin{bmatrix} 0 & 0 & 0 & 0 \\ 0 & 1 & 0 & -1 \\ 0 & 0 & 0 & 0 \\ 0 & -1 & 0 & 1 \end{bmatrix}$$

[2.4]. PROCESO DE ENSAMBLAJE

[2.4.1]. MATRIZ DE RIGIDEZ DEL SISTEMA

Cada una de las barras del sistema aporta rigidez al mismo y lo hace en concreto sobre los nudos que conecta. La matriz de rigidez del sistema se forma con la contribución de todas sus barras mediante el proceso de ensamblado.

Se considera una barra genérica dispuesta por ejemplo entre los nudos H y L de una estructura articulada de n nudos. La matriz de rigidez de la barra (de 4 filas y 4 columnas) se divide en cuatro submatrices (de 2 filas y 2 columnas) asociadas a sus nudos 1 y 2, tal como se muestra en la zona izquierda de la figura.

Del mismo modo, la matriz de rigidez del sistema (de 2n filas y 2n columnas) se divide en n^2 submatrices (de 2 filas y 2 columnas) asociadas a los n nudos de la estructura. Esta división se refleja en la zona derecha de la figura, en la que se detallan las submatrices correspondientes a los nudos H y L.

El ensamblaje se produce trasladando el contenido de las submatrices de la matriz de rigidez de la barra a las submatrices correspondientes a los nudos H y L de la matriz de rigidez del sistema.

($[K_{11}]^b$ a $[K_{HH}]$, $[K_{12}]^b$ a $[K_{HL}]$, $[K_{21}]^b$ a $[K_{LH}]$ y $[K_{22}]^b$ a $[K_{LL}]$).

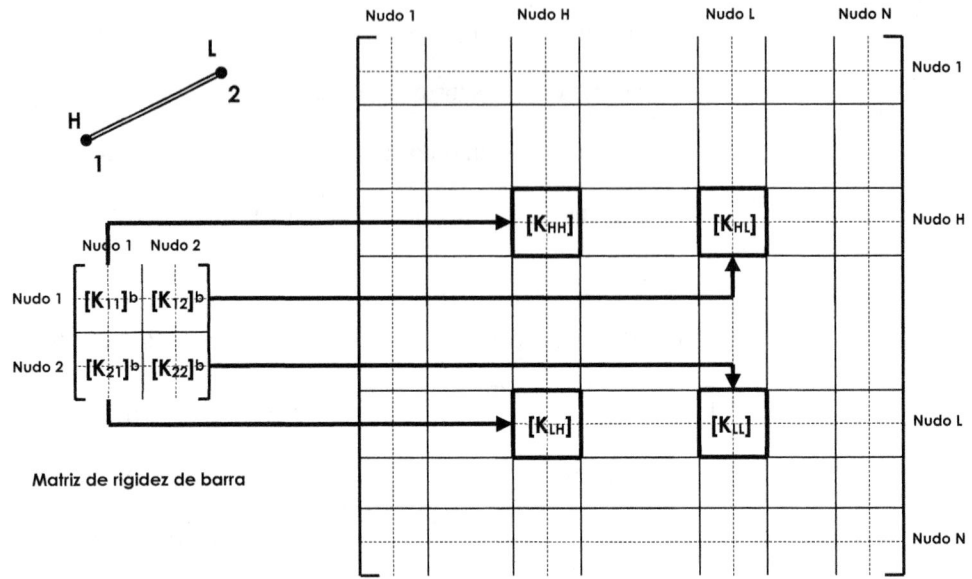

Matriz de rigidez del sistema

El proceso se repite para todas las barras. En las submatrices del sistema se suman las rigideces de todas las barras que confluyen en los correspondientes nudos.

[2.4.2]. VECTOR DE FUERZAS NODALES

El vector de fuerzas nodales de un sistema articulado de n nudos posee 2n componentes (fuerza horizontal y vertical aplicada en cada nudo) y se puede dividir también en n subvectores de 2 componentes, asociados a cada nudo.

El ensamblaje se efectúa trasladando las fuerzas horizontales y verticales actuantes sobre cada nudo a las componentes correspondientes de su subvector en el sistema.

[2.5]. INTRODUCCIÓN DE LAS RESTRICCIONES

Una vez determinadas la matriz de rigidez y el vector de fuerzas de la estructura, se plantea un sistema de 2n ecuaciones (una por cada grado de libertad) en el que las incógnitas son los desplazamientos en los nudos, los coeficientes son las componentes de la matriz de rigidez y los términos independientes los componentes del vector de fuerzas. En notación algebraica:

$$K_{ij}\, d_j = F_i$$

Cuando alguno de los grados de libertad está restringido por un enlace externo, el desplazamiento correspondiente es conocido (es nulo) y la incógnita en este caso es la fuerza aplicada (reacción del apoyo).

En la ecuación matricial se suprimen temporalmente las filas correspondientes a los grados de libertad coartados y también sus columnas porque todos sus términos se multiplicarían por cero. Si, por ejemplo, existe un apoyo deslizante horizontal en el nudo 1 del sistema, su desplazamiento vertical es nulo y se suprimen la segunda fila y la segunda columna.

$$
\begin{bmatrix}
K_{1,1} & K_{1,2} & K_{1,3} & \cdots\cdots & K_{1,2N} \\
K_{2,1} & K_{2,2} & K_{2,3} & \cdots\cdots & K_{2,2N} \\
K_{3,1} & K_{3,2} & K_{3,3} & \cdots\cdots & K_{3,2N} \\
\cdots & \cdots & \cdots & \cdots\cdots & \cdots \\
K_{2N,1} & K_{2N,2} & K_{2N,3} & \cdots\cdots & K_{2N,2N}
\end{bmatrix}
\begin{bmatrix}
d_1 \\ 0 \\ d_3 \\ \cdots \\ d_{2N}
\end{bmatrix}
=
\begin{bmatrix}
F_1 \\ R_2 \\ F_3 \\ \cdots \\ F_{2N}
\end{bmatrix}
$$

Esta ecuación no tiene interés para la determinación de desplazamientos y se utiliza posteriormente para el cálculo de R_2 (reacción vertical en el nudo 1).

[2.6]. RESOLUCIÓN DEL SISTEMA

[2.6.1]. SISTEMA DE ECUACIONES REDUCIDO

Con la eliminación de todas las filas y columnas correspondientes a los grados de libertad restringidos por los enlaces externos, el sistema reduce sus ecuaciones e incógnitas. Las matrices correspondientes se identifican con asteriscos.

$$[K_{ij}]^* \, [d_j]^* = [F_i]^*$$

Esta reducción es mayor cuanto mayor sea el número de apoyos y, por ello, este método es especialmente adecuado en sistemas con grados elevados de hiperestatismo externo.

El hiperestatismo interno no altera el número de ecuaciones del sistema. Las barras en exceso aportan una rigidez adicional a la matriz en el proceso de ensamblaje.

[2.6.2]. DESPLAZAMIENTOS NODALES

La resolución del sistema de ecuaciones reducido proporciona los valores de los desplazamientos en los nudos.

$$[K_{ij}]^* \, [d_j]^* = [F_i]^* \;\rightarrow\; [d_j]^* = [K_{ij}]^{*-1} \, [F_i]^*$$

Sin embargo, no es imprescindible la inversión de la matriz de rigidez para la resolución del sistema de ecuaciones. Se pueden emplear distintos algoritmos de cálculo numérico y, para disminuir el volumen de cálculos, es conveniente tener en cuenta las siguientes propiedades de la matriz de rigidez:

- Las matrices individuales de barra son simétricas, tanto en ejes locales como globales, y el proceso de ensamblado descrito proporciona una matriz de rigidez del sistema también simétrica.

- La eliminación de las filas y columnas correspondientes a los grados de libertad coartados no altera este carácter de simetría.

- Los elementos de la diagonal principal no son nulos (de hecho, son dominantes) y pueden ser pivotes en procesos de triangularización o diagonalización.

- La matriz de rigidez es una matriz «en banda». Las zonas más alejadas de la diagonal principal (triángulos superior derecho e inferior izquierdo) tienen habitualmente componentes nulos. Cuanto menor sea el semiancho de banda, menores serán las operaciones precisas para la resolución del sistema. De acuerdo con el proceso de ensamblaje la banda será más estrecha cuanto menor sea la máxima diferencia de numeración entre los extremos de cualquier barra. Algunos programas de ordenador renumeran internamente los nudos, minimizando sus diferencias en barras, para aliviar los procesos de cálculo.

[2.7]. Resultados del cálculo matricial

[2.7.1]. Esfuerzos en las barras

Una vez determinados los desplazamientos en todos los nudos de la estructura, para la obtención de los esfuerzos en cada barra se emplea nuevamente su matriz de rigidez en coordenadas locales. La expresión

$$[F_i]'^b = [K_{ij}]'^b [d_j]'^b$$

proporciona las fuerzas en los extremos de la barra, a partir de los desplazamientos de sus nudos. Éstos se han obtenido en coordenadas globales y por ello se debe efectuar la correspondiente conversión a ejes locales:

$$[d_i]'^b = [T]^{-1} [d_j]^b$$

Combinando ambas expresiones

$$[F_i]'^b = [K_{ij}]'^b [T]^{-1} [d_j]^b$$

y desarrollando en componentes todas las matrices, se llega al siguiente resultado:

$$
\begin{bmatrix} F_{x1'} \\ F_{y1'} \\ F_{x2'} \\ F_{y2'} \end{bmatrix} = EA/L
\begin{bmatrix} 1 & 0 & -1 & 0 \\ 0 & 0 & 0 & 0 \\ -1 & 0 & 1 & 0 \\ 0 & 0 & 0 & 0 \end{bmatrix}
\begin{bmatrix} \cos\alpha & \sen\alpha & 0 & 0 \\ -\sen\alpha & \cos\alpha & 0 & 0 \\ 0 & 0 & \cos\alpha & \sen\alpha \\ 0 & 0 & -\sen\alpha & \cos\alpha \end{bmatrix}
\begin{bmatrix} d_{x1'} \\ d_{y1'} \\ d_{x2'} \\ d_{y2'} \end{bmatrix}
$$

El esfuerzo axil N en la barra corresponde en valor y signo a la fuerza $F_{x2'}$ en ejes locales. Las operaciones en las matrices proporcionan finalmente su expresión directa en función de los desplazamientos de los nudos extremos en ejes globales:

$$N = [(d_{x2'} - d_{x1'}) \cos \alpha + (d_{y2'} - d_{y1'}) \operatorname{sen} \alpha] EA/L$$

El factor entre corchetes es la variación dimensional de la barra Δ (positivo en caso de alargamiento y negativo de acortamiento). De la expresión $\Delta = NL/EA$ se deduce lógicamente $N = \Delta EA/L$.

[2.7.2]. REACCIONES EN LOS APOYOS

Como se ha indicado anteriormente, para el cálculo de las reacciones en los apoyos se emplean las ecuaciones (previamente suprimidas del sistema) correspondientes a los grados de libertad coartados.

$$R_i = K_{ij} d_j$$

(d_j son los desplazamientos obtenidos en todos los grados de libertad no restringidos, en coordenadas globales).

La aplicación práctica de todos los procesos se desarrolla en los siguientes ejercicios, y con mayor detalle en el primero. Las cotas se expresan en metros y las fuerzas en kN.

Ejercicio 2.01

En la estructura articulada de la figura las cuatro barras superiores son perfiles de acero laminado ($E = 21000$ kN/cm^2). De ellas, la horizontal tiene una sección transversal de 45 cm^2 y las diagonales de 60 cm^2.

La barra horizontal inferior es de hormigón ($E = 3000$ kN/cm^2) con una sección transversal cuadrada de 18 cm de lado.

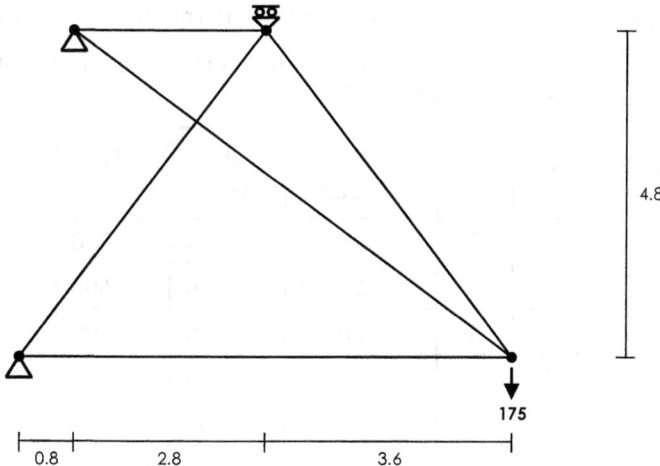

Determinar los esfuerzos en barras y las reacciones en los apoyos provocados por la carga aplicada de 175 kN.

SOLUCIÓN

El sistema tiene un hiperestatismo externo de segundo grado. Como fase previa, se numeran todos los nudos y barras de la estructura:

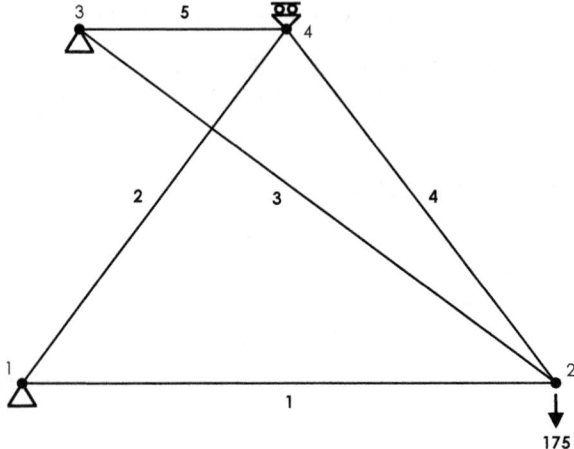

Para la formación de la matriz de rigidez de cada barra en coordenadas globales se precisan los siguientes datos:

- Módulo de elasticidad (E).
- Área de la sección transversal (A).
- Longitud (L).
- Seno y coseno del ángulo que forma la barra (eje X′ del sistema de referencia local) con el eje X global de la estructura.

Además, el proceso de ensamblaje requiere la numeración de los nudos de la estructura que corresponden a los extremos de la barra (nudos inicial y final).

Todos estos valores se componen en el siguiente cuadro de datos de barras, en las unidades indicadas en el mismo.

Barra	Ni	Nf	E (kN/cm²)	A (cm²)	L (cm)	sen α	cos α
1	1	2	3000	324	720	0	1
2	1	4	21000	60	600	0.8	0.6
3	2	3	21000	60	800	0.6	−0.8
4	2	4	21000	60	600	0.8	−0.6
5	3	4	21000	45	280	0	1

Las matrices de rigidez de las barras en coordenadas globales se obtienen mediante la expresión indicada en el Apartado 2.3.3:

$$[K_{ij}]^b = EA/L \begin{bmatrix} \cos^2\alpha & \text{sen }\alpha\cos\alpha & -\cos^2\alpha & -\text{sen }\alpha\cos\alpha \\ \text{sen }\alpha\cos\alpha & \text{sen}^2\alpha & -\text{sen }\alpha\cos\alpha & -\text{sen}^2\alpha \\ -\cos^2\alpha & -\text{sen }\alpha\cos\alpha & \cos^2\alpha & \text{sen }\alpha\cos\alpha \\ -\text{sen }\alpha\cos\alpha & -\text{sen}^2\alpha & \text{sen }\alpha\cos\alpha & \text{sen}^2\alpha \end{bmatrix}$$

Tras sustituir los valores correspondientes de la tabla, se representan las matrices de rigidez de las cinco barras de la estructura:

Barra 1

```
|   1350      0  -1350      0|
|      0      0      0      0|
|  -1350      0   1350      0|
|      0      0      0      0|
```

Barra 2

```
|    756   1008   -756  -1008|
|   1008   1344  -1008  -1344|
|   -756  -1008    756   1008|
|  -1008  -1344   1008   1344|
```

Barra 3

```
|   1008   -756  -1008    756|
|   -756    567    756   -567|
|  -1008    756   1008   -756|
|    756   -567   -756    567|
```

Barra 4

```
|    756  -1008   -756   1008|
|  -1008   1344   1008  -1344|
|   -756   1008    756  -1008|
|   1008  -1344  -1008   1344|
```

Barra 5

```
|   3375      0  -3375      0|
|      0      0      0      0|
|  -3375      0   3375      0|
|      0      0      0      0|
```

A continuación, se efectúa el proceso de ensamblaje para formar la matriz de rigidez de la estructura y el vector de fuerzas nodales.

La barra 1 tiene como extremos los nudos 1 y 2. Sus cuatro submatrices de rigidez de barra adoptan por tanto posiciones contiguas en la matriz de rigidez del sistema, ocupando sus cuatro primeras filas y columnas (señaladas en negrita).

```
|   1350      0  -1350      0      0      0      0      0 || 0 |
|      0      0      0      0      0      0      0      0 || 0 |
|  -1350      0   1350      0      0      0      0      0 || 0 |
|      0      0      0      0      0      0      0      0 || 0 |
|      0      0      0      0      0      0      0      0 || 0 |
|      0      0      0      0      0      0      0      0 || 0 |
|      0      0      0      0      0      0      0      0 || 0 |
|      0      0      0      0      0      0      0      0 || 0 |
```

Las submatrices de rigidez de la barra 2 se ensamblan en las posiciones correspondientes a sus nudos extremos (1 y 4) de la matriz de rigidez del sistema:

- Las componentes de primera submatriz de rigidez de barra (filas y columnas 1 y 2) se disponen sobre las filas y columnas 1 y 2 de la matriz de rigidez de la estructura, sumándose a los valores allí existentes.

- La segunda submatriz (filas 1 y 2, columnas 3 y 4 de la matriz de rigidez de barra) se traslada a las filas 1 y 2, columnas 7 y 8 (nudo 4) de la matriz de rigidez del sistema.

- La tercera y cuarta submatriz parten de las filas 3 y 4 de la matriz de rigidez de barras y se disponen en las filas 7 y 8 de la matriz de rigidez de la estructura (la tercera sobre las columnas 1 y 2 y la cuarta sobre las columnas 7 y 8).

A continuación se muestra el estado del ensamblaje tras esta segunda etapa:

2106	1008	-1350	0	0	0	-756	-1008		0
1008	1344	0	0	0	0	-1008	-1344		0
-1350	0	1350	0	0	0	0	0		0
0	0	0	0	0	0	0	0		0
0	0	0	0	0	0	0	0		0
0	0	0	0	0	0	0	0		0
-756	-1008	0	0	0	0	756	1008		0
-1008	-1344	0	0	0	0	1008	1344		0

Las submatrices de la tercera barra se disponen en las submatrices correspondientes a los nudos 2 y 3 en la matriz de rigidez del sistema (filas y columnas 3, 4, 5 y 6). El valor 1008 de la primera fila y columna en la matriz de la barra se suma al 1350 existente en la tercera fila y columna de matriz de la estructura:

2106	1008	-1350	0	0	0	-756	-1008		0
1008	1344	0	0	0	0	-1008	-1344		0
-1350	0	2358	-756	-1008	756	0	0		0
0	0	-756	567	756	-567	0	0		0
0	0	-1008	756	1008	-756	0	0		0
0	0	756	-567	-756	567	0	0		0
-756	-1008	0	0	0	0	756	1008		0
-1008	-1344	0	0	0	0	1008	1344		0

La cuarta y la quinta barra se ensamblan mediante el mismo procedimiento:

```
| 2106   1008   -1350      0      0      0   -756  -1008 || 0 |
| 1008   1344      0       0      0      0  -1008  -1344 || 0 |
| -1350     0   3114   -1764  -1008    756   -756   1008 || 0 |
|    0      0   -1764   1911    756   -567   1008  -1344 || 0 |
|    0      0   -1008    756   1008   -756      0      0 || 0 |
|    0      0     756   -567   -756    567      0      0 || 0 |
| -756  -1008    -756   1008      0      0   1512      0 || 0 |
| -1008 -1344    1008  -1344      0      0      0   2688 || 0 |
| 2106   1008   -1350      0      0      0   -756  -1008 || 0 |
| 1008   1344      0       0      0      0  -1008  -1344 || 0 |
| -1350     0   3114   -1764  -1008    756   -756   1008 || 0 |
|    0      0   -1764   1911    756   -567   1008  -1344 || 0 |
|    0      0   -1008    756   4383   -756  -3375      0 || 0 |
|    0      0     756   -567   -756    567      0      0 || 0 |
| -756  -1008    -756   1008  -3375      0   4887      0 || 0 |
| -1008 -1344    1008  -1344      0      0      0   2688 || 0 |
```

Finalmente se dispone la carga vertical descendente aplicada sobre el nudo 2, en la posición correspondiente del vector de fuerzas nodales (−175 en la cuarta fila).

```
| 2106   1008   -1350      0      0      0   -756  -1008 ||   0  |
| 1008   1344      0       0      0      0  -1008  -1344 ||   0  |
| -1350     0   3114   -1764  -1008    756   -756   1008 ||   0  |
|    0      0   -1764   1911    756   -567   1008  -1344 || -175 |
|    0      0   -1008    756   4383   -756  -3375      0 ||   0  |
|    0      0     756   -567   -756    567      0      0 ||   0  |
| -756  -1008    -756   1008  -3375      0   4887      0 ||   0  |
| -1008 -1344    1008  -1344      0      0      0   2688 ||   0  |
```

El siguiente paso es la introducción de las restricciones de los apoyos. Están coartados los desplazamientos horizontal y vertical de los nudos 1 y 3 y el vertical del nudo 4. Por tanto, no se consideran de momento las ecuaciones 1, 2, 5, 6 y 8 (señaladas en negrita).

```
| 2106   1008   -1350      0      0      0   -756  -1008 || R1x |
| 1008   1344      0       0      0      0  -1008  -1344 || R1y |
| -1350     0   3114   -1764  -1008    756   -756   1008 ||  0  |
|    0      0   -1764   1911    756   -567   1008  -1344 || -175|
|    0      0   -1008    756   4383   -756  -3375      0 || R3x |
|    0      0     756   -567   -756    567      0      0 || R3y |
| -756  -1008    -756   1008  -3375      0   4887      0 ||  0  |
| -1008 -1344    1008  -1344      0      0      0   2688 || R4y |
```

Tras la eliminación de las cinco filas y columnas el sistema de ecuaciones queda reducido a tres (con las incógnitas d3, d4 y d7 correspondientes a los desplazamientos horizontal y vertical del nudo 2 y horizontal del nudo 4):

$$
\begin{vmatrix} 3114 & -1764 & -756 \\ -1764 & 1911 & 1008 \\ -756 & 1008 & 4887 \end{vmatrix} \begin{vmatrix} d3 \\ d4 \\ d7 \end{vmatrix} = \begin{vmatrix} 0 \\ -175 \\ 0 \end{vmatrix}
$$

La resolución del sistema de ecuaciones proporciona los valores de los desplazamientos buscados. Como los componentes de las matrices de rigidez están expresados en kN/cm (EA/L) y los del vector de fuerzas en kN, los resultados se obtienen en cm.

Incógnita	Valor (cm)
d3	−0.11174384
d4	−0.20826371
d7	0.02567045

Para la determinación del esfuerzo en cada barra se emplea la expresión indicada en el Apartado 2.7.1:

$$N = [(d_{x2'} - d_{x1'}) \cos \alpha + (d_{y2'} - d_{y11'}) \operatorname{sen} \alpha] \, EA/L$$

N es función de los desplazamientos en coordenadas globales correspondientes a sus nudos extremos, que ya son conocidos. Con sus valores se complementa el cuadro inicial de datos de barras y en su última columna se indican los esfuerzos resultantes de la aplicación de la fórmula.

B	E (kN/cm²)	A (cm²)	L (cm)	sen α	cos α	d_{x1} (cm)	d_{y1} (cm)	d_{x2} (cm)	d_{y2} (cm)	N (kN)
1	3000	324	720	0	1	0	0	−0.111744	−0.208264	−150.85
2	21000	60	600	0.8	0.6	0	0	0.02567	0	32.34
3	21000	60	800	0.6	−0.8	−0.111744	−0.208264	0	0	56.01
4	21000	60	600	0.8	−0.6	−0.111744	−0.208264	0.02567	0	176.74
5	21000	45	280	0	1	0	0	0.02567	0	86.64

Finalmente, las reacciones en los apoyos se calculan a partir de las ecuaciones previamente eliminadas:

$$
\begin{vmatrix} 2106 & 1008 & -1350 & 0 & 0 & 0 & -756 & -1008 \\ 1008 & 1344 & 0 & 0 & 0 & 0 & -1008 & -1344 \\ 0 & 0 & -1008 & 756 & 4383 & -756 & -3375 & 0 \\ 0 & 0 & 756 & -567 & -756 & 567 & 0 & 0 \\ -1008 & -1344 & 1008 & -1344 & 0 & 0 & 0 & 2688 \end{vmatrix} \begin{vmatrix} R1x \\ R1y \\ R3x \\ R3y \\ R4y \end{vmatrix}
$$

Multiplicando ordenadamente los componentes de cada fila por los desplazamientos en los nudos (que actúan ahora como datos), se obtiene la reacción correspondiente del vector de fuerzas nodales (actuando ahora como incógnita).

La tabla siguiente muestra el resultado de las operaciones y también los desplazamientos de los nudos.

N	Rx (kN)	Ry (kN)	dx (cm)	dy (cm)
1	131.45	−25.88	0	0
2	0	0	−0.111744	−0.208264
3	−131.45	33.61	0	0
4	0	167.27	0.02567	0

Se aprecia que, lógicamente, las reacciones no nulas corresponden a los desplazamientos nulos, y las reacciones nulas a los desplazamientos no nulos.

En la última figura se representa la estructura con los resultados obtenidos de reacciones y esfuerzos (redondeados al entero más próximo).

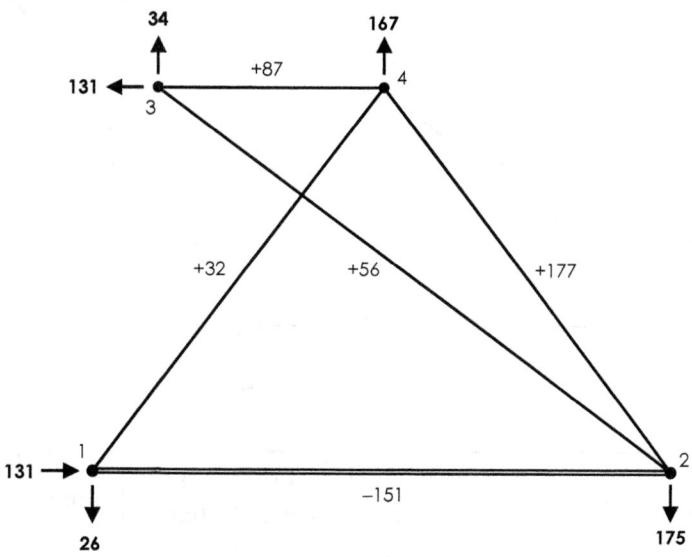

Ejercicio 2.02

El sistema estructural de la figura está formado por barras de acero ($E = 21000$ kN/cm^2) con una sección transversal de 60 cm^2 a excepción de la barra vertical que tiene 30 cm^2. Mediante cálculo matricial, determinar las reacciones y esfuerzos producidos por las dos cargas aplicadas. Representar también la estructura deformada.

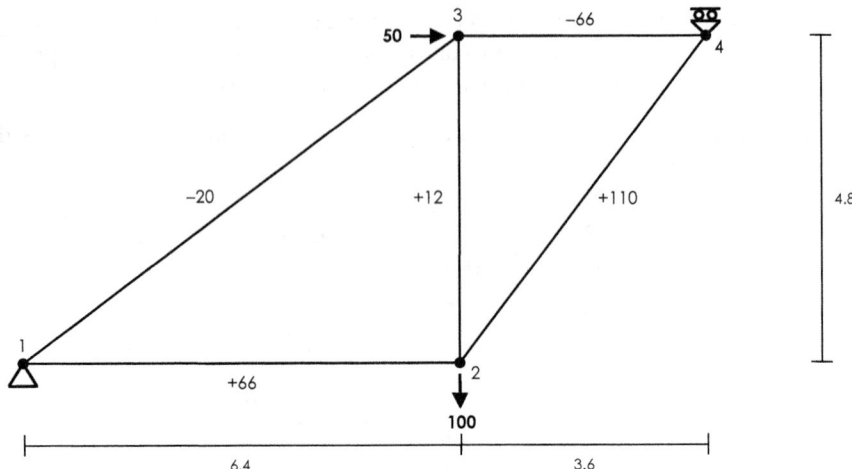

SOLUCIÓN

El sistema es isostático (también es perfectamente aplicable el método de rigidez). Inicialmente se numeran los nudos y barras de la estructura y se compone el cuadro de datos de barras.

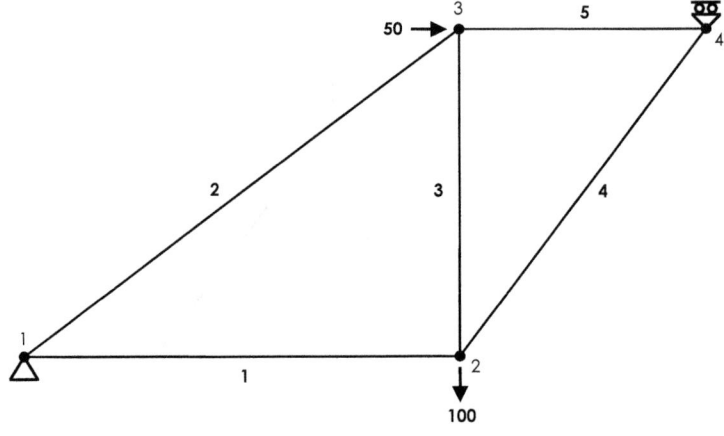

Ba-rra	Ni	Nf	E (kN/cm²)	A (cm²)	L (cm)	sen α	cos α
1	1	2	21000	60	640	0	1
2	1	3	21000	60	800	0.6	0.8
3	2	3	21000	30	480	1	0
4	2	4	21000	60	600	0.8	0.6
5	3	4	21000	60	360	0	1

Para la formación de las matrices de rigidez de las barras en coordenadas globales, se emplea la expresión indicada:

$$[K_{ij}]^b = EA/L \begin{bmatrix} \cos^2 \alpha & \text{sen } \alpha \cos \alpha & -\cos^2 \alpha & -\text{sen } \alpha \cos \alpha \\ \text{sen } \alpha \cos \alpha & \text{sen}^2 \alpha & -\text{sen } \alpha \cos \alpha & -\text{sen}^2 \alpha \\ -\cos^2 \alpha & -\text{sen } \alpha \cos \alpha & \cos^2 \alpha & \text{sen } \alpha \cos \alpha \\ -\text{sen } \alpha \cos \alpha & -\text{sen}^2 \alpha & \text{sen } \alpha \cos \alpha & \text{sen}^2 \alpha \end{bmatrix}$$

La sustitución de los datos del cuadro proporciona las siguientes matrices (con valores expresados en kN/cm):

Barra 1

```
|   1969        0    -1969        0|
|      0        0        0        0|
|  -1969        0     1969        0|
|      0        0        0        0|
```

Barra 2

```
|   1008      756    -1008     -756|
|    756      567     -756     -567|
|  -1008     -756     1008      756|
|   -756     -567      756      567|
```

Barra 3

```
|      0        0        0        0|
|      0     1313        0    -1313|
|      0        0        0        0|
|      0    -1313        0     1313|
```

Barra 4

```
|    756     1008     -756    -1008|
|   1008     1344    -1008    -1344|
|   -756    -1008      756     1008|
|  -1008    -1344     1008     1344|
```

Barra 5

```
|   3500        0    -3500        0|
|      0        0        0        0|
|  -3500        0     3500        0|
|      0        0        0        0|
```

Estas matrices se ensamblan en la matriz de rigidez de la estructura disponiendo sus submatrices en las correspondientes a los nudos extremos de cada barra.

Por otra parte, las fuerzas aplicadas en los nudos (vertical descendente de 100 kN sobre el nudo 2 y horizontal de 50 kN sobre el nudo 3 se sitúan respectivamente en las filas 4 y 5 del vector de fuerzas nodales.

A continuación se representan los resultados del proceso de ensamblaje:

```
|   2977      756    -1969        0    -1008     -756        0        0 ||   0 |
|    756      567        0        0     -756     -567        0        0 ||   0 |
|  -1969        0     2725     1008        0        0     -756    -1008 ||   0 |
|      0        0     1008     2657        0    -1313    -1008    -1344 ||-100 |
|  -1008     -756        0        0     4508      756    -3500        0 ||  50 |
|   -756     -567        0    -1313      756     1880        0        0 ||   0 |
|      0        0     -756    -1008    -3500        0     4256     1008 ||   0 |
|      0        0    -1008    -1344        0        0     1008     1344 ||   0 |
```

El siguiente paso es la introducción de las restricciones de los apoyos. Están coartados los desplazamientos horizontal y vertical del nudo 1 y el vertical del nudo 4. Por tanto, no se consideran de momento las ecuaciones 1, 2 y 8 (señaladas en negrita).

```
|  2977    756  -1969       0  -1008   -756      0      0 || R1x|
|   756    567      0       0   -756   -567      0      0 || R1y|
| -1969      0   2725    1008      0      0   -756  -1008 ||  0 |
|     0      0   1008    2657      0  -1313  -1008  -1344 ||-100|
| -1008   -756      0       0   4508    756  -3500      0 || 50 |
|  -756   -567      0   -1313    756   1880      0      0 ||  0 |
|     0      0   -756   -1008  -3500      0   4256   1008 ||  0 |
|     0      0  -1008   -1344      0      0   1008   1344 || R4y|
```

Tras la eliminación de las tres filas y columnas, el sistema de ecuaciones queda reducido a cinco (con las incógnitas d3, d4, d5, d6 y d7 correspondientes a los desplazamientos horizontal y vertical de los nudos 2 y 3 y el horizontal del nudo 4):

```
|  2725   1008      0       0   -756 || d3 |     |   0   |
|  1008   2657      0   -1313  -1008 || d4 |     | -100  |
|     0      0   4508     756  -3500 || d5 |  =  |  50   |
|     0  -1313    756    1880      0 || d6 |     |   0   |
|  -756  -1008  -3500       0   4256 || d7 |     |   0   |
```

La resolución del sistema de ecuaciones proporciona los valores de los desplazamientos buscados.

Incógnita	Valor (cm)
d3	0.033524
d4	−0.077958
d5	0.035738
d6	−0.068815
d7	0.016881

Para la determinación del esfuerzo en cada barra (en función de los desplazamientos de sus nudos extremos) se emplea la expresión:

$$N = [(d_{x2'} - d_{x1'}) \cos \alpha + (d_{y2'} - d_{y1'}) \operatorname{sen} \alpha]\, EA/L$$

Los desplazamientos se agregan al cuadro inicial de datos de barras y en su última columna se indican los esfuerzos resultantes del cálculo.

B	E (kN/cm²)	A (cm²)	L (cm)	senα	cosα	d_{x1} (cm)	d_{y1} (cm)	d_{x2} (cm)	d_{y2} (cm)	N (kN)
1	21000	60	640	0	1	0	0	0.033524	−0.077958	66
2	21000	60	800	0.6	0.8	0	0	0.035738	−0.068815	−20
3	21000	30	480	1	0	0.033524	−0.077958	0.035738	−0.068815	12
4	21000	60	600	0.8	0.6	0.033524	−0.077958	0.016881	0	110
5	21000	60	360	0	1	0.035738	−0.068815	0.016881	0	−66

Las reacciones en los apoyos se determinan a partir de las ecuaciones previamente eliminadas:

```
|  2977    756   -1969      0   -1008    -756       0       0 || R1x|
|   756    567      0       0    -756    -567       0       0 || R1y|
|     0      0   -1008   -1344      0       0    1008    1344 || R4y|
```

Multiplicando ordenadamente los componentes de cada fila por los desplazamientos en los nudos se obtiene la reacción correspondiente del vector de fuerzas nodales.

La tabla siguiente muestra el resultado de las operaciones y también los desplazamientos de los nudos.

N	Rx (kN)	Ry (kN)	dx (cm)	dy (cm)
1	−50	12	0	0
2	0	0	0.033524	−0.077958
3	0	0	0.035738	−0.068815
4	0	88	0.016881	0

En la figura siguiente se representa el sistema con los resultados obtenidos de reacciones y esfuerzos.

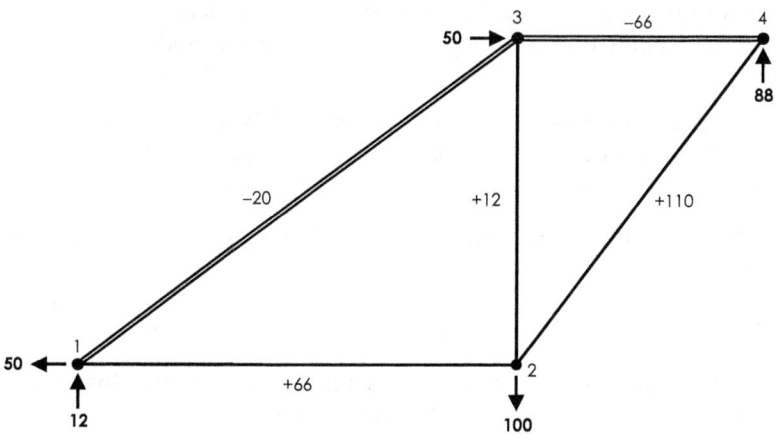

Finalmente, los desplazamientos de los nudos reflejados en el cuadro se representan a escala (con un factor 500) en la última figura.

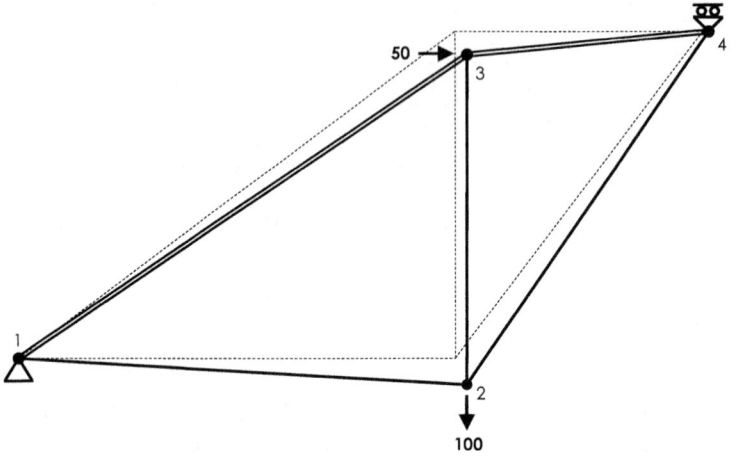

Ejercicio 2.03

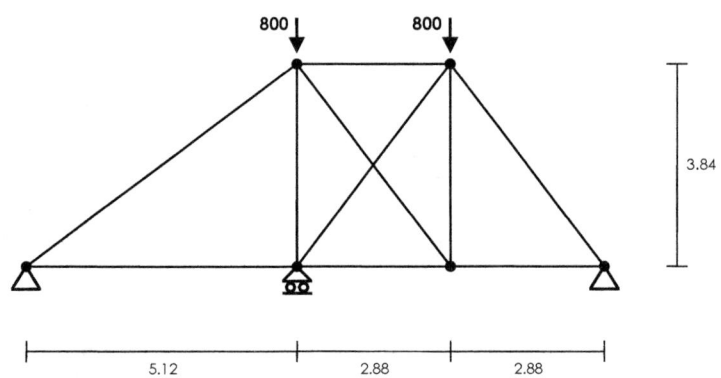

La estructura la figura anterior está formada por barras de acero (E = 21000 kN/cm^2) a excepción las diagonales centrales cuyo material tiene un módulo de elasticidad de 18000 kN/cm^2.

Las barras exteriores son perfiles HEB-140 (43 cm^2 de sección transversal), las verticales HEB-100 (26 cm^2) y las diagonales interiores están formadas por tubos cuadrados huecos de 100 mm de lado y 6 mm de espesor (21.3 cm^2).

Mediante cálculo matricial, determinar las reacciones y esfuerzos producidos por las dos cargas aplicadas.

SOLUCIÓN

El sistema es hiperestático de tercer grado. Inicialmente se numeran los nudos y barras de la estructura y se compone el cuadro de datos de barras.

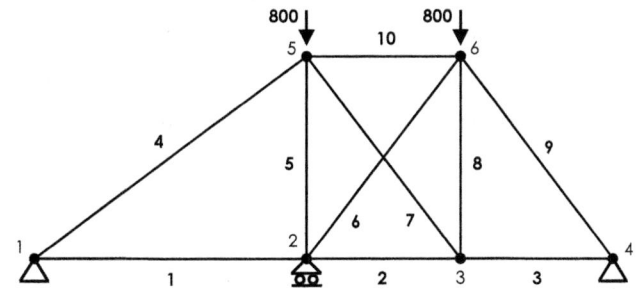

Barra	Ni	Nf	E (kN/cm²)	A (cm²)	L (cm)	senα	cosα
1	1	2	21000	43	512	0	1
2	2	3	21000	43	288	0	1
3	3	4	21000	43	288	0	1
4	1	5	21000	43	640	0.6	0.8
5	2	5	21000	26	384	1	0
6	2	6	18000	21.3	480	0.8	0.6
7	3	5	18000	21.3	480	0.8	−0.6
8	3	6	21000	26	384	1	0
9	4	6	21000	43	480	0.8	−0.6
10	5	6	21000	43	288	0	1

Para la formación de las matrices de rigidez de las barras en coordenadas globales se emplea la expresión:

$$[K_{ij}]^b = EA/L \begin{bmatrix} \cos^2\alpha & \sen\alpha\cos\alpha & -\cos^2\alpha & -\sen\alpha\cos\alpha \\ \sen\alpha\cos\alpha & \sen^2\alpha & -\sen\alpha\cos\alpha & -\sen^2\alpha \\ -\cos^2\alpha & -\sen\alpha\cos\alpha & \cos^2\alpha & \sen\alpha\cos\alpha \\ -\sen\alpha\cos\alpha & -\sen^2\alpha & \sen\alpha\cos\alpha & \sen^2\alpha \end{bmatrix}$$

La sustitución de los datos del cuadro proporciona las diez matrices siguientes (en kN/cm):

Barra 1

```
|  1764      0  -1764      0|
|     0      0      0      0|
| -1764      0   1764      0|
|     0      0      0      0|
```

Barra 2

```
|  3135      0  -3135      0|
|     0      0      0      0|
| -3135      0   3135      0|
|     0      0      0      0|
```

Barra 3

```
|   3135      0  -3135      0|
|      0      0      0      0|
|  -3135      0   3135      0|
|      0      0      0      0|
```

Barra 4

```
|    903    677   -903   -677|
|    677    508   -677   -508|
|   -903   -677    903    677|
|   -677   -508    677    508|
```

Barra 5

```
|      0      0      0      0|
|      0   1422      0  -1422|
|      0      0      0      0|
|      0  -1422      0   1422|
```

Barra 6

```
|    288    384   -288   -384|
|    384    512   -384   -512|
|   -288   -384    288    384|
|   -384   -512    384    512|
```

Barra 7

```
|    288   -384   -288    384|
|   -384    512    384   -512|
|   -288    384    288   -384|
|    384   -512   -384    512|
```

Barra 8

```
|      0      0      0      0|
|      0   1422      0  -1422|
|      0      0      0      0|
|      0  -1422      0   1422|
```

Barra 9

```
|    677   -903   -677    903|
|   -903   1204    903  -1204|
|   -677    903    677   -903|
|    903  -1204   -903   1204|
```

Barra 10

```
|   3135      0  -3135      0|
|      0      0      0      0|
|  -3135      0   3135      0|
|      0      0      0      0|
```

Éstas se ensamblan en la matriz de rigidez de la estructura disponiendo sus submatrices en las correspondientes a los nudos extremos de cada barra.

Por otra parte, las fuerzas aplicadas en los nudos (verticales descendentes de 800 kN sobre los nudos 5 y 6) se disponen en las filas 10 y 12 del vector de fuerzas nodales.

A continuación se representan los resultados tras el proceso de ensamblaje:

```
|  2667    677  -1764      0      0      0      0      0   -903   -677      0      0 ||   0  |
|   677    508      0      0      0      0      0      0   -677   -508      0      0 ||   0  |
| -1764      0   5187    384  -3135      0      0      0      0      0   -288   -384 ||   0  |
|     0      0    384   1934      0      0      0      0      0  -1422   -384   -512 ||   0  |
|     0      0  -3135      0   6559   -384  -3135      0   -288    384      0      0 ||   0  |
|     0      0      0      0   -384   1934      0      0    384   -512      0  -1422 ||   0  |
|     0      0      0      0  -3135      0   3813   -903      0      0   -677    903 ||   0  |
|     0      0      0      0      0      0   -903   1204      0      0    903  -1204 ||   0  |
|  -903   -677      0      0   -288    384      0      0   4326    293  -3135      0 ||   0  |
|  -677   -508      0  -1422    384   -512      0      0    293   2442      0      0 ||-800  |
|     0      0   -288   -384      0      0   -677    903  -3135      0   4101   -519 ||   0  |
|     0      0   -384   -512      0  -1422    903  -1204      0      0   -519   3138 ||-800  |
```

Seguidamente se introducen de las restricciones de los apoyos. Se encuentran coartados los desplazamientos horizontal y vertical de los nudos 1 y 4 y el vertical del nudo 2. Por tanto, no se consideran de momento las ecuaciones 1, 2, 4, 7 y 8 (señaladas en negrita).

```
| 2667   677 -1764     0     0     0     0     0  -903  -677     0     0 || R1x|
|  677   508     0     0     0     0     0     0  -677  -508     0     0 || R1y|
| -1764    0  5187   384 -3135     0     0     0     0  -288  -384 ||  0 |
|    0     0   384  1934     0     0     0     0     0 -1422  -384  -512 || R2y|
|    0     0 -3135     0  6559  -384 -3135     0  -288   384     0     0 ||  0 |
|    0     0     0     0  -384  1934     0     0   384  -512     0 -1422 ||  0 |
|    0     0     0     0 -3135     0  3813  -903     0     0  -677   903 || R4x|
|    0     0     0     0     0     0  -903  1204     0     0   903 -1204 || R4y|
| -903  -677     0     0  -288   384     0     0  4326   293 -3135     0 ||  0 |
| -677  -508     0 -1422   384  -512     0     0   293  2442     0     0 ||-800|
|    0     0  -288  -384     0     0  -677   903 -3135     0  4101  -519 ||  0 |
|    0     0  -384  -512     0 -1422   903 -1204     0     0  -519  3138 ||-800|
```

Tras la eliminación de las cinco filas y columnas, el sistema queda reducido a siete ecuaciones con las incógnitas d3, d5, d6, d9, d10, d11 y d12 (desplazamiento horizontal del nudo 2 y desplazamientos horizontales y verticales de los nudos 3, 5 y 6).

```
|  5187 -3135     0     0     0  -288  -384 || d3  |     |  0   |
| -3135  6559  -384  -288   384     0     0 || d5  |     |  0   |
|    0   -384  1934   384  -512     0 -1422 || d6  |     |  0   |
|    0   -288   384  4326   293 -3135     0 || d9  |  =  |  0   |
|    0    384  -512   293  2442     0     0 || d10 |     |-800  |
| -288     0     0 -3135     0  4101  -519 || d11 |     |  0   |
| -384     0 -1422     0     0  -519  3138 || d12 |     |-800  |
```

La resolución del sistema de ecuaciones proporciona los siguientes valores:

Incógnita	Valor (cm)
d3	−0.053454
d5	−0.026520
d6	−0.488065
d9	0.052600
d10	−0.432110
d11	−0.025173
d12	−0.486847

Para la determinación del esfuerzo en cada barra (en función de los desplazamientos de sus nudos extremos) se emplea la expresión:

$$N = [(d_{x2}' - d_{x1}') \cos \alpha + (d_{y2}' - d_{y1}') \operatorname{sen} \alpha] \, EA/L$$

Los desplazamientos se agregan al cuadro inicial de datos de barras y en su última columna se indican los esfuerzos resultantes del cálculo.

B	E (kN/cm²)	A (cm²)	L (cm)	senα	cosα	d_{x1} (cm)	d_{y1} (cm)	d_{x2} (cm)	d_{y2} (cm)	N (kN)
1	21000	43	512	0	1	0	0	−0.053454	0	−94.28
2	21000	43	288	0	1	−0.053454	0	−0.02652	−0.488065	84.45
3	21000	43	288	0	1	−0.02652	−0.488065	0	0	83.15
4	21000	43	640	0.6	0.8	0	0	0.0526	−0.43211	−306.44
5	21000	26	384	1	0	−0.053454	0	0.0526	−0.43211	−614.41
6	18000	21.3	480	0.8	0.6	−0.053454	0	−0.025173	−0.486847	−297.87
7	18000	21.3	480	0.8	−0.6	−0.02652	−0.488065	0.0526	−0.43211	−2.17
8	21000	26	384	1	0	−0.02652	−0.488065	−0.025173	−0.486847	1.73
9	21000	43	480	0.8	−0.6	0	0	−0.025173	−0.486847	−704.29
10	21000	43	288	0	1	0.0526	−0.43211	−0.025173	−0.486847	−243.85

Finalmente, las reacciones en los apoyos se determinan a partir de las ecuaciones previamente eliminadas:

```
| 2667   677 -1764    0     0    0     0     0  -903  -677    0     0 || R1x|
|  677   508    0     0     0    0     0     0  -677  -508    0     0 || R1y|
|    0     0  384  1934     0    0     0     0     0 -1422  -384  -512 || R2y|
|    0     0    0     0 -3135    0  3813  -903     0     0  -677   903 || R4x|
|    0     0    0     0     0    0  -903  1204     0     0   903 -1204 || R4y|
```

Multiplicando ordenadamente los componentes de cada fila por los desplazamientos en los nudos se obtiene la reacción correspondiente del vector de fuerzas nodales.

La tabla siguiente muestra el resultado de las operaciones y también los desplazamientos de los nudos.

N	Rx	Ry	dx	dy
1	339.42	183.86	0	0
2	0	852.71	−0.053454	0
3	0	0	−0.02652	−0.488065
4	−339.42	563.43	0	0
5	0	0	0.0526	−0.43211

En la figura se representa finalmente el sistema con los resultados obtenidos de reacciones y esfuerzos.

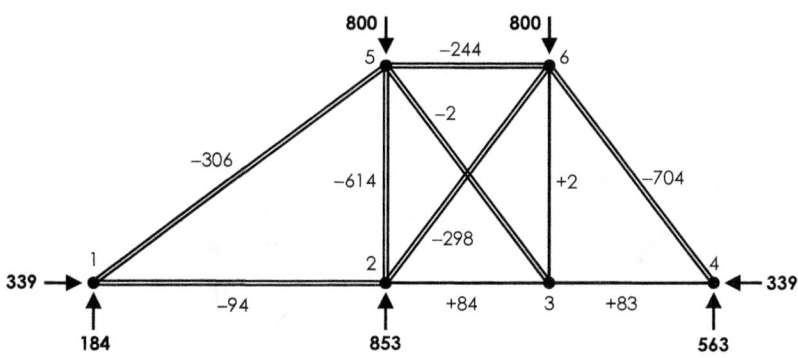

Ejercicio 2.04

En el sistema estructural de la figura, las cinco barras que confluyen en el nudo central C son de acero (E = 21000 kN/cm^2) y las cuatro restantes de hormigón (E = 3000 kN/cm^2). La sección transversal de esta última es de 900 cm^2, la de la barra vertical y las otras dos diagonales (CE y CF) de 180 cm^2 y la de los dos tirantes horizontales de 30 cm^2.

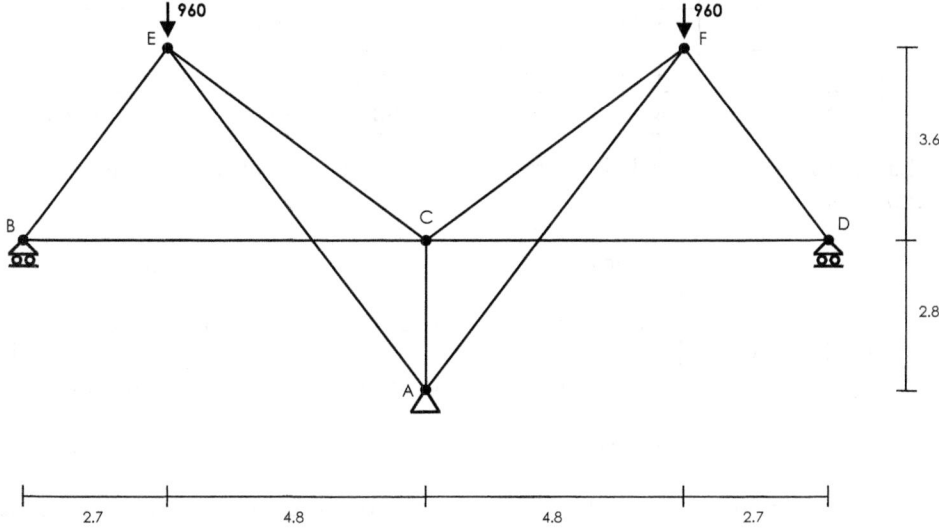

Determinar las reacciones en los apoyos y los esfuerzos en todas las barras de la estructura.

SOLUCIÓN

El sistema es simétrico en geometría, acciones y enlaces. Se analiza la zona izquierda, con la coacción al movimiento horizontal del nudo C y la mitad de la sección transversal de la barra AC. Tras la numeración de nudos y barras se compone el correspondiente cuadro de datos.

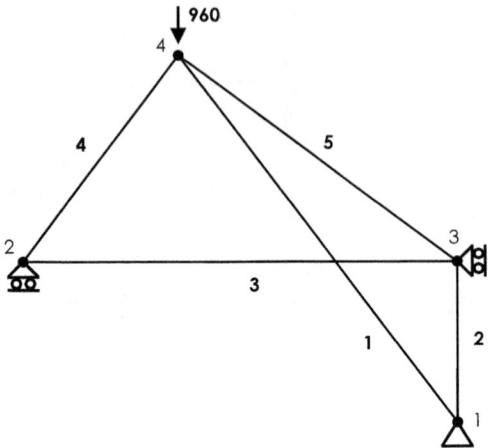

Barra	Ni	Nf	E (kN/cm²)	A (cm²)	L (cm)	senα	cosα
1	1	4	3000	900	800	0.8	−0.6
2	1	3	21000	90	280	1	0
3	2	3	21000	30	750	0	1
4	2	4	3000	900	450	0.8	0.6
5	3	4	21000	180	600	0.6	−0.8

Las matrices de rigidez de las barras en coordenadas globales se forman a partir de la expresión:

$$[K_{ij}]^b = EA/L \begin{bmatrix} \cos^2\alpha & \operatorname{sen}\alpha\cos\alpha & -\cos^2\alpha & -\operatorname{sen}\alpha\cos\alpha \\ \operatorname{sen}\alpha\cos\alpha & \operatorname{sen}^2\alpha & -\operatorname{sen}\alpha\cos\alpha & -\operatorname{sen}^2\alpha \\ -\cos^2\alpha & -\operatorname{sen}\alpha\cos\alpha & \cos^2\alpha & \operatorname{sen}\alpha\cos\alpha \\ -\operatorname{sen}\alpha\cos\alpha & -\operatorname{sen}^2\alpha & \operatorname{sen}\alpha\cos\alpha & \operatorname{sen}^2\alpha \end{bmatrix}$$

La sustitución de los datos del cuadro anterior proporciona las siguientes matrices (con sus componentes en kN/cm):

Barra 1

```
|  1215  -1620  -1215   1620|
| -1620   2160   1620  -2160|
| -1215   1620   1215  -1620|
|  1620  -2160  -1620   2160|
```

Barra 2

```
|    0       0      0       0|
|    0    6750      0   -6750|
|    0       0      0       0|
|    0   -6750      0    6750|
```

Barra 3

```
|    840        0     -840        0|
|      0        0        0        0|
|   -840        0      840        0|
|      0        0        0        0|
```

Barra 4

```
|   2160     2880    -2160    -2880|
|   2880     3840    -2880    -3840|
|  -2160    -2880     2160     2880|
|  -2880    -3840     2880     3840|
```

Barra 5

```
|   4032    -3024    -4032     3024|
|  -3024     2268     3024    -2268|
|  -4032     3024     4032    -3024|
|   3024    -2268    -3024     2268|
```

Estas matrices se ensamblan en la matriz de rigidez de la estructura disponiendo sus submatrices en las correspondientes a los nudos extremos de cada barra.

Por otra parte, la fuerza vertical de 960 kN aplicada en el nudo 4 se traslada (con signo negativo) a la fila 8 del vector de fuerzas nodales.

Tras el proceso de ensamblaje, la matriz de rigidez y el vector de fuerzas quedan como se indica:

```
|  1215   -1620       0       0       0       0   -1215    1620 ||   0 |
| -1620    8910       0       0       0   -6750    1620   -2160 ||   0 |
|     0       0    3000    2880    -840       0   -2160   -2880 ||   0 |
|     0       0    2880    3840       0       0   -2880   -3840 ||   0 |
|     0       0    -840       0    4872   -3024   -4032    3024 ||   0 |
|     0   -6750       0       0   -3024    9018    3024   -2268 ||   0 |
| -1215    1620   -2160   -2880   -4032    3024    7407   -1764 ||   0 |
|  1620   -2160   -2880   -3840    3024   -2268   -1764    8268 ||-960|
```

En la siguiente etapa se introducen las coacciones impuestas por los enlaces externos. Están restringidos los desplazamientos horizontal y vertical del nudo 1, el vertical del nudo 2 y el horizontal del nudo 3. Por tanto, se suprimen del sistema las ecuaciones 1, 2, 4 y 5.

```
|  1215   -1620       0       0       0       0   -1215    1620 || R1x|
| -1620    8910       0       0       0   -6750    1620   -2160 || R1y|
|     0       0    3000    2880    -840       0   -2160   -2880 ||   0 |
|     0       0    2880    3840       0       0   -2880   -3840 || R2y|
|     0       0    -840       0    4872   -3024   -4032    3024 || R3x|
|     0   -6750       0       0   -3024    9018    3024   -2268 ||   0 |
| -1215    1620   -2160   -2880   -4032    3024    7407   -1764 ||   0 |
|  1620   -2160   -2880   -3840    3024   -2268   -1764    8268 ||-960|
```

Una vez eliminadas las filas y columnas, el sistema de ecuaciones queda reducido a cuatro (con las incógnitas d3, d6, d7 y d8 correspondientes al desplazamiento horizontal del nudo 2, al vertical del nudo 3 y los desplazamientos horizontal y vertical del nudo 4).

$$
\begin{vmatrix}
3000 & 0 & -2160 & -2880 \\
0 & 9018 & 3024 & -2268 \\
-2160 & 3024 & 7407 & -1764 \\
-2880 & -2268 & -1764 & 8268
\end{vmatrix}
\begin{vmatrix}
d3 \\ d6 \\ d7 \\ d8
\end{vmatrix}
=
\begin{vmatrix}
0 \\ 0 \\ 0 \\ -960
\end{vmatrix}
$$

Mediante la resolución de este sistema de ecuaciones, se obtienen los siguientes valores para los desplazamientos.

Incógnita	Valor (cm)
d3	0.457464
d6	0.012327
d7	0.205204
d8	0.322621

A partir de los desplazamientos de sus nudos extremos, el esfuerzo axil en cada barra se determina mediante la fórmula:

$$N = [(d_{x2}' - d_{x1}') \cos \alpha + (d_{y2}' - d_{y1}') \operatorname{sen} \alpha] \, EA/L$$

El primer cuadro de datos de barras se complementa con los cuatro desplazamientos (d_{x1}, d_{x2}, d_{y1} y d_{y2}) en los nudos extremos y los resultados del cálculo de los esfuerzos (en la columna de la derecha).

B	E (kN/cm²)	A (cm²)	L (cm)	senα	cosα	d_{x1} (cm)	d_{y1} (cm)	d_{x2} (cm)	d_{y2} (cm)	N (kN)
1	3000	900	800	0.8	−0.6	0	0	−0.205204	−0.322621	−455.54
2	21000	90	280	1	0	0	0	0	−0.012327	−83.21
3	21000	30	750	0	1	−0.457464	0	0	−0.012327	384.27
4	3000	900	450	0.8	0.6	−0.457464	0	−0.205204	−0.322621	−640.45
5	21000	180	600	0.6	−0.8	0	−0.012327	−0.205204	−0.322621	−138.68

Por su parte, las fuerzas nodales correspondientes a las reacciones de los enlaces externos se obtienen considerando las ecuaciones suprimidas para la determinación de los desplazamientos:

$$
\begin{vmatrix}
1215 & -1620 & 0 & 0 & 0 & 0 & -1215 & 1620 \\
-1620 & 8910 & 0 & 0 & 0 & -6750 & 1620 & -2160 \\
0 & 0 & 2880 & 3840 & 0 & 0 & -2880 & -3840 \\
0 & 0 & -840 & 0 & 4872 & -3024 & -4032 & 3024
\end{vmatrix}
\begin{vmatrix}
R1x \\ R1y \\ R2y \\ R3x
\end{vmatrix}
$$

Mediante la suma de productos de los valores de cada fila por los desplazamientos en los nudos se obtiene la reacción correspondiente del vector de fuerzas.

Los resultados obtenidos y los desplazamientos de los nudos se recogen en la tabla siguiente:

N	Rx (kN)	Ry (kN)	dx (cm)	dy (cm)
1	−273.32	447.64	0	0
2	0	512.36	−0.457464	0
3	273.32	0	0	−0.012327
4	0	0	−0.205204	−0.322621

Aplicando finalmente la condición de simetría, se representan los resultados del sistema completo (la reacción en A y el esfuerzo en la barra AC se multiplican por dos).

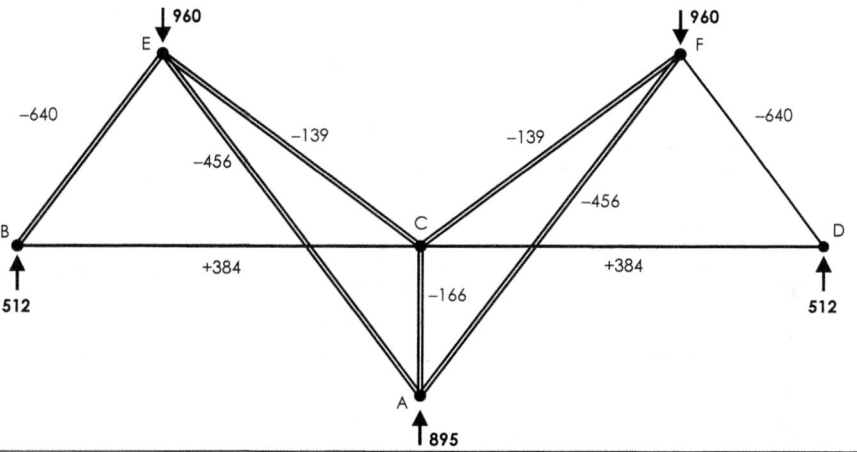

Ejercicio 2.05

El sistema estructural de la figura está formado por barras de acero (E = 21000 kN/cm²) con una sección transversal de 60 cm² a excepción de la barra vertical que tiene 30 cm². Mediante cálculo matricial, determinar las reacciones y esfuerzos producidos por las dos cargas aplicadas. Representar también la estructura deformada.

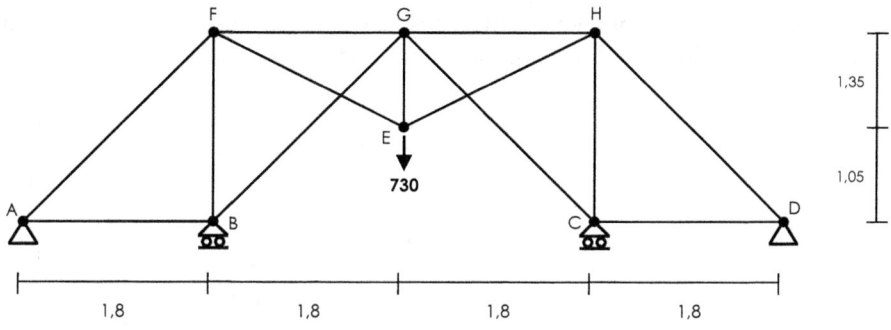

SOLUCIÓN

El sistema es simétrico e hiperestático de tercer grado (8 nudos, 13 barras y 6 incógnitas de reacción externa). Al analizar la zona izquierda se deben considerar las coacciones al desplazamiento horizontal de los nudos E y G y el grado de hiperestatismo se reduce a 2 (5 nudos, 7 barras, 3+2 restricciones de apoyos).

Además, atendiendo a las condiciones de simetría, se dispone la mitad de la carga que actúa sobre el nudo E y la mitad de la sección transversal de la barra EG. Tras la numeración de nudos y barras se compone el correspondiente cuadro de datos.

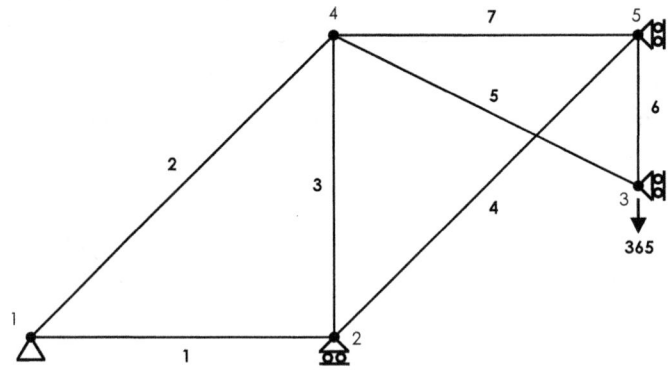

Ba-rra	Ni	Nf	E (kN/cm²)	A (cm²)	L (cm)	sen α	cos α
1	1	2	21000	72	180	0	1
2	1	4	21000	72	300	0,8	0,6
3	2	4	21000	72	240	1	0
4	2	5	21000	72	300	0,8	0,6
5	3	4	21000	24	225	0,6	−0,8
6	3	5	21000	12	135	1	0
7	4	5	21000	72	180	0	1

A continuación se obtienen las matrices de rigidez de las barras en coordenadas globales (sustituyendo los valores anteriores en su expresión teórica).

$$[K_{ij}]^b = EA/L \begin{bmatrix} \cos^2 \alpha & \text{sen } \alpha \cos \alpha & -\cos^2 \alpha & -\text{sen } \alpha \cos \alpha \\ \text{sen } \alpha \cos \alpha & \text{sen}^2 \alpha & -\text{sen } \alpha \cos \alpha & -\text{sen}^2 \alpha \\ -\cos^2 \alpha & -\text{sen } \alpha \cos \alpha & \cos^2 \alpha & \text{sen } \alpha \cos \alpha \\ -\text{sen } \alpha \cos \alpha & -\text{sen}^2 \alpha & \text{sen } \alpha \cos \alpha & \text{sen}^2 \alpha \end{bmatrix}$$

Barra 1

```
|  8400      0  -8400     0|
|     0      0      0     0|
| -8400      0   8400     0|
|     0      0      0     0|
```

Barra 2

```
|  1814   2419  -1814  -2419|
|  2419   3226  -2419  -3226|
| -1814  -2419   1814   2419|
| -2419  -3226   2419   3226|
```

Barra 3

```
|     0      0      0      0|
|     0   6300      0  -6300|
|     0      0      0      0|
|     0  -6300      0   6300|
```

Barra 4

```
|  1814   2419  -1814  -2419|
|  2419   3226  -2419  -3226|
| -1814  -2419   1814   2419|
| -2419  -3226   2419   3226|
```

Barra 5

```
|  1434  -1075  -1434   1075|
| -1075    806   1075   -806|
| -1434   1075   1434  -1075|
|  1075   -806  -1075    806|
```

Barra 6

```
|     0      0      0      0|
|     0   1867      0  -1867|
|     0      0      0      0|
|     0  -1867      0   1867|
```

Barra 7

```
|  8400      0  -8400     0|
|     0      0      0     0|
| -8400      0   8400     0|
|     0      0      0     0|
```

Estas matrices se ensamblan en la matriz de rigidez de la estructura, y la fuerza aplicada sobre el nudo 3 se sitúa en la fila 6 del vector de fuerzas nodales:

```
| 10214   2419  -8400      0      0      0  -1814  -2419      0      0 | |    0 |
|  2419   3226      0      0      0      0  -2419  -3226      0      0 | |    0 |
| -8400      0  10214   2419      0      0      0      0  -1814  -2419 | |    0 |
|     0      0   2419   9526      0      0      0  -6300  -2419  -3226 | |    0 |
|     0      0      0      0   1434  -1075  -1434   1075      0      0 | |    0 |
|     0      0      0      0  -1075   2673   1075   -806      0  -1867 | | -365 |
| -1814  -2419      0      0  -1434   1075  11648   1344  -8400      0 | |    0 |
| -2419  -3226      0  -6300   1075   -806   1344  10332      0      0 | |    0 |
|     0      0  -1814  -2419      0      0  -8400      0  10214   2419 | |    0 |
|     0      0  -2419  -3226      0  -1867      0      0   2419   5092 | |    0 |
```

El siguiente paso es la introducción de las restricciones de los apoyos. Están coartados los desplazamientos horizontal y vertical del nudo 1, el vertical del nudo 2 y los horizontales de los nudos 3 y 5. Por tanto, no se consideran de momento las ecuaciones 1, 2, 4, 5 y 9.

```
| 10214   2419 -8400      0      0      0 -1814 -2419      0      0 | | R1x  |
|  2419   3226     0      0      0      0 -2419 -3226      0      0 | | R1y  |
| -8400      0 10214   2419      0      0      0      0 -1814 -2419 | |   0  |
|     0      0  2419   9526      0      0      0 -6300 -2419 -3226 | | R2y  |
|     0      0     0      0   1434  -1075 -1434   1075      0      0 | | R3x  |
|     0      0     0      0  -1075   2673   1075   -806      0  -1867 | |-365  |
| -1814 -2419      0      0  -1434   1075 11648   1344  -8400      0 | |   0  |
| -2419 -3226      0  -6300   1075   -806   1344 10332      0      0 | |   0  |
|     0      0 -1814  -2419      0      0  -8400      0 10214   2419 | | R5x  |
|     0      0 -2419  -3226      0  -1867      0      0   2419   5092 | |   0  |
```

Tras la eliminación de las cinco filas y columnas, el sistema inicial de 10 ecuaciones queda reducido a 5 (con las incógnitas d3, d6, d7, d8 y d10 correspondientes al desplazamiento horizontal del nudo 2, los verticales de los nudos 3 y 5 y el horizontal y vertical del nudo 4).

```
| 10214       0       0       0   -2419 || d3  |       |    0  |
|     0    2673    1075    -806   -1867 || d6  |       | -365  |
|     0    1075   11648    1344       0 || d7  |   =   |    0  |
|     0    -806    1344   10332       0 || d8  |       |    0  |
| -2419   -1867       0       0    5092 || d10 |       |    0  |
```

La resolución del sistema de ecuaciones proporciona los valores:

Incógnita	Valor (cm)
d3	−0,020787
d6	−0,212489
d7	0,021856
d8	−0,019428
d10	−0,087767

Con los desplazamientos en los extremos, los esfuerzos en las barras se obtienen mediante:

$$N = [(d_{x2}' - d_{x1}') \cos \alpha + (d_{y2}' - d_{y1}') \sin \alpha] \, EA/L$$

Estos desplazamientos se agregan a la tabla inicial de datos de barras y en su última columna se indican los esfuerzos resultantes del cálculo.

B	E (kN/cm²)	A (cm²)	L (cm)	senα	cosα	d_{x1} (cm)	d_{y1} (cm)	d_{x2} (cm)	d_{y2} (cm)	N (kN)
1	21000	72	180	0	1	0	0	−0,020787	0	−174,61
2	21000	72	300	0,8	0,6	0	0	0,021856	−0,019428	−12,24
3	21000	72	240	1	0	−0,020787	0	0,021856	−0,019428	−122,39
4	21000	72	300	0,8	0,6	−0,020787	0	0	−0,087767	−291,02
5	21000	24	225	0,6	−0,8	0	−0,212489	0,021856	−0,019428	220,31
6	21000	12	135	1	0	0	−0,212489	0	−0,087767	232,81
7	21000	72	180	0	1	0,021856	−0,019428	0	−0,087767	−183,59

Finalmente, las reacciones en los apoyos se determinan a partir de las ecuaciones previamente eliminadas:

```
| 10214   2419  -8400      0      0      0  -1814  -2419      0      0 |   | R1x |
|  2419   3226      0      0      0      0  -2419  -3226      0      0 |   | R1y |
|     0      0   2419   9526      0      0      0  -6300  -2419  -3226 |   | R2y |
|     0      0      0      0   1434  -1075  -1434   1075      0      0 |   | R3x |
|     0      0  -1814  -2419      0      0  -8400      0  10214   2419 |   | R5x |
```

Multiplicando ordenadamente los componentes de cada fila por los desplazamientos en los nudos se obtiene la reacción correspondiente del vector de fuerzas nodales.

La tabla siguiente muestra el resultado de las operaciones y también los desplazamientos de los nudos.

N	Rx (kN)	Ry (kN)	dx (cm)	dy (cm)
1	181,95	9,79	0	0
2	0	355,21	−0,020787	0
3	176,25	0	0	−0,212489
4	0	0	0,021856	−0,019428
5	−358,2	0	0	−0,087767

Considerando nuevamente la simetría del sistema, en la figura se representa la estructura completa con los resultados obtenidos de reacciones y esfuerzos (el de la barra central EG se ha multiplicado por dos).

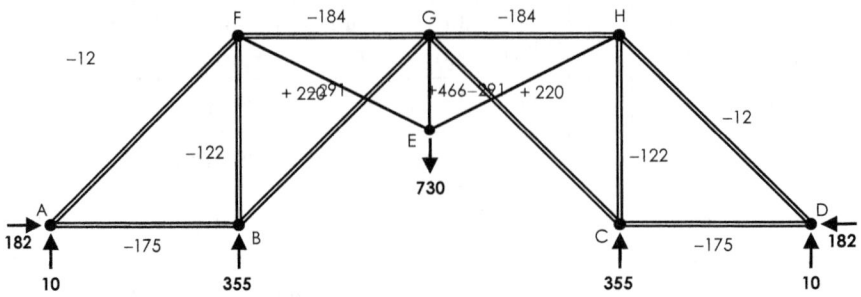

Ejercicio 2.06

Todas las barras del sistema hiperestático de cuarto grado de la figura son del mismo material y tienen una sección transversal de 30 cm^2.

Determinar los esfuerzos producidos por las dos cargas horizontales y las máximas tensiones de tracción y compresión.

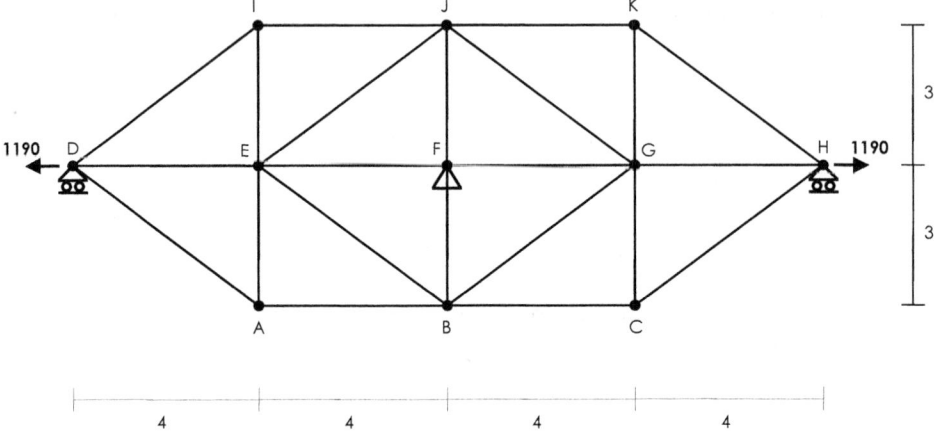

SOLUCIÓN

Se desconoce el módulo de elasticidad del material pero, al ser el mismo en todas las barras, su valor no influye en la distribución de esfuerzos. Se considera en los cálculos un valor cualquiera, por ejemplo, E = 10000 kN/cm^2.

También es común el área de la sección transversal de todas las barras, pero en este caso su valor es necesario para la obtención de las tensiones solicitadas.

El sistema presenta una doble simetría (horizontal y vertical) y por ello solamente es preciso el análisis de la cuarta parte de la estructura. Se considera la zona superior izquierda, y se disponen sobre ella las condiciones de ambas simetrías:

- Se coarta el movimiento horizontal de J y el vertical de E.
- Se asigna la mitad de área (15 cm^2) a la barra vertical FJ y a las horizontales DE y EF (las contenidas en los ejes de simetría).
- Se divide entre dos la carga aplicada en el eje horizontal.

Con todo ello se forma el modelo de análisis, se numeran los nudos y las barras y se compone la tabla de datos correspondiente.

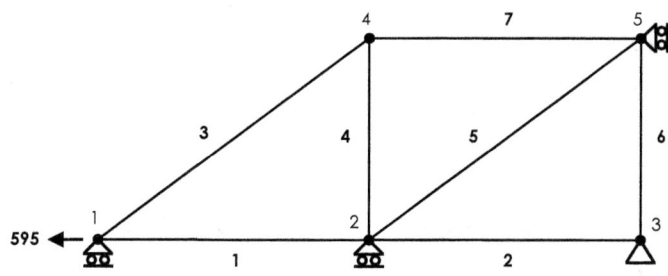

Barra	Ni	Nf	E (kN/cm²)	A (cm²)	L (cm)	senα	cosα
1	1	2	10000	15	400	0	1
2	2	3	10000	15	400	0	1
3	1	4	10000	30	500	0.6	0.8
4	2	4	10000	30	300	1	0
5	2	5	10000	30	500	0.6	0.8
6	3	5	10000	15	300	1	0
7	4	5	10000	30	400	0	1

En función de éstos, se forman todas las matrices de rigidez de barras en coordenadas globales empleando la formulación habitual.

$$[K_{ij}]^b = EA/L \begin{bmatrix} \cos^2\alpha & \operatorname{sen}\alpha\cos\alpha & -\cos^2\alpha & -\operatorname{sen}\alpha\cos\alpha \\ \operatorname{sen}\alpha\cos\alpha & \operatorname{sen}^2\alpha & -\operatorname{sen}\alpha\cos\alpha & -\operatorname{sen}^2\alpha \\ -\cos^2\alpha & -\operatorname{sen}\alpha\cos\alpha & \cos^2\alpha & \operatorname{sen}\alpha\cos\alpha \\ -\operatorname{sen}\alpha\cos\alpha & -\operatorname{sen}^2\alpha & \operatorname{sen}\alpha\cos\alpha & \operatorname{sen}^2\alpha \end{bmatrix}$$

Barra 1

```
|   375     0   -375     0 |
|     0     0      0     0 |
|  -375     0    375     0 |
|     0     0      0     0 |
```

Barra 2

```
|   375     0   -375     0 |
|     0     0      0     0 |
|  -375     0    375     0 |
|     0     0      0     0 |
```

Barra 3

384	288	-384	-288
288	216	-288	-216
-384	-288	384	288
-288	-216	288	216

Barra 4

0	0	0	0
0	1000	0	-1000
0	0	0	0
0	-1000	0	1000

Barra 5

384	288	-384	-288
288	216	-288	-216
-384	-288	384	288
-288	-216	288	216

Barra 6

0	0	0	0
0	500	0	-500
0	0	0	0
0	-500	0	500

Barra 7

750	0	-750	0
0	0	0	0
-750	0	750	0
0	0	0	0

Éstas se ensamblan en la matriz de rigidez de la estructura disponiendo sus submatrices en las correspondientes a los nudos extremos de cada barra.

Por otra parte, la fuerza horizontal aplicada en el nudo 1 se dispone en la primera fila del vector de fuerzas nodales (con signo negativo por estar dirigida hacia la izquierda).

Éste es el resultado obtenido tras el proceso de ensamblaje:

759	288	-375	0	0	0	-384	-288	0	0	-595
288	216	0	0	0	0	-288	-216	0	0	0
-375	0	1134	288	-375	0	0	0	-384	-288	0
0	0	288	1216	0	0	0	-1000	-288	-216	0
0	0	-375	0	375	0	0	0	0	0	0
0	0	0	0	0	500	0	0	0	-500	0
-384	-288	0	0	0	0	1134	288	-750	0	0
-288	-216	0	-1000	0	0	288	1216	0	0	0
0	0	-384	-288	0	0	-750	0	1134	288	0
0	0	-288	-216	0	-500	0	0	288	716	0

A continuación se introducen de las restricciones de los apoyos. Se encuentran coartados los desplazamientos verticales de los nudos 1 y 2, el horizontal y vertical del nudo 3 y el horizontal del nudo 5. Por tanto, no se consideran de momento las ecuaciones 2, 4, 5, 6 y 9 (señaladas en negrita).

```
| 759   288  -375     0     0     0  -384  -288     0     0 |  |-595 |
| 288   216     0     0     0     0  -288  -216     0     0 |  | R1y |
|-375     0  1134   288  -375     0     0     0  -384  -288 |  |  0  |
|   0     0   288  1216     0     0     0 -1000  -288  -216 |  | R2y |
|   0     0  -375     0   375     0     0     0     0     0 |  | R3x |
|   0     0     0     0     0   500     0     0     0  -500 |  | R3y |
|-384  -288     0     0     0     0  1134   288  -750     0 |  |  0  |
|-288  -216     0 -1000     0     0   288  1216     0     0 |  |  0  |
|   0     0  -384  -288     0     0  -750     0  1134   288 |  | R5x |
|   0     0  -288  -216     0  -500     0     0   288   716 |  |  0  |
```

Tras la eliminación de las cinco filas y columnas, el sistema queda reducido a 5 ecuaciones con las incógnitas d1, d3, d7, d8, y d10 (desplazamientos horizontales en los nudos 1 y 2, horizontal y vertical del nudo 3 y vertical del nudo 5).

```
|   759   -375   -384   -288      0 || d1  |     | -595 |
|  -375   1134      0      0   -288 || d3  |     |   0. |
|  -384      0   1134    288      0 || d7  |  =  |   0  |
|  -288      0    288   1216      0 || d8  |     |   0  |
|     0   -288      0      0    716 || d10 |     |   0  |
```

La resolución del sistema de ecuaciones proporciona los valores siguientes:

Incógnita	Valor (cm)
d1	1.296000
d3	0.477333
d7	0.384000
d8	0.216000
d10	0.192000

Estos desplazamientos no son los reales porque se ha considerado un módulo de elasticidad ficticio. Los que sí son correctos son los esfuerzos obtenidos a partir de ellos:

$$N = [(d_{x2'} - d_{x1'}) \cos \alpha + (d_{y2'} - d_{y1'}) \operatorname{sen} \alpha] \, EA/L$$

que se indican en la última columna de la tabla (resultan en este caso todos enteros).

B	E (kN/cm²)	A (cm²)	L (cm)	senα	cosα	d_{x1} (cm)	d_{y1} (cm)	d_{x2} (cm)	d_{y2} (cm)	N (kN)
1	10000	15	400	0	1	−1.296	0	−0.47733	0	307
2	10000	15	400	0	1	−0.477333	0	0	0	179
3	10000	30	500	0.6	0.8	−1.296	0	−0.384	−0.216	360
4	10000	30	300	1	0	−0.477333	0	−0.384	−0.216	−216
5	10000	30	500	0.6	0.8	−0.477333	0	0	−0.192	160
6	10000	15	300	1	0	0	0	0	−0.192	−96
7	10000	30	400	0	1	−0.384	−0.216	0	−0.192	288

Finalmente, las reacciones en los apoyos del sistema analizado se determinan a partir de las ecuaciones eliminadas:

```
|  288   216     0     0     0     0  -288  -216     0     0 | | R1y |
|    0     0   288  1216     0     0     0 -1000  -288  -216 | | R2y |
|    0     0  -375     0   375     0     0     0     0     0 | | R3x |
|    0     0     0     0     0   500     0     0     0  -500 | | R3y |
|    0     0  -384  -288     0     0  -750     0  1134   288 | | R5x |
```

Multiplicando ordenadamente los componentes de cada fila por los desplazamientos en los nudos se obtiene la reacción correspondiente del vector de fuerzas nodales.

N	Rx (kN)	Ry (kN)
1	0	−216
2	0	120
3	179	96
4	0	0
5	416	0

La primera figura representa los resultados obtenidos y la segunda los esfuerzos reales en la estructura inicial tras aplicar la doble simetría (se duplican los de las barras de los ejes).

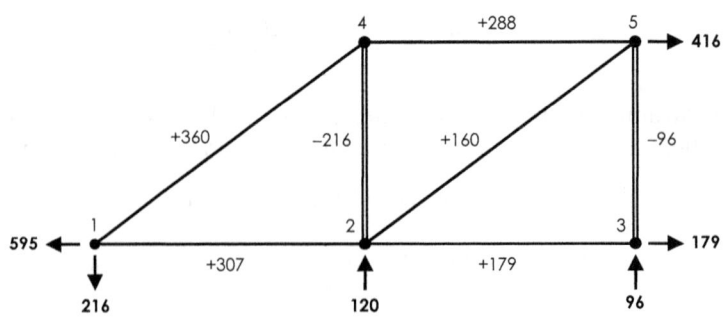

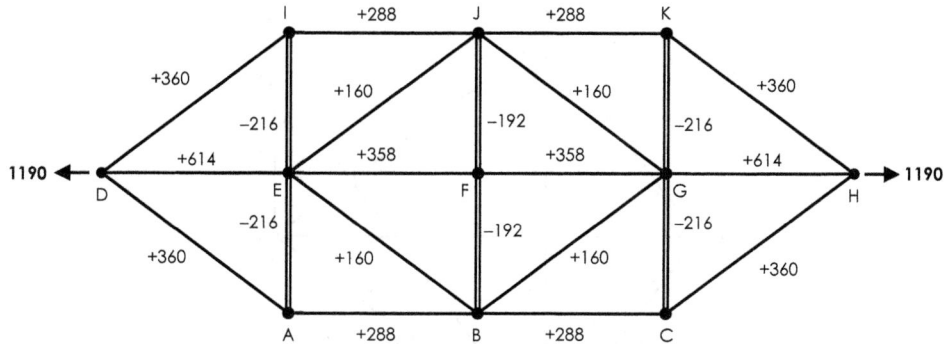

Las reacciones en los apoyos externos son todas nulas por simetría. Las tensiones máximas solicitadas se obtienen dividiendo los esfuerzos máximos entre el área común a todas las barras. Los valores resultantes son 20.47 kN/cm² en tracción y 7.2 kN/cm² en compresión.

Ejercicio 2.07

Determinar las reacciones y esfuerzos en la estructura representada, compuesta por perfiles de acero (E = 21000 kN/cm²) con una sección transversal de 54 cm², salvo los dos tirantes horizontales que tienen 18 cm².

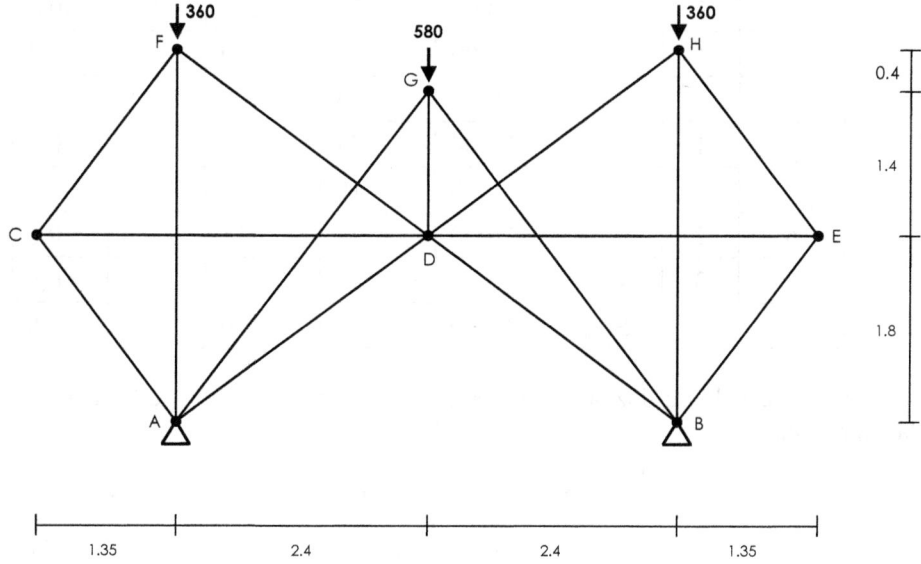

SOLUCIÓN

Se trata de un sistema simétrico del que se analiza la zona izquierda, imponiendo en ella la coacción a los movimientos horizontales de los nudos D y G.

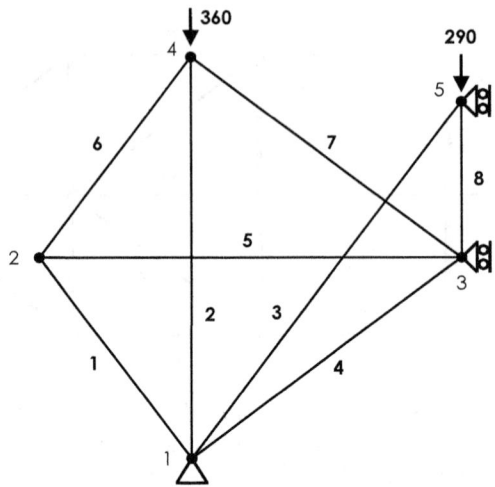

Se divide entre dos la carga aplicada en G y la sección transversal de la barra central, se numeran los nudos y barras y se compone el correspondiente cuadro con los datos de la zona analizada:

Barra	Ni	Nf	E (kN/cm²)	A (cm²)	L (cm)	senα	cosα
1	1	2	21000	54	225	0,8	−0,6
2	1	4	21000	54	360	1	0
3	1	5	21000	54	400	0,8	0,6
4	1	3	21000	54	300	0,6	0,8
5	2	3	21000	18	375	0	1
6	2	4	21000	54	225	0,8	0,6
7	3	4	21000	54	300	0,6	−0,8
8	3	5	21000	27	140	1	0

Las matrices de rigidez de las barras en coordenadas globales se forman a partir de la expresión:

$$[K_{ij}]^b = EA/L \begin{bmatrix} \cos^2\alpha & \text{sen}\,\alpha\cos\alpha & -\cos^2\alpha & -\text{sen}\,\alpha\cos\alpha \\ \text{sen}\,\alpha\cos\alpha & \text{sen}^2\alpha & -\text{sen}\,\alpha\cos\alpha & -\text{sen}^2\alpha \\ -\cos^2\alpha & -\text{sen}\,\alpha\cos\alpha & \cos^2\alpha & \text{sen}\,\alpha\cos\alpha \\ -\text{sen}\,\alpha\cos\alpha & -\text{sen}^2\alpha & \text{sen}\,\alpha\cos\alpha & \text{sen}^2\alpha \end{bmatrix}$$

La sustitución de los valores de la tabla anterior proporciona las siguientes matrices (con sus componentes en kN/cm):

Barra 1

```
|  1814  -2419  -1814   2419|
| -2419   3226   2419  -3226|
| -1814   2419   1814  -2419|
|  2419  -3226  -2419   3226|
```

Barra 2

```
|    0      0      0      0|
|    0   3150      0  -3150|
|    0      0      0      0|
|    0  -3150      0   3150|
```

Barra 3

```
|  1021   1361  -1021  -1361|
|  1361   1814  -1361  -1814|
| -1021  -1361   1021   1361|
| -1361  -1814   1361   1814|
```

Barra 4

```
|  2419   1814  -2419  -1814|
|  1814   1361  -1814  -1361|
| -2419  -1814   2419   1814|
| -1814  -1361   1814   1361|
```

Barra 5

```
|  1008      0  -1008      0|
|     0      0      0      0|
| -1008      0   1008      0|
|     0      0      0      0|
```

Barra 6

```
|  1814   2419  -1814  -2419|
|  2419   3226  -2419  -3226|
| -1814  -2419   1814   2419|
| -2419  -3226   2419   3226|
```

Barra 7

```
|  2419  -1814  -2419   1814|
| -1814   1361   1814  -1361|
| -2419   1814   2419  -1814|
|  1814  -1361  -1814   1361|
```

Barra 8

```
|    0      0      0      0|
|    0   4050      0  -4050|
|    0      0      0      0|
|    0  -4050      0   4050|
```

Estas matrices se ensamblan en la matriz de rigidez de la estructura disponiendo sus submatrices en las correspondientes a los nudos extremos de cada barra.

Por otra parte, las fuerzas verticales aplicadas en los nudo 4 y 5 se trasladan (con signo negativo) a la filas 8 y 10 del vector de fuerzas nodales.

Tras el proceso de ensamblaje, la matriz de rigidez y el vector de fuerzas quedan como se indica:

```
|  5254    756  -1814   2419  -2419  -1814      0      0  -1021  -1361 |  |    0  |
|   756   9551   2419  -3226  -1814  -1361      0  -3150  -1361  -1814 |  |    0  |
| -1814   2419   4637      0  -1008      0  -1814  -2419      0      0 |  |    0  |
|  2419  -3226      0   6451      0      0  -2419  -3226      0      0 |  |    0  |
| -2419  -1814  -1008      0   5846      0  -2419   1814      0      0 |  |    0  |
| -1814  -1361      0      0      0   6772   1814  -1361      0  -4050 |  |    0  |
|     0      0  -1814  -2419  -2419   1814   4234    605      0      0 |  |    0  |
|     0  -3150  -2419  -3226   1814  -1361    605   7736      0      0 |  | -360 |
| -1021  -1361      0      0      0      0      0      0   1021   1361 |  |    0  |
| -1361  -1814      0      0      0  -4050      0      0   1361   5864 |  | -290 |
```

En la etapa siguiente se introducen las coacciones impuestas por los enlaces externos. Están restringidos los desplazamientos horizontal y vertical del nudo 1 y los horizontales de los nudos 3 y 5. Por tanto, se suprimen del sistema las ecuaciones 1, 2, 5 y 9.

5254	756	-1814	2419	-2419	-1814	0	0	-1021	-1361		R1x
756	9551	2419	-3226	-1814	-1361	0	-3150	-1361	-1814		R1y
-1814	2419	4637	0	-1008	0	-1814	-2419	0	0		0
2419	-3226	0	6451	0	0	-2419	-3226	0	0		0
-2419	-1814	-1008	0	5846	0	-2419	1814	0	0		R3x
-1814	-1361	0	0	0	6772	1814	-1361	0	-4050		0
0	0	-1814	-2419	-2419	1814	4234	605	0	0		0
0	-3150	-2419	-3226	1814	-1361	605	7736	0	0		-360
-1021	-1361	0	0	0	0	0	0	1021	1361		R5y
-1361	-1814	0	0	0	-4050	0	0	1361	5864		-290

Una vez eliminadas las cuatro filas y columnas, el sistema de ecuaciones queda reducido a seis (con las incógnitas d3, d4, d6, d7, d8 y d10 correspondientes a los desplazamientos horizontal y vertical de los nudos 2 y 4, y a los verticales de los nudos 3 y 5).

4637	0	0	-1814	-2419	0		d3			0
0	6451	0	-2419	-3226	0		d4			0
0	0	6772	1814	-1361	-4050		d6			0
-1814	-2419	1814	4234	605	0		d7	=		0
-2419	-3226	-1361	605	7736	0		d8			-360
0	0	-4050	0	0	5864		d10			-290

Mediante la resolución de este sistema de ecuaciones se obtienen los siguientes valores para los desplazamientos.

Incógnita	Valor (cm)
d3	−0,050642
d4	−0,048532
d6	−0,083945
d7	0,000455
d8	−0,097405
d10	−0,107424

A partir de los desplazamientos de sus nudos extremos, el esfuerzo axil en cada barra se determina mediante la fórmula:

$$N = [(d_{x2'} - d_{x1'})\cos \alpha + (d_{y2'} - d_{y1'}) \operatorname{sen} \alpha] \, EA/L$$

La primera tabla de datos de barras se complementa con los cuatro desplazamientos (d_{x1}, d_{x2}, d_{y1} y d_{y2}) en los nudos extremos y los resultados del cálculo de los esfuerzos (en la columna de la derecha).

B	E (kN/cm^2)	A (cm^2)	L (cm)	senα	cosα	d_{x1} (cm)	d_{y1} (cm)	d_{x2} (cm)	d_{y2} (cm)	N (kN)
1	21000	54	225	0,8	−0,6	0	0	−0,050642	−0,048532	−42,54
2	21000	54	360	1	0	0	0	0,000455	−0,097405	−306,83
3	21000	54	400	0,8	0,6	0	0	0	−0,107424	−243,64
4	21000	54	300	0,6	0,8	0	0	0	−0,083945	−190,39
5	21000	18	375	0	1	−0,050642	−0,048532	0	−0,083945	51,05
6	21000	54	225	0,8	0,6	−0,050642	−0,048532	0,000455	−0,097405	−42,54
7	21000	54	300	0,6	−0,8	0	−0,083945	0,000455	−0,097405	−31,9
8	21000	27	140	1	0	0	−0,083945	0	−0,107424	−95,09

Por su parte, las fuerzas nodales correspondientes a las reacciones de los enlaces externos se obtienen considerando las ecuaciones suprimidas para la determinación de los desplazamientos:

$$
\begin{vmatrix}
5254 & 756 & -1814 & 2419 & -2419 & -1814 & 0 & 0 & -1021 & -1361 \\
756 & 9551 & 2419 & -3226 & -1814 & -1361 & 0 & -3150 & -1361 & -1814 \\
-2419 & -1814 & -1008 & 0 & 5846 & 0 & -2419 & 1814 & 0 & 0 \\
-1021 & -1361 & 0 & 0 & 0 & 0 & 0 & 0 & 1021 & 1361
\end{vmatrix}
\begin{vmatrix}
R1x \\
R1y \\
R3x \\
R5x
\end{vmatrix}
$$

Mediante la suma de productos de los valores de cada fila por los desplazamientos en los nudos se obtiene la reacción correspondiente del vector de fuerzas.

Los resultados obtenidos y los desplazamientos de los nudos se recogen en la tabla siguiente.

N	Rx (kN)	Ry (kN)	dx (cm)	dy (cm)
1	272,97	650	0	0
2	0	0	−0,050642	−0,048532
3	−126,79	0	0	−0,083945
4	0	0	0,000455	−0,097405
5	−146,18	0	0	−0,107424

Aplicando finalmente la condición de simetría, se representan los resultados del sistema completo.

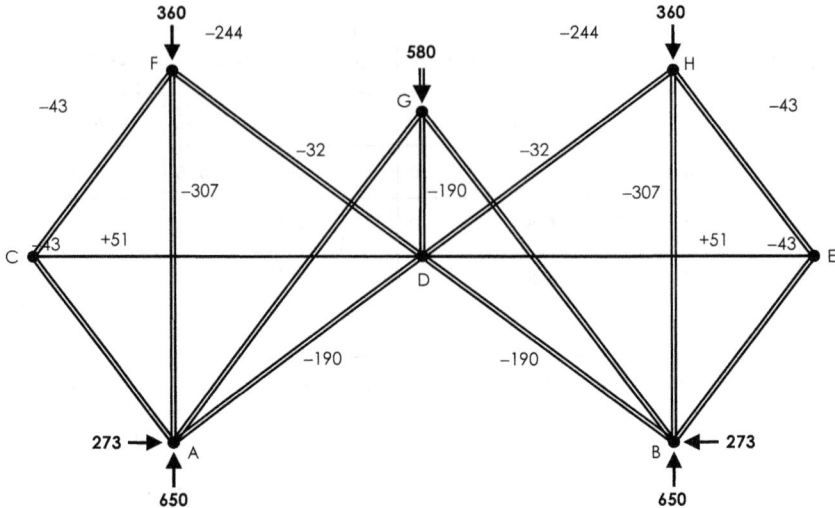

Las reacciones horizontales internas se anulan por simetría en el sistema inicial y el esfuerzo correspondiente a la barra central DG es el doble del obtenido en la barra 3-5 de la zona analizada.

Ejercicio 2.08

El sistema de la figura está formado por barras de un material con 12000 kN/cm² de módulo de elasticidad y tienen todas una misma sección transversal de 24 cm².

Determinar los esfuerzos producidos por las dos cargas aplicadas de 180 kN y representar, además, la estructura deformada.

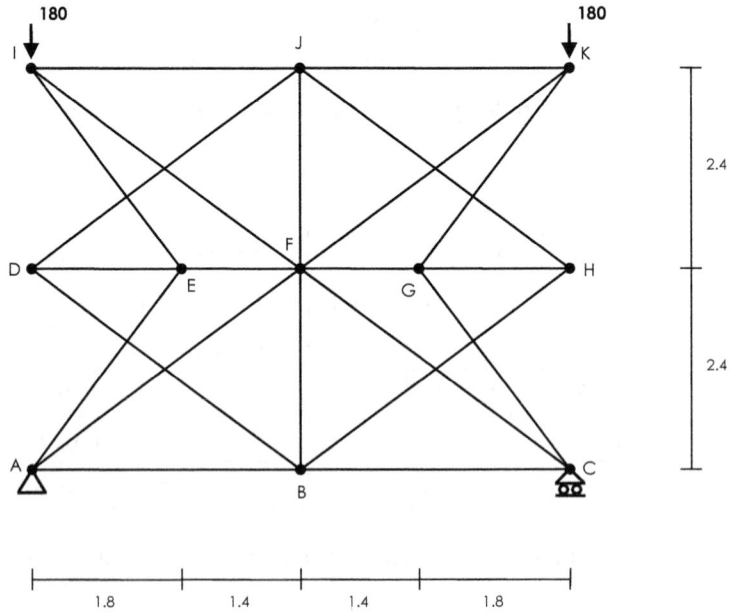

SOLUCIÓN

Con 11 nudos, 22 barras y 3 incógnitas de reacción externa en sus apoyos, el sistema tiene un hiperestatismo interno de tercer grado.

Las ecuaciones de equilibrio del conjunto global proporcionan directamente las reacciones: dos fuerzas verticales de 180 kN que confieren a la estructura una doble simetría geométrica y de acciones.

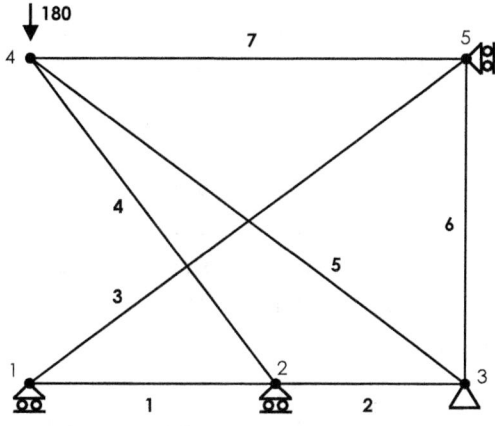

Se analiza por ello un cuatro del sistema (la zona superior izquierda) considerando como fijo el nudo F y disponiendo además coacciones al movimiento vertical del nudo J y al horizontal en los nudos D y E.

La figura muestra el modelo de cálculo con sus nudos y barras.

En la composición del correspondiente cuadro de datos se asigna la mitad de la sección transversal a las barras contenidas en ambos ejes de simetría (las horizontales 1 y 2 y la vertical 6).

Barra	Ni	Nf	E (kN/cm²)	A (cm²)	L (cm)	senα	cosα
1	1	2	15000	12	180	0	1
2	2	3	15000	12	140	0	1
3	1	5	15000	24	400	0.6	0.8
4	2	4	15000	24	300	0.8	−0.6
5	3	4	15000	24	400	0.6	−0.8
6	3	5	15000	12	240	1	0
7	4	5	15000	24	320	0	1

Para la formación de las matrices de rigidez de las barras en coordenadas globales, se emplea la expresión indicada:

$$[K_{ij}]^b = EA/L \begin{bmatrix} \cos^2\alpha & \sin\alpha\cos\alpha & -\cos^2\alpha & -\sin\alpha\cos\alpha \\ \sin\alpha\cos\alpha & \sin^2\alpha & -\sin\alpha\cos\alpha & -\sin^2\alpha \\ -\cos^2\alpha & -\sin\alpha\cos\alpha & \cos^2\alpha & \sin\alpha\cos\alpha \\ -\sin\alpha\cos\alpha & -\sin^2\alpha & \sin\alpha\cos\alpha & \sin^2\alpha \end{bmatrix}$$

La sustitución de los datos del cuadro proporciona las siguientes matrices (con valores expresados en kN/cm):

Barra 1

1000	0	-1000	0
0	0	0	0
-1000	0	1000	0
0	0	0	0

Barra 2

1286	0	-1286	0
0	0	0	0
-1286	0	1286	0
0	0	0	0

Barra 3

576	432	-576	-432
432	324	-432	-324
-576	-432	576	432
-432	-324	432	324

Barra 4

432	-576	-432	576
-576	768	576	-768
-432	576	432	-576
576	-768	-576	768

Barra 5

576	-432	-576	432
-432	324	432	-324
-576	432	576	-432
432	-324	-432	324

Barra 6

0	0	0	0
0	750	0	-750
0	0	0	0
0	-750	0	750

Barra 7

1125	0	-1125	0
0	0	0	0
-1125	0	1125	0
0	0	0	0

Estas matrices se ensamblan en la matriz de rigidez de la estructura disponiendo sus submatrices en las correspondientes a los nudos extremos de cada barra.

Por otra parte, la fuerza aplicadas en el nudo 4 (vertical descendente de 180 kN) se sitúa en las fila 8 del vector de fuerzas nodales.

A continuación se representan el resultado del proceso de ensamblaje:

1576	432	-1000	0	0	0	0	0	-576	-432		0
432	324	0	0	0	0	0	0	-432	-324		0
-1000	0	2718	-576	-1286	0	-432	576	0	0		0
0	0	-576	768	0	0	576	-768	0	0		0
0	0	-1286	0	1862	-432	-576	432	0	0		0
0	0	0	0	-432	1074	432	-324	0	-750		0
0	0	-432	576	-576	432	2133	-1008	-1125	0		0
0	0	576	-768	432	-324	-1008	1092	0	0		-180
-576	-432	0	0	0	0	-1125	0	1701	432		0
-432	-324	0	0	0	-750	0	0	432	1074		0

Para la introducción de las restricciones de los apoyos se tienen en cuanta las coacciones a los desplazamientos verticales de los nudos 1 y 2, al horizontal y vertical del nudo 3 y al horizontal del nudo 5.

Por tanto, no se consideran de momento las ecuaciones 2, 4, 5, 6 y 9.

```
| 1576    432 -1000     0      0      0      0      0  -576  -432 |  |  0  |
|  432    324     0     0      0      0      0      0  -432  -324 |  | R1y |
|-1000      0  2718  -576  -1286     0   -432    576     0     0 |  |  0  |
|    0      0  -576   768      0      0    576   -768     0     0 |  | R2y |
|    0      0 -1286     0   1862   -432   -576    432     0     0 |  | R3x |
|    0      0     0     0   -432   1074    432   -324     0  -750 |  | R3y |
|    0      0  -432   576   -576    432   2133  -1008 -1125     0 |  |  0  |
|    0      0   576  -768    432   -324  -1008   1092     0     0 |  |-180 |
| -576   -432     0     0      0      0  -1125      0  1701   432 |  | R5x |
| -432   -324     0     0      0   -750      0      0   432  1074 |  |  0  |
```

Tras la eliminación de las filas y columnas, el sistema de ecuaciones queda reducido a cinco (con las incógnitas d1, d3, d7, d8 y d10 correspondientes a los desplazamientos horizontales de los nudos 1 y 2, horizontal y vertical del nudo 4 y vertical del nudo 5).

```
|  1576  -1000      0      0   -432 || d1  |     |   0  |
| -1000   2718   -432    576      0 || d3  |     |   0  |
|     0   -432   2133  -1008      0 || d7  |  =  |   0  |
|     0    576  -1008   1092      0 || d8  |     | -180 |
|  -432      0      0      0   1074 || d10 |     |   0  |
```

La resolución del sistema de ecuaciones proporciona los valores de los desplazamientos buscados.

Incógnita	Valor (cm)
d1	0.045810
d3	0.064237
d7	−0.143495
d8	−0.331175
d10	0.018427

Para la determinación del esfuerzo en cada barra (en función de los desplazamientos de sus nudos extremos) se emplea la expresión:

$$N = [(d_{x2'} - d_{x1'}) \cos \alpha + (d_{y2'} - d_{y1'}) \operatorname{sen} \alpha]\, EA/L$$

Los desplazamientos se agregan al cuadro inicial de datos de barras y en su última columna se indican los esfuerzos resultantes del cálculo.

B	E (kN/cm²)	A (cm²)	L (cm)	senα	cosα	d_{x1} (cm)	d_{y1} (cm)	d_{x2} (cm)	d_{y2} (cm)	N (kN)
1	15000	12	180	0	1	0.04581	0	0.064237	0	18.43
2	15000	12	140	0	1	0.064237	0	0	0	−82.59
3	15000	24	400	0.6	0.8	0.04581	0	0	0.018427	−23.03
4	15000	24	300	0.8	−0.6	0.064237	0	−0.143495	−0.331175	−168.36
5	15000	24	400	0.6	−0.8	0	0	−0.143495	−0.331175	−75.52
6	15000	12	240	1	0	0	0	0	0.018427	13.82
7	15000	24	320	0	1	−0.143495	−0.331175	0	0.018427	161.43

Las reacciones en los apoyos se obtendrían a partir de las ecuaciones previamente eliminadas:

```
|   432    324      0      0      0      0      0      0   -432   -324 |  | R1y |
|     0      0   -576    768      0      0    576   -768      0      0 |  | R2y |
|     0      0  -1286      0   1862   -432   -576    432      0      0 |  | R3x |
|     0      0      0      0   -432   1074    432   -324      0   -750 |  | R3y |
|  -576   -432      0      0      0      0  -1125      0   1701    432 |  | R5x |
```

Sin embargo, en este caso no son necesarias las reacciones del subsistema analizado, ya que las reacciones en el sistema completo se han determinado al inicio mediante las ecuaciones de equilibrio.

Una vez obtenidos los esfuerzos en la zona superior izquierda, se transmiten a los otros tres cuadrantes aplicando las condiciones de doble simetría. Los correspondientes a las barras incluidas en los ejes se duplican. En la siguiente figura se representa el sistema con los resultados obtenidos de reacciones y esfuerzos.

Para la representación de la estructura deformada se tiene que considerar que realmente no existe simetría en los enlaces (el apoyo izquierdo es fijo y el derecho deslizante).

Aunque las reacciones son simétricas (y el planteamiento realizado en la determinación de los esfuerzos en las barras es correcto) esta diferencia de apoyos sí tiene influencia en las deformaciones.

El punto fijo del sistema global no es F sino A, y por ello a los desplazamientos calculados respecto al punto F hay que añadirles los desplazamientos de F respecto a A (que tienen el mismo valor que los del nudo 3 en la zona analizada). La última figura muestra el sistema deformado a escala (con un factor 200 de amplificación).

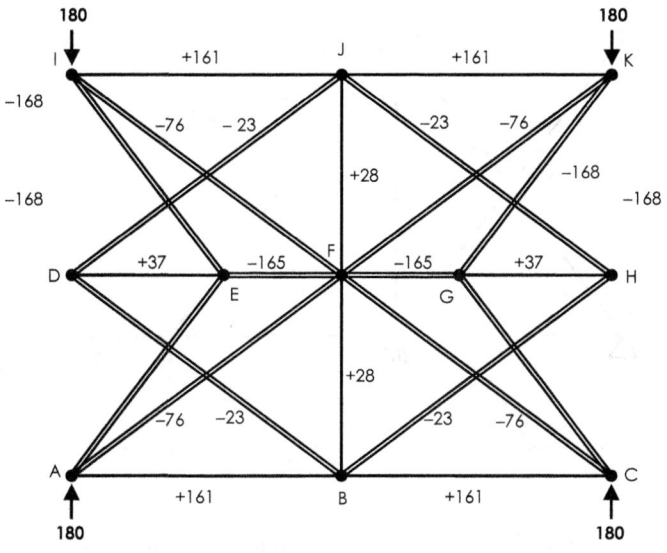

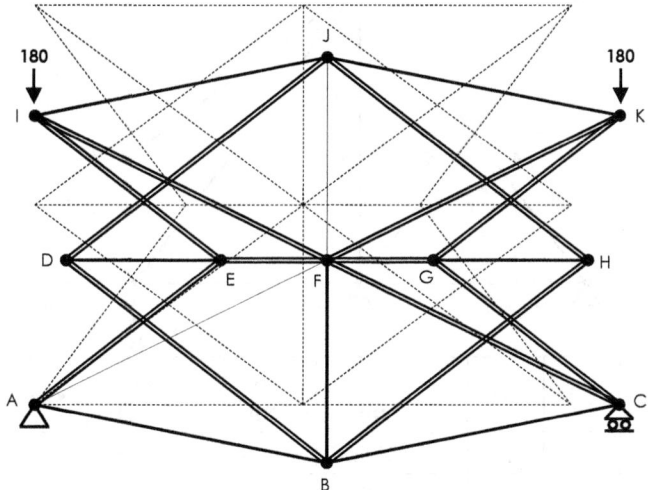

Ejercicio 2.09

La estructura de la figura está formada por barras de acero (E = 21000 kN/cm^2) con tres tipos de perfil. La barra vertical y las horizontales inferiores (AD) tienen 60 cm^2 de sección transversal, las diagonales AF y BE 40 cm^2 y los tirantes EF, FC y FD 25 cm^2.

Mediante cálculo matricial, determinar las reacciones en los apoyos y los esfuerzos y tensiones en las barras producidos por las dos cargas aplicadas.

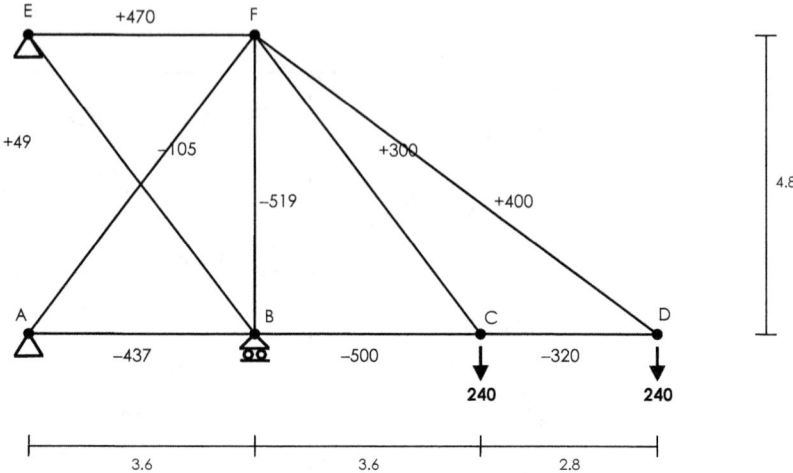

SOLUCIÓN

El sistema es externamente hiperestático de segundo grado. Inicialmente se numeran los nudos y barras de la estructura y se compone el correspondiente cuadro de datos.

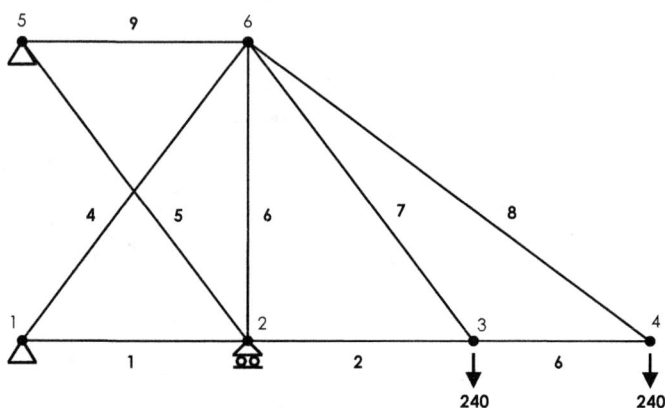

Barra	Ni	Nf	E (kN/cm²)	A (cm²)	L (cm)	sen α	cos α
1	1	2	21000	60	360	0	1
2	2	3	21000	60	360	0	1
3	3	4	21000	60	280	0	1
4	1	6	21000	40	600	0.8	0.6
5	2	5	21000	40	600	0.8	−0.6
6	2	6	21000	60	480	1	0
7	3	6	21000	25	600	0.8	−0.6
8	4	6	21000	25	800	0.6	−0.8
9	5	6	21000	25	360	0	1

Para la formación de las matrices de rigidez de las barras en coordenadas globales, se emplea la expresión:

$$[K_{ij}]^b = EA/L \begin{bmatrix} \cos^2\alpha & \text{sen}\,\alpha\cos\alpha & -\cos^2\alpha & -\text{sen}\,\alpha\cos\alpha \\ \text{sen}\,\alpha\cos\alpha & \text{sen}^2\alpha & -\text{sen}\,\alpha\cos\alpha & -\text{sen}^2\alpha \\ -\cos^2\alpha & -\text{sen}\,\alpha\cos\alpha & \cos^2\alpha & \text{sen}\,\alpha\cos\alpha \\ -\text{sen}\,\alpha\cos\alpha & -\text{sen}^2\alpha & \text{sen}\,\alpha\cos\alpha & \text{sen}^2\alpha \end{bmatrix}$$

La sustitución de los datos de la tabla proporciona las nueve matrices siguientes:

Barra 1

```
|   3500      0   -3500      0 |
|      0      0       0      0 |
|  -3500      0    3500      0 |
|      0      0       0      0 |
```

Barra 2

```
|   3500      0   -3500      0 |
|      0      0       0      0 |
|  -3500      0    3500      0 |
|      0      0       0      0 |
```

Barra 3

```
|   4500      0   -4500      0 |
|      0      0       0      0 |
|  -4500      0    4500      0 |
|      0      0       0      0 |
```

Barra 4

```
|    504    672    -504   -672 |
|    672    896    -672   -896 |
|   -504   -672     504    672 |
|   -672   -896     672    896 |
```

Barra 5

```
|    504   -672    -504    672 |
|   -672    896     672   -896 |
|   -504    672     504   -672 |
|    672   -896    -672    896 |
```

Barra 6

```
|      0      0       0      0 |
|      0   2625       0  -2625 |
|      0      0       0      0 |
|      0  -2625       0   2625 |
```

Barra 7

```
|    315   -420    -315    420 |
|   -420    560     420   -560 |
|   -315    420     315   -420 |
|    420   -560    -420    560 |
```

Barra 8

```
|    420   -315    -420    315 |
|   -315    236     315   -236 |
|   -420    315     420   -315 |
|    315   -236    -315    236 |
```

Barra 9

```
|   1458      0   -1458      0 |
|      0      0       0      0 |
|  -1458      0    1458      0 |
|      0      0       0      0 |
```

Éstas se ensamblan en la matriz de rigidez de la estructura disponiendo sus submatrices en las correspondientes a los nudos extremos de cada barra.

Por otra parte, las fuerzas aplicadas en los nudos (verticales descendentes de 240 kN sobre los nudos 3 y 4) se disponen en las filas 6 y 8 del vector de fuerzas nodales.

A continuación se representan los resultados obtenidos tras el proceso de ensamblaje de barras y acciones:

```
| 4004   672 -3500     0     0     0     0     0     0     0  -504  -672 ||   0 |
|  672   896     0     0     0     0     0     0     0     0  -672  -896 ||   0 |
| -3500    0  7504  -672 -3500     0     0     0  -504   672     0     0 ||   0 |
|    0     0  -672  3521     0     0     0     0   672  -896     0 -2625 ||   0 |
|    0     0 -3500     0  8315  -420 -4500     0     0     0  -315   420 ||   0 |
|    0     0     0     0  -420   560     0     0     0     0   420  -560 ||-240|
|    0     0     0     0 -4500     0  4920  -315     0     0  -420   315 ||   0 |
|    0     0     0     0     0     0  -315   236     0     0   315  -236 ||-240|
|    0     0  -504   672     0     0     0     0  1962  -672 -1458     0 ||   0 |
|    0     0   672  -896     0     0     0     0  -672   896     0     0 ||   0 |
| -504  -672     0     0  -315   420  -420   315 -1458     0  2697   -63 ||   0 |
| -672  -896     0 -2625   420  -560   315  -236     0     0   -63  4317 ||   0 |
```

Seguidamente se introducen las restricciones de los apoyos. Se encuentran coartados los desplazamientos horizontal y vertical de los nudos 1 y 5 y el vertical del nudo 2. Por tanto, no se consideran de momento las ecuaciones 1, 2, 4, 9 y 10.

```
| 4004   672 -3500     0     0     0     0     0     0     0  -504  -672 || R1x|
|  672   896     0     0     0     0     0     0     0     0  -672  -896 || R1y|
| -3500    0  7504  -672 -3500     0     0     0  -504   672     0     0 ||   0 |
|    0     0  -672  3521     0     0     0     0   672  -896     0 -2625 || R2y|
|    0     0 -3500     0  8315  -420 -4500     0     0     0  -315   420 ||   0 |
|    0     0     0     0  -420   560     0     0     0     0   420  -560 ||-240|
|    0     0     0     0 -4500     0  4920  -315     0     0  -420   315 ||   0 |
|    0     0     0     0     0     0  -315   236     0     0   315  -236 ||-240|
|    0     0  -504   672     0     0     0     0  1962  -672 -1458     0 || R5x|
|    0     0   672  -896     0     0     0     0  -672   896     0     0 || R5y|
| -504  -672     0     0  -315   420  -420   315 -1458     0  2697   -63 ||   0 |
| -672  -896     0 -2625   420  -560   315  -236     0     0   -63  4317 ||   0 |
```

Tras la eliminación de las cinco filas y columnas, el sistema de 12 ecuaciones queda reducido a 7 con las incógnitas d3, d5, d6, d7, d8, d11 y d12 (desplazamiento horizontal del nudo 2 y desplazamientos horizontales y verticales de los nudos 3, 4 y 6).

```
| 7504 -3500     0     0     0     0     0 || d3  |       |   0 |
| -3500 8315  -420 -4500     0  -315   420 || d5  |       |   0 |
|    0  -420   560     0     0   420  -560 || d6  |       |-240|
|    0 -4500     0  4920  -315  -420   315 || d7  |   =   |   0 |
|    0     0     0  -315   236   315  -236 || d8  |       |-240|
|    0  -315   420  -420   315  2697   -63 || d11 |       |   0 |
|    0   420  -560   315  -236   -63  4317 || d12 |       |   0 |
```

La resolución del sistema de ecuaciones proporciona los siguientes valores:

Incógnita	Valor (cm)
d3	−0.124875
d5	−0.267732
d6	−1.069183
d7	−0.338843
d8	−2.095639
d11	0.322565
d12	−0.197888

Para la determinación del esfuerzo en cada barra (en función de los desplazamientos de sus nudos extremos) se emplea la expresión:

$$N = [(d_{x2'} - d_{x1'}) \cos \alpha + (d_{y2'} - d_{y1'}) \sin \alpha]\, EA/L$$

Los desplazamientos se agregan al cuadro inicial de datos de barras y en su última columna se indican los esfuerzos resultantes del cálculo.

B	E (kN/cm²)	A (cm²)	L (cm)	sen α	cos α	d_{x1} (cm)	d_{y1} (cm)	d_{x2} (cm)	d_{y2} (cm)	N (kN)
1	21000	60	360	0	1	0	0	−0.124875	0	−437.06
2	21000	60	360	0	1	−0.124875	0	−0.267732	−1.069183	−500
3	21000	60	280	0	1	−0.267732	−1.069183	−0.338843	−2.095639	−320
4	21000	40	600	0.8	0.6	0	0	0.322565	−0.197888	49.32
5	21000	40	600	0.8	−0.6	−0.124875	0	0	0	−104.9
6	21000	60	480	1	0	−0.124875	0	0.322565	−0.197888	−519.46
7	21000	25	600	0.8	−0.6	−0.267732	−1.069183	0.322565	−0.197888	300
8	21000	25	800	0.6	−0.8	−0.338843	−2.095639	0.322565	−0.197888	400
9	21000	25	360	0	1	0	0	0.322565	−0.197888	470.41

Finalmente, las reacciones en los apoyos se determinan a partir de las cinco ecuaciones previamente eliminadas:

```
| 4004   672 -3500    0    0    0    0    0     0     0  -504  -672 || R1x|
|  672   896    0     0    0    0    0    0     0     0  -672  -896 || R1y|
|    0     0  -672  3521   0    0    0    0   672  -896    0 -2625 || R2y|
|    0     0  -504   672   0    0    0    0  1962  -672 -1458    0 || R5x|
|    0     0   672  -896   0    0    0    0  -672   896    0     0 || R5y|
```

Multiplicando ordenadamente los componentes de cada fila por los desplazamientos en los nudos se obtiene la reacción correspondiente del vector de fuerzas nodales. El cuadro muestra el resultado de las operaciones y también los desplazamientos de los nudos.

N	Rx (kN)	Ry (kN)	dx (cm)	dy (cm)
1	407.47	−39.46	0	0
2	0	603.37	−0.124875	0
3	0	0	−0.267732	−1.069183
4	0	0	−0.338843	−2.095639
5	−407.47	−83.92	0	0
6	0	0	0.322565	−0.197888

En la primera figura se representa el sistema con los resultados obtenidos de reacciones y esfuerzos. La segunda incluye las tensiones en todas las barras (en kN/cm²) resultantes de la división de los esfuerzos entre las áreas correspondientes.

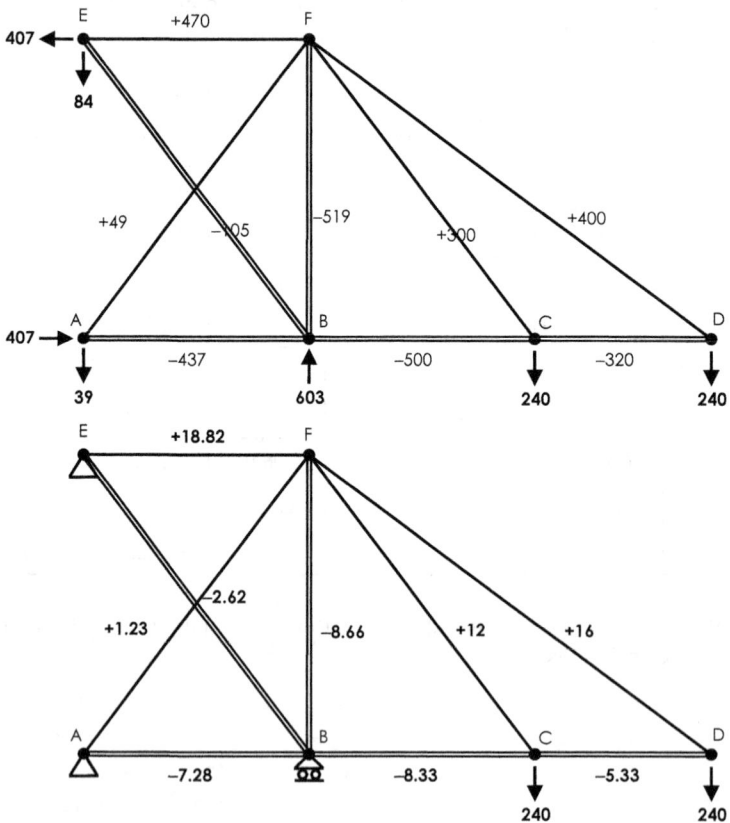

Ejercicio 2.10

El sistema hiperestático de 7.º grado de la figura modeliza el tramo central de una viga continua de celosía. Las coacciones a los movimientos horizontales en los nudos F y J se deben a la acción de los vanos adyacentes. Las cargas aplicables en dichos nudos extremos son la mitad de las correspondientes a los nudos interiores.

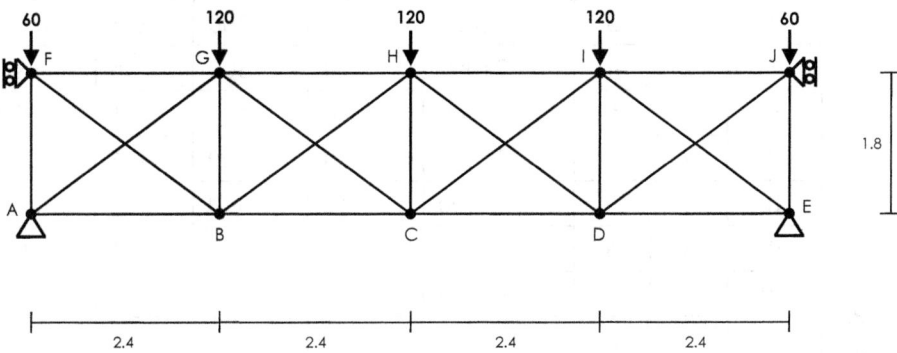

Las barras horizontales tienen una sección transversal de 100 kN/cm², las diagonales y verticales intermedias de 60 cm², y las verticales extremas (AF y EJ) de 30 cm² (la mitad de las anteriores como corresponde a la unión entre vanos).

Determinar las reacciones en los apoyos y los esfuerzos en toda la estructura. E = 21000 kN/cm².

SOLUCIÓN

El sistema es simétrico en geometría, acciones y enlaces. Se analiza la zona izquierda, con coacción al movimiento horizontal de los nudos C y H y considerando la mitad de la carga en H y la mitad de la sección transversal en la barra CH. Tras la numeración de nudos y barras se compone el correspondiente cuadro de datos.

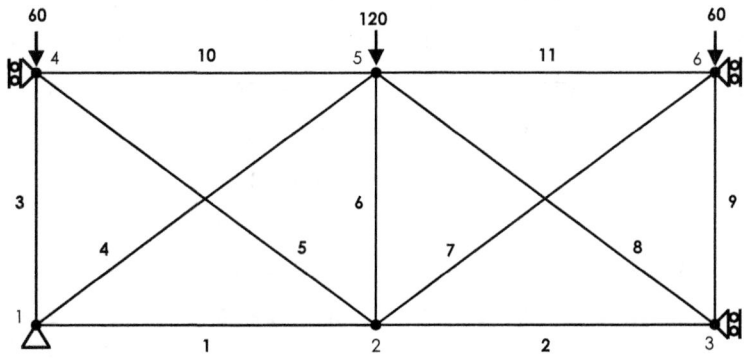

Ba-rra	Ni	Nf	E (kN/cm²)	A (cm²)	L (cm)	senα	cosα
1	1	2	21000	100	240	0	1
2	2	3	21000	100	240	0	1
3	1	4	21000	30	180		0
4	1	5	21000	60	300	0.6	0.8
5	2	4	21000	60	300	0.6	−0.8
6	2	5	21000	60	180	1	0
7	2	6	21000	60	300	0.6	0.8
8	3	5	21000	60	300	0.6	−0.8
9	3	6	21000	30	180	1	0
10	4	5	21000	100	240	0	1
11	5	6	21000	100	240	0	1

Las matrices de rigidez de las barras en coordenadas globales se forman a partir de la expresión:

$$[K_{ij}]^b = EA/L \begin{bmatrix} \cos^2 \alpha & \operatorname{sen} \alpha \cos \alpha & -\cos^2 \alpha & -\operatorname{sen} \alpha \cos \alpha \\ \operatorname{sen} \alpha \cos \alpha & \operatorname{sen}^2 \alpha & -\operatorname{sen} \alpha \cos \alpha & -\operatorname{sen}^2 \alpha \\ -\cos^2 \alpha & -\operatorname{sen} \alpha \cos \alpha & \cos^2 \alpha & \operatorname{sen} \alpha \cos \alpha \\ -\operatorname{sen} \alpha \cos \alpha & -\operatorname{sen}^2 \alpha & \operatorname{sen} \alpha \cos \alpha & \operatorname{sen}^2 \alpha \end{bmatrix}$$

La sustitución de los datos del cuadro anterior proporciona las siguientes matrices (con sus componentes en kN/cm):

Barra 1

```
|  8750     0  -8750     0|
|     0     0      0     0|
| -8750     0   8750     0|
|     0     0      0     0|
```

Barra 2

```
|  8750     0  -8750     0|
|     0     0      0     0|
| -8750     0   8750     0|
|     0     0      0     0|
```

Barra 3

```
|     0     0      0     0|
|     0  3500      0 -3500|
|     0     0      0     0|
|     0 -3500      0  3500|
```

Barra 4

```
|  2688  2016  -2688  -2016|
|  2016  1512  -2016  -1512|
| -2688 -2016   2688   2016|
| -2016 -1512   2016   1512|
```

Barra 5

```
|  2688  -2016  -2688   2016|
| -2016   1512   2016  -1512|
| -2688   2016   2688  -2016|
|  2016  -1512  -2016   1512|
```

Barra 6

```
|    0      0      0      0|
|    0   7000      0  -7000|
|    0      0      0      0|
|    0  -7000      0   7000|
```

Barra 7

```
|  2688   2016  -2688  -2016|
|  2016   1512  -2016  -1512|
| -2688  -2016   2688   2016|
| -2016  -1512   2016   1512|
```

Barra 8

```
|  2688  -2016  -2688   2016|
| -2016   1512   2016  -1512|
| -2688   2016   2688  -2016|
|  2016  -1512  -2016   1512|
```

Barra 9

```
|    0      0      0      0|
|    0   3500      0  -3500|
|    0      0      0      0|
|    0  -3500      0   3500|
```

Barra 10

```
|  8750      0  -8750      0|
|    0      0      0      0|
| -8750      0   8750      0|
|    0      0      0      0|
```

Barra 11

```
|  8750      0  -8750      0|
|    0      0      0      0|
| -8750      0   8750      0|
|    0      0      0      0|
```

Estas matrices se ensamblan en la matriz de rigidez de la estructura disponiendo sus submatrices en las correspondientes a los nudos extremos de cada barra.

Las fuerzas verticales aplicadas en los nudos 4, 5 y 6 se trasladan (con signo negativo) a las filas 8, 10 y 12 del vector de fuerzas nodales.

Así quedan la matriz de rigidez y el vector de fuerzas tras el ensamblaje:

```
| 11438   2016  -8750      0      0      0      0      0  -2688  -2016      0      0 ||   0 |
|  2016   5012      0      0      0      0      0  -3500  -2016  -1512      0      0 ||   0 |
| -8750      0  22876      0  -8750      0  -2688   2016      0      0  -2688  -2016 ||   0 |
|    0      0      0  10024      0      0   2016  -1512      0  -7000  -2016  -1512 ||   0 |
|    0      0  -8750      0  11438  -2016      0      0  -2688   2016      0      0 ||   0 |
|    0      0      0      0  -2016   5012      0      0   2016  -1512      0  -3500 ||   0 |
|    0      0  -2688   2016      0      0  11438  -2016  -8750      0      0      0 ||   0 |
|    0  -3500   2016  -1512      0      0  -2016   5012      0      0      0      0 || -60|
| -2688  -2016      0      0  -2688   2016  -8750      0  22876      0  -8750      0 ||   0 |
| -2016  -1512      0  -7000   2016  -1512      0      0      0  10024      0      0 ||-120|
|    0      0  -2688  -2016      0      0      0      0  -8750      0  11438   2016 ||   0 |
|    0      0  -2016  -1512      0  -3500      0      0      0      0   2016   5012 || -60|
```

En la etapa siguiente se introducen las coacciones impuestas por los enlaces externos. Están restringidos los movimientos horizontal y vertical del nudo 1 y los horizontales de los nudos 3, 4 y 6. Se suprimen por tanto del sistema las ecuaciones 1, 2, 5, 7 y 11.

```
| 11438   2016  -8750     0     0     0     0     0 -2688 -2016     0     0 || R1x|
|  2016   5012     0     0     0     0     0 -3500 -2016 -1512     0     0 || R1y|
| -8750      0 22876     0 -8750     0 -2688  2016     0     0 -2688 -2016 ||  0 |
|     0      0     0 10024     0     0  2016 -1512     0 -7000 -2016 -1512 ||  0 |
|     0      0 -8750     0 11438 -2016     0     0 -2688  2016     0     0 || R3x|
|     0      0     0     0 -2016  5012     0     0  2016 -1512     0 -3500 ||  0 |
|     0      0 -2688  2016     0     0 11438 -2016 -8750     0     0     0 || R4x|
|     0  -3500  2016 -1512     0     0 -2016  5012     0     0     0     0 || -60|
| -2688  -2016     0     0 -2688  2016 -8750     0 22876     0 -8750     0 ||  0 |
| -2016  -1512     0 -7000  2016 -1512     0     0     0 10024     0     0 ||-120|
|     0      0 -2688 -2016     0     0     0     0 -8750     0 11438  2016 || R6x|
|     0      0 -2016  -151     0 -3500     0     0     0     0  2016  5012 || -60|
```

Una vez eliminadas las filas y columnas, el sistema de 12 ecuaciones queda reducido a 7 (con las incógnitas d3, d4, d6, d8, d9, d10 y d12 correspondientes a los desplazamientos horizontal y vertical de los nudos 2 y 5, y a los verticales de los nudos 3, 4 y 6).

```
| 22876      0      0   2016      0      0  -2016 || d3  |     |   0  |
|     0  10024      0  -1512      0  -7000  -1512 || d4  |     |   0  |
|     0      0   5012      0   2016  -1512  -3500 || d6  |     |   0  |
|  2016  -1512      0   5012      0      0      0 || d8  |  =  | -60  |
|     0      0   2016      0  22876      0      0 || d9  |     |   0  |
|     0  -7000  -1512      0      0  10024      0 || d10 |     | -120 |
| -2016  -1512  -3500      0      0      0   5012 || d12 |     | -60  |
```

Mediante la resolución de este sistema de ecuaciones, se obtienen los siguientes valores para los desplazamientos.

Incógnita	Valor (cm)
d3	−0.007846
d4	−0.087642
d6	−0.118458
d8	−0.035255
d9	0.010439
d10	−0.091041
d12	−0.124289

A partir de los desplazamientos de sus nudos extremos, el esfuerzo axil en cada barra se determina mediante la fórmula:

$$N = [(d_{x2'} - d_{x1'}) \cos \alpha + (d_{y2'} - d_{y1'}) \operatorname{sen} \alpha] \, EA/L$$

El primer cuadro de datos de barras se complementa con los cuatro desplazamientos (d_{x1}, d_{x2}, d_{y1} y d_{y2}) en los nudos extremos y los resultados del cálculo de los esfuerzos (en la columna de la derecha).

B	E (kN/cm²)	A (cm²)	L (cm)	sen α	cos α	d_{x1} (cm)	d_{y1} (cm)	d_{x2} (cm)	d_{y2} (cm)	N (kN)
1	21000	100	240	0	1	0	0	−0.007846	−0.087642	−68.66
2	21000	100	240	0	1	−0.007846	−0.087642	0	−0.118458	68.66
3	21000	30	180	1	0	0	0	0	−0.035255	−123.39
4	21000	60	300	0.6	0.8	0	0	0.010439	−0.091041	−194.35
5	21000	60	300	0.6	−0.8	−0.007846	−0.087642	0	−0.035255	105.65
6	21000	60	180	1	0	−0.007846	−0.087642	0.010439	−0.091041	−23.8
7	21000	60	300	0.6	0.8	−0.007846	−0.087642	0	−0.124289	−65.99
8	21000	60	300	0.6	−0.8	0	−0.118458	0.010439	−0.091041	34.01
9	21000	30	180	1	0	0	−0.118458	0	−0.124289	−20.41
10	21000	100	240	0	1	0	−0.035255	0.010439	−0.091041	91.34
11	21000	100	240	0	1	0.010439	−0.091041	0	−0.124289	−91.34

Por su parte, las fuerzas nodales correspondientes a las reacciones de los enlaces externos se obtienen considerando las ecuaciones suprimidas para la determinación de los desplazamientos:

```
| 11438  2016 -8750     0     0     0     0     0 -2688 -2016     0     0 || R1x|
|  2016  5012     0     0     0     0     0 -3500 -2016 -1512     0     0 || R1y|
|     0     0 -8750     0 11438 -2016     0     0 -2688  2016     0     0 || R3x|
|     0     0 -2688  2016     0     0 11438 -2016 -8750     0     0     0 || R4x|
|     0     0 -2688 -2016     0     0     0     0 -8750     0 11438  2016 || R6x|
```

Mediante la suma de productos de los valores de cada fila por los desplazamientos en los nudos se determina la reacción correspondiente del vector de fuerzas.

Los resultados obtenidos y los desplazamientos de los nudos se recogen en la tabla siguiente.

N	Rx (kN)	Ry (kN)	dx (cm)	dy (cm)
1	224.13	240	0	0
2	0	0	−0.007846	−0.087642
3	95.87	0	0	−0.118458
4	−175.87	0	0	−0.035255
5	0	0	0.010439	−0.091041
6	−144.13	0	0	−0.124289

Aplicando finalmente la condición de simetría, se representan los resultados del sistema completo (el esfuerzo en la barra CH se multiplica por dos).

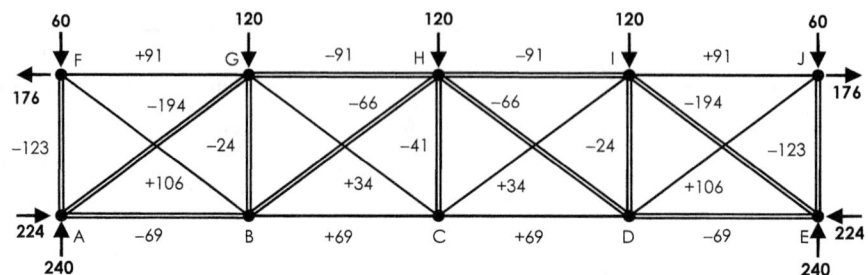

Ejercicio 2.11

El sistema representado está compuesto por perfiles de acero ($E = 21000$ kN/cm^2) con una sección transversal de 90 cm^2. Mediante cálculo matricial, determinar las reacciones y esfuerzos producidos por las dos cargas aplicadas.

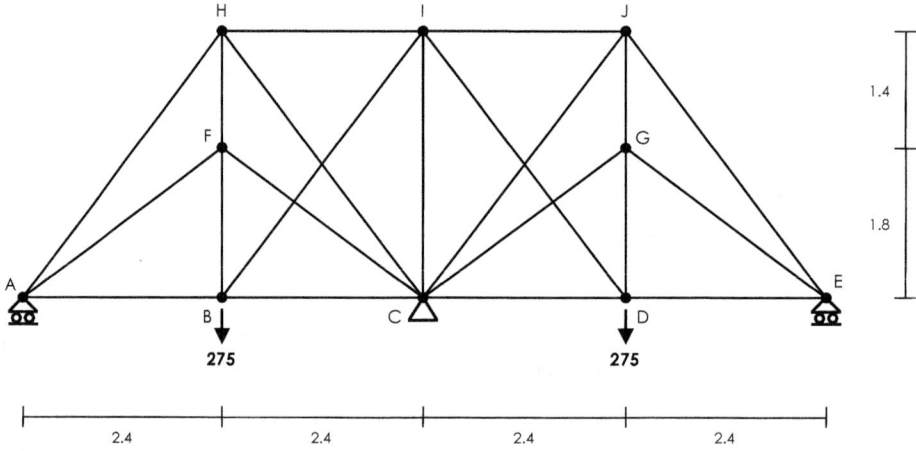

SOLUCIÓN

Con 10 nudos, 21 barras y 4 incógnitas de reacción externa, el sistema es hiperestático de quinto grado. Es simétrico en geometría, cargas y enlaces y, por ello, se analiza la zona izquierda. Tras aplicar la coacción horizontal en el nudo I el grado de hiperestatismo se reduce a 3. Como paso previo se numeran los nudos y barras del modelo de cálculo:

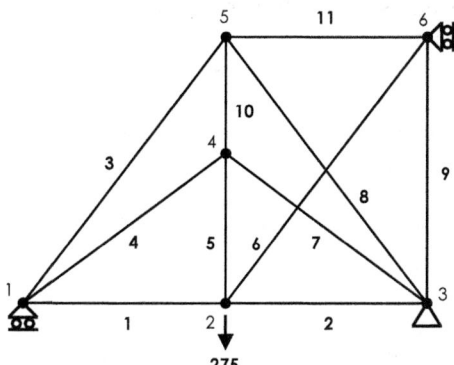

En la composición del cuadro de datos, a la barra 9 se le asigna la mitad de la sección transversal (45 cm²).

Barra	Ni	Nf	E (kN/cm²)	A (cm²)	L (cm)	senα	cosα
1	1	2	21000	90	240	0	1
2	3	2	21000	90	240	0	−1
3	1	5	21000	90	400	0.8	0.6
4	1	4	21000	90	300	0.6	0.8
5	2	4	21000	90	180	1	0
6	2	6	21000	90	400	0.8	0.6
7	3	4	21000	90	300	0.6	−0.8
8	3	5	21000	90	400	0.8	−0.6
9	3	6	21000	45	320	1	0
10	5	4	21000	90	140	−1	0
11	5	6	21000	90	240	0	1

Para la formación de las matrices de rigidez de las barras en coordenadas globales, se emplea la expresión indicada:

$$[K_{ij}]^b = EA/L \begin{bmatrix} \cos^2\alpha & \sin\alpha\cos\alpha & -\cos^2\alpha & -\sin\alpha\cos\alpha \\ \sin\alpha\cos\alpha & \sin^2\alpha & -\sin\alpha\cos\alpha & -\sin^2\alpha \\ -\cos^2\alpha & -\sin\alpha\cos\alpha & \cos^2\alpha & \sin\alpha\cos\alpha \\ -\sin\alpha\cos\alpha & -\sin^2\alpha & \sin\alpha\cos\alpha & \sin^2\alpha \end{bmatrix}$$

La sustitución de los datos de la tabla proporciona las siguientes matrices (con valores expresados en kN/cm):

Barra 1

```
|   7875       0   -7875      0|
|      0       0       0      0|
|  -7875       0    7875      0|
|      0       0       0      0|
```

Barra 2

```
|   7875       0   -7875      0|
|      0       0       0      0|
|  -7875       0    7875      0|
|      0       0       0      0|
```

Barra 3

```
|   1701    2268   -1701   -2268|
|   2268    3024   -2268   -3024|
|  -1701   -2268    1701    2268|
|  -2268   -3024    2268    3024|
```

Barra 4

```
|   4032    3024   -4032   -3024|
|   3024    2268   -3024   -2268|
|  -4032   -3024    4032    3024|
|  -3024   -2268    3024    2268|
```

Barra 5

```
|      0       0       0      0|
|      0   10500       0 -10500|
|      0       0       0      0|
|      0  -10500       0  10500|
```

Barra 6

```
|   1701    2268   -1701   -2268|
|   2268    3024   -2268   -3024|
|  -1701   -2268    1701    2268|
|  -2268   -3024    2268    3024|
```

Barra 7

```
|   4032   -3024   -4032    3024|
|  -3024    2268    3024   -2268|
|  -4032    3024    4032   -3024|
|   3024   -2268   -3024    2268|
```

Barra 8

```
|   1701   -2268   -1701    2268|
|  -2268    3024    2268   -3024|
|  -1701    2268    1701   -2268|
|   2268   -3024   -2268    3024|
```

Barra 9

```
|      0       0       0      0|
|      0    2953       0  -2953|
|      0       0       0      0|
|      0   -2953       0   2953|
```

Barra 10

```
|      0       0       0      0|
|      0   13500       0 -13500|
|      0       0       0      0|
|      0  -13500       0  13500|
```

Barra 11

```
|   7875       0   -7875      0|
|      0       0       0      0|
|  -7875       0    7875      0|
|      0       0       0      0|
```

Estas matrices se ensamblan en la matriz de rigidez de la estructura disponiendo sus submatrices en las correspondientes a los nudos extremos de cada barra.

La fuerza aplicada en el nudo 2 se traslada a la fila 4 del vector de fuerzas nodales.

A continuación se representan los resultados del proceso de ensamblaje:

```
| 13608  5292 -7875     0     0     0 -4032 -3024 -1701 -2268     0     0 ||   0 |
|  5292  5292    0     0     0     0 -3024 -2268 -2268 -3024     0     0 ||   0 |
| -7875     0 17451  2268 -7875     0     0     0     0     0 -1701 -2268 ||   0 |
|     0     0  2268 13524     0     0 -10500    0     0 -2268 -3024 ||-275 |
|     0     0 -7875     0 13608 -5292 -4032  3024 -1701  2268     0     0 ||   0 |
|     0     0     0     0 -5292  8245  3024 -2268  2268 -3024     0 -2953 ||   0 |
| -4032 -3024     0     0 -4032  3024  8064     0     0     0     0     0 ||   0 |
| -3024 -2268     0 -10500  3024 -2268     0 28536     0 -13500     0     0 ||   0 |
| -1701 -2268     0     0 -1701  2268     0     0 11277     0 -7875     0 ||   0 |
| -2268 -3024     0     0  2268 -3024     0 -13500     0 19548     0     0 ||   0 |
|     0     0 -1701 -2268     0     0     0     0 -7875     0  9576  2268 ||   0 |
|     0     0 -2268 -3024     0 -2953     0     0     0     0  2268  5977 ||   0 |
```

El siguiente paso es la introducción de las restricciones de los apoyos. Están coartados el desplazamiento vertical del nudo 1, el horizontal y vertical del nudo 3 y el horizontal del nudo 6. Por tanto, no se consideran las ecuaciones 2, 5, 6 y 11.

```
| 13608  5292 -7875     0     0     0 -4032 -3024 -1701 -2268     0     0 ||   0 |
|  5292  5292    0     0     0     0 -3024 -2268 -2268 -3024     0     0 || R1y|
| -7875     0 17451  2268 -7875     0     0     0     0     0 -1701 -2268 ||   0 |
|     0     0  2268 13524     0     0 -10500    0     0 -2268 -3024 ||-275 |
|     0     0 -7875     0 13608 -5292 -4032  3024 -1701  2268     0     0 || R3x|
|     0     0     0     0 -5292  8245  3024 -2268  2268 -3024     0 -2953 || R3y|
| -4032 -3024     0     0 -4032  3024  8064     0     0     0     0     0 ||   0 |
| -3024 -2268     0 -10500  3024 -2268     0 28536     0 -13500     0     0 ||   0 |
| -1701 -2268     0     0 -1701  2268     0     0 11277     0 -7875     0 ||   0 |
| -2268 -3024     0     0  2268 -3024     0 -13500     0 19548     0     0 ||   0 |
|     0     0 -1701 -2268     0     0     0     0 -7875     0  9576  2268 || R6x|
|     0     0 -2268 -3024     0 -2953     0     0     0     0  2268  5977 ||   0 |
```

Tras la eliminación de las cuatro filas y columnas, el sistema de ecuaciones queda reducido a ocho (incógnitas d1, d3, d4, d7, d8, d9, d10 y d12 correspondientes a los desplazamientos horizontal y vertical de los nudos 2, 4 y 5, el horizontal del 1 y el vertical del 6).

```
| 13608 -7875     0 -4032 -3024 -1701 -2268     0 || d1  |     |   0 |
| -7875 17451  2268     0     0     0     0 -2268 || d3  |     |   0 |
|     0  2268 13524     0 -10500    0     0 -3024 || d4  |     |-275 |
| -4032     0     0  8064     0     0     0     0 || d7  |     |   0 |
| -3024     0 -10500    0 28536     0 -13500    0 || d8  |  =  |   0 |
| -1701     0     0     0     0 11277    0     0 || d9  |     |   0 |
| -2268     0     0     0 -13500    0 19548    0 || d10 |     |   0 |
|     0 -2268 -3024     0     0     0     0  5977 || d12 |     |   0 |
```

La resolución del sistema de ecuaciones proporciona los valores de los desplazamientos buscados.

Incógnita	Valor (cm)
d1	−0.015693
d3	−0.004104
d4	−0.049518
d7	−0.007846
d8	−0.030811
d9	−0.002367
d10	−0.023099
d12	−0.026610

Para la determinación del esfuerzo en cada barra (en función de los desplazamientos de sus nudos extremos) se emplea la expresión:

$$N = [(d_{x2'} - d_{x1'}) \cos \alpha + (d_{y2'} - d_{y1'}) \sin \alpha] \, EA/L$$

Los desplazamientos se agregan a la tabla inicial de datos de barras y en su última columna se indican los esfuerzos resultantes del cálculo.

B	E (kN/cm²)	A (cm²)	L (cm)	sen α	cos α	d$_{x1}$ (cm)	d$_{y1}$ (cm)	d$_{x2}$ (cm)	d$_{y2}$ (cm)	N (kN)
1	21000	90	240	0	1	−0.015693	0	−0.004104	−0.049518	91.26
2	21000	90	240	0	−1	0	0	−0.004104	−0.049518	32.32
3	21000	90	400	0.8	0.6	−0.015693	0	−0.002367	−0.023099	−49.54
4	21000	90	300	0.6	0.8	−0.015693	0	−0.007846	−0.030811	−76.92
5	21000	90	180	1	0	−0.004104	−0.049518	−0.007846	−0.030811	196.42
6	21000	90	400	0.8	0.6	−0.004104	−0.049518	0	−0.02661	98.23
7	21000	90	300	0.6	−0.8	0	0	−0.007846	−0.030811	−76.92
8	21000	90	400	0.8	−0.6	0	0	−0.002367	−0.023099	−80.6
9	21000	45	320	1	0	0	0	0	−0.02661	−78.58
10	21000	90	140	−1	0	−0.002367	−0.023099	−0.007846	−0.030811	104.11
11	21000	90	240	0	1	−0.002367	−0.023099	0	−0.02661	18.64

Finalmente, las reacciones en los apoyos se determinan a partir de las ecuaciones previamente eliminadas:

```
| 5292  5292     0     0      0     0  -3024  -2268  -2268  -3024     0      0 || R1y|
|    0     0  -7875     0  13608  -5292  -4032   3024  -1701   2268     0      0 || R3x|
|    0     0     0     0  -5292   8245   3024  -2268   2268  -3024     0  -2953 || R3y|
|    0     0  -1701  -2268     0     0      0      0  -7875     0   9576   2268 || R6x|
```

Multiplicando ordenadamente los componentes de cada fila por los desplazamientos en los nudos se obtiene la reacción correspondiente del vector de fuerzas nodales.

La tabla siguiente muestra el resultado de las operaciones y también los desplazamientos de los nudos.

N	Rx (kN)	Ry (kN)	dx (cm)	dy (cm)
1	0	85.78	−0.015693	0
2	0	0	−0.004104	−0.049518
3	−77.58	189.22	0	0
4	0	0	−0.007846	−0.030811
5	0	0	−0.002367	−0.023099
6	77.58	0	0	−0.02661

Tras aplicar las condiciones de simetría, en la última figura se representa el sistema completo con los resultados obtenidos de reacciones y esfuerzos.

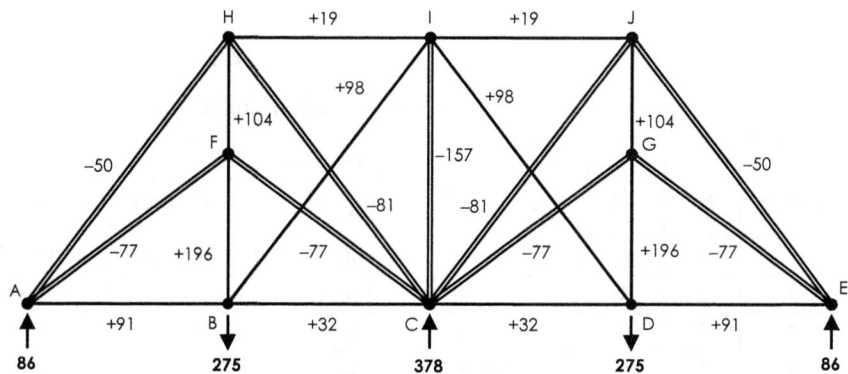

Ejercicio 2.12

Determinar las reacciones y esfuerzos del sistema hiperestático de 6.° grado analizado en el Apartado 5.5. Las barras de la zona superior son de acero (E = 21 000 kN/cm²) con una sección transversal de 48 cm² y las tres barras inferiores tienen un módulo de elasticidad de 8000 kN/cm² y una sección transversal de 400 cm².

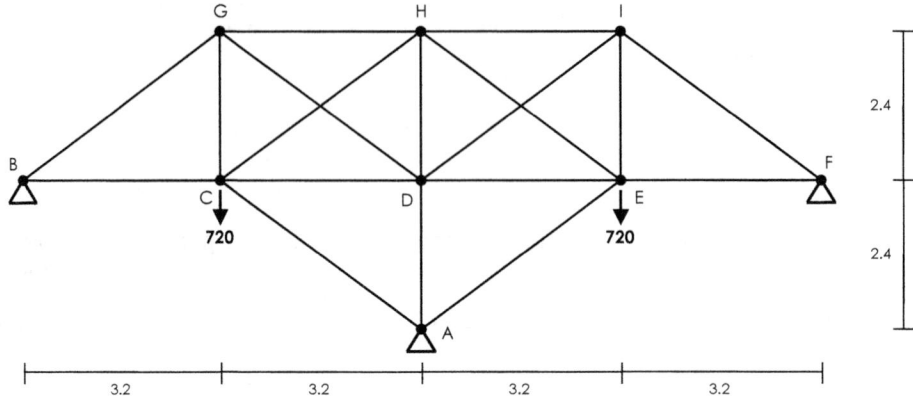

SOLUCIÓN

El sistema es simétrico respecto al eje vertical AH. Se considera para su cálculo la zona izquierda disponiendo las coacciones adicionales al movimiento horizontal en los nudos D y H y se vuelven a numeran sus nudos y barras:

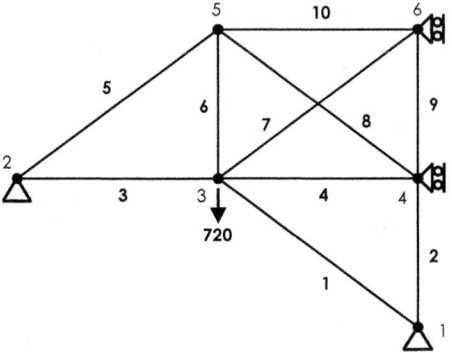

En la tabla de datos, a las barras 2 y 9 se les asigna la mitad de su sección transversal (200 cm² y 24 cm², respectivamente).

Barra	Ni	Nf	E (kN/cm²)	A (cm²)	L (cm)	senα	cosα
1	1	3	8000	400	400	0.6	−0.8
2	1	4	8000	200	240	1	0
3	2	3	21000	48	320	0	1
4	3	4	21000	48	320	0	1
5	2	5	21000	48	400	0.6	0.8
6	3	5	21000	48	240	1	0
7	3	6	21000	48	400	0.6	0.8
8	4	5	21000	48	400	0.6	−0.8
9	4	6	21000	24	240	1	0
10	5	6	21000	48	320	0	1

Para la formación de las matrices de rigidez de las barras en coordenadas globales, se emplea la expresión:

$$[K_{ij}]^b = EA/L \begin{bmatrix} \cos^2\alpha & \sen\alpha\cos\alpha & -\cos^2\alpha & -\sen\alpha\cos\alpha \\ \sen\alpha\cos\alpha & \sen^2\alpha & -\sen\alpha\cos\alpha & -\sen^2\alpha \\ -\cos^2\alpha & -\sen\alpha\cos\alpha & \cos^2\alpha & \sen\alpha\cos\alpha \\ -\sen\alpha\cos\alpha & -\sen^2\alpha & \sen\alpha\cos\alpha & \sen^2\alpha \end{bmatrix}$$

La sustitución de los datos de la tabla proporciona las diez matrices siguientes (en kN/cm):

Barra 1

```
|   5120   -3840   -5120    3840|
|  -3840    2880    3840   -2880|
|  -5120    3840    5120   -3840|
|   3840   -2880   -3840    2880|
```

Barra 2

```
|      0       0       0       0|
|      0    6667       0   -6667|
|      0       0       0       0|
|      0   -6667       0    6667|
```

Barra 3

```
|   3150       0   -3150       0|
|      0       0       0       0|
|  -3150       0    3150       0|
|      0       0       0       0|
```

Barra 4

```
|   3150       0   -3150       0|
|      0       0       0       0|
|  -3150       0    3150       0|
|      0       0       0       0|
```

Barra 5

```
|   1613    1210   -1613   -1210|
|   1210     907   -1210    -907|
|  -1613   -1210    1613    1210|
|  -1210    -907    1210     907|
```

Barra 6

```
|      0       0       0       0|
|      0    4200       0   -4200|
|      0       0       0       0|
|      0   -4200       0    4200|
```

Barra 7

```
|   1613    1210   -1613   -1210|
|   1210     907   -1210    -907|
|  -1613   -1210    1613    1210|
|  -1210    -907    1210     907|
```

Barra 8

```
|   1613   -1210   -1613    1210|
|  -1210     907    1210    -907|
|  -1613    1210    1613   -1210|
|   1210    -907   -1210     907|
```

Barra 9

```
|      0       0       0       0|
|      0    2100       0   -2100|
|      0       0       0       0|
|      0   -2100       0    2100|
```

Barra 10

```
|   3150       0   -3150       0|
|      0       0       0       0|
|  -3150       0    3150       0|
|      0       0       0       0|
```

Éstas se ensamblan en la matriz de rigidez de la estructura. La fuerza vertical aplicada en el nudo 3 se traslada a la fila 6 del vector de fuerzas nodales.

```
|  5120 -3840     0      0 -5120  3840     0      0      0      0      0      0 ||   0 |
| -3840  9547     0      0  3840 -2880     0 -6667     0      0      0      0 ||   0 |
|     0     0  4763   1210 -3150     0     0      0 -1613 -1210     0      0 ||   0 |
|     0     0  1210    907     0     0     0      0 -1210  -907     0      0 ||   0 |
| -5120  3840 -3150      0 13033 -2630 -3150     0      0      0 -1613 -1210 ||   0 |
|  3840 -2880     0      0 -2630  7987     0      0      0 -4200 -1210  -907 ||-720|
|     0     0     0      0 -3150     0  4763 -1210 -1613  1210     0      0 ||   0 |
|     0 -6667     0      0     0     0 -1210  9674  1210  -907     0 -2100 ||   0 |
|     0     0 -1613  -1210     0     0 -1613  1210  6376     0 -3150     0 ||   0 |
|     0     0 -1210   -907     0 -4200  1210  -907     0  6014     0     0 ||   0 |
|     0     0     0      0 -1613 -1210     0     0 -3150     0  4763  1210 ||   0 |
|     0     0     0      0 -1210  -907     0 -2100     0     0  1210  3007 ||   0 |
```

A continuación se introducen las restricciones de los apoyos. Se encuentran coartados los desplazamientos horizontal y vertical de los nudos 1 y 2 y el horizontal de los nudos 4 y 6. No se consideran las ecuaciones 1, 2, 3, 4, 7 y 11.

```
|  5120 -3840     0      0 -5120  3840     0      0      0      0      0      0 || R1x|
| -3840  9547     0      0  3840 -2880     0 -6667     0      0      0      0 || R1y|
|     0     0  4763   1210 -3150     0     0      0 -1613 -1210     0      0 || R2x|
|     0     0  1210    907     0     0     0      0 -1210  -907     0      0 || R2y|
| -5120  3840 -3150      0 13033 -2630 -3150     0      0      0 -1613 -1210 ||   0 |
|  3840 -2880     0      0 -2630  7987     0      0      0 -4200 -1210  -907 ||-720|
|     0     0     0      0 -3150     0  4763 -1210 -1613  1210     0      0 || R4x|
|     0 -6667     0      0     0     0 -1210  9674  1210  -907     0 -2100 ||   0 |
|     0     0 -1613  -1210     0     0 -1613  1210  6376     0 -3150     0 ||   0 |
|     0     0 -1210   -907     0 -4200  1210  -907     0  6014     0     0 ||   0 |
|     0     0     0      0 -1613 -1210     0     0 -3150     0  4763  1210 || R6x|
|     0     0     0      0 -1210  -907     0 -2100     0     0  1210  3007 ||   0 |
```

Tras la eliminación de las filas y columnas, el sistema de 12 ecuaciones queda reducido a 6 (con las incógnitas d5, d6, d8, d9, d10 y d12 correspondientes a los desplazamientos horizontales y verticales de los nudos 3 y 5 y verticales de los nudos 4 y 6).

```
|  13033  -2630      0      0      0 -1210 || d5 |     |    0 |
|  -2630   7987      0      0  -4200  -907 || d6 |     | -720 |
|      0      0   9674   1210   -907 -2100 || d8 |     |    0 |
|      0      0   1210   6376      0     0 || d9 |  =  |    0 |
|      0  -4200   -907      0   6014     0 || d10|     |    0 |
|  -1210   -907  -2100      0      0  3007 || d12|     |    0 |
```

La resolución del sistema de ecuaciones proporciona los siguientes valores:

Incógnita	Valor (cm)
d5	−0.047789
d6	−0.190057
d8	−0.035859
d9	0.006803
d10	−0.138130
d12	−0.101599

Para la determinación del esfuerzo en cada barra (en función de los desplazamientos de sus nudos extremos) se emplea la expresión:

$$N = [(d_{x2'} - d_{x1'}) \cos \alpha + (d_{y2'} - d_{y1'}) \operatorname{sen} \alpha]\, EA/L$$

Los desplazamientos se agregan al cuadro inicial de datos de barras y en su última columna se indican los esfuerzos resultantes del cálculo.

B	E (kN/cm²)	A (cm²)	L (cm)	sen α	cos α	d_{x1} (cm)	d_{y1} (cm)	d_{x2} (cm)	d_{y2} (cm)	N (kN)
1	8000	400	400	0.6	−0.8	0	0	−0.047789	−0.190057	−606.42
2	8000	200	240	1	0	0	0	0	−0.035859	−239.06
3	21000	48	320	0	1	0	0	−0.047789	−0.190057	−150.53
4	21000	48	320	0	1	−0.047789	−0.190057	0	−0.035859	150.53
5	21000	48	400	0.6	0.8	0	0	0.006803	−0.13813	−195.14
6	21000	48	240	1	0	−0.047789	−0.190057	0.006803	−0.13813	218.09
7	21000	48	400	0.6	0.8	−0.047789	−0.190057	0	−0.101599	230.09
8	21000	48	400	0.6	−0.8	0	−0.035859	0.006803	−0.13813	−168.35
9	21000	24	240	1	0	0	−0.035859	0	−0.101599	−138.05
10	21000	48	320	0	1	0.006803	−0.13813	0	−0.101599	−21.43

Finalmente, las reacciones en los apoyos se determinan a partir de las ecuaciones previamente eliminadas:

```
|  5120  -3840     0      0  -5120   3840     0      0      0      0      0      0 || R1x|
| -3840   9547     0      0   3840  -2880     0  -6667     0      0      0      0 || R1y|
|     0      0   4763   1210  -3150     0      0      0  -1613  -1210     0      0 || R2x|
|     0      0   1210    907     0      0      0      0  -1210   -907     0      0 || R2y|
|     0      0      0      0  -3150     0   4763  -1210  -1613   1210     0      0 || R4x|
|     0      0      0      0  -1613  -1210     0      0  -3150     0   4763   1210 || R6x|
```

Multiplicando ordenadamente los componentes de cada fila por los desplazamientos en los nudos se obtiene la reacción correspondiente del vector de fuerzas nodales.

El cuadro siguiente muestra el resultado de las operaciones y también los desplazamientos de los nudos.

N	Rx (kN)	Ry (kN)	dx (cm)	Dy (cm)
1	−485.14	602.92	0	0
2	306.64	117.08	0	0
3	0	0	−0.047789	−0.190057
4	15.86	0	0	−0.035859
5	0	0	0.006803	−0.13813
6	162.64	0	0	−0.101599

En la figura se representa finalmente el sistema completo con los resultados de reacciones y esfuerzos.

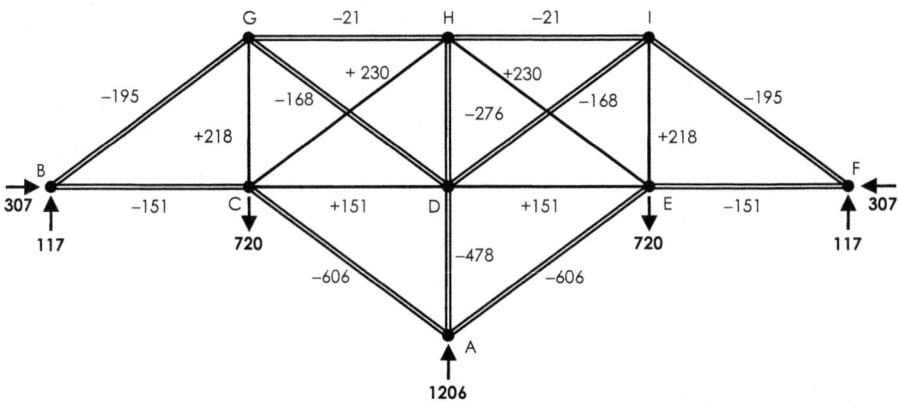

En las barras AD y DH el esfuerzo real es el doble del obtenido en el cálculo de la zona izquierda.

Gilmore bridge (Indiana)
bridgehunter.com
Paul Brandenburg

CAPÍTULO 3

APOYOS ELÁSTICOS Y DEFORMACIONES IMPUESTAS

[3.1]. INTRODUCCIÓN

En el capítulo anterior se han considerado exclusivamente los desplazamientos en los nudos del sistema provocados por la deformabilidad elástica de las barras. El presente capítulo se dedica al estudio de determinados tipos de enlaces y cargas que dan lugar a desplazamientos adicionales, y a su efecto sobre la estructura.

En una primera parte, se considera la influencia de posibles desplazamientos en los nudos de apoyo externo, bien por la deformabilidad de los mismos bajo las cargas aplicadas o por la aparición de desplazamientos impuestos por asientos del terreno.

Posteriormente se abordan los efectos de las deformaciones no elásticas de las barras, debidas a la dilatación térmica, o a variaciones longitudinales ocasionadas por defectos en su construcción.

En los sistemas isostáticos, las reacciones y esfuerzos dependen exclusivamente de las condiciones de equilibrio y, al no influir en ellas los desplazamientos de los nudos, los efectos descritos en el presente capítulo no alteran los valores de las reacciones en los apoyos y los esfuerzos en las barras.

Sin embargo, las estructuras hiperestáticas son muy sensibles a las deformaciones (a través de las ecuaciones de compatibilidad) con carácter general, y también a las impuestas por los efectos estudiados.

El reparto de las reacciones y esfuerzos provocado por las diferencias de rigidez en los sistemas hiperestáticos se ve muy influenciado por desplazamientos impuestos. Como se ha visto en el capítulo precedente, el Método de Rigidez resulta especialmente adecuado para el análisis de estructuras hiperestáticas, y por ello puede ser empleado también para la consideración de estas deformaciones adicionales.

[3.2]. RESORTES CON RIGIDEZ FINITA

La hipótesis de partida adoptada hasta el momento era la del desplazamiento nulo en los grados de libertad coartados por los enlaces externos.

Esta hipótesis de coacción total con independencia de las fuerzas aplicadas no se puede asumir en determinadas ocasiones y, por ello, se plantea la existencia de apoyos que "ceden" elásticamente por efecto de las cargas y se desplazan de manera proporcional a las mismas.

La rigidez del apoyo frente a la tendencia de movimiento en un grado de libertad es la fuerza necesaria para provocar un desplazamiento unitario. Este valor "k" se calcula como el cociente entre la fuerza aplicada y el desplazamiento producido.

$$k = F / \delta$$

Frente a la situación ideal de rigidez infinita ($\delta = 0$ para cualquier F), en este apartado se consideran los apoyos con rigidez finita (que se comportan como resortes) y sus efectos sobre el sistema articulado.

[3.2.1]. PLANTEAMIENTO DE BARRA VIRTUAL

El efecto de un apoyo elástico sobre el sistema se puede considerar equivalente al de una barra ficticia dispuesta entre el nudo del apoyo y otro exterior al sistema, con la dirección de grado de libertad parcialmente coartado y unas características geométricas y mecanicas, que produzcan la misma resistencia al desplazamiento que el apoyo.

En el caso del apoyo elástico, el desplazamiento produ-cido por la fuerza F es $\delta = F / k$. En una barra de longitud L, sección transversal A y módulo de elasticidad E, este des-plazamiento vale:

$$\delta = F L / E A$$

Para que ambos desplazamientos sean iguales, las características de la barra equiva-lente deben de cumplir la condición:

$$F / k = F L / E A \quad \rightarrow \quad E A / L = k$$

[3.2.2]. INCORPORACIÓN EN LA MATRIZ DE RIGIDEZ

La matriz de rigidez de la barra ficticia en coordenadas globales se obtiene sustituyen-do la expresión anterior en la fórmula general (apartado 2.3.3):

$$[K_{ij}]^b = EA/L \begin{bmatrix} \cos^2 \alpha & \text{sen } \alpha \cos \alpha & -\cos^2 \alpha & -\text{sen } \alpha \cos \alpha \\ \text{sen } \alpha \cos \alpha & \text{sen}^2 \alpha & -\text{sen } \alpha \cos \alpha & -\text{sen}^2 \alpha \\ -\cos^2 \alpha & -\text{sen } \alpha \cos \alpha & \cos^2 \alpha & \text{sen } \alpha \cos \alpha \\ -\text{sen } \alpha \cos \alpha & -\text{sen}^2 \alpha & \text{sen } \alpha \cos \alpha & \text{sen}^2 \alpha \end{bmatrix}$$

y por lo tanto resulta, en el caso del apoyo elástico:

$$[K_{ij}]^b = k \begin{bmatrix} \cos^2 \alpha & \text{sen } \alpha \cos \alpha & -\cos^2 \alpha & -\text{sen } \alpha \cos \alpha \\ \text{sen } \alpha \cos \alpha & \text{sen}^2 \alpha & -\text{sen } \alpha \cos \alpha & -\text{sen}^2 \alpha \\ -\cos^2 \alpha & -\text{sen } \alpha \cos \alpha & \cos^2 \alpha & \text{sen } \alpha \cos \alpha \\ -\text{sen } \alpha \cos \alpha & -\text{sen}^2 \alpha & \text{sen } \alpha \cos \alpha & \text{sen}^2 \alpha \end{bmatrix}$$

En los casos de apoyos elásticos horizontales y verticales (con rigidez k_X y k_Y), sustituyendo $\alpha = 0$ y $\alpha = 90$, se obtiene finalmente:

$$[K_{ij}]^b = \begin{bmatrix} k_x & 0 & -k_x & 0 \\ 0 & 0 & 0 & 0 \\ -k_x & 0 & k_x & 0 \\ 0 & 0 & 0 & 0 \end{bmatrix} \qquad [K_{ij}]^b = \begin{bmatrix} 0 & 0 & 0 & 0 \\ 0 & k_y & 0 & -k_Y \\ 0 & 0 & 0 & 0 \\ 0 & -k_Y & 0 & k_Y \end{bmatrix}$$

Esta barra equivalente colabora con todas las demás aportando rigidez al sistema, y lo hace mediante el proceso de ensamblaje en la matriz de rigidez de la estructura.

En este caso al nudo local 1 de la barra le corresponde un nudo global externo a la estructura (nudo 0), y al nudo local 2 le corresponde el nudo global en el que está situado el apoyo elástico (por ejemplo, el nudo i).

En el ensamblaje las submatrices superior izquierda, superior derecha e inferior izquierda "caen" fuera de la matriz de rigidez del sistema (posiciones 0-0, 0-i e i-0), y solamente la submatriz inferior derecha se traslada sobre la submatriz i-i de la matriz de rigidez general.

Observando el contenido de esta última submatriz en los apoyos elásticos horizontales y verticales, se puede establecer finalmente que su participación en la estructura se contempla simplemente añadiendo la rigidez del apoyo (k_X o k_Y) en la posición de la diagonal principal de la matriz de rigidez del sistema correspondiente al nudo y grado de libertad en el que se encuentra aplicado.

[3.2.3]. REACCIÓN DEL RESORTE

Una vez sumadas todas las rigideces de los posibles apoyos elásticos en las posiciones adecuadas de la diagonal principal de la matriz de rigidez de la estructura, se continúa con el proceso habitual del cálculo matricial y se obtienen los desplazamientos en los nudos.

Con los desplazamientos correspondientes a los nudos y grados de libertad donde existe un apoyo elástico, se determina las reacciones correspondientes mediante la expresión:

$$R = k \times \delta$$

A continuación se incluyen varios ejercicios con la aplicación práctica del procedimiento expuesto. Las fuerzas se expresan en kN y las cotas en metros.

Ejercicio 3.2.01

El sistema estructural de la figura está formado por barras de acero (E = 21000 kN/cm^2) con una sección transversal de 36 cm^2. En el punto medio de su cordón inferior (nudo C) se dispone un apoyo elástico vertical de 840 kN/cm de rigidez.

Determinar las reacciones y esfuerzos producidos por las dos cargas aplicadas de 560 kN y representar también la estructura deformada.

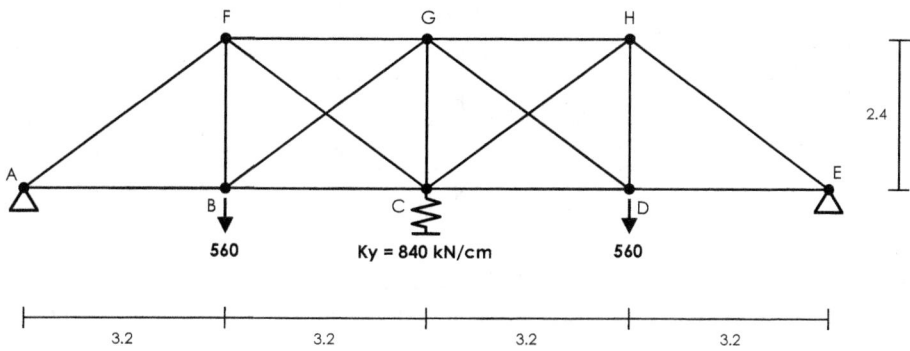

SOLUCIÓN

El sistema es simétrico en geometría, cargas y enlaces. Se analiza la zona izquierda con las correspondientes coacciones al desplazamiento horizontal de los nudos C y G.

Se considera la mitad de la sección transversal en la barra EG y también la mitad de la rigidez del resorte elástico en C.

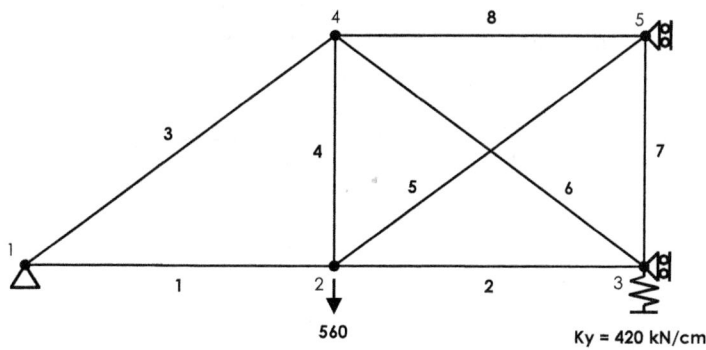

La figura muestra el modelo de análisis tras la numeración de sus nudos y barras. En ella se aprecian las nuevas coacciones de los nudos incluidos en eje de simetría.

Con la anterior geometría se compone el correspondiente cuadro de datos de barras.

Barra	Ni	Nf	E (kN/cm²)	A (cm²)	L (cm)	sen α	cos α
1	1	2	21000	36	320	0	1
2	2	3	21000	36	320	0	1
3	1	4	21000	36	400	0.6	0.8
4	2	4	21000	36	240	1	0
5	2	5	21000	36	400	0.6	0.8
6	3	4	21000	36	400	0.6	−0.8
7	3	5	21000	18	240	1	0
8	4	5	21000	36	320	0	1

Las componentes (en kN/cm) de las matrices de rigidez de las barras en coordenadas globales se obtienen sustituyendo los valores anteriores en su expresión teórica:

$$[K_{ij}]^b = EA/L \begin{bmatrix} \cos^2\alpha & \sin\alpha\cos\alpha & -\cos^2\alpha & -\sin\alpha\cos\alpha \\ \sin\alpha\cos\alpha & \sin^2\alpha & -\sin\alpha\cos\alpha & -\sin^2\alpha \\ -\cos^2\alpha & -\sin\alpha\cos\alpha & \cos^2\alpha & \sin\alpha\cos\alpha \\ -\sin\alpha\cos\alpha & -\sin^2\alpha & \sin\alpha\cos\alpha & \sin^2\alpha \end{bmatrix}$$

Barra 1

2362	0	-2362	0
0	0	0	0
-2362	0	2362	0
0	0	0	0

Barra 2

2362	0	-2362	0
0	0	0	0
-2362	0	2362	0
0	0	0	0

Barra 3

1210	907	-1210	-907
907	680	-907	-680
-1210	-907	1210	907
-907	-680	907	680

Barra 4

0	0	0	0
0	3150	0	-3150
0	0	0	0
0	-3150	0	3150

Barra 5

1210	907	-1210	-907
907	680	-907	-680
-1210	-907	1210	907
-907	-680	907	680

Barra 6

1210	-907	-1210	907
-907	680	907	-680
-1210	907	1210	-907
907	-680	-907	680

Barra 7

0	0	0	0
0	1575	0	-1575
0	0	0	0
0	-1575	0	1575

Barra 8

2362	0	-2362	0
0	0	0	0
-2362	0	2362	0
0	0	0	0

Estas matrices se ensamblan en la matriz de rigidez de la estructura y la fuerza aplicada sobre el nudo 2 se sitúa en la fila 4 del vector de fuerzas nodales:

3572	907	-2362	0	0	0	-1210	-907	0	0		0
907	680	0	0	0	0	-907	-680	0	0		0
-2362	0	5935	907	-2362	0	0	0	-1210	-907		0
0	0	907	3830	0	0	0	-3150	-907	-680		-560
0	0	-2362	0	3572	-907	-1210	907	0	0		0
0	0	0	0	-907	2255	907	-680	0	-1575		0
-1210	-907	0	0	-1210	907	4782	0	-2362	0		0
-907	-680	0	-3150	907	-680	0	4511	0	0		0
0	0	-1210	-907	0	0	-2362	0	3572	907		0
0	0	-907	-680	0	-1575	0	0	907	2255		0

La rigidez del apoyo elástico vertical del nudo 3 se introduce en la matriz añadiendo su valor (420 kN/cm) en la posición correspondiente de su diagonal principal (fila y columna sextas, señalada en negrita):

3572	907	-2362	0	0	0	-1210	-907	0	0		0
907	680	0	0	0	0	-907	-680	0	0		0
-2362	0	5935	907	-2362	0	0	0	-1210	-907		0
0	0	907	3830	0	0	0	-3150	-907	-680		-560
0	0	-2362	0	3572	-907	-1210	907	0	0		0
0	0	0	0	-907	**2675**	907	-680	0	-1575		0
-1210	-907	0	0	-1210	907	4782	0	-2362	0		0
-907	-680	0	-3150	907	-680	0	4511	0	0		0
0	0	-1210	-907	0	0	-2362	0	3572	907		0
0	0	-907	-680	0	-1575	0	0	907	2255		0

El siguiente paso es la introducción de las restricciones de los apoyos con coacción total. Están completamente coartados los desplazamientos horizontal y vertical del nudo 1 y los horizontales de los nudos 3 y 5. Por lo tanto, no se consideran de momento las ecuaciones 1, 2, 5 y 9.

$$
\begin{vmatrix}
3572 & 907 & -2362 & 0 & 0 & 0 & -1210 & -907 & 0 & 0 \\
907 & 680 & 0 & 0 & 0 & 0 & -907 & -680 & 0 & 0 \\
-2362 & 0 & 5935 & 907 & -2362 & 0 & 0 & 0 & -1210 & -907 \\
0 & 0 & 907 & 3830 & 0 & 0 & 0 & -3150 & -907 & -680 \\
0 & 0 & -2362 & 0 & 3572 & -907 & -1210 & 907 & 0 & 0 \\
0 & 0 & 0 & 0 & -907 & 2675 & 907 & -680 & 0 & -1575 \\
-1210 & -907 & 0 & 0 & -1210 & 907 & 4782 & 0 & -2362 & 0 \\
-907 & -680 & 0 & -3150 & 907 & -680 & 0 & 4511 & 0 & 0 \\
0 & 0 & -1210 & -907 & 0 & 0 & -2362 & 0 & 3572 & 907 \\
0 & 0 & -907 & -680 & 0 & -1575 & 0 & 0 & 907 & 2255
\end{vmatrix}
\begin{vmatrix}
R1x \\
R1y \\
0 \\
-560 \\
R3x \\
0 \\
0 \\
0 \\
R5x \\
0
\end{vmatrix}
$$

Tras la eliminación de las cuatro filas y columnas, el sistema se reduce a seis ecuaciones (con las incógnitas d3, d4, d6, d7, d8 y d10 correspondientes a los desplazamientos horizontales y verticales de los nudos 2 y 4 y a los verticales de los nudos 3 y 5).

$$
\begin{vmatrix}
5935 & 907 & 0 & 0 & 0 & -907 \\
907 & 3830 & 0 & 0 & -3150 & -680 \\
0 & 0 & 2675 & 907 & -680 & -1575 \\
0 & 0 & 907 & 4782 & 0 & 0 \\
0 & -3150 & -680 & 0 & 4511 & 0 \\
-907 & -680 & -1575 & 0 & 0 & 2255
\end{vmatrix}
\begin{vmatrix}
d3 \\
d4 \\
d6 \\
d7 \\
d8 \\
d10
\end{vmatrix}
=
\begin{vmatrix}
0 \\
-560 \\
0 \\
0 \\
0 \\
0
\end{vmatrix}
$$

La resolución del sistema de ecuaciones proporciona los valores:

Incógnita	Valor (cm)
d3	0.025040
d4	−0.771707
d6	−0.551567
d7	0.1046457
d8	−0.622099
d10	−0.607906

Con los desplazamientos en los extremos, los esfuerzos en las barras se obtienen mediante:

$$N = [(d_{x2'} - d_{x1'}) \cos \alpha + (d_{y2'} - d_{y1'}) \operatorname{sen} \alpha]\, EA/L$$

Estos desplazamientos se agregan al cuadro inicial de datos de barras y en su última columna se indican los esfuerzos resultantes del cálculo.

B	E (kN/cm²)	A (cm²)	L (cm)	sen α	cos α	d_{x1} (cm)	d_{y1} (cm)	d_{x2} (cm)	d_{y2} (cm)	N (kN)
1	21000	36	320	0	1	0	0	0.02504	−0.771707	59.16
2	21000	36	320	0	1	0.02504	−0.771707	0	−0.551567	−59.16
3	21000	36	400	0.6	0.8	0	0	0.104645	−0.622099	−547.24
4	21000	36	240	1	0	0.02504	−0.771707	0.104645	−0.622099	471.27
5	21000	36	400	0.6	0.8	0.02504	−0.771707	0	−0.607906	147.89
6	21000	36	400	0.6	−0.8	0	−0.551567	0.104645	−0.622099	−238.21
7	21000	18	240	1	0	0	−0.551567	0	−0.607906	−88.73
8	21000	36	320	0	1	0.104645	−0.622099	0	−0.607906	−247.22

El producto de la rigidez del apoyo elástico por el descenso del nudo 3 proporciona directamente el valor de la correspondiente reacción:

$$R = k \times \delta = 420 \text{ kN/cm} \times 0.551567 \text{ cm} = 231.66 \text{ kN}$$

Las otras cuatro reacciones (en los apoyos con restricción completa) se determinan a partir de las ecuaciones previamente eliminadas:

```
| 3572   907 -2362     0     0     0 -1210  -907     0     0 |  | R1x |
|  907   680     0     0     0     0  -907  -680     0     0 |  | R1y |
|    0     0 -2362     0  3572  -907 -1210   907     0     0 |  | R3x |
|    0     0 -1210  -907     0     0 -2362     0  3572   907 |  | R5x |
```

Multiplicando ordenadamente los componentes de cada fila por los desplazamientos en los nudos se obtiene la reacción correspondiente del vector de fuerzas nodales.

El cuadro siguiente muestra el resultado de las operaciones y también los desplazamientos de los nudos. En él se aprecia que en el nudo 3 hay reacción y desplazamiento vertical.

N	Rx (kN)	Ry (kN)	dx (cm)	dy (cm)
1	378.63	328.34	0	0
2	0	0	0.02504	−0.771707
3	−249.72	231.66	0	−0.551567
4	0	0	0.104645	−0.622099
5	−128.91	0	0	−0.607906

Considerando la simetría del sistema, en la figura se representa la estructura completa con los resultados obtenidos de reacciones y esfuerzos (la reacción en el apoyo elástico y el esfuerzo en la barra central se han multiplicado por dos).

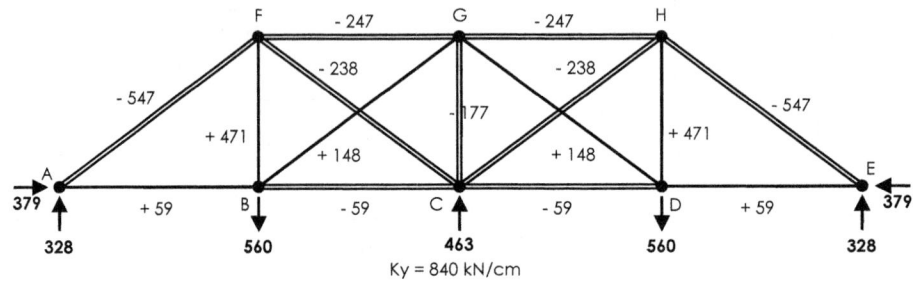

Finalmente se muestra a escala la deformada completa del sistema (con un factor 100 de amplificación) obtenida a partir de los desplazamientos de los nudos.

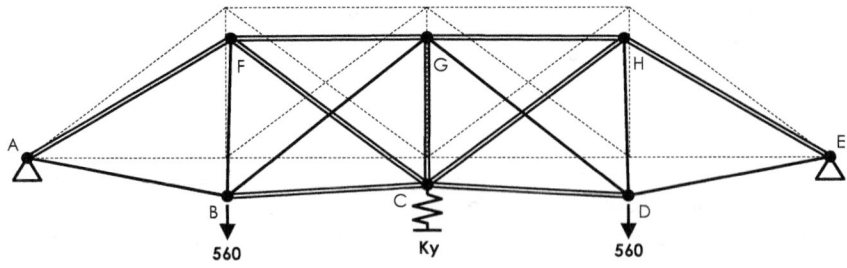

Se aprecia que el apoyo elástico no impide el descenso del nudo C, pero lo restringe parcialmente.

Ejercicio 3.2.02

El sistema estructural representado se sustenta exclusivamente sobre 5 apoyos elásticos dispuestos en sus nudos inferiores. Todos tienen rigidez horizontal de 280 kN/cm y vertical de 1160 kN/cm.

El material de barras es acero (E = 21000 kN/cm²). Las horizontales tienen una sección transversal de 90 cm² y las diagonales de 150 cm².

Determinar las reacciones y esfuerzos producidos por las cargas aplicadas y analizar la estructura deformada.

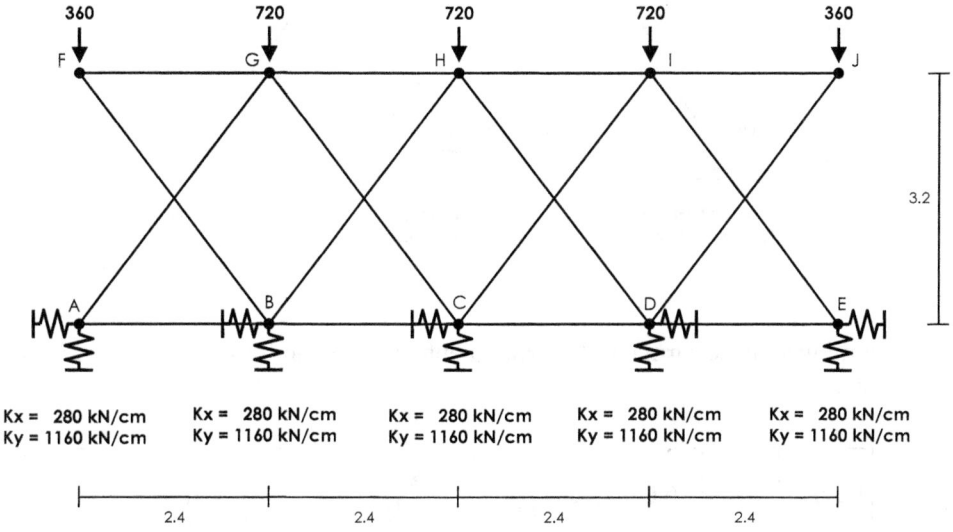

SOLUCIÓN

El sistema es simétrico y se analiza su zona izquierda con las correspondientes condiciones:

- Se imponen coacciones al desplazamiento horizontal de los nudos C y H.

- Se considera la mitad de la carga aplicada en en nudo H.

- Se considera también la mitad de la rigidez vertical del resorte elástico en C.

El muelle elástico horizontal en el nudo C no ejerce ninguna acción sobre la estructura (por simetría el desplazamiento horizontal del nudo es cero).

La figura muestra el modelo de análisis, con las indicaciones anteriores y la numeración de sus nudos y barras.

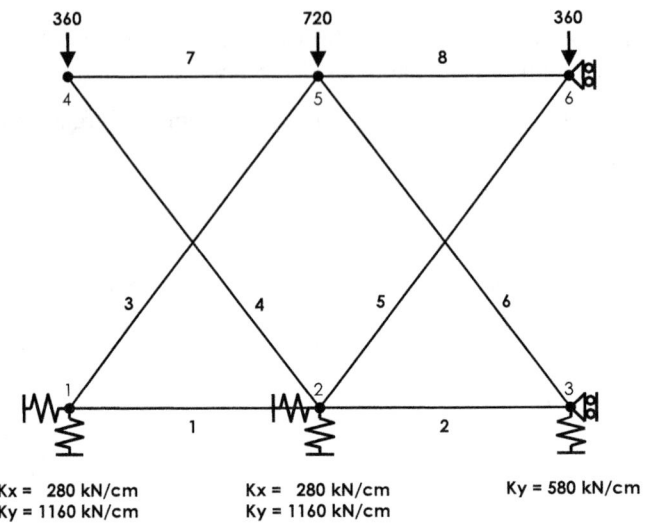

A continuación se forma el correspondiente cuadro con los datos de todas las barras del modelo:

Barra	Ni	Nf	E (kN/cm²)	A (cm²)	L (cm)	sen α	cos α
1	1	2	21000	90	240	0	1
2	2	3	21000	90	240	0	1
3	1	5	21000	150	400	0.8	0.6
4	2	4	21000	150	400	0.8	−0.6
5	2	6	21000	150	400	0.8	0.6
6	3	5	21000	150	400	0.8	−0.6
7	4	5	21000	90	240	0	1
8	5	6	21000	90	240	0	1

Las componentes de las matrices de rigidez de las barras en coordenadas globales se obtienen sustituyendo los valores anteriores en su expresión teórica.

$$[K_{ij}]^b = EA/L \begin{bmatrix} \cos^2\alpha & \text{sen }\alpha\cos\alpha & -\cos^2\alpha & -\text{sen }\alpha\cos\alpha \\ \text{sen }\alpha\cos\alpha & \text{sen}^2\alpha & -\text{sen }\alpha\cos\alpha & -\text{sen}^2\alpha \\ -\cos^2\alpha & -\text{sen }\alpha\cos\alpha & \cos^2\alpha & \text{sen }\alpha\cos\alpha \\ -\text{sen }\alpha\cos\alpha & -\text{sen}^2\alpha & \text{sen }\alpha\cos\alpha & \text{sen}^2\alpha \end{bmatrix}$$

Barra 1

```
|   7875        0    -7875        0 |
|      0        0        0        0 |
|  -7875        0     7875        0 |
|      0        0        0        0 |
```

Barra 2

```
|   7875        0    -7875        0 |
|      0        0        0        0 |
|  -7875        0     7875        0 |
|      0        0        0        0 |
```

Barra 3

```
|   2835     3780    -2835    -3780 |
|   3780     5040    -3780    -5040 |
|  -2835    -3780     2835     3780 |
|  -3780    -5040     3780     5040 |
```

Barra 4

```
|   2835    -3780    -2835     3780 |
|  -3780     5040     3780    -5040 |
|  -2835     3780     2835    -3780 |
|   3780    -5040    -3780     5040 |
```

Barra 5

```
|   2835     3780    -2835    -3780 |
|   3780     5040    -3780    -5040 |
|  -2835    -3780     2835     3780 |
|  -3780    -5040     3780     5040 |
```

Barra 6

```
|   2835    -3780    -2835     3780 |
|  -3780     5040     3780    -5040 |
|  -2835     3780     2835    -3780 |
|   3780    -5040    -3780     5040 |
```

Barra 7

```
|   7875        0    -7875        0 |
|      0        0        0        0 |
|  -7875        0     7875        0 |
|      0        0        0        0 |
```

Barra 8

```
|   7875        0    -7875        0 |
|      0        0        0        0 |
|  -7875        0     7875        0 |
|      0        0        0        0 |
```

Estas se ensamblan en la matriz de rigidez de la estructura disponiendo sus submatrices en las correspondientes a los nudos extremos de cada barra.

Por otra parte, las fuerzas verticales aplicadas en los nudos 4, 5 y 6 se disponen en las filas 8, 10 y 12 del vector de fuerzas nodales.

```
| 10710  3780 -7875     0     0     0     0     0 -2835 -3780     0     0 ||   0 |
|  3780  5040     0     0     0     0     0     0 -3780 -5040     0     0 ||   0 |
| -7875     0 21420     0 -7875     0 -2835  3780     0     0 -2835 -3780 ||   0 |
|     0     0     0 10080     0     0  3780 -5040     0     0 -3780 -5040 ||   0 |
|     0     0 -7875     0 10710 -3780     0     0 -2835  3780     0     0 ||   0 |
|     0     0     0     0 -3780  5040     0     0  3780 -5040     0     0 ||   0 |
|     0     0 -2835  3780     0     0 10710 -3780 -7875     0     0     0 ||   0 |
|     0     0  3780 -5040     0     0 -3780  5040     0     0     0     0 ||-360 |
| -2835 -3780     0     0 -2835  3780 -7875     0 21420     0 -7875     0 ||   0 |
| -3780 -5040     0     0  3780 -5040     0     0     0 10080     0     0 ||-720 |
|     0     0 -2835 -3780     0     0     0     0 -7875     0 10710  3780 ||   0 |
|     0     0 -3780 -5040     0     0     0     0     0     0  3780  5040 ||-360 |
```

La rigideces de los apoyos elásticos se introducen en la matriz añadiendo sus valores (280, 1160, 280, 1160 y 580) en las posiciones correspondientes de su diagonal principal (filas y columnas 1, 2, 3, 4 y 6 respectivamente):

```
| 10990  3780 -7875     0     0     0     0     0 -2835 -3780     0     0 ||   0 |
|  3780  6200     0     0     0     0     0     0 -3780 -5040     0     0 ||   0 |
| -7875     0 21700     0 -7875     0 -2835  3780     0     0 -2835 -3780 ||   0 |
|     0     0     0 11240     0     0  3780 -5040     0     0 -3780 -5040 ||   0 |
|     0     0 -7875     0 10710 -3780     0     0 -2835  3780     0     0 ||   0 |
|     0     0     0     0 -3780  5620     0     0  3780 -5040     0     0 ||   0 |
|     0     0 -2835  3780     0     0 10710 -3780 -7875     0     0     0 ||   0 |
|     0     0  3780 -5040     0     0 -3780  5040     0     0     0     0 ||-360 |
| -2835 -3780     0     0 -2835  3780 -7875     0 21420     0 -7875     0 ||   0 |
| -3780 -5040     0     0  3780 -5040     0     0     0 10080     0     0 ||-720 |
|     0     0 -2835 -3780     0     0     0     0 -7875     0 10710  3780 ||   0 |
|     0     0 -3780 -5040     0     0     0     0     0     0  3780  5040 ||-360 |
```

El siguiente paso es la introducción de las restricciones de los apoyos con coacción total. Están completamente coartados los desplazamientos horizontales de los nudos 3 y 6. No se consideran por lo tanto las ecuaciones 5 y 11.

```
| 10990  3780 -7875     0     0     0     0     0 -2835 -3780     0     0 ||   0 |
|  3780  6200     0     0     0     0     0     0 -3780 -5040     0     0 ||   0 |
| -7875     0 21700     0 -7875     0 -2835  3780     0     0 -2835 -3780 ||   0 |
|     0     0     0 11240     0     0  3780 -5040     0     0 -3780 -5040 ||   0 |
|     0     0 -7875     0 10710 -3780     0     0 -2835  3780     0     0 || R3x|
|     0     0     0     0 -3780  5620     0     0  3780 -5040     0     0 ||   0 |
|     0     0 -2835  3780     0     0 10710 -3780 -7875     0     0     0 ||   0 |
|     0     0  3780 -5040     0     0 -3780  5040     0     0     0     0 ||-360 |
| -2835 -3780     0     0 -2835  3780 -7875     0 21420     0 -7875     0 ||   0 |
| -3780 -5040     0     0  3780 -5040     0     0     0 10080     0     0 ||-720 |
|     0     0 -2835 -3780     0     0     0     0 -7875     0 10710  3780 || R5x|
|     0     0 -3780 -5040     0     0     0     0     0     0  3780  5040 ||-360 |
```

Tras la eliminación de las dos filas y columnas, el sistema queda reducido a diez ecuaciones (con las incógnitas d1, d2, d3, d4, d6, d7, d8, d9, d10 y d12 correspondientes a los desplazamientos horizontales y verticales de los nudos 1, 2, 4 y 5 y a los verticales de los nudos 3 y 6).

```
| 10990  3780 -7875     0     0     0     0 -2835 -3780     0 || d1  |       |   0  |
|  3780  6200     0     0     0     0     0 -3780 -5040     0 || d2  |       |   0  |
| -7875     0 21700     0     0 -2835  3780     0     0 -3780 || d3  |       |   0  |
|     0     0     0 11240     0  3780 -5040     0     0 -5040 || d4  |       |   0  |
|     0     0     0     0  5620     0     0  3780 -5040     0 || d6  |       |   0  |
|     0     0 -2835  3780     0 10710 -3780 -7875     0     0 || d7  |  =    |   0  |
|     0     0  3780 -5040     0 -3780  5040     0     0     0 || d8  |       | -360 |
| -2835 -3780     0     0  3780 -7875     0 21420     0     0 || d9  |       |   0  |
| -3780 -5040     0     0 -5040     0     0     0 10080     0 || d10 |       | -720 |
|     0     0 -3780 -5040     0     0     0     0     0  5040 || d12 |       | -360 |
```

La resolución del sistema de ecuaciones proporciona los valores:

Incógnita	Valor (cm)
d1	−0.079179
d2	−0.390094
d3	−0.038898
d4	−0.620690
d6	−0.461191
d7	−0.050951
d8	−0.701158
d9	−0.016665
d10	−0.526763
d12	−0.721292

Con los desplazamientos en los extremos, los esfuerzos en las barras se obtienen mediante:

$$N = [(d_{x2'} - d_{x1'}) \cos \alpha + (d_{y2'} - d_{y1'}) \operatorname{sen} \alpha] \, EA/L$$

Estos desplazamientos se agregan al cuadro inicial de datos de barras y en su última columna se indican los esfuerzos resultantes del cálculo.

B	E (kN/cm²)	A (cm²)	L (cm)	sen α	cos α	d_{x1} (cm)	d_{y1} (cm)	d_{x2} (cm)	d_{y2} (cm)	N (kN)
1	21000	90	240	0	1	–0.079179	–0.390094	–0.038898	–0.62069	317.21
2	21000	90	240	0	1	–0.038898	–0.62069	0	–0.461191	306.32
3	21000	150	400	0.8	0.6	–0.079179	–0.390094	–0.016665	–0.526763	–565.64
4	21000	150	400	0.8	–0.6	–0.038898	–0.62069	–0.050951	–0.701158	–450
5	21000	150	400	0.8	0.6	–0.038898	–0.62069	0	–0.721292	–450
6	21000	150	400	0.8	–0.6	0	–0.461191	–0.016665	–0.526763	–334.36
7	21000	90	240	0	1	–0.050951	–0.701158	–0.016665	–0.526763	270
8	21000	90	240	0	1	–0.016665	–0.526763	0	–0.721292	131.24

Los productos de la rigidez (horizontal o vertical) de cada uno de los apoyos elásticos por los desplazamientos correspondientes proporcionan los valores de las reacciones.

Las dos reacciones en los apoyos con restricción completa se determinan a partir de las ecuaciones previamente eliminadas:

```
|    0     0 -7875     0 10710 -3780     0     0 -2835  3780     0     0 || R3x|
|    0     0 -2835 -3780     0     0     0     0 -7875     0 10710  3780 || R5x|
```

Multiplicando ordenadamente los componentes de cada fila por los desplazamientos en los nudos se obtiene la reacción correspondiente del vector de fuerzas nodales.

El cuadro siguiente muestra el resultado de los dos grupos de operaciones y también los desplazamientos de los nudos.

N	Rx (kN)	Ry (kN)	dx (cm)	Dy (cm)
1	22.17	452.51	–0.079179	–0.390094
2	10.89	720	–0.038898	–0.62069
3	105.7	267.49	0	–0.461191
4	0	0	–0.050951	–0.701158
5	0	0	–0.016665	–0.526763
6	–138.76	0	0	–0.721292

Considerando la simetría del sistema, en la figura se representa la estructura completa con los resultados obtenidos de reacciones y esfuerzos (la reacción en el apoyo elástico central se ha multiplicado por dos).

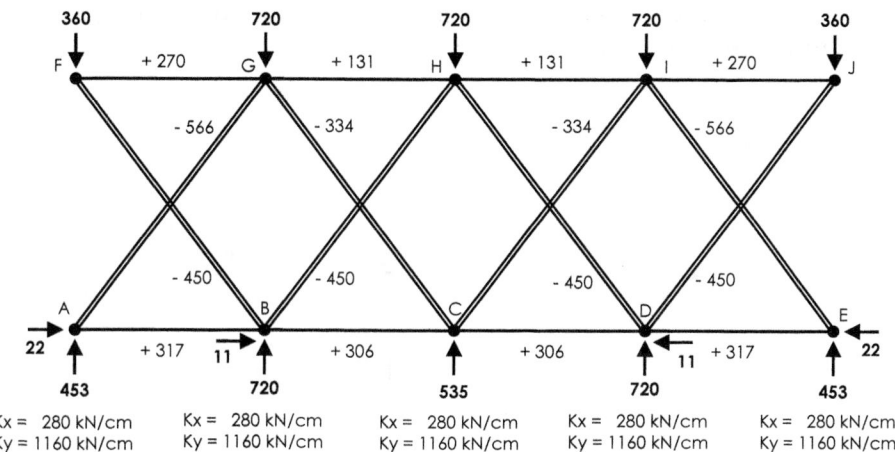

Finalmente se muestra a escala la deformada completa del sistema (con un factor 100 de amplificación) obtenida a partir de los desplazamientos de los nudos.

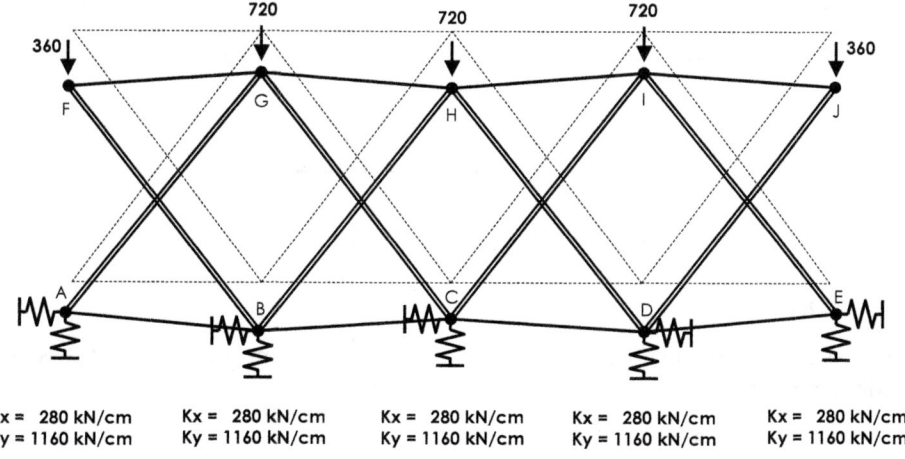

Se observa que los apoyos elásticos no impiden los desplazamientos de los nudos, pero sí los restringen parcialmente.

Ejercicio 3.2.03

En el sistema hiperestático de quinto grado de la figura las dos barras inferiores tienen una sección transversal de 90 cm², las horizontales de 54 cm² y las tres superiores de 48 cm². El material es común a todas ellas y su módulo de elasticidad vale 21000 kN/cm².

Determinar el desplazamiento del nudo central y los esfuerzos producidos por la acción de la fuerza vertical aplicada de 1640 kN.

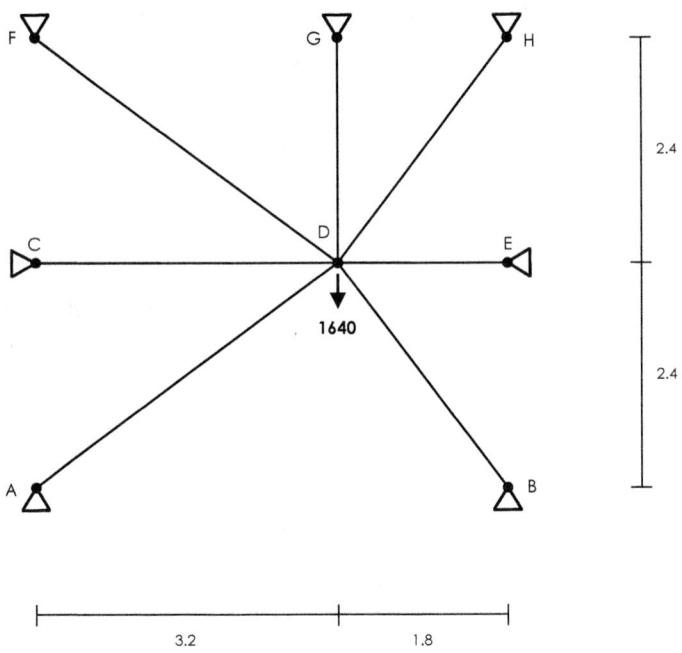

SOLUCIÓN

En este ejercicio se pueden considerar todas las barras como resortes elásticos aplicados sobre el nudo D.

Con este planteamiento el modelo de análisis solamente incluye el nudo central (nudo 1) y el resto se suponen ajenos al sistema.

En la figura se numeran las barras de la estructura y a continuación se compone su cuadro de datos. No se incluyen los nudos inicial y final porque en todos los casos el nudo final es el 1 y el inicial no pertenece al sistema en estudio.

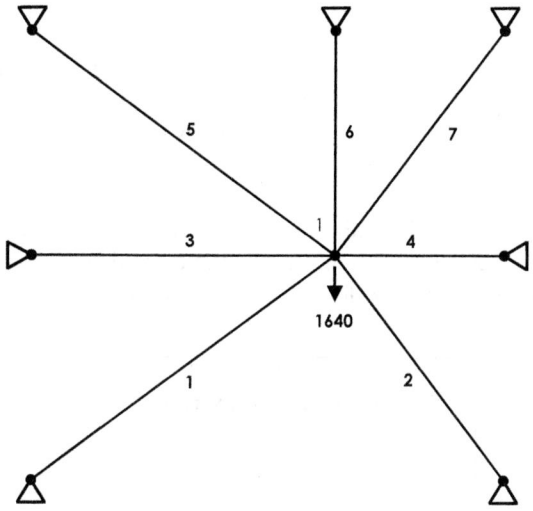

Ba-rra	E (kN/cm²)	A (cm²)	L (cm)	sen α	cos α
1	21000	90	400	0.6	0.8
2	21000	90	300	0.8	−0.6
3	21000	54	320	0	1
4	21000	54	180	0	1
5	21000	48	400	0.6	−0.8
6	21000	48	240	1	0
7	21000	48	300	0.8	0.6

En el proceso de ensamblaje solamente intervienen las submatrices 2,2 de las matrices de rigidez de las barras en coordenadas globales. Estas se extraen de la expresión general:

$$
[K_{ij}]^b = EA/L \begin{bmatrix} \cos^2 \alpha & \text{sen } \alpha \cos \alpha & -\cos^2 \alpha & -\text{sen } \alpha \cos \alpha \\ \text{sen } \alpha \cos \alpha & \text{sen}^2 \alpha & -\text{sen } \alpha \cos \alpha & -\text{sen}^2 \alpha \\ -\cos^2 \alpha & -\text{sen } \alpha \cos \alpha & \cos^2 \alpha & \text{sen } \alpha \cos \alpha \\ -\text{sen } \alpha \cos \alpha & -\text{sen}^2 \alpha & \text{sen } \alpha \cos \alpha & \text{sen}^2 \alpha \end{bmatrix}
$$

resultando:

$$[K_{ij}]^b{}_{2,2} = EA/L \begin{bmatrix} \cos^2\alpha & \mathrm{sen}\,\alpha\cos\alpha \\ \mathrm{sen}\,\alpha\cos\alpha & \mathrm{sen}^2\alpha \end{bmatrix}$$

Todas las componentes de las submatrices se ensamblan en las correspondientes al nudo único 1. Sus valores se disponen en un nuevo cuadro y la suma de estas proporciona las componentes de la matriz de rigidez del sistema.

Barra	EA / L kN/cm	(EA/L) cos² α	(EA/L) sen α cos α	(EA/L) sen² α
1	4725	3024	2268	1701
2	6300	2268	−3024	4032
3	3544	3544	0	0
4	6300	6300	0	0
5	2520	1613	−1210	907
6	4200	0	0	4200
7	3360	1210	1613	2150
Σ		17958	−353	12991

$$[K_{ij}] = \Sigma\,[K_{ij}]^b{}_{2,2} = \begin{bmatrix} 17958 & -353 \\ -353 & 12991 \end{bmatrix}$$

Por otra parte, la fuerza aplicada en el nudo 1 se dispone en la fila 2 del vector de fuerzas nodales. El sistema tiene solamente dos ecuaciones:

```
|   17958     -353 || d1 |     |      0 |
|    -353    12991 || d2 |  =  |  -1640 |
```

y su solución proporciona los desplazamientos horizontal y vertical del nudo 1.

$$d1 = dx_1 = -\,0.002481 \text{ cm}$$
$$d2 = dy_1 = -\,0.126313 \text{ cm}$$

En este caso los desplazamientos del nudo inicial en todas las barras son nulos y sus esfuerzos vienen dados por la expresión:

$$N = [d_{x2} \cdot \cos \alpha + d_{y2} \cdot \sin \alpha]\, EA/L$$

B	E (kN/cm²)	A (cm²)	L (cm)	sen α	cos α	d_{x2} (cm)	d_{y2} (cm)	N (kN)
1	21000	90	400	0.6	0.8	−0.002481	−0.126313	−367.48
2	21000	90	300	0.8	−0.6	−0.002481	−0.126313	−627.24
3	21000	54	320	0	1	−0.002481	−0.126313	−8.79
4	21000	54	180	0	1	−0.002481	−0.126313	15.63
5	21000	48	400	0.6	−0.8	−0.002481	−0.126313	185.98
6	21000	48	240	1	0	−0.002481	−0.126313	530.51
7	21000	48	300	0.8	0.6	−0.002481	−0.126313	344.53

En la figura se representa finalmente el sistema con los esfuerzos representados sobre las barras.

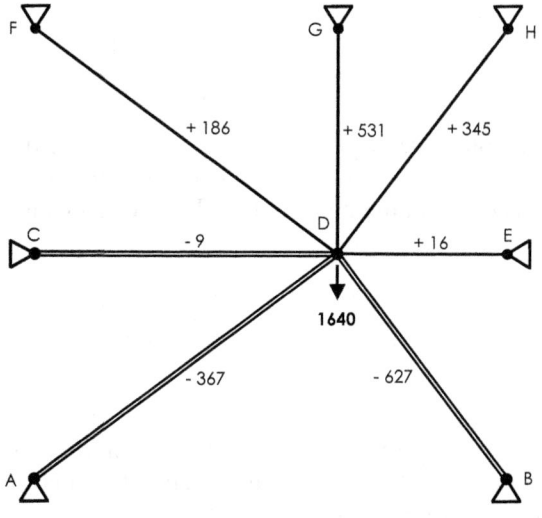

[3.3]. DESPLAZAMIENTOS IMPUESTOS EN APOYOS

En algunas ocasiones el desplazamiento en un enlace externo adopta un determinado valor no nulo. Esto está motivado generalmente por movimientos en los apoyos debidos a asientos de cimentación, pero puede producirse también en las uniones de sistemas con otros mucho más rígidos y a los que acompañana en sus desplazamientos.

Esta circunstancia provoca en las barras de la estructura en estudio esfuerzos de cierta consideración (mayor cuanto mayor sea su rigidez) y tiene un lógico impacto en el proceso de cálculo.

[3.3.1]. EFECTOS EN EL SISTEMA DE ECUACIONES

Se considera la matriz de rigidez de un sistema articulado de N nudos, tras la finalización del esmablaje de las barras y de las fuerzas aplicadas:

$$
\begin{bmatrix}
K_{1,1} & K_{1,2} & K_{1,3} & \cdots\cdots & K_{1,2N} \\
K_{2,1} & K_{2,2} & K_{2,3} & \cdots\cdots & K_{2,2N} \\
K_{3,1} & K_{3,2} & K_{3,3} & \cdots\cdots & K_{3,2N} \\
\cdots & \cdots & \cdots\cdots & \cdots\cdots & \cdots \\
K_{2N,1} & K_{2N,2} & K_{2N,3} & \cdots\cdots & K_{2N,2N}
\end{bmatrix}
\begin{bmatrix}
d_1 \\ d_2 \\ d_3 \\ \cdots \\ d_{2N}
\end{bmatrix}
=
\begin{bmatrix}
F_1 \\ F_2 \\ F_3 \\ \cdots \\ F_{2N}
\end{bmatrix}
$$

Se supone, por ejemplo, que en el nudo 1 existe un apoyo que sufre un desplazamiento vertical de valor d_{Y1}. La ecuación asociada a este grado de libertad es la segunda y el resultado de su correspondiente incógnita debe ser obligatoriamente:

$$d_2 = di_2 = d_{y1}$$

(di_2 representa el valor impuesto para el desplazamiento d_2)

Para que el sistema de ecuaciones reproduzca la condición anterior, se disponen ceros en todas las componentes de la segunda fila a excepción de la correspondiente a la diagonal principal que adopta el valor 1, y se traslada el desplazamiento impuesto a la segunda fila del vector de términos independientes.

A continuación se muestra la disposición de la matriz de rigidez y del vector de fuerzas nodales tras esta primera etapa.

$$
\begin{bmatrix}
K_{1,1} & K_{1,2} & K_{1,3} & \cdots\cdots & K_{1,2N} \\
0 & 1 & 0 & \cdots\cdots & 0 \\
K_{3,1} & K_{3,2} & K_{3,3} & \cdots\cdots & K_{3,2N} \\
\cdots & \cdots & \cdots & \cdots\cdots & \cdots \\
K_{2N,1} & K_{2N,2} & K_{2N,3} & \cdots\cdots & K_{2N,2N}
\end{bmatrix}
\begin{bmatrix}
d_1 \\ d_2 \\ d_3 \\ \cdots \\ d_{2N}
\end{bmatrix}
=
\begin{bmatrix}
F_1 \\ di_2 \\ F_3 \\ \cdots \\ F_{2N}
\end{bmatrix}
$$

En una segunda etapa y para mantener la simetría del sistema, se disponen también ceros en la segunda columna (a excepción de la diagonal principal) y se restan los productos de las correspondientes componentes por el desplazamiento impuesto del vector de términos independientes:

$$
\begin{bmatrix}
K_{1,1} & 0 & K_{1,3} & \cdots\cdots & K_{1,2N} \\
0 & 1 & 0 & \cdots\cdots & 0 \\
K_{3,1} & 0 & K_{3,3} & \cdots\cdots & K_{3,2N} \\
\cdots & \cdots & \cdots & \cdots\cdots & \cdots \\
K_{2N,1} & 0 & K_{2N,3} & \cdots\cdots & K_{2N,2N}
\end{bmatrix}
\begin{bmatrix}
d_1 \\ d_2 \\ d_3 \\ \cdots \\ d_{2N}
\end{bmatrix}
=
\begin{bmatrix}
F_1 - K_{1,2}\, di_2 \\
di_2 \\
F_3 - K_{3,2}\, di_2 \\
\cdots \\
F_{2N} - K_{2N,2}\, di_2
\end{bmatrix}
$$

Con estas operaciones no se altera el resultado del resto de las ecuaciones y se puede continuar el proceso normalmente.

[3.3.2]. DETERMINACIÓN DE LAS REACCIONES

La reacción de los apoyos se obtiene de las ecuaciones previamente eliminadas, con sus valores anteriores a la incorporación del desplazamiento impuesto. Multiplicándolos por los desplazamientos obtenidos, se calcula la fuerza nodal en cada fila.

Los ejercicios siguientes reproducen el proceso de análisis de estructuras articuladas con desplazamientos impuestos.

Ejercicio 3.3.01

La estructura de la figura está formada por barras metálicas de 15000 kN/cm^2 de módulo de elasticidad y 24 cm^2 de sección transversal. En el apoyo deslizante de la derecha se produce un desplazamiento vertical impuesto de 2 cm en sentido descendente.

Mediante cálculo matricial, determinar las reacciones en los apoyos y los esfuerzos en todas las barras. Representar también la deformada a partir de los desplazamientos en los nudos.

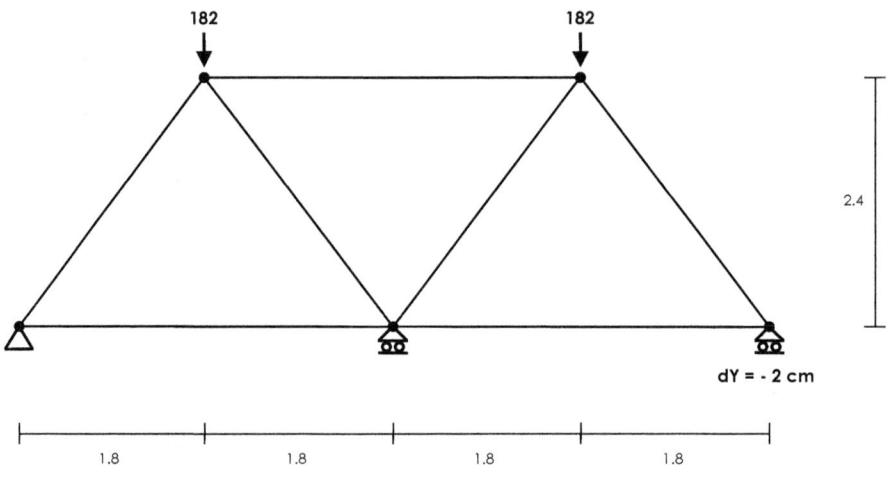

SOLUCIÓN

Inicialmente se numeran los nudos y barras de la estructura y se compone el correspondiente cuadro de datos.

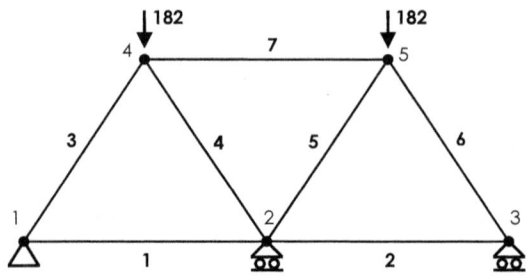

Barra	Ni	Nf	E (kN/cm²)	A (cm²)	L (cm)	sen α	cos α
1	1	2	15000	24	360	0	1
2	2	3	15000	24	360	0	1
3	1	4	15000	24	300	0.8	0.6
4	2	4	15000	24	300	0.8	–0.6
5	2	5	15000	24	300	0.8	0.6
6	3	5	15000	24	300	0.8	–0.6
7	4	5	15000	24	360	0	1

Para la formación de las matrices de rigidez de las barras en coordenadas globales, se emplea la expresión:

$$[K_{ij}]^b = EA/L \begin{bmatrix} \cos^2 \alpha & \text{sen } \alpha \cos \alpha & -\cos^2 \alpha & -\text{sen } \alpha \cos \alpha \\ \text{sen } \alpha \cos \alpha & \text{sen}^2 \alpha & -\text{sen } \alpha \cos \alpha & -\text{sen}^2 \alpha \\ -\cos^2 \alpha & -\text{sen } \alpha \cos \alpha & \cos^2 \alpha & \text{sen } \alpha \cos \alpha \\ -\text{sen } \alpha \cos \alpha & -\text{sen}^2 \alpha & \text{sen } \alpha \cos \alpha & \text{sen}^2 \alpha \end{bmatrix}$$

La sustitución de los datos del cuadro proporciona las siete matrices siguientes:

Barra 1

```
|  1000      0   -1000      0|
|     0      0       0      0|
| -1000      0    1000      0|
|     0      0       0      0|
```

Barra 2

```
|  1000      0   -1000      0|
|     0      0       0      0|
| -1000      0    1000      0|
|     0      0       0      0|
```

Barra 3

```
|   432    576    -432   -576|
|   576    768    -576   -768|
|  -432   -576     432    576|
|  -576   -768     576    768|
```

Barra 4

```
|   432   -576    -432    576|
|  -576    768     576   -768|
|  -432    576     432   -576|
|   576   -768    -576    768|
```

Barra 5

432	576	-432	-576
576	768	-576	-768
-432	-576	432	576
-576	-768	576	768

Barra 6

432	-576	-432	576
-576	768	576	-768
-432	576	432	-576
576	-768	-576	768

Barra 7

1000	0	-1000	0
0	0	0	0
-1000	0	1000	0
0	0	0	0

Estas se ensamblan en la matriz de rigidez de la estructura disponiendo sus submatrices en las correspondientes a los nudos extremos de cada barra.

Por otra parte, las fuerzas aplicadas en los nudos (verticales descendentes de 182 kN sobre los nudos 4 y 5) se disponen en las filas 8 y 10 del vector de fuerzas nodales.

A continuación se representan los resultados obtenidos tras el proceso de ensamblaje de barras y acciones:

1432	576	-1000	0	0	0	-432	-576	0	0		0
576	768	0	0	0	0	-576	-768	0	0		0
-1000	0	2864	0	-1000	0	-432	576	-432	-576		0
0	0	0	1536	0	0	576	-768	-576	-768		0
0	0	-1000	0	1432	-576	0	0	-432	576		0
0	0	0	0	-576	768	0	0	576	-768		0
-432	-576	-432	576	0	0	1864	0	-1000	0		0
-576	-768	576	-768	0	0	0	1536	0	0		-182
0	0	-432	-576	-432	576	-1000	0	1864	0		0
0	0	-576	-768	576	-768	0	0	0	1536		-182

La deformación vertical impuesta de 2 centímetros en el nudo 3 se introduce en el sistema en dos etapas:

En la primera se asignan valores nulos a todos los componentes de la fila sexta, excepto al correspondiente a la diagonal principal que adopta el valor 1. Además, se dispone el valor del desplazamiento impuesto en la fila sexta del vector de fuerzas nodales.

Con esto se consigue que se verifique la ecuación d6 = − 2. La fila sexta transformada se indica a continuación en negrita:

```
| 1432    576  -1000      0      0      0   -432   -576      0      0 |   |    0  |
|  576    768      0      0      0      0   -576   -768      0      0 |   |    0  |
| -1000     0   2864      0  -1000      0   -432    576   -432   -576 |   |    0  |
|    0      0      0   1536      0      0    576   -768   -576   -768 |   |    0  |
|    0      0  -1000      0   1432   -576      0      0   -432    576 |   |    0  |
|    0      0      0      0      0      1      0      0      0      0 |   |   -2  |
| -432   -576   -432    576      0      0   1864      0  -1000      0 |   |    0  |
| -576   -768    576   -768      0      0      0   1536      0      0 |   | -182  |
|    0      0   -432   -576   -432    576  -1000      0   1864      0 |   |    0  |
|    0      0   -576   -768    576   -768      0      0      0   1536 |   | -182  |
```

En la segunda etapa se disponen ceros en la columna sexta (excepto en la posición de la diagonal principal) y los valores allí existentes se multiplican por el desplazamiento impuesto y se restan de la fila correspondiente del vector de fuerzas nodales. La columna sexta transformada y la de términos independientes se representan en negrita:

```
| 1432    576  -1000      0      0      0   -432   -576      0      0 |   |    0  |
|  576    768      0      0      0      0   -576   -768      0      0 |   |    0  |
| -1000     0   2864      0  -1000      0   -432    576   -432   -576 |   |    0  |
|    0      0      0   1536      0      0    576   -768   -576   -768 |   |    0  |
|    0      0  -1000      0   1432      0      0      0   -432    576 |   | -1152 |
|    0      0      0      0      0      1      0      0      0      0 |   |   -2  |
| -432   -576   -432    576      0      0   1864      0  -1000      0 |   |    0  |
| -576   -768    576   -768      0      0      0   1536      0      0 |   | -182  |
|    0      0   -432   -576   -432      0  -1000      0   1864      0 |   | 1152  |
|    0      0   -576   -768    576      0      0      0      0   1536 |   | -1718 |
```

Seguidamente se introducen las restricciones de los apoyos. Se encuentran coartados los desplazamientos horizontal y vertical del nudo 1 y el vertical del nudo 2. Por lo tanto, no se consideran de momento las ecuaciones 1, 2 y 4. Se suprime también la fila 6 (asociada al desplazamiento impuesto) cuyo resultado es ya conocido.

```
| 1432    576  -1000      0      0      0   -432   -576      0      0 |   | R1x  |
|  576    768      0      0      0      0   -576   -768      0      0 |   | R1y  |
| -1000     0   2864      0  -1000      0   -432    576   -432   -576 |   |   0  |
|    0      0      0   1536      0      0    576   -768   -576   -768 |   | R2x  |
|    0      0  -1000      0   1432      0      0      0   -432    576 |   | -1152|
|    0      0      0      0      0      1      0      0      0      0 |   |   -2 |
| -432   -576   -432    576      0      0   1864      0  -1000      0 |   |   0  |
| -576   -768    576   -768      0      0      0   1536      0      0 |   | -182 |
|    0      0   -432   -576   -432      0  -1000      0   1864      0 |   | 1152 |
|    0      0   -576   -768    576      0      0      0      0   1536 |   | -1718|
```

Tras la eliminación de las cuatro filas y sus correspondientes columnas, el sistema queda reducido a seis ecuaciones, con las incógnitas d3, d5, d7, d8, d9 y d10 (desplazamiento horizontal de los nudos 2 y 3, y desplazamientos horizontales y verticales del 4 y 5).

$$
\begin{vmatrix}
2864 & -1000 & -432 & 576 & -432 & -576 \\
-1000 & 1432 & 0 & 0 & -432 & 576 \\
-432 & 0 & 1864 & 0 & -1000 & 0 \\
576 & 0 & 0 & 1536 & 0 & 0 \\
-432 & -432 & -1000 & 0 & 1864 & 0 \\
-576 & 576 & 0 & 0 & 0 & 1536
\end{vmatrix}
\begin{vmatrix}
d3 \\ d5 \\ d7 \\ d8 \\ d9 \\ d10
\end{vmatrix}
=
\begin{vmatrix}
0 \\ -1152 \\ 0 \\ -182 \\ 1152 \\ -1718
\end{vmatrix}
$$

La resolución del sistema proporciona los siguientes valores:

Incógnita	Valor (cm)
d3	−0.115453
d5	−0.230905
d7	0.367511
d8	−0.075195
d9	0.734917
d10	−1.075195

A los anteriores resultados hay que añadir el desplazamiento impuesto previamente conocido: d2 = 2 cm

Para la determinación del esfuerzo en cada barra (en función de los desplazamientos de sus nudos extremos) se emplea la expresión:

$$ N = [(d_{x2'} - d_{x1'}) \cos \alpha + (d_{y2'} - d_{y1'}) \sin \alpha] \, EA/L $$

Los desplazamientos se agregan al cuadro inicial de datos de barras y en su última columna se indican los esfuerzos resultantes del cálculo.

B	E (kN/cm^2)	A (cm^2)	L (cm)	sen α	cos α	d_{x1} (cm)	d_{y1} (cm)	d_{x2} (cm)	d_{y2} (cm)	N (kN)
1	15000	24	360	0	1	0	0	−0.115453	0	−115.45
2	15000	24	360	0	1	−0.115453	0	−0.230905	−2	−115.45
3	15000	24	300	0.8	0.6	0	0	0.367511	−0.075195	192.42

B	E (kN/cm²)	A (cm²)	L (cm)	sen α	cos α	d_{x1} (cm)	d_{y1} (cm)	d_{x2} (cm)	d_{y2} (cm)	N (kN)
4	15000	24	300	0.8	−0.6	−0.115453	0	0.367511	−0.075195	−419.92
5	15000	24	300	0.8	0.6	−0.115453	0	0.734917	−1.075195	−419.92
6	15000	24	300	0.8	−0.6	−0.230905	−2	0.734917	−1.075195	192.42
7	15000	24	360	0	1	0.367511	−0.075195	0.734917	−1.075195	367.41

Finalmente, las reacciones en los apoyos se determinan a partir de las cuatro ecuaciones previamente eliminadas.

La reacción vertical en el apoyo con su desplazamiento impuesto se obtiene de la fila sexta con sus valores originales tras el ensamblaje de las matrices de rigidez de las barras:

| 0   0   0   0 -576 768   0   0 576 -768 | | R3y |

El resto de las reacciones se determinan a partir de las tres ecuaciones correspondientes (filas 1, 2 y 4) también con los valores anteriores a la incorporación del desplazamiento impuesto en el nudo 3:

```
| 1432   576 -1000     0     0     0  -432  -576     0     0 |   | R1x |
|  576   768     0     0     0     0  -576  -768     0     0 |   | R1y |
|    0     0     0  1536     0     0   576  -768  -576  -768 |   | R2x |
```

Multiplicando ordenadamente los componentes de cada fila por los desplazamientos en los nudos se obtiene la reacción correspondiente del vector de fuerzas nodales. El cuadro muestra el resultado de las operaciones y también los desplazamientos de los nudos.

N	Rx (kN)	Ry (kN)	dx (cm)	dy (cm)
1	0	−153.94	0	0
2	0	671.87	−0.115453	0
3	0	−153.94	−0.230905	−2
4	0	0	0.367511	−0.075195
5	0	0	0.734917	−1.075195

En la primera figura se representa el sistema con los resultados obtenidos de reacciones y esfuerzos.

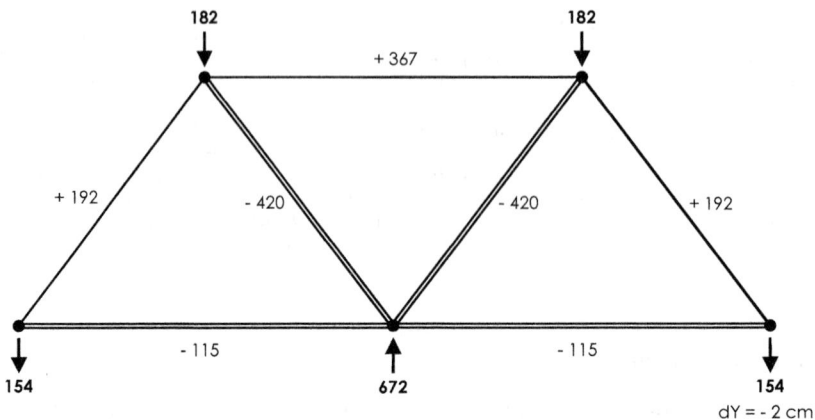

La segunda representa a escala la estructura deformada (a partir de los desplazamientos de los nudos). El factor de amplificación empleado es 40 (más reducido que en otras ocasiones por la relevancia del desplazamiento impuesto de 2 cm).

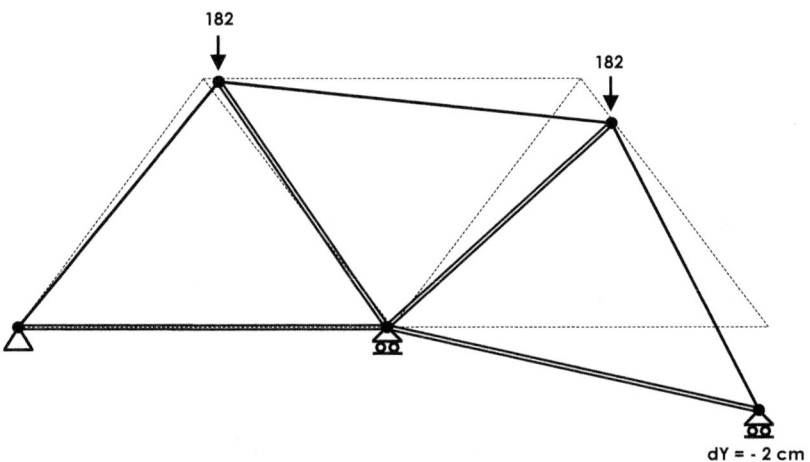

Comparando ambas figuras, se puede apreciar que las reacciones y esfuerzos resultan simétricos pero no los desplazamientos en los nudos.

También es relevante señalar que, aunque todas las barras tienen el mismo módulo de elasticidad y sección transversal, en este caso los valores de E y A sí son determinantes en las reacciones y los esfuerzos en las barras (por estar relacionados con un desplazamiento fijo e independiente de E y A).

Ejercicio 3.3.2

Determinar las reacciones en los enlaces y los esfuerzos en todas las barras producidos por un desplazamiento horizontal del apoyo E de 30 mm hacia la derecha.

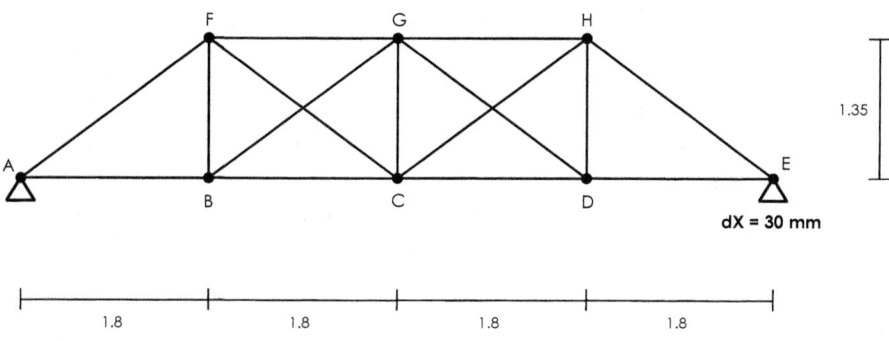

Las dos barras horizontales superiores y las dos diagonales exteriores tienen una sección transversal de 106 kN/cm^2, las diagonales y verticales intermedias de 54 cm^2 y las cuatro horizontales inferiores de 18 cm^2. E = 21000 kN/cm^2.

SOLUCIÓN

El sistema es simétrico y se analiza la zona derecha, con coacción al movimiento horizontal de los nudos C y G, y considerando la mitad de la sección transversal en la barra CG (27 cm^2) y la mitad del desplazamiento impuesto al apoyo derecho (15 mm).

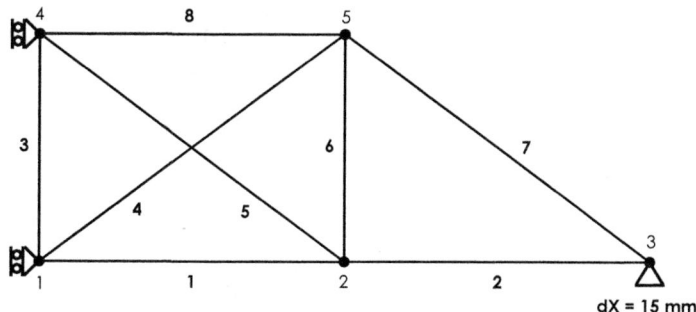

Con la numeración indicada de nudos y barras en el modelo de cálculo, se compone el correspondiente cuadro de datos.

Barra	Ni	Nf	E (kN/cm²)	A (cm²)	L (cm)	sen α	cos α
1	1	2	21000	18	180	0	1
2	2	3	21000	18	180	0	1
3	1	4	21000	27	135	1	0
4	1	5	21000	54	225	0.6	0.8
5	2	4	21000	54	225	0.6	−0.8
6	2	5	21000	54	135	1	0
7	3	5	21000	106	225	0.6	−0.8
8	4	5	21000	106	180	0	1

Las matrices de rigidez de las barras en coordenadas globales se forman a partir de la expresión:

$$[K_{ij}]^b = EA/L \begin{bmatrix} \cos^2\alpha & \operatorname{sen}\alpha\cos\alpha & -\cos^2\alpha & -\operatorname{sen}\alpha\cos\alpha \\ \operatorname{sen}\alpha\cos\alpha & \operatorname{sen}^2\alpha & -\operatorname{sen}\alpha\cos\alpha & -\operatorname{sen}^2\alpha \\ -\cos^2\alpha & -\operatorname{sen}\alpha\cos\alpha & \cos^2\alpha & \operatorname{sen}\alpha\cos\alpha \\ -\operatorname{sen}\alpha\cos\alpha & -\operatorname{sen}^2\alpha & \operatorname{sen}\alpha\cos\alpha & \operatorname{sen}^2\alpha \end{bmatrix}$$

La sustitución de los datos del cuadro anterior proporciona las siguientes matrices:

Barra 1

```
|   2100        0  -2100        0|
|      0        0      0        0|
|  -2100        0   2100        0|
|      0        0      0        0|
```

Barra 2

```
|   2100        0  -2100        0|
|      0        0      0        0|
|  -2100        0   2100        0|
|      0        0      0        0|
```

Barra 3

```
|      0        0      0        0|
|      0     4200      0    -4200|
|      0        0      0        0|
|      0    -4200      0     4200|
```

Barra 4

```
|   3226     2419  -3226    -2419|
|   2419     1814  -2419    -1814|
|  -3226    -2419   3226     2419|
|  -2419    -1814   2419     1814|
```

Barra 5

```
|   3226   -2419   -3226    2419|
|  -2419    1814    2419   -1814|
|  -3226    2419    3226   -2419|
|   2419   -1814   -2419    1814|
```

Barra 6

```
|      0       0       0       0|
|      0    8400       0   -8400|
|      0       0       0       0|
|      0   -8400       0    8400|
```

Barra 7

```
|   6332   -4749   -6332    4749|
|  -4749    3562    4749   -3562|
|  -6332    4749    6332   -4749|
|   4749   -3562   -4749    3562|
```

Barra 8

```
|  12367       0  -12367       0|
|      0       0       0       0|
| -12367       0   12367       0|
|      0       0       0       0|
```

Estas matrices se ensamblan en la matriz de rigidez de la estructura disponiendo sus submatrices en las correspondientes a los nudos extremos de cada barra.

```
|  5326   2419  -2100      0      0      0      0      0  -3226  -2419 |  | 0 |
|  2419   6014      0      0      0      0      0  -4200  -2419  -1814 |  | 0 |
| -2100      0   7426  -2419  -2100      0  -3226   2419      0      0 |  | 0 |
|     0      0  -2419  10214      0      0   2419  -1814      0  -8400 |  | 0 |
|     0      0  -2100      0   8432  -4749      0      0  -6332   4749 |  | 0 |
|     0      0      0      0  -4749   3562      0      0   4749  -3562 |  | 0 |
|     0      0  -3226   2419      0      0  15592  -2419 -12367      0 |  | 0 |
|     0  -4200   2419  -1814      0      0  -2419   6014      0      0 |  | 0 |
| -3226  -2419      0      0  -6332   4749 -12367      0  21924  -2330 |  | 0 |
| -2419  -1814      0  -8400   4749  -3562      0      0  -2330  13776 |  | 0 |
```

Ahora se introduce el desplazamiento horizontal impuesto en el nudo 3 (en cm). Afecta a la fila y columna quintas. Este es el resultado tras las dos etapas:

```
|  5326   2419  -2100      0      0      0      0      0  -3226  -2419 |  |    0|
|  2419   6014      0      0      0      0      0  -4200  -2419  -1814 |  |    0|
| -2100      0   7426  -2419      0      0  -3226   2419      0      0 |  | 3150|
|     0      0  -2419  10214      0      0   2419  -1814      0  -8400 |  |    0|
|     0      0      0      0      1      0      0      0      0      0 |  |  1.5|
|     0      0      0      0      0   3562      0      0   4749  -3562 |  | 7123|
|     0      0  -3226   2419      0      0  15592  -2419 -12367      0 |  |    0|
|     0  -4200   2419  -1814      0      0  -2419   6014      0      0 |  |    0|
| -3226  -2419      0      0      0   4749 -12367      0  21924  -2330 |  | 9498|
| -2419  -1814      0  -8400      0  -3562      0      0  -2330  13776 |  |-7123|
```

A continuación se introduce el resto de las coacciones en los enlaces. Están restringidos los movimentos horizontales de los nudos 1 y 4 y el vertical del nudo 3. Se suprimen del sistema las ecuaciones 1, 6 y 7, además de la 5 (correspondiente al desplazamiento ya conocido).

```
| 5326  2419 -2100      0    0     0      0       0 -3226 -2419 |  | R1x |
| 2419  6014     0      0    0     0      0   -4200 -2419 -1814 |  |  0  |
|-2100     0  7426  -2419    0     0  -3226   2419     0     0  |  |3150 |
|    0     0 -2419  10214    0     0   2419  -1814     0 -8400 |  |  0  |
|    0     0     0      0    1     0      0       0     0     0  |  | 1.5 |
|    0     0     0      0    0  3562      0       0  4749 -3562 |  | R3y |
|    0     0 -3226   2419    0     0  15592  -2419-12367     0  |  | R4x |
|    0 -4200  2419  -1814    0     0  -2419   6014     0     0  |  |  0  |
|-3226 -2419     0      0    0  4749 -12367      0 21924 -2330 |  |9488 |
|-2419 -1814     0  -8400    0 -3562      0       0 -2330 13776 |  |-7123|
```

Una vez eliminadas las filas y columnas, el sistema de 10 ecuaciones queda reducido a 6 (con las incógnitas d2, d3, d4, d8, d9 y d10 correspondientes a los movimientos verticales de los nudos 1 y 4, al horizontal del 3 y a los horizontales y verticales de los nudos 2 y 5).

```
|  6014      0      0  -4200 -2419 -1814 || d2  |       |   0  |
|     0   7426  -2419   2419     0     0 || d3  |       | 3150 |
|     0  -2419  10214  -1814     0 -8400 || d4  |       |   0  |
| -4200   2419  -1814   6014     0     0 || d8  |  =    |   0  |
| -2419      0      0      0 21924 -2330 || d9  |       | 9498 |
| -1814      0  -8400      0 -2330 13776 || d10 |       |-7123 |
```

Mediante la resolución de este sistema de ecuaciones, se obtiene el resto de valores para los desplazamientos (d5 = 1.5 cm).

Incógnita	Valor (cm)
d2	−2.413851
d3	0.593343
d4	−2.012193
d8	−2.531344
d9	−0.053204
d10	−2.070939

A partir de los desplazamientos de sus nudos extremos, el esfuerzo axil en cada barra se determina mediante la fórmula:

$$N = [(d_{x2'} - d_{x1'}) \cos \alpha + (d_{y2'} - d_{y1'}) \operatorname{sen} \alpha]\ EA/L$$

El primer cuadro de datos de barras se complementa con los cuatro desplazamientos (d_{x1}, d_{x2}, d_{y1} y d_{y2}) en los nudos extremos y los resultados del cálculo de los esfuerzos (en la columna de la derecha).

B	E (kN/cm²)	A (cm²)	L (cm)	sen α	cos α	d_{x1} (cm)	d_{y1} (cm)	d_{x2} (cm)	d_{y2} (cm)	N (kN)
1	21000	18	180	0	1	0	−2.413851	0.593343	−2.012193	1246.02
2	21000	18	180	0	1	0.593343	−2.012193	1.5	0	1903.98
3	21000	27	135	1	0	0	−2.413851	0	−2.531344	−493.47
4	21000	54	225	0.6	0.8	0	−2.413851	−0.053204	−2.070939	822.45
5	21000	54	225	0.6	−0.8	0.593343	−2.012193	0	−2.531344	822.45
6	21000	54	135	1	0	0.593343	−2.012193	−0.053204	−2.070939	−493.47
7	21000	106	225	0.6	−0.8	1.5	0	−0.053204	−2.070939	0
8	21000	106	180	0	1	0	−2.531344	−0.053204	−2.070939	−657.96

Las fuerzas nodales correspondientes a las reacciones de los enlaces externos se obtienen considerando las ecuaciones suprimidas para la determinación de los desplazamientos.

Los componentes de las filas 1, 5, 6 y 7 adoptan los valores previos a la incorporación del desplazamiento impuesto (los existentes tras el ensamblaje de las matrices de rigidez de las barras):

```
| 5326   2419 -2100      0      0      0      0      0 -3226 -2419 |   | R1x |
|    0      0 -2100      0   8432  -4749      0      0 -6332  4749 |   | R3x |
|    0      0     0      0  -4749   3562      0      0  4749 -3562 |   | R3y |
|    0      0 -3226   2419      0      0  15592  -2419 -12367     0 |   | R4x |
```

Mediante la suma de productos de los valores de cada fila por los desplazamientos en los nudos se obtiene la reacción correspondiente del vector de fuerzas.

Los resultados obtenidos y los desplazamientos de los nudos se recogen en el siguiente cuadro.

N	Rx (kN)	Ry (kN)	dx (cm)	dy (cm)
1	−1903.98	0	0	−2.413851
2	0	0	0.593343	−2.012193
3	1903.98	0	1.5	0
4	0	0	0	−2.531344
5	0	0	−0.053204	−2.070939

Se observa que las ecuaciones sexta y séptima han proporcionado valores nulos para la reacción vertical en el nudo 3 y la horizontal en el nudo 4. Ambos resultados tienen su justificación en la simetría del sistema y la ausencia de cargas exteriores.

En la figura se representan las reacciones en los apoyos y los esfuerzos en las barras de la estructura completa.

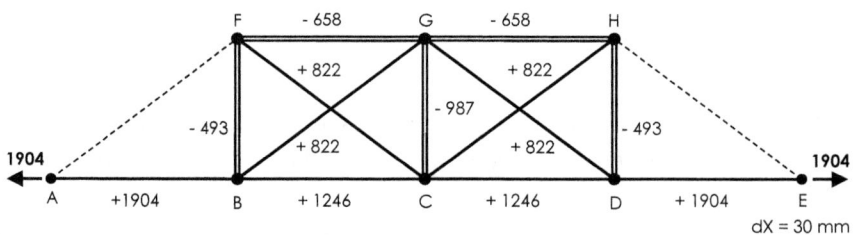

Aplicando las condiciones de de simetría, el esfuerzo en la barra central CG se multiplica por dos.

Ejercicio 3.3.3

La estructura representada está compuesta por perfiles de acero (E = 21000 kN/cm^2) con una sección transversal de 42 cm^2.

Su apoyo superior en el nudo F está ligado a un sistema más rígido y lo acompaña en su movimiento. Presenta por ello un desplazamiento impuesto horizontal de 15 mm hacia la derecha y vertical de 2 cm en sentido descendente.

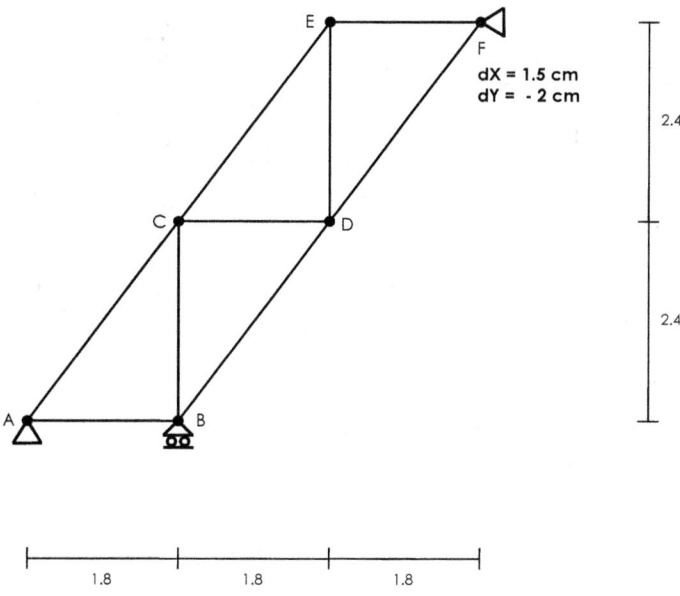

Mediante cálculo matricial, determinar las reacciones en los apoyos y los esfuerzos en las barras producidos por el movimiento de dicho nudo.

SOLUCIÓN

El sistema tiene 6 nudos, 9 barras y 5 incógnitas de reacción externa, y es hipersestático de segundo grado.

Como paso previo para su análisis se numeran los nudos y barras del modelo de cálculo:

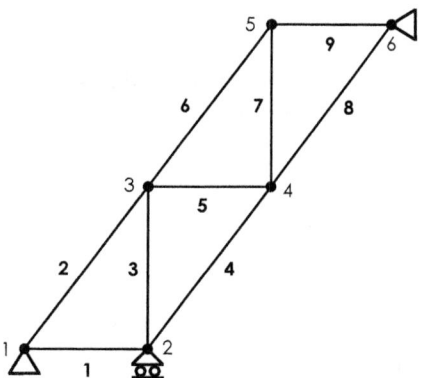

A continuación se compone el correspondiente cuadro con los datos de las nueve barras del sistema.

Barra	Ni	Nf	E (kN/cm²)	A (cm²)	L (cm)	sen α	cos α
1	1	2	21000	42	180	0	1
2	1	3	21000	42	300	0.8	0.6
3	2	3	21000	42	240	1	0
4	2	4	21000	42	300	0.8	0.6
5	3	4	21000	42	180	0	1
6	3	5	21000	42	300	0.8	0.6
7	4	5	21000	42	240	1	0
8	4	6	21000	42	300	0.8	0.6
9	5	6	21000	42	180	0	1

Para la formación de las matrices de rigidez de las barras en coordenadas globales, se emplea la expresión indicada:

$$[K_{ij}]^b = EA/L \begin{bmatrix} \cos^2 \alpha & \text{sen } \alpha \cos \alpha & -\cos^2 \alpha & -\text{sen } \alpha \cos \alpha \\ \text{sen } \alpha \cos \alpha & \text{sen}^2 \alpha & -\text{sen } \alpha \cos \alpha & -\text{sen}^2 \alpha \\ -\cos^2 \alpha & -\text{sen } \alpha \cos \alpha & \cos^2 \alpha & \text{sen } \alpha \cos \alpha \\ -\text{sen } \alpha \cos \alpha & -\text{sen}^2 \alpha & \text{sen } \alpha \cos \alpha & \text{sen}^2 \alpha \end{bmatrix}$$

La sustitución de los datos del cuadro proporciona las siguientes matrices (con valores expresados en kN/cm):

Barra 1

```
|   4900      0   -4900      0|
|      0      0       0      0|
|  -4900      0    4900      0|
|      0      0       0      0|
```

Barra 2

```
|   1058   1411   -1058   -1411|
|   1411   1882   -1411   -1882|
|  -1058  -1411    1058    1411|
|  -1411  -1882    1411    1882|
```

Barra 3

0	0	0	0
0	3675	0	-3675
0	0	0	0
0	-3675	0	3675

Barra 4

1058	1411	-1058	-1411
1411	1882	-1411	-1882
-1058	-1411	1058	1411
-1411	-1882	1411	1882

Barra 5

4900	0	-4900	0
0	0	0	0
-4900	0	4900	0
0	0	0	0

Barra 6

1058	1411	-1058	-1411
1411	1882	-1411	-1882
-1058	-1411	1058	1411
-1411	-1882	1411	1882

Barra 7

0	0	0	0
0	3675	0	-3675
0	0	0	0
0	-3675	0	3675

Barra 8

1058	1411	-1058	-1411
1411	1882	-1411	-1882
-1058	-1411	1058	1411
-1411	-1882	1411	1882

Barra 9

4900	0	-4900	0
0	0	0	0
-4900	0	4900	0
0	0	0	0

Estas matrices se ensamblan en la matriz de rigidez de la estructura disponiendo sus submatrices en las correspondientes a los nudos extremos de cada barra:

5958	1411	-4900	0	-1058	-1411	0	0	0	0	0	0	0
1411	1882	0	0	-1411	-1882	0	0	0	0	0	0	0
-4900	0	5958	1411	0	0	-1058	-1411	0	0	0	0	0
0	0	1411	5557	0	-3675	-1411	-1882	0	0	0	0	0
-1058	-1411	0	0	7017	2822	-4900	0	-1058	-1411	0	0	0
-1411	-1882	0	-3675	2822	7438	0	0	-1411	-1882	0	0	0
0	0	-1058	-1411	-4900	0	7017	2822	0	0	-1058	-1411	0
0	0	-1411	-1882	0	0	2822	7438	0	-3675	-1411	-1882	0
0	0	0	0	-1058	-1411	0	0	5958	1411	-4900	0	0
0	0	0	0	-1411	-1882	0	-3675	1411	5557	0	0	0
0	0	0	0	0	0	-1058	-1411	-4900	0	5958	1411	0
0	0	0	0	0	0	-1411	-1882	0	0	1411	1882	0

El siguiente paso es la introducción de los desplazamientos impuestos en el nudo 6. Se comienza con el horizontal de 1,5 cm que afecta a la fila y columna 11, y a continuación se incorpora el vertical de − 2 cm en la fila y columna 12.

```
| 5958  1411 -4900     0 -1058 -1411     0     0     0     0     0     0 ||    0|
| 1411  1882     0     0 -1411 -1882     0     0     0     0     0     0 ||    0|
|-4900     0  5958  1411     0     0 -1058 -1411     0     0     0     0 ||    0|
|    0     0  1411  5557     0 -3675 -1411 -1882     0     0     0     0 ||    0|
|-1058 -1411     0     0  7017  2822 -4900     0 -1058 -1411     0     0 ||    0|
|-1411 -1882     0 -3675  2822  7438     0     0 -1411 -1882     0     0 ||    0|
|    0     0 -1058 -1411 -4900     0  7017  2822     0     0     0 -1411 ||1587|
|    0     0 -1411 -1882     0     0  2822  7438     0 -3675     0 -1882 ||2116|
|    0     0     0     0 -1058 -1411     0     0  5958  1411     0     0 ||7350|
|    0     0     0     0 -1411 -1882     0 -3675  1411  5557     0     0 ||   0|
|    0     0     0     0     0     0     0     0     0     0     1     0 || 1.5|
|    0     0     0     0     0     0 -1411 -1882     0     0     0  1882 ||2116|
```

```
| 5958  1411 -4900     0 -1058 -1411     0     0     0     0     0     0 ||    0|
| 1411  1882     0     0 -1411 -1882     0     0     0     0     0     0 ||    0|
|-4900     0  5958  1411     0     0 -1058 -1411     0     0     0     0 ||    0|
|    0     0  1411  5557     0 -3675 -1411 -1882     0     0     0     0 ||    0|
|-1058 -1411     0     0  7017  2822 -4900     0 -1058 -1411     0     0 ||    0|
|-1411 -1882     0 -3675  2822  7438     0     0 -1411 -1882     0     0 ||    0|
|    0     0 -1058 -1411 -4900     0  7017  2822     0     0     0     0 ||-1235|
|    0     0 -1411 -1882     0     0  2822  7438     0 -3675     0     0 ||-1648|
|    0     0     0     0 -1058 -1411     0     0  5958  1411     0     0 || 7350|
|    0     0     0     0 -1411 -1882     0 -3675  1411  5557     0     0 ||    0|
|    0     0     0     0     0     0     0     0     0     0     1     0 ||  1.5|
|    0     0     0     0     0     0     0     0     0     0     0     1 ||    2|
```

Ahora se introducen las restricciones completas en el apoyo fijo del nudo 1 y el deslizante en el 2. No se consideran las ecuaciones 1, 2 y 4, además de la 11 y 12.

```
| 5958  1411 -4900     0 -1058 -1411     0     0     0     0     0     0 || R1x |
| 1411  1882     0     0 -1411 -1882     0     0     0     0     0     0 || R1y |
|-4900     0  5958  1411     0     0 -1058 -1411     0     0     0     0 ||    0|
|    0     0  1411  5557     0 -3675 -1411 -1882     0     0     0     0 || R2y |
|-1058 -1411     0     0  7017  2822 -4900     0 -1058 -1411     0     0 ||    0|
|-1411 -1882     0 -3675  2822  7438     0     0 -1411 -1882     0     0 ||    0|
|    0     0 -1058 -1411 -4900     0  7017  2822     0     0     0     0 ||-1235|
|    0     0 -1411 -1882     0     0  2822  7438     0 -3675     0     0 ||-1648|
|    0     0     0     0 -1058 -1411     0     0  5958  1411     0     0 || 7350|
|    0     0     0     0 -1411 -1882     0 -3675  1411  5557     0     0 ||    0|
|    0     0     0     0     0     0     0     0     0     0     1     0 ||  1.5|
|    0     0     0     0     0     0     0     0     0     0     0     1 ||    2|
```

Tras la eliminación de las cinco filas y columnas, el sistema de ecuaciones queda reducido a siete (con las incógnitas d3, d5, d6, d7, d8, d9 y d10 correspondientes al desplazamiento horizontal del nudo 2 y los horizontales y verticales de los nudos 3, 4 y 5).

$$
\begin{vmatrix}
5958 & 0 & 0 & -1058 & -1411 & 0 & 0 \\
0 & 7017 & 2822 & -4900 & 0 & -1058 & -1411 \\
0 & 2822 & 7438 & 0 & 0 & -1411 & -1882 \\
-1058 & -4900 & 0 & 7017 & 2822 & 0 & 0 \\
-1411 & 0 & 0 & 2822 & 7438 & 0 & -3675 \\
0 & -1058 & -1411 & 0 & 0 & 5958 & 1411 \\
0 & -1411 & -1882 & 0 & -3675 & 1411 & 5557
\end{vmatrix}
\begin{vmatrix}
d3 \\ d5 \\ d6 \\ d7 \\ d8 \\ d9 \\ d10
\end{vmatrix}
=
\begin{vmatrix}
0 \\ 0 \\ 0 \\ -1235 \\ -1648 \\ 7350 \\ 0
\end{vmatrix}
$$

La resolución del sistema de ecuaciones proporciona los valores de los desplazamientos buscados.

Incógnita	Valor (cm)
d3	−0.125683
d5	0.308339
d6	−0.047135
d7	0.334853
d8	−0.781801
d9	1.473487
d10	−0.828935

Para la determinación del esfuerzo en cada barra (en función de los desplazamientos de sus nudos extremos) se emplea la expresión:

$$
N = [(d_{x2'} - d_{x1'}) \cos \alpha + (d_{y2'} - d_{y1'}) \operatorname{sen} \alpha] EA/L
$$

Los desplazamientos se agregan al cuadro inicial de datos de barras y en su última columna se indican los esfuerzos resultantes del cálculo.

B	E (kN/cm²)	A (cm²)	L (cm)	sen α	cos α	d_{x1} (cm)	d_{y1} (cm)	d_{x2} (cm)	d_{y2} (cm)	N (kN)
1	21000	42	180	0	1	0	0	-0.125683	0	-615.85
2	21000	42	300	0.8	0.6	0	0	0.308339	-0.047135	433.05
3	21000	42	240	1	0	-0.125683	0	0.308339	-0.047135	-173.22
4	21000	42	300	0.8	0.6	-0.125683	0	0.334853	-0.781801	-1026.41
5	21000	42	180	0	1	0.308339	-0.047135	0.334853	-0.781801	129.91
6	21000	42	300	0.8	0.6	0.308339	-0.047135	1.473487	-0.828935	216.52
7	21000	42	240	1	0	0.334853	-0.781801	1.473487	-0.828935	-173.22
8	21000	42	300	0.8	0.6	0.334853	-0.781801	1.5	-2	-809.89
9	21000	42	180	0	1	1.473487	-0.828935	1.5	-2	129.91

Las reacciones en los apoyos se determinan a partir de las ecuaciones previamente eliminadas (con los valores anteriores a la introducción de los desplazamientos impuestos):

```
| 5958  1411 -4900     0 -1058 -1411     0     0     0     0     0     0 || R1x |
| 1411  1882     0     0 -1411 -1882     0     0     0     0     0     0 || R1y |
|    0     0  1411  5557     0 -3675 -1411 -1882     0     0     0     0 || R2y |
|    0     0     0     0     0     0 -1058 -1411 -4900     0  5958  1411 || R5x |
|    0     0     0     0     0     0 -1411 -1882     0     0  1411  1882 || R5y |
```

Multiplicando ordenadamente los componentes de cada fila por los desplazamientos en los nudos se obtiene la reacción correspondiente del vector de fuerzas nodales.

El cuadro siguiente muestra el resultado de las operaciones y también los desplazamientos de los nudos.

N	Rx (kN)	Ry (kN)	Dx (cm)	Dy (cm)
1	356.02	-346.44	0	0
2	0	994.35	-0.125683	0
3	0	0	0.308339	-0.047135
4	0	0	0.334853	-0.781801
5	0	0	1.473487	-0.828935
6	-356.02	-647.91	1.5	-2

Finalmente se trasladan a la figura las reacciones en los apoyos y los esfuerzos en las barras obtenidos en el proceso de cálculo:

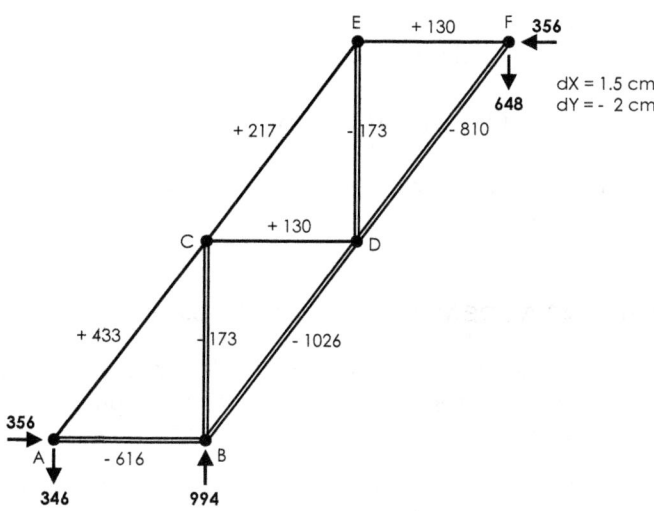

[3.4]. DILATACIÓN TÉRMICA

[3.4.1]. EFECTOS SOBRE BARRAS Y NUDOS

La dilatación Δ que experimenta una barra por el efecto de una variación térmica depende de su longitud L, del Coeficiente de Dilatación C_d del material y de la diferencia entre la temperatura final y la inicial ($T_f - T_i$), mediante la expresión:

$$\Delta = L \, C_d \, (T_f - T_i)$$

Si la barra se encuentra anclada en sus extremos mediante apoyos fijos, estos impiden dicha dilatación y lo hacen ejerciendo dos reacciones sobre la barra de valor R. Para su determinación se considera la siguiente descomposición en estados:

La variación longitudinal producida en el primer estado por la diferencia de temperaturas tiene que compensarse con la provocada en el segundo estado por la fuerza R.

Esta última depende del módulo de elasticidad del material E, del área de su sección transversal A y de su longitud L mediante:

$$\Delta = R\,L\,/\,E\,A$$

y obligando a la compatibilidad de deformaciones:

$$\Delta = L\,C_d\,(T_f - T_i) = R\,L\,/\,E\,A \quad \rightarrow \quad R = E\,A\,C_d\,(T_f - T_i)$$

Esta misma fuerza es la que la barra ejerce lógicamente sobre sus apoyos extremos, cuando estos son fijos.

[3.4.2]. Influencia sobre las fuerzas nodales

En la incorporación de los efectos de la dilatación térmica en una barra de un sistema, se suponen inicialmente fijos sus nudos extremos y se aplica sobre ellos la fuerza calculada en el apartado anterior.

Si la barra conecta por ejemplo los nudos H y L y forma un ángulo α con el eje X global, las fuerzas aplicadas sobre ambos nudos son:

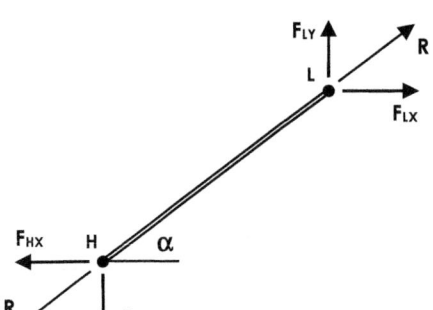

$$F_{HX} = -\,R\cos\alpha - E\,A\,C_d\,(T_f - T_i)\cos\alpha$$

$$F_{HY} = -\,R\,\mathrm{sen}\,\alpha - E\,A\,C_d\,(T_f - T_i)\,\mathrm{sen}\,\alpha$$

$$F_{LX} = +\,R\cos\alpha + E\,A\,C_d\,(T_f - T_i)\cos\alpha$$

$$F_{LY} = +\,R\,\mathrm{sen}\,\alpha + E\,A\,C_d\,(T_f - T_i)\,\mathrm{sen}\,\alpha$$

Estas fuerzas se ensamblan finalmente en las filas correspondientes de los nudos H y L del vector de fuerzas nodales.

[3.4.3]. Esfuerzos finales en las barras

Al aplicar las acciones ejercidas sobre la estructura los nudos no permanecen fijos y el esfuerzo de las barras depende de sus desplazamientos. En este caso a la expresión

$$N = [(d_{x2'} - d_{x1'})\cos\alpha + (d_{y2'} - d_{y1'})\,\mathrm{sen}\,\alpha]\,EA/L$$

hay que agregarle el término $-\,E\,A\,C_d\,(T_f - T_i)$ correspondiente al esfuerzo provocado por el estado inicial del efecto térmico con nudos fijos, resultando finalmente:

$$N = [(d_{x2'} - d_{x1'})\cos\alpha + (d_{y2'} - d_{y1'})\,\mathrm{sen}\,\alpha - L\,C_d\,(T_f - T_i)]\,EA/L$$

Ejercicio 3.4.01

La estructura de la figura está formada por barras de acero con un módulo de elasticidad de 21000 kN/cm^2 y un coeficiente de dilatación térmica de 0.000012 °C^{-1}.

La sección transversal de todas las barras exteriores es de 90 cm^2, y la de los montantes y diagonales interiores de 66 cm^2.

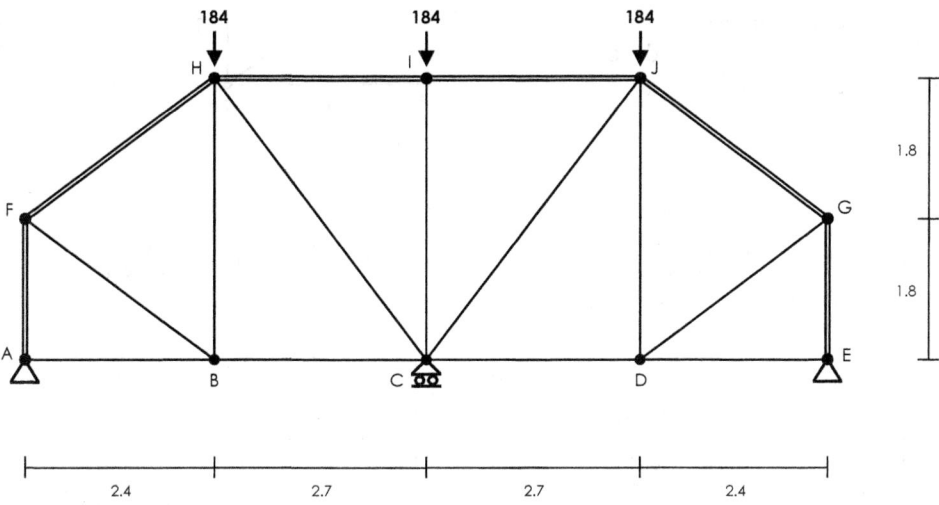

Determinar las reacciones en los apoyos y los esfuerzos en toda la estructura producidos por las tres cargas de 186 kN y un incremento de temperatura de 30 °C en el cordón superior AFHIJGE (señalado con doble trazo).

SOLUCIÓN

El sistema es simétrico en geometría, acciones y enlaces. Se analiza la zona izquierda, con la incorporación de las siguientes condiciones:

- Coacción al movimiento horizontal del nudo C, que se suma a la coacción al desplazamiento vertical existente y transforma el apoyo deslizante en fijo.

- Coacción al movimiento horizontal del nudo I.

- Disposición de la mitad de la carga aplicada sobre I (92 kN).

- Consideración de la mitad de la sección transversal en la barra central CI (33 cm^2).

La figura muestra el modelo de cálculo adoptado y la numeración de sus nudos y barras.

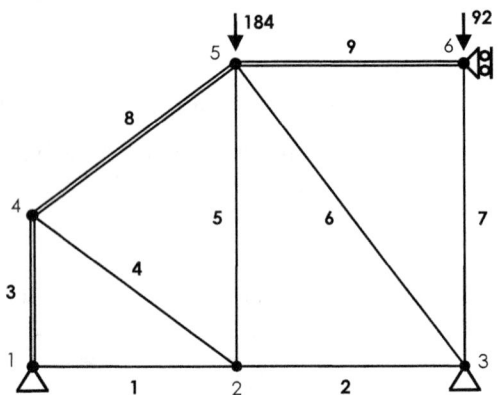

Al cuadro habitual de datos de barras se le agregan en este caso dos nuevas columnas: el coeficiente de dilatación y la diferencia de temperatura.

Barra	Ni	Nf	E (kN/cm²)	A (cm²)	L (cm)	sen α	cos α	Cd (1/°C)	Tf − Ti (°C)
1	1	2	21000	90	240	0	1	0.000012	0
2	2	3	21000	90	270	0	1	0.000012	0
3	1	4	21000	90	180	1	0	0.000012	30
4	2	4	21000	66	300	0.6	−0.8	0.000012	0
5	2	5	21000	66	360	1	0	0.000012	0
6	3	5	21000	66	450	0.8	−0.6	0.000012	0
7	3	6	21000	33	360	1	0	0.000012	0
8	4	5	21000	90	300	0.6	0.8	0.000012	30
9	5	6	21000	90	270	0	1	0.000012	30

Las matrices de rigidez de las barras en coordenadas globales se forman a partir de la expresión:

$$[K_{ij}]^b = EA/L \begin{bmatrix} \cos^2 \alpha & \sen \alpha \cos \alpha & -\cos^2 \alpha & -\sen \alpha \cos \alpha \\ \sen \alpha \cos \alpha & \sen^2 \alpha & -\sen \alpha \cos \alpha & -\sen^2 \alpha \\ -\cos^2 \alpha & -\sen \alpha \cos \alpha & \cos^2 \alpha & \sen \alpha \cos \alpha \\ -\sen \alpha \cos \alpha & -\sen^2 \alpha & \sen \alpha \cos \alpha & \sen^2 \alpha \end{bmatrix}$$

La sustitución de los datos del cuadro anterior proporciona las siguientes matrices (con sus componentes en kN/cm):

Barra 1

7875	0	-7875	0
0	0	0	0
-7875	0	7875	0
0	0	0	0

Barra 2

7000	0	-7000	0
0	0	0	0
-7000	0	7000	0
0	0	0	0

Barra 3

0	0	0	0
0	10500	0	-10500
0	0	0	0
0	-10500	0	10500

Barra 4

2957	-2218	-2957	2218
-2218	1663	2218	-1663
-2957	2218	2957	-2218
2218	-1663	-2218	1663

Barra 5

0	0	0	0
0	3850	0	-3850
0	0	0	0
0	-3850	0	3850

Barra 6

1109	-1478	-1109	1478
-1478	1971	1478	-1971
-1109	1478	1109	-1478
1478	-1971	-1478	1971

Barra 7

0	0	0	0
0	1925	0	-1925
0	0	0	0
0	-1925	0	1925

Barra 8

4032	3024	-4032	-3024
3024	2268	-3024	-2268
-4032	-3024	4032	3024
-3024	-2268	3024	2268

Barra 9

7000	0	-7000	0
0	0	0	0
-7000	0	7000	0
0	0	0	0

Estas matrices se ensamblan en la matriz de rigidez de la estructura disponiendo sus submatrices en las correspondientes a los nudos extremos de cada barra. Las fuerzas aplicadas en los nudos 5 y 6 se trasladan a las filas 10 y 12 del vector de fuerzas nodales.

Tras este proceso de ensamblaje, la matriz de rigidez y el vector de fuerzas quedan así:

```
| 7875      0 -7875     0     0     0     0     0     0     0     0     0 ||   0 |
|    0 10500     0     0     0     0     0-10500     0     0     0     0 ||   0 |
|-7875      0 17832 -2218 -7000     0 -2957  2218     0     0     0     0 ||   0 |
|    0      0 -2218  5513     0     0  2218 -1663     0 -3850     0     0 ||   0 |
|    0      0 -7000     0  8109 -1478     0     0 -1109  1478     0     0 ||   0 |
|    0      0     0     0 -1478  3896     0     0  1478 -1971     0 -1925 ||   0 |
|    0      0 -2957  2218     0     0  6989   806 -4032 -3024     0     0 ||   0 |
|    0 -10500  2218 -1663     0     0   806 14431 -3024 -2268     0     0 ||   0 |
|    0      0     0     0 -1109  1478 -4032 -3024 12141  1546 -7000     0 ||   0 |
|    0      0     0 -3850  1478 -1971 -3024 -2268  1546  8089     0     0 ||-184|
|    0      0     0     0     0     0     0     0 -7000     0  7000     0 ||   0 |
|    0      0     0     0     0 -1925     0     0     0     0     0  1925 || -92|
```

Para la incorporación del efecto de las dilataciones térmicas, se forma un nuevo cuadro con las fuerzas ejercidas por las barras afectadas sobre los nudos extremos (de acuerdo con las expresiones indicadas en el apartado 3.4.2):

B	E (kN/cm²)	A (cm²)	Cd (1/°C)	dT (°C)	sen α	cos α	F_{x1} (kN)	F_{y1} (kN)	F_{x2} (kN)	F_{y2} (kN)
3	21000	90	0.000012	30	1	0	0	−680	0	680
8	21000	90	0.000012	30	0.6	0.8	−544	−408	544	408
9	21000	90	0.000012	30	0	1	−680	0	680	0

Estas fuerzas se añaden en las filas correspondientes del vector de fuerzas nodales. Las de la barra 3 (nudos 1 y 2) sobre las filas 1, 2, 7 y 8; las de la barra 8 (nudos 4 y 5) sobre las filas 7, 8, 9 y 10; y las de la barra 9 (nudos 5 y 6) sobre las filas 9, 10, 11 y 12:

```
| 7875      0 -7875     0     0     0     0     0     0     0     0     0 ||   0 |
|    0 10500     0     0     0     0     0-10500     0     0     0     0 ||-680|
|-7875      0 17832 -2218 -7000     0 -2957  2218     0     0     0     0 ||   0 |
|    0      0 -2218  5513     0     0  2218 -1663     0 -3850     0     0 ||   0 |
|    0      0 -7000     0  8109 -1478     0     0 -1109  1478     0     0 ||   0 |
|    0      0     0     0 -1478  3896     0     0  1478 -1971     0 -1925 ||   0 |
|    0      0 -2957  2218     0     0  6989   806 -4032 -3024     0     0 ||-544|
|    0 -10500  2218 -1663     0     0   806 14431 -3024 -2268     0     0 || 272|
|    0      0     0     0 -1109  1478 -4032 -3024 12141  1546 -7000     0 ||-136|
|    0      0     0 -3850  1478 -1971 -3024 -2268  1546  8089     0     0 || 224|
|    0      0     0     0     0     0     0     0 -7000     0  7000     0 || 680|
|    0      0     0     0     0 -1925     0     0     0     0     0  1925 || -92|
```

En la siguiente etapa se introducen las coacciones impuestas por los enlaces externos. Están restringidos los desplazamientos horizontales y verticales de los nudos 1 y 3
y el horizontal del nudo 6. Por lo tanto, se suprimen del sistema las ecuaciones 1, 2, 5,
6 y 11.

```
|  7875      0  -7875      0      0      0      0      0      0      0      0      0 ||    0 |
|     0  10500      0      0      0      0      0 -10500      0      0      0      0 || -680 |
| -7875      0  17832  -2218  -7000      0  -2957   2218      0      0      0      0 ||    0 |
|     0      0  -2218   5513      0      0   2218  -1663      0  -3850      0      0 ||    0 |
|     0      0  -7000      0   8109  -1478      0      0  -1109   1478      0      0 ||    0 |
|     0      0      0      0  -1478   3896      0      0   1478  -1971      0  -1925 ||    0 |
|     0      0  -2957   2218      0      0   6989    806  -4032  -3024      0      0 || -544 |
|     0 -10500   2218  -1663      0      0    806  14431  -3024  -2268      0      0 ||  272 |
|     0      0      0      0  -1109   1478  -4032  -3024  12141   1546  -7000      0 || -136 |
|     0      0      0  -3850   1478  -1971  -3024  -2268   1546   8089      0      0 ||  224 |
|     0      0      0      0      0      0      0      0  -7000      0   7000      0 ||  680 |
|     0      0      0      0      0  -1925      0      0      0      0      0   1925 ||  -92 |
```

Una vez eliminadas las filas y columnas, el sistema de ecuaciones queda reducido a
siete (con las incógnitas d3, d4, d7, d8, d9, d10 y d12 correspondientes a los desplazamientos horizontales y verticales de los nudos 2, 4 y 5 y el vertical del nudo 6).

```
| 17832  -2218  -2957   2218      0      0      0 || d3  |       |    0 |
| -2218   5513   2218  -1663      0  -3850      0 || d4  |       |    0 |
| -2957   2218   6989    806  -4032  -3024      0 || d7  |       | -544 |
|  2218  -1663    806  14431  -3024  -2268      0 || d8  |  =    |  272 |
|     0      0  -4032  -3024  12141   1546      0 || d9  |       | -136 |
|     0  -3850  -3024  -2268   1546   8089      0 || d10 |       |  224 |
|     0      0      0      0      0      0   1925 || d12 |       |  -92 |
```

Mediante la resolución de este sistema de ecuaciones, se obtienen los siguientes valores para los desplazamientos.

Incógnita	Valor (cm)
d3	−0.014900
d4	0.081263
d7	−0.125951
d8	0.033138
d9	−0.049632
d10	0.038087
d12	−0.047792

A partir de los desplazamientos de sus nudos extremos, el esfuerzo axil en cada barra se determina mediante la fórmula indicada en el apartado 3.4.3:

$$N = [(d_{x2'} - d_{x1'}) \cos \alpha + (d_{y2'} - d_{y1'}) \operatorname{sen} \alpha - L\, C_d\, (T_f - T_i)]\, EA/L$$

Para su aplicación se compone un cuadro con el cociente EA/L, el término LC_d $(T_f - T_i)$, las funciones angulares y los cuatro desplazamientos (d_{x1}, d_{x2}, d_{y1} y d_{y2}) en los nudos extremos. Los resultados del cálculo de los esfuerzos se reflejan en la columna de la derecha.

B	EA/L (kN/cm)	LC_d (Tf–Ti) (cm)	sen α	cos α	d_{x1} (cm)	d_{y1} (cm)	d_{x2} (cm)	d_{y2} (cm)	N (kN)
1	7875	0	0	1	0	0	−0.0149	0.081263	−117.34
2	7000	0	0	1	−0.0149	0.081263	0	0	104.3
3	10500	0.0648	1	0	0	0	−0.125951	0.033138	−332.45
4	4620	0	0.6	−0.8	0.0149	0.081263	−0.125951	0.033138	277.04
5	3850	0	1	0	−0.0149	0.081263	−0.049632	0.038087	−166.23
6	3080	0	0.8	−0.6	0	0	−0.049632	0.038087	185.57
7	1925	0	1	0	0	0	0	−0.047792	−92
8	6300	0.108	0.6	0.8	−0.125951	0.033138	−0.049632	0.038087	−277.04
9	7000	0.0972	0	1	−0.049632	0.038087	0	−0.047792	−332.98

Por su parte, las fuerzas nodales correspondientes a las reacciones de los enlaces externos se obtienen considerando las cinco ecuaciones suprimidas para la determinación de los desplazamientos:

```
| 7875      0 -7875    0     0     0    0    0     0     0     0     0 || R1x     |
|    0  10500     0    0     0     0    0-10500     0     0     0     0 ||R2x-680|
|    0      0 -7000    0  8109 -1478    0    0 -1109  1478     0     0 || R3x     |
|    0      0     0    0 -1478  3896    0    0  1478 -1971     0 -1925 || R3y     |
|    0      0     0    0     0     0    0    0 -7000     0  7000     0 ||R5x+680|
```

Mediante la suma de productos de los valores de cada fila por los desplazamientos en los nudos se obtiene la reacción correspondiente del vector de fuerzas (restando en su caso la fuerza adicional en dicho vector).

Los resultados obtenidos y los desplazamientos de los nudos se recogen en el siguiente cuadro.

N	Rx (kN)	Ry (kN)	dx (cm)	dy (cm)
1	117.34	332.45	0	0
2	0	0	−0.0149	0.081263
3	215.64	−56.45	0	0
4	0	0	−0.125951	0.033138
5	0	0	−0.049632	0.038087
6	−332.98	0	0	−0.047792

En la figura se representan finalmente las reacciones en los apoyos y los esfuerzos en las barras del sistema completo:

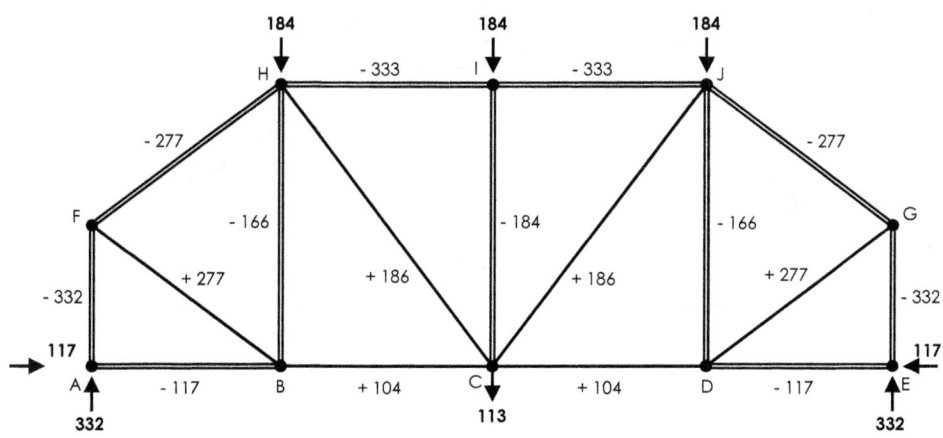

Aplicando las condiciones de simetría, la reacción en C y el esfuerzo en la barra CI se multiplican por dos.

Ejercicio 3.4.02

El sistema articulado hiperestático de la figura está formado por perfiles de dos tipos de material:

- Las barras contenidas en el rectángulo central CDEFGH tienen un módulo de elasticidad de 13500 kN/cm², un coeficiente de dilatación de 0.000018 °C⁻¹ y una sección transversal de 60 cm².

- El resto de las barras son de acero (E = 21000 kN/cm2, Cd = 0.000012 °C⁻¹). Las cuatro diagonales exteriores (tramos AI y BI) tienen una sección transversal de 150 cm² y las barras AC, BE y GI de 120 cm².

Determinar las reacciones en los apoyos, los esfuerzos en las barras y los desplazamientos en los nudos producidos por un descenso de temperatura de 20 °C en el cordón inferior ACDEB (señalado con doble trazo).

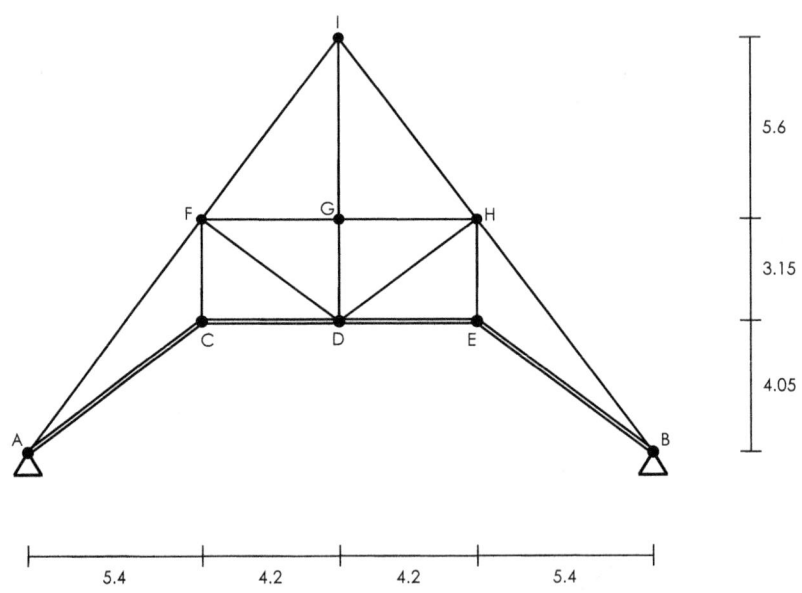

SOLUCIÓN

El sistema es simétrico y se analiza su mitad izquierda, imponiendo las correspondientes coacciones al desplazamiento horizontal en los nudos D, G e I y considerando la mitad de la sección transversal en las barras DG (30 cm²) y GI (60 cm²).

La figura muestra el modelo de cálculo adoptado y la numeración de sus nudos y barras.

El cuadro de datos de barras incluye las columnas del coeficiente de dilatación térmica y la diferencia de temperatura.

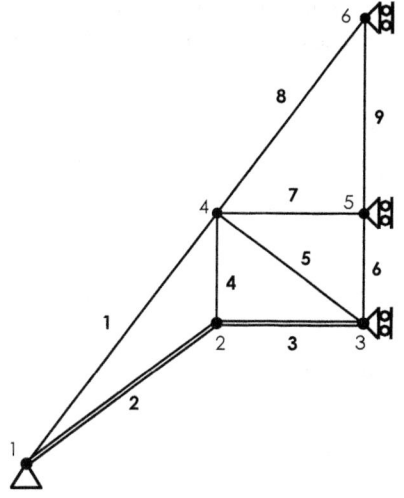

Barra	Ni	Nf	E (kN/cm²)	A (cm²)	L (cm)	sen α	cos α	Cd (1/°C)	Tf – Ti (°C)
1	1	4	21000	150	900	0.8	0.6	0.000012	0
2	1	2	21000	120	675	0.6	0.8	0.000012	–20
3	2	3	13500	60	420	0	1	0.000018	–20
4	2	4	13500	60	315	1	0	0.000018	0
5	3	4	13500	60	525	0.6	–0.8	0.000018	0
6	3	5	13500	30	315	1	0	0.000018	0
7	4	5	13500	60	420	0	1	0.000018	0
8	4	6	21000	150	700	0.8	0.6	0.000012	0
9	5	6	21000	60	560	1	0	0.000012	0

Las matrices de rigidez de las barras en coordenadas globales se forman a partir de la expresión:

$$[K_{ij}]^b = EA/L \begin{bmatrix} \cos^2 \alpha & \text{sen } \alpha \cos \alpha & -\cos^2 \alpha & -\text{sen } \alpha \cos \alpha \\ \text{sen } \alpha \cos \alpha & \text{sen}^2 \alpha & -\text{sen } \alpha \cos \alpha & -\text{sen}^2 \alpha \\ -\cos^2 \alpha & -\text{sen } \alpha \cos \alpha & \cos^2 \alpha & \text{sen } \alpha \cos \alpha \\ -\text{sen } \alpha \cos \alpha & -\text{sen}^2 \alpha & \text{sen } \alpha \cos \alpha & \text{sen}^2 \alpha \end{bmatrix}$$

La sustitución de los datos del cuadro anterior proporciona las siguientes matrices (con sus componentes en kN/cm):

Barra 1

1260	1680	−1260	−1680
1680	2240	−1680	−2240
−1260	−1680	1260	1680
−1680	−2240	1680	2240

Barra 2

2389	1792	−2389	−1792
1792	1344	−1792	−1344
−2389	−1792	2389	1792
−1792	−1344	1792	1344

Barra 3

1929	0	−1929	0
0	0	0	0
−1929	0	1929	0
0	0	0	0

Barra 4

0	0	0	0
0	2571	0	−2571
0	0	0	0
0	−2571	0	2571

Barra 5

987	−741	−987	741
−741	555	741	−555
−987	741	987	−741
741	−555	−741	555

Barra 6

0	0	0	0
0	1286	0	−1286
0	0	0	0
0	−1286	0	1286

Barra 7

1929	0	−1929	0
0	0	0	0
−1929	0	1929	0
0	0	0	0

Barra 8

1620	2160	−1620	−2160
2160	2880	−2160	−2880
−1620	−2160	1620	2160
−2160	−2880	2160	2880

Barra 9

0	0	0	0
0	2250	0	−2250
0	0	0	0
0	−2250	0	2250

Estas matrices se ensamblan en la matriz de rigidez de la estructura disponiendo sus submatrices en las correspondientes a los nudos extremos de cada barra. En este caso no existen cargas externamente aplicadas sobre los nudos.

Esta es la matriz de rigidez tras el proceso de ensamblaje. El vector de fuerzas nodales de momento es nulo:

```
| 3649   3472  -2389  -1792     0      0  -1260  -1680     0     0     0     0 ||  0 |
| 3472   3584  -1792  -1344     0      0  -1680  -2240     0     0     0     0 ||  0 |
|-2389  -1792   4318   1792  -1929     0      0      0     0     0     0     0 ||  0 |
|-1792  -1344   1792   3915     0      0      0  -2571     0     0     0     0 ||  0 |
|    0      0  -1929      0   2916   -741   -987    741     0     0     0     0 ||  0 |
|    0      0      0      0   -741   1841    741   -555     0 -1286     0     0 ||  0 |
|-1260  -1680      0      0   -987    741   5796   3099 -1929     0 -1620 -2160 ||  0 |
|-1680  -2240      0  -2571    741   -555   3099   8247     0     0 -2160 -2880 ||  0 |
|    0      0      0      0      0      0  -1929      0  1929     0     0     0 ||  0 |
|    0      0      0      0      0  -1286      0      0     0  3536     0 -2250 ||  0 |
|    0      0      0      0      0      0  -1620  -2160     0     0  1620  2160 ||  0 |
|    0      0      0      0      0      0  -2160  -2880     0 -2250  2160  5130 ||  0 |
```

Para la incorporación del efecto de las dilataciones térmicas, se forma un cuadro con las fuerzas ejercidas por las barras afectadas sobre los nudos extremos (de acuerdo con las expresiones indicadas en el apartado 3.4.2).

B	E (kN/cm²)	A (cm²)	Cd (1/°C)	dT (°C)	sen α	cos α	F_{x1} (kN)	F_{y1} (kN)	F_{x2} (kN)	F_{y2} (kN)
2	21000	120	0.000012	−20	0.6	0.8	484	363	−484	−363
3	13500	60	0.000018	−20	0	1	292	0	−292	0

Estas fuerzas se añaden en las filas correspondientes del vector de fuerzas nodales. Las de la barra 2 (nudos 1 y 2) sobre las filas 1, 2, 3 y 4, y las de la barra 3 (nudos 2 y 3) sobre las filas 3, 4, 5 y 6:

```
| 3649   3472  -2389  -1792     0      0  -1260  -1680     0     0     0     0 || 484|
| 3472   3584  -1792  -1344     0      0  -1680  -2240     0     0     0     0 || 363|
|-2389  -1792   4318   1792  -1929     0      0      0     0     0     0     0 ||-192|
|-1792  -1344   1792   3915     0      0      0  -2571     0     0     0     0 ||-363|
|    0      0  -1929      0   2916   -741   -987    741     0     0     0     0 ||-292|
|    0      0      0      0   -741   1841    741   -555     0 -1286     0     0 ||  0 |
|-1260  -1680      0      0   -987    741   5796   3099 -1929     0 -1620 -2160 ||  0 |
|-1680  -2240      0  -2571    741   -555   3099   8247     0     0 -2160 -2880 ||  0 |
|    0      0      0      0      0      0  -1929      0  1929     0     0     0 ||  0 |
|    0      0      0      0      0  -1286      0      0     0  3536     0 -2250 ||  0 |
|    0      0      0      0      0      0  -1620  -2160     0     0  1620  2160 ||  0 |
|    0      0      0      0      0      0  -2160  -2880     0 -2250  2160  5130 ||  0 |
```

A continuación se introducen las restricciones de los enlaces externos. Están coartados el desplazamiento horizontal y vertical del nudo 1 y los movimientos horizontales de los nudos 3, 5 y 6. Se eliminan por lo tanto del sistema las ecuaciones 1, 2, 5, 9 y 11.

```
|  3649  3472 -2389 -1792     0     0 -1260 -1680     0     0     0     0 ||  484|
|  3472  3584 -1792 -1344     0     0 -1680 -2240     0     0     0     0 ||  363|
| -2389 -1792  4318  1792 -1929     0     0     0     0     0     0     0 || -192|
| -1792 -1344  1792  3915     0     0     0 -2571     0     0     0     0 || -363|
|     0     0 -1929     0  2916  -741  -987   741     0     0     0     0 || -292|
|     0     0     0     0  -741  1841   741  -555     0 -1286     0     0 ||    0|
| -1260 -1680     0     0  -987   741  5796  3099 -1929     0 -1620 -2160 ||    0|
| -1680 -2240     0 -2571   741  -555  3099  8247     0     0 -2160 -2880 ||    0|
|     0     0     0     0     0     0 -1929     0  1929     0     0     0 ||    0|
|     0     0     0     0     0 -1286     0     0     0  3536     0 -2250 ||    0|
|     0     0     0     0     0     0 -1620 -2160     0     0  1620  2160 ||    0|
|     0     0     0     0     0     0 -2160 -2880     0 -2250  2160  5130 ||    0|
```

Una vez suprimidas las filas y sus correspondientes columnas, el sistema de ecuaciones queda reducido a siete con las incógnitas d3, d4, d7, d8, d9, d10 y d12 (asociadas a los desplazamientos horizontales y verticales de los nudos 2, 4 y 5 y el vertical del nudo 6).

```
|  4318  1792     0     0     0     0     0 || d3  |     | -192 |
|  1792  3915     0     0 -2571     0     0 || d4  |     | -363 |
|     0     0  1841   741  -555 -1286     0 || d6  |     |    0 |
|     0     0   741  5796  3099     0 -2160 || d7  |  =  |    0 |
|     0 -2571  -555  3099  8247     0 -2880 || d8  |     |    0 |
|     0     0 -1286     0     0  3536 -2250 || d10 |     |    0 |
|     0     0     0 -2160 -2880 -2250  5130 || d12 |     |    0 |
```

La resolución de este sistema de ecuaciones proporciona los siguientes valores para los desplazamientos.

Incógnita	Valor (cm)
d3	0.029362
d4	−0.178026
d6	−0.118544
d7	0.041091
d8	−0.109493
d10	−0.098785
d12	−0.087495

A partir de los desplazamientos de sus nudos extremos, el esfuerzo axil en cada barra se determina mediante la fórmula indicada en el apartado 3.4.3:

$$N = [(d_{x2'} - d_{x1'}) \cos \alpha + (d_{y2'} - d_{y1'}) \operatorname{sen} \alpha - L\, C_d\, (T_f - T_i)]\, EA/L$$

Para su aplicación se compone un cuadro con el cociente EA/L, el término LC_d (Tf–Ti), las funciones angulares y los cuatro desplazamientos (d_{x1}, d_{x2}, d_{y1} y d_{y2}) en los nudos extremos. Los resultados del cálculo de los esfuerzos se reflejan en la columna de la derecha.

B	EA/L (kN/cm)	LC_d (Tf–Ti) (cm)	sen α	cos α	d_{x1} (cm)	d_{y1} (cm)	d_{x2} (cm)	d_{y2} (cm)	N (kN)
1	3500	0	0.8	0.6	0	0	0.041091	−0.109493	−220.29
2	3733	−0.1620	0.6	0.8	0	0	0.029362	−0.178026	293.72
3	1929	−0.1512	0	1	0.029362	−0.178026	0	−0.118544	234.97
4	2571	0	1	0	0.029362	−0.178026	0.041091	−0.109493	176.23
5	1543	0	0.6	−0.8	0	−0.118544	0.041091	−0.109493	−42.34
6	1286	0	1	0	0	−0.118544	0	−0.098785	25.4
7	1929	0	0	1	0.041091	−0.109493	0	−0.098785	−79.25
8	4500	0	0.8	0.6	0.041091	−0.109493	0	−0.087495	−31.75
9	2250	0	1	0	0	−0.098785	0	−0.087495	25.4

Por su parte, las fuerzas nodales correspondientes a las reacciones de los enlaces externos se obtienen considerando las cinco ecuaciones suprimidas para la determinación de los desplazamientos:

```
| 3649   3472  -2389  -1792     0      0  -1260  -1680     0      0      0 | |R1x+484|
| 3472   3584  -1792  -1344     0      0  -1680  -2240     0      0      0 | |R1y+363|
|    0      0  -1929      0   2916   -741  -987    741     0      0      0 | |R3x-292|
|    0      0      0      0     0      0  -1929      0   1929     0      0 | |  R5x  |
|    0      0      0      0     0      0  -1620  -2160     0      0   1620  2160 | |  R6x  |
```

Mediante la suma de productos de los valores de cada fila por los desplazamientos en los nudos se obtiene la reacción correspondiente del vector de fuerzas (restando en su caso la fuerza adicional en dicho vector)

Los resultados obtenidos y los desplazamientos de los nudos se recogen en el siguiente cuadro.

N	Rx (kN)	Ry (kN)	dx (cm)	dy (cm)
1	−102.8	0	0	0
2	0	0	0.029362	−0.178026
3	201.1	0	0	−0.118544
4	0	0	0.041091	−0.109493
5	−79.25	0	0	−0.098785
6	−19.05	0	0	−0.087495

En la figura se representan finalmente las reacciones en los apoyos y los esfuerzos en las barras del sistema completo:

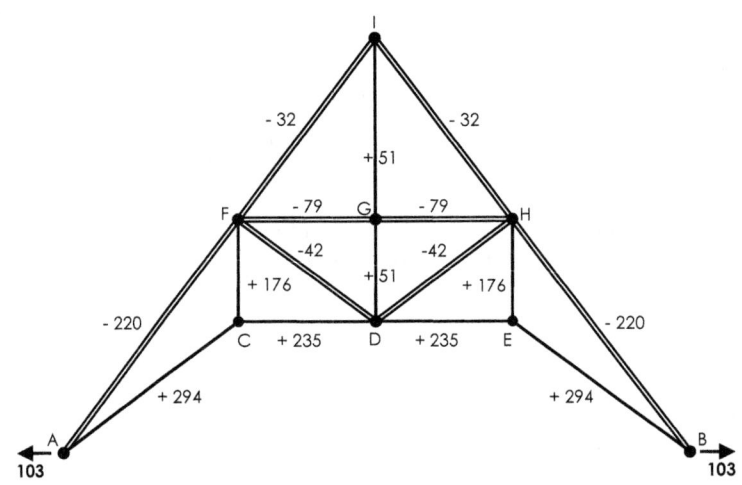

Aplicando las condiciones de simetría, los esfuerzos en las barras DG y CI se multiplican por dos.

La última figura representa a escala la deformación de la estructura con un factor de amplificación de 500.

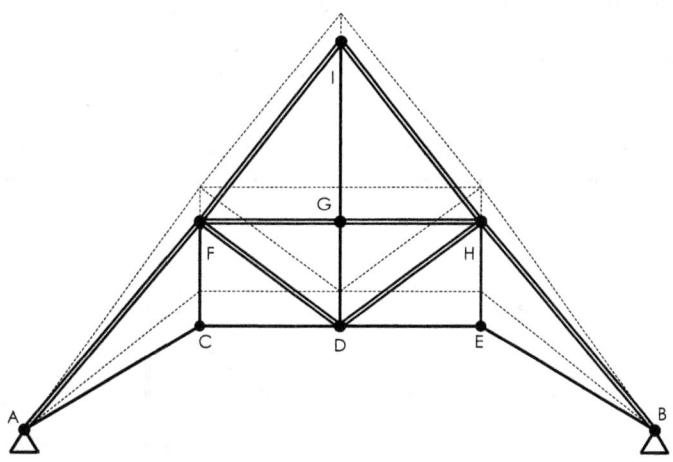

Ejercicio 3.4.03

En la estructura de la figura las dos barras horizontales tienen una sección transversal de 36 cm^2, las dos verticales de 54 cm^2 y las cuatro diagonales de 90 cm^2. El material es el mismo en todas ellas, con un módulo de elasticidad de 21000 kN/cm^2 y un coeficiente de dilatación térmica de 0.000012 °C^{-1}.

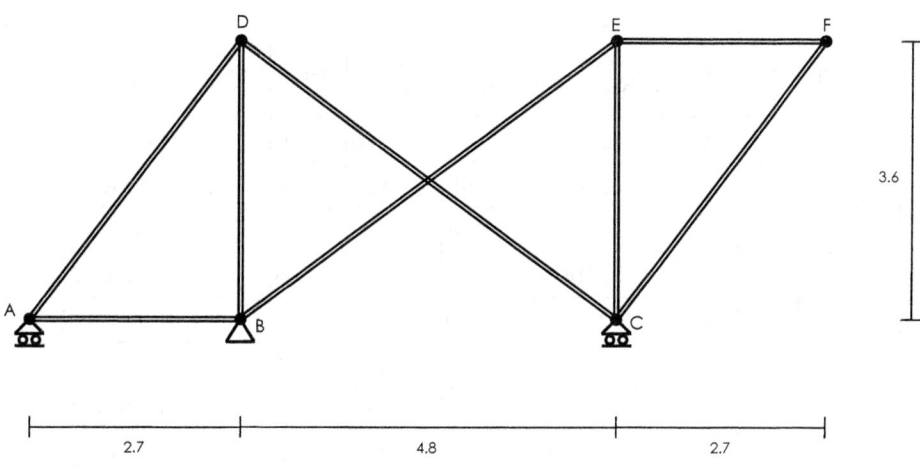

Determinar las reacciones, esfuerzos y desplazamientos provocados por un aumento de temperatura de 30 °C en todas las barras.

SOLUCIÓN

Con 6 nudos, 8 barras y 4 incógnitas de reacción externa, el sistema es isostático y, por lo tanto, las reacciones en los apoyos y los esfuerzos en las barras no dependen de las deformaciones impuestas. Su valor viene determinado solamente por las ecuaciones de equilibrio de fuerzas y, al no existir cargas externas, es nulo en todos los apoyos y barras.

Se puede emplear el Método de Rigidez para la obtención de los desplazamientos en los nudos. Como paso previo se procede a la numeración de nudos y barras.

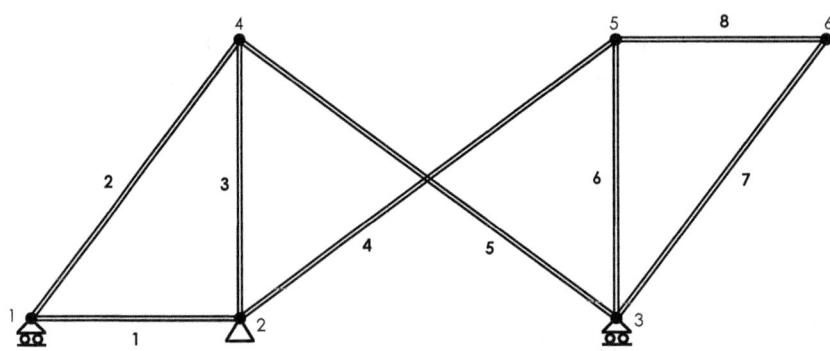

Con las características geométricas y mecánicas definidas, se forma el correspondiente cuadro de datos:

Barra	Ni	Nf	E (kN/cm²)	A (cm²)	L (cm)	sen α	cos α	Cd (1/°C)	Tf – Ti (°C)
1	1	2	21000	36	270	0	1	0.000012	30
2	1	4	21000	90	450	0,8	0,6	0.000012	30
3	2	4	21000	54	360	1	0	0.000012	30
4	2	5	21000	90	600	0,6	0,8	0.000012	30
5	3	4	21000	90	600	0,6	−0,8	0.000012	30
6	3	5	21000	54	360	1	0	0.000012	30
7	3	6	21000	90	450	0,8	0,6	0.000012	30
8	5	6	21000	36	270	0	1	0.000012	30

Estos datos se sustituyen en la expresión de la matriz de rigidez de barra en coordenadas locales y se obtienen las matrices correspondientes a las ocho barras del sistema (con sus componentes en kN/cm).

$$[K_{ij}]^b = EA/L \begin{bmatrix} \cos^2\alpha & \sen\alpha\cos\alpha & -\cos^2\alpha & -\sen\alpha\cos\alpha \\ \sen\alpha\cos\alpha & \sen^2\alpha & -\sen\alpha\cos\alpha & -\sen^2\alpha \\ -\cos^2\alpha & -\sen\alpha\cos\alpha & \cos^2\alpha & \sen\alpha\cos\alpha \\ -\sen\alpha\cos\alpha & -\sen^2\alpha & \sen\alpha\cos\alpha & Sen^2\alpha \end{bmatrix}$$

Barra 1

```
|  2800      0  -2800      0|
|     0      0      0      0|
| -2800      0   2800      0|
|     0      0      0      0|
```

Barra 2

```
|  1512   2016  -1512  -2016|
|  2016   2688  -2016  -2688|
| -1512  -2016   1512   2016|
| -2016  -2688   2016   2688|
```

Barra 3

```
|     0      0      0      0|
|     0   3150      0  -3150|
|     0      0      0      0|
|     0  -3150      0   3150|
```

Barra 4

```
|  2016   1512  -2016  -1512|
|  1512   1134  -1512  -1134|
| -2016  -1512   2016   1512|
| -1512  -1134   1512   1134|
```

Barra 5

```
|  2016  -1512  -2016   1512|
| -1512   1134   1512  -1134|
| -2016   1512   2016  -1512|
|  1512  -1134  -1512   1134|
```

Barra 6

```
|     0      0      0      0|
|     0   3150      0  -3150|
|     0      0      0      0|
|     0  -3150      0   3150|
```

Barra 7

```
|  1512   2016  -1512  -2016|
|  2016   2688  -2016  -2688|
| -1512  -2016   1512   2016|
| -2016  -2688   2016   2688|
```

Barra 8

```
|  2800      0  -2800      0|
|     0      0      0      0|
| -2800      0   2800      0|
|     0      0      0      0|
```

Las matrices de barra se ensamblan en la matriz de rigidez de la estructura disponiendo sus submatrices en las correspondientes a los nudos extremos de cada una. El vector de fuerzas nodales tiene inicialmente componentes nulas.

```
| 4312  2016 -2800    0     0     0 -1512 -2016     0     0     0     0 || -680|
| 2016  2688    0     0     0     0 -2016 -2688     0     0     0     0 || -544|
|-2800     0  4816  1512     0     0     0     0 -2016 -1512     0     0 || -272|
|    0     0  1512  4284     0     0     0 -3150 -1512 -1134     0     0 || -816|
|    0     0     0     0  3528   504 -2016  1512     0     0 -1512 -2016 ||  136|
|    0     0     0     0   504  6972  1512 -1134     0 -3150 -2016 -2688 ||-1361|
|-1512 -2016     0     0 -2016  1512  3528   504     0     0     0     0 || -136|
|-2016 -2688     0 -3150  1512 -1134   504  6972     0     0     0     0 || 1361|
|    0     0 -2016 -1512     0     0     0     0  4816  1512 -2800     0 ||  272|
|    0     0 -1512 -1134     0 -3150     0     0  1512  4284     0     0 ||  816|
|    0     0     0     0 -1512 -2016     0     0 -2800     0  4312  2016 ||  680|
|    0     0     0     0 -2016 -2688     0     0     0     0  2016  2688 ||  544|
```

Para la incorporación del efecto de las dilataciones térmicas, se forma un cuadro con las fuerzas ejercidas por las barras afectadas sobre los nudos extremos, y a continuación se añaden sus valores en en las filas correspondientes del vector de fuerzas nodales.

B	E (kN/cm^2)	A (cm^2)	Cd (1/°C)	dT (°C)	sen α	cos α	F$_{x1}$ (kN)	F$_{y1}$ (kN)	F$_{x2}$ (kN)	F$_{y2}$ (kN)
1	21000	36	0.000012	30	0	1	−272	0	272	0
2	21000	90	0.000012	30	0,8	0,6	−408	−544	408	544
3	21000	54	0.000012	30	1	0	0	−408	0	408
4	21000	90	0.000012	30	0,6	0,8	−544	−408	544	408
5	21000	90	0.000012	30	0,6	−0,8	544	−408	−544	408
6	21000	54	0.000012	30	1	0	0	−408	0	408
7	21000	90	0.000012	30	0,8	0,6	−408	−544	408	544
8	21000	36	0.000012	30	0	1	−272	0	272	0

```
| 4312  2016 -2800    0     0     0 -1512 -2016     0     0     0     0 || -680|
| 2016  2688    0     0     0     0 -2016 -2688     0     0     0     0 || -544|
|-2800     0  4816  1512     0     0     0     0 -2016 -1512     0     0 || -272|
|    0     0  1512  4284     0     0     0 -3150 -1512 -1134     0     0 || -816|
|    0     0     0     0  3528   504 -2016  1512     0     0 -1512 -2016 ||  136|
|    0     0     0     0   504  6972  1512 -1134     0 -3150 -2016 -2688 ||-1361|
|-1512 -2016     0     0 -2016  1512  3528   504     0     0     0     0 || -136|
|-2016 -2688     0 -3150  1512 -1134   504  6972     0     0     0     0 || 1361|
|    0     0 -2016 -1512     0     0     0     0  4816  1512 -2800     0 ||  272|
|    0     0 -1512 -1134     0 -3150     0     0  1512  4284     0     0 ||  816|
|    0     0     0     0 -1512 -2016     0     0 -2800     0  4312  2016 ||  680|
|    0     0     0     0 -2016 -2688     0     0     0     0  2016  2688 ||  544|
```

El siguiente paso es la introducción de las coacciones impuestas por los enlaces externos. Se encuentran restringidos los desplazamientos verticales de los nudos 1 y 3, y el horizontal y vertical del nudo 2. Se suprimen del sistema las ecuaciones 2, 3, 4 y 6.

```
| 4312  2016 -2800    0     0     0 -1512 -2016     0     0     0     0 || -680|
| 2016  2688    0     0     0     0 -2016 -2688     0     0     0     0 || -544|
|-2800     0  4816  1512     0     0     0     0 -2016 -1512     0     0 || -272|
|    0     0  1512  4284     0     0     0 -3150 -1512 -1134     0     0 || -816|
|    0     0     0     0  3528   504 -2016  1512     0     0 -1512 -2016 ||  136|
|    0     0     0     0   504  6972  1512 -1134     0 -3150 -2016 -2688 ||-1361|
|-1512 -2016     0     0 -2016  1512  3528   504     0     0     0     0 || -136|
|-2016 -2688     0 -3150  1512 -1134   504  6972     0     0     0     0 || 1361|
|    0     0 -2016 -1512     0     0     0     0  4816  1512 -2800     0 ||  272|
|    0     0 -1512 -1134     0 -3150     0     0  1512  4284     0     0 ||  816|
|    0     0     0     0 -1512 -2016     0     0 -2800     0  4312  2016 ||  680|
|    0     0     0     0 -2016 -2688     0     0     0     0  2016  2688 ||  544|
```

Una vez eliminadas las filas y columnas, el sistema de doce ecuaciones queda reducido a ocho (con las incógnitas d1, d5, d7, d8, d9, d10, d11 y d12 correspondientes a los desplazamientos horizontales de los nudos 1 y 3 y los horizontales y verticales de los nudos 4, 5 y 6).

```
| 4312     0 -1512 -2016     0     0     0     0 || d1  |   |-680,40|
|    0  3528 -2016  1512     0     0 -1512 -2016 || d5  |   | 136,08|
|-1512 -2016  3528   504     0     0     0     0 || d7  |   |-136,08|
|-2016  1512   504  6972     0     0     0     0 || d8  |   |1360,80|
|    0     0     0     0  4816  1512 -2800     0 || d9  | = | 272,16|
|    0     0     0     0  1512  4284     0     0 || d10 |   | 816,48|
|    0 -1512     0     0 -2800     0  4312  2016 || d11 |   | 680,40|
|    0 -2016     0     0     0     0  2016  2688 || d12 |   | 544,32|
```

Mediante la resolución de este sistema de ecuaciones, se obtienen los valores de los desplazamientos.

Incógnita	Valor (cm)	Incógnita	Valor (cm)
d1	−0,097200	d9	0,172800
d5	0,172800	d10	0,129600
d7	0,000000	d11	0,270000
d8	0,129600	d12	0,129600

y con ellos, en la figura se representa a escala la deformación del sistema articulado por la dilatación térmica de sus barras.

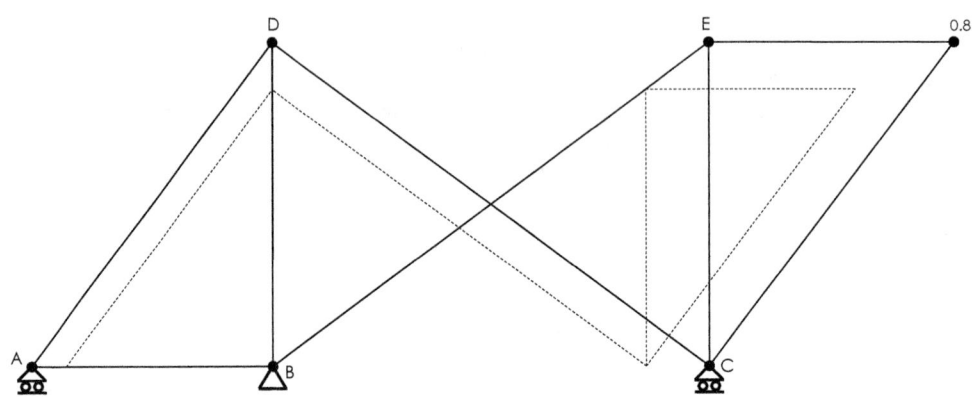

Se podría verificar además la nulidad de los esfuerzos en todas las barras (a partir de los desplazamientos de sus nudos extremos) mediante la expresión:

$$N = [(d_{x2'} - d_{x1'}) \cos \alpha + (d_{y2'} - d_{y1'}) \operatorname{sen} \alpha - L\, C_d\, (T_f - T_i)]\, EA/L$$

Para ello se compone el correspondiente cuadro y se compueban los resultados de las operaciones. Efectivamente, el incremento de temperatura en el sistema isostático no provoca esfuerzos en ninguna barra.

B	EA/L (kN/cm)	LC_d (Tf–Ti) (cm)	sen α	cos α	d_{x1} (cm)	d_{y1} (cm)	d_{x2} (cm)	d_{y2} (cm)	N (kN)
1	2800	0.0972	0	1	−0.0972	0	0	0	0
2	4200	0.162	0.8	0.6	−0.0972	0	0	0.1296	0
3	3150	0.1296	1	0	0	0	0	0.1296	0
4	3150	0.216	0.6	0.8	0	0	0.1728	0.1296	0
5	3150	0.216	0.6	−0.8	0.1728	0	0	0.1296	0
6	3150	0.1296	1	0	0.1728	0	0.1728	0.1296	0
7	4200	0.162	0.8	0.6	0.1728	0	0.27	0.1296	0
8	2800	0.0972	0	1	0.1728	0.1296	0.27	0.1296	0

También se puede verificar la nulidad de las reacciones considerando las ecuaciones suprimidas para la determinación de los desplazamientos:

```
| 2016  2688    0    0    0    0 -2016 -2688    0    0    0    0 || R1y-544|
|-2800    0  4816 1512    0    0    0    0 -2016-1512    0    0 || R2x-272|
|   0     0  1512 4284    0    0    0 -3150 -1512-1134    0    0 || R2y-816|
|   0     0    0    0  504 6972 1512 -1134    0-3150-2016-2688 ||R3y-1361|
```

Mediante la suma de productos de los valores de cada fila por los desplazamientos en los nudos se obtiene la reacción correspondiente del vector de fuerzas (restando en su caso la fuerza adicional en dicho vector).

Los resultados obtenidos son los esperados y se recogen, con los desplazamientos de los nudos, en el siguiente cuadro y la correspondiente figura.

N	Rx (kN)	Ry (kN)	dx (cm)	dy (cm)
1	0	0	−0,0972	0
2	0	0	0	0
3	0	0	0,1728	0
4	0	0	0	0,1296
5	0	0	0,1728	0,1296
6	0	0	0,27	0,1296

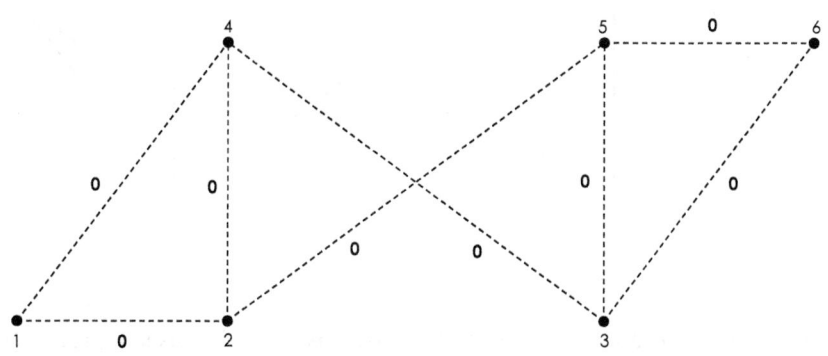

Como método alternativo para la obtención de los desplazamientos en los nudos, se puede, en este caso, abordar la construcción de la deformada geométricamente.

Al no estar sometida a esfuerzo ninguna barra, su variación longitudinal es solamente la correspondiente al efecto térmico y se puede calcular mediante $\Delta = L \, C_d \, (T_f - T_i)$. En el cuadro se reflejan los correspondientes valores:

Barra	L (cm)	Cd (1/°C)	Tf – Ti (°C)	LC_d (Tf–Ti) (cm)
1	270	0.000012	30	0.0972
2	450	0.000012	30	0.162
3	360	0.000012	30	0.1296
4	600	0.000012	30	0.216
5	600	0.000012	30	0.216
6	360	0.000012	30	0.1296
7	450	0.000012	30	0.162
8	270	0.000012	30	0.0972

Estos alargamientos se pueden trasladar con facilidad a la estructura a partir del punto fijo B (considerando además los apoyos deslizantes A y C).

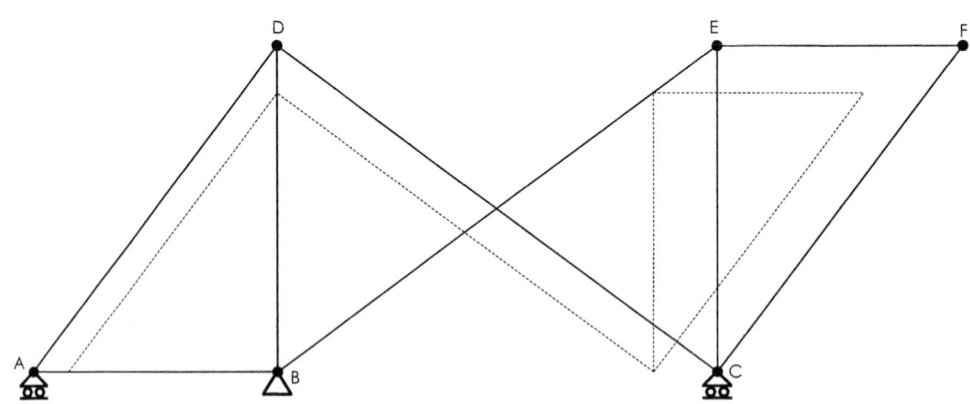

Al ser común el producto $L \, C_d$, los alargamientos de las barras son proporcionales a sus longitudes y la deformada resulta homotética con centro en el punto B.

[3.5]. ERRORES DE EJECUCIÓN EN BARRAS

En el proceso de fabricación de las barras de los sistemas articulados se pueden producir desviaciones de su longitud respecto a la inicial de diseño. En este caso, la adaptación de las posiciones de sus nudos extremos durante su colocación provoca esfuerzos en las estructuras hiperestáticas.

La consideración en el cálculo de estos errores de ejecución en barras se realiza de un modo muy similar al desarrollado en el apartado anterior para la dilatación térmica.

[3.5.1]. EFECTOS SOBRE EL SISTEMA

Si una barra con un error de ejecución Δe se encuentra anclada en sus extremos mediante apoyos fijos, estos impiden dicha variación longitudinal y lo hacen ejerciendo dos reacciones sobre la barra de valor R. Para su determinación se considera la siguiente descomposición en estados:

La variación longitudinal producida en el primer estado tiene que compensarse con la provocada en el segundo estado por la fuerza R.

Esta última depende del módulo de elasticidad del material E, del área de su sección transversal A y de su longitud L mediante:

$$\Delta e = R\,L\,/\,E\,A$$

y obligando a la compatibilidad de deformaciones:

$$R = \Delta e\,E\,A\,/\,L$$

Esta misma fuerza es la que la barra ejerce lógicamente sobre sus apoyos extremos, cuando estos son fijos.

[3.5.2]. INFLUENCIA SOBRE LAS FUERZAS NODALES

En la incorporación de los errores de ejecución en una barra de un sistema, se suponen inicialmente fijos sus nudos extremos y se aplica sobre ellos la fuerza calculada en el apartado anterior.

Si la barra conecta por ejemplo los nudos H y L y forma un ángulo α con el eje X global, las fuerzas aplicadas sobre ambos nudos son:

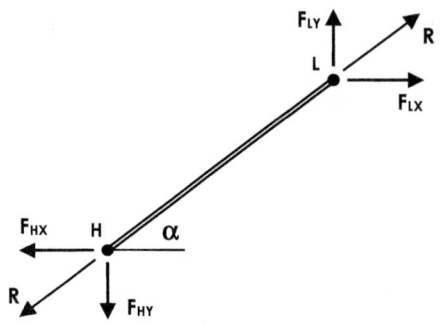

$$F_{HX} = -R \cos \alpha - (\Delta e\ E\ A\ /\ L)\ \cos \alpha$$

$$F_{HY} = -R \operatorname{sen} \alpha - (\Delta e\ E\ A\ /\ L)\ \operatorname{sen} \alpha$$

$$F_{LX} = +R \cos \alpha + (\Delta e\ E\ A\ /\ L)\ \cos \alpha$$

$$F_{LY} = +R \operatorname{sen} \alpha + (\Delta e\ E\ A\ /\ L)\ \operatorname{sen} \alpha$$

Estas fuerzas se ensamblan finalmente en las filas correspondientes de los nudos H y L del vector de fuerzas nodales.

[3.5.3]. ESFUERZOS FINALES EN LAS BARRAS

Al aplicar las acciones ejercidas sobre la estructura los nudos no permanecen fijos, y el esfuerzo de las barras depende de sus desplazamientos. En este caso a la expresión:

$$N = [(d_{x2'} - d_{x1'})\ \cos \alpha + (d_{y2'} - d_{y1'})\ \operatorname{sen} \alpha]\ EA/L$$

hay que agregarle el término $-(\Delta e\ E\ A\ /\ L)$ correspondiente al esfuerzo provocado por el estado inicial del error de ejecución con nudos fijos. La expresión resultante es:

$$N = [(d_{x2'} - d_{x1'})\ \cos \alpha + (d_{y2'} - d_{y1'})\ \operatorname{sen} \alpha - \Delta e]\ EA/L$$

Ejercicio 3.5.01

La estructura de la figura está formada por barras de acero con un módulo de elasticidad de 21000 kN/cm^2 y sección transversal de 54 cm^2, a excepción del tirante horizontal CD que tiene 8 cm^2 de sección.

Determinar las reacciones en los apoyos y los esfuerzos en toda la estructura producidos por la carga central de 46 kN y un acortamiento de 24 mm en dicho tirante (señalado con doble trazo).

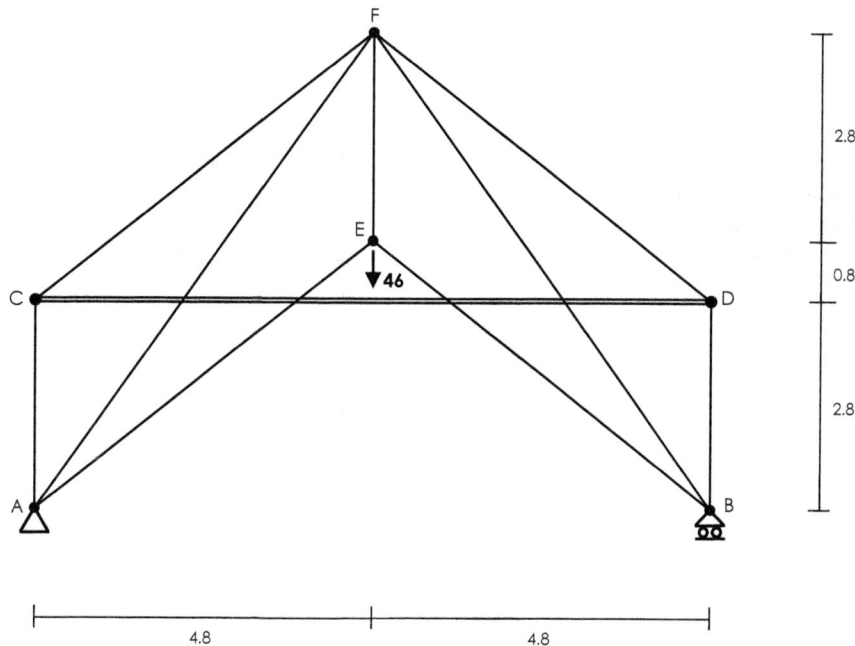

SOLUCIÓN

El sistema es simétrico en geometría y cargas, no en apoyos. Se puede resolver analizando la zona izquierda, si se tienen en cuenta las siguientes condiciones:

- Coacción al movimiento horizontal en los nudos E y F.

- Disposición de la mitad de la carga aplicada sobre E (23 kN).

- Consideración de la mitad de la sección transversal en la barra EF (27 cm^2).

- Cambio del apoyo izquierdo a deslizante (para establecer la referencia de movimientos horizontales en el eje de simetría).

- División del tirante CD en dos barras simétricas mediante la inserción de un nuevo nudo en su punto medio.

- Establecimiento de un apoyo fijo en este nudo adicional (coacción al movimiento horizontal por simetría y al vertical para evitar un mecanismo).

La figura muestra el modelo de cálculo adoptado y la numeración de sus nudos y barras.

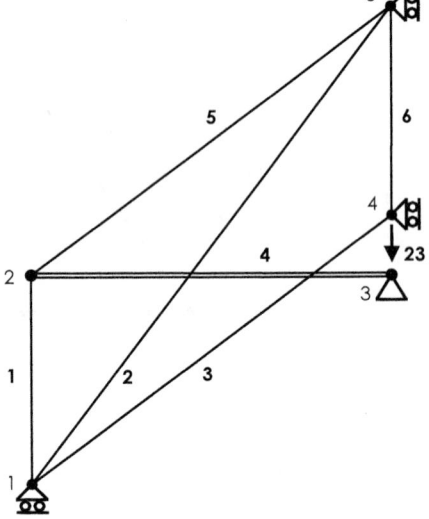

Al cuadro habitual de datos de barras se le agrega en este caso la columna con las variaciones longitudinales por errores de ejecución.

Barra	Ni	Nf	E (kN/cm²)	A (cm²)	L (cm)	sen α	cos α	Δe (cm)
1	1	2	21000	54	280	1	0	0
2	1	5	21000	54	800	0.8	0.6	0
3	1	4	21000	54	600	0.6	0.8	0
4	2	3	21000	8	480	0	1	−1.2
5	2	5	21000	54	600	0.6	0.8	0
6	4	5	21000	27	280	1	0	0

Las matrices de rigidez de las barras en coordenadas globales se forman a partir de la expresión:

$$[K_{ij}]^b = EA/L \begin{bmatrix} \cos^2 \alpha & \text{sen } \alpha \cos \alpha & -\cos^2 \alpha & -\text{sen } \alpha \cos \alpha \\ \text{sen } \alpha \cos \alpha & \text{sen}^2 \alpha & -\text{sen } \alpha \cos \alpha & -\text{sen}^2 \alpha \\ -\cos^2 \alpha & -\text{sen } \alpha \cos \alpha & \cos^2 \alpha & \text{sen } \alpha \cos \alpha \\ -\text{sen } \alpha \cos \alpha & -\text{sen}^2 \alpha & \text{sen } \alpha \cos \alpha & \text{sen}^2 \alpha \end{bmatrix}$$

La sustitución de los datos del cuadro anterior proporciona las siguientes matrices (con sus componentes en kN/cm):

Barra 1

$$
\begin{vmatrix}
0 & 0 & 0 & 0 \\
0 & 4050 & 0 & -4050 \\
0 & 0 & 0 & 0 \\
0 & -4050 & 0 & 4050
\end{vmatrix}
$$

Barra 2

$$
\begin{vmatrix}
510 & 680 & -510 & -680 \\
680 & 907 & -680 & -907 \\
-510 & -680 & 510 & 680 \\
-680 & -907 & 680 & 907
\end{vmatrix}
$$

Barra 3

$$
\begin{vmatrix}
1210 & 907 & -1210 & -907 \\
907 & 680 & -907 & -680 \\
-1210 & -907 & 1210 & 907 \\
-907 & -680 & 907 & 680
\end{vmatrix}
$$

Barra 4

$$
\begin{vmatrix}
350 & 0 & -350 & 0 \\
0 & 0 & 0 & 0 \\
-350 & 0 & 350 & 0 \\
0 & 0 & 0 & 0
\end{vmatrix}
$$

Barra 5

$$
\begin{vmatrix}
1210 & 907 & -1210 & -907 \\
907 & 680 & -907 & -680 \\
-1210 & -907 & 1210 & 907 \\
-907 & -680 & 907 & 680
\end{vmatrix}
$$

Barra 6

$$
\begin{vmatrix}
0 & 0 & 0 & 0 \\
0 & 2025 & 0 & -2025 \\
0 & 0 & 0 & 0 \\
0 & -2025 & 0 & 2025
\end{vmatrix}
$$

Estas matrices se ensamblan en la matriz de rigidez de la estructura disponiendo sus submatrices en las correspondientes a los nudos extremos de cada barra.

La fuerza aplicada en el nudo 4 se traslada a la fila 8 del vector de fuerzas nodales.

Tras este proceso de ensamblaje, la matriz de rigidez y el vector de fuerzas tienen las siguientes componentes:

$$
\begin{vmatrix}
1720 & 1588 & 0 & 0 & 0 & 0 & -1210 & -907 & -510 & -680 \\
1588 & 5638 & 0 & -4050 & 0 & 0 & -907 & -680 & -680 & -907 \\
0 & 0 & 1560 & 907 & -350 & 0 & 0 & 0 & -1210 & -907 \\
0 & -4050 & 907 & 4730 & 0 & 0 & 0 & 0 & -907 & -680 \\
0 & 0 & -350 & 0 & 350 & 0 & 0 & 0 & 0 & 0 \\
0 & 0 & 0 & 0 & 0 & 0 & 0 & 0 & 0 & 0 \\
-1210 & -907 & 0 & 0 & 0 & 0 & 1210 & 907 & 0 & 0 \\
-907 & -680 & 0 & 0 & 0 & 0 & 907 & 2705 & 0 & -2025 \\
-510 & -680 & -1210 & -907 & 0 & 0 & 0 & 0 & 1720 & 1588 \\
-680 & -907 & -907 & -680 & 0 & 0 & 0 & -2025 & 1588 & 3613
\end{vmatrix}
\begin{vmatrix}
0 \\
0 \\
0 \\
0 \\
0 \\
0 \\
0 \\
-23 \\
0 \\
0
\end{vmatrix}
$$

Para la incorporación del error de ejecución se forma un nuevo cuadro con las fuerzas ejercidas por la barra afectada sobre sus nudos extremos (de acuerdo con las expresiones indicadas en el apartado 3.5.2):

B	E (kN/cm²)	A (cm²)	L (cm)	Δe (cm)	sen α	cos α	F_{x1} (kN)	F_{y1} (kN)	F_{x2} (kN)	F_{y2} (kN)
4	21000	8	480	−1.2	0	1	420	0	−420	0

Estas fuerzas se añaden en las filas asociadas del vector de fuerzas nodales. A la barra 4 (entre los nudos 2 y 3) le corresponden las filas 3, 4, 5 y 6:

```
|  1720  1588     0     0     0   0 -1210  -907  -510  -680 ||    0 |
|  1588  5638     0 -4050     0   0  -907  -680  -680  -907 ||    0 |
|     0     0  1560   907  -350   0     0     0 -1210  -907 ||  420 |
|     0 -4050   907  4730     0   0     0     0  -907  -680 ||    0 |
|     0     0  -350     0   350   0     0     0     0     0 || -420 |
|     0     0     0     0     0   0     0     0     0     0 ||    0 |
| -1210  -907     0     0     0   0  1210   907     0     0 ||    0 |
|  -907  -680     0     0     0   0   907  2705     0 -2025 ||  -23 |
|  -510  -680 -1210  -907     0   0     0     0  1720  1588 ||    0 |
|  -680  -907  -907  -680     0   0     0 -2025  1588  3613 ||    0 |
```

En la siguiente etapa se introducen las coacciones impuestas por los enlaces externos. Están restringidos el desplazamiento vertical del nudo 1, el horizontal y vertical del nudo 3 y los horizontales de los nudos 4 y 5. Se suprimen del sistema las ecuaciones 2, 5, 6, 7 y 9.

```
|  1720  1588     0     0     0   0 -1210  -907  -510  -680 ||    0 |
|  1588  5638     0 -4050     0   0  -907  -680  -680  -907 ||    0 |
|     0     0  1560   907  -350   0     0     0 -1210  -907 ||  420 |
|     0 -4050   907  4730     0   0     0     0  -907  -680 ||    0 |
|     0     0  -350     0   350   0     0     0     0     0 || -420 |
|     0     0     0     0     0   0     0     0     0     0 ||    0 |
| -1210  -907     0     0     0   0  1210   907     0     0 ||    0 |
|  -907  -680     0     0     0   0   907  2705     0 -2025 ||  -23 |
|  -510  -680 -1210  -907     0   0     0     0  1720  1588 ||    0 |
|  -680  -907  -907  -680     0   0     0 -2025  1588  3613 ||    0 |
```

Una vez eliminadas las filas y columnas, el sistema de ecuaciones queda reducido a 5 con las incógnitas d1, d3, d4, d8 y d10 (correspondientes al desplazamiento horizontal del nudo 1, el horizontal y vertical del nudo 2, y los verticales de los nudos 4 y 5).

$$
\begin{vmatrix} 1720 & 0 & 0 & -907 & -680 \\ 0 & 1560 & 907 & 0 & -907 \\ 0 & 907 & 4730 & 0 & -680 \\ -907 & 0 & 0 & 2705 & -2025 \\ -680 & -907 & -680 & -2025 & 3613 \end{vmatrix} \begin{vmatrix} d1 \\ d3 \\ d4 \\ d8 \\ d10 \end{vmatrix} = \begin{vmatrix} 0.00 \\ 420.00 \\ 0.00 \\ -23.00 \\ 0.00 \end{vmatrix}
$$

Mediante la resolución de este sistema de ecuaciones, se obtienen los siguientes valores para los desplazamientos.

Incógnita	Valor (cm)
d1	0.778584
d3	0.760790
d4	−0.028467
d8	0.863712
d10	0.816472

A partir de los desplazamientos de sus nudos extremos, el esfuerzo axil en cada barra se determina mediante la fórmula indicada en el apartado 3.5.3:

$$
N = [(d_{x2'} - d_{x1'}) \cos \alpha + (d_{y2'} - d_{y1'}) \operatorname{sen} \alpha - \Delta e]\, EA/L
$$

Para su aplicación se amplia el cuadro de barras con los cuatro desplazamientos (d_{x1}, d_{x2}, d_{y1} y d_{y2}) en los nudos extremos. Los resultados del cálculo de los esfuerzos se reflejan en la columna de la derecha.

B	EA/L (kN/cm)	Δe (cm)	sen α	cos α	d_{x1} (cm)	d_{y1} (cm)	d_{x2} (cm)	d_{y2} (cm)	N (kN)
1	4050	0	1	0	0.778584	0	0.76079	−0.028467	−115.29
2	1417.5	0	0.8	0.6	0.778584	0	0	0.816472	263.69
3	1890	0	0.6	0.8	0.778584	0	0	0.863712	−197.77
4	350	−1.2	0	1	0.76079	−0.028467	0	0	153.72
5	1890	0	0.6	0.8	0.76079	−0.028467	0	0.816472	−192.15
6	2025	0	1	0	0	0.863712	0	0.816472	−95.66

Por su parte, las fuerzas nodales correspondientes a las reacciones de los enlaces externos se obtienen considerando las cinco ecuaciones suprimidas:

```
| 1588   5638      0 -4050      0      0  -907  -680  -680  -907 ||  R1y   |
|    0      0   -350     0    350      0     0     0     0     0 ||R2x-420|
|    0      0      0     0      0      0     0     0     0     0 ||  R2y   |
|-1210   -907      0     0      0      0  1210   907     0     0 ||  R4x   |
| -510   -680  -1210  -907     0      0     0     0  1720  1588 ||  R4y   |
```

Los resultados obtenidos y los desplazamientos de los nudos se recogen en el siguiente cuadro y en la última figura se representan finalmente las reacciones en los apoyos y los esfuerzos en las barras del sistema completo (se duplica el esfuerzo en la barra EF).

N	Rx (kN)	Ry (kN)	dx (cm)	dy (cm)
1	0	23	0.778584	0
2	0	0	0.76079	−0.028467
3	153.72	0	0	0
4	−158.22	0	0	0.863712
5	4.49	0	0	0.816472

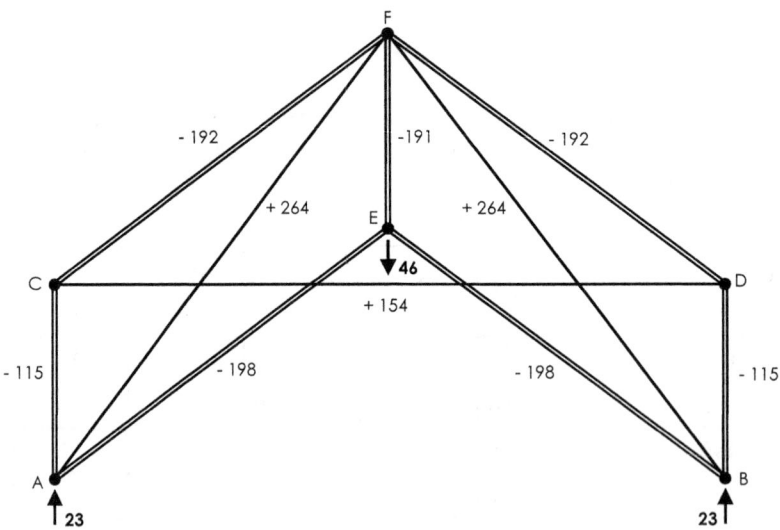

Obviamente no existe reacción horizontal en el apoyo fijo del nudo A. Su conversión en deslizante es correcta para el cálculo de esfuerzos (no para los desplazamientos reales).

Ejercicio 3.5.02

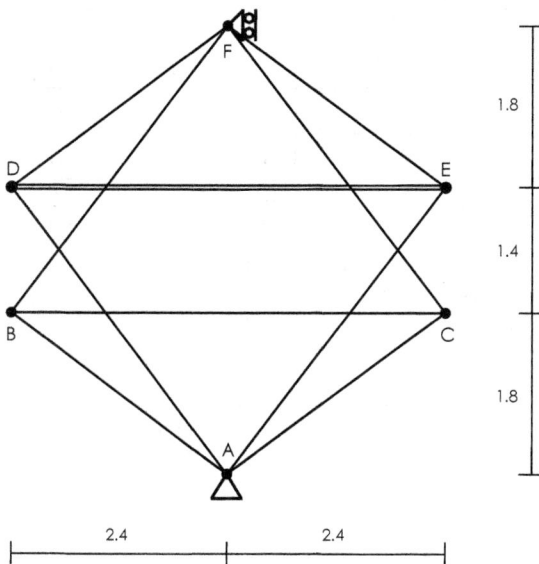

1.8

1.4

1.8

2.4   2.4

El sistema articulado de la figura está formado por perfiles de acero de 21000 kN/cm² de módulo de elasticidad y una sección transversal de 72 cm² en las barras horizontales y 64 cm² en las diagonales.

Determinar las reacciones en los apoyos y los esfuerzos en las barras producidos por un incremento de 16 milímetros en la longitud de la barra DE (señalada con doble trazo).

Representar también la deformada a escala de la estructura (a partir de los desplazamientos en los nudos).

SOLUCIÓN

Con seis nudos, diez barras y tres reacciones de apoyos, el sistema tiene un hipertestatismo interno de primer grado.

Considerando el sistema completo como un sólido único, su sustentación es isostática y por ello las reacciones en los apoyos externos no dependen de la deformación de las barras sino de las ecuaciones globales de equilibrio.

Al no existir cargas exteriores sobre los nudos todas las reacciones son nulas.

Para la determinación de los esfuerzos y los desplazamientos se numeran inicialmente los nudos y barras del sistema.

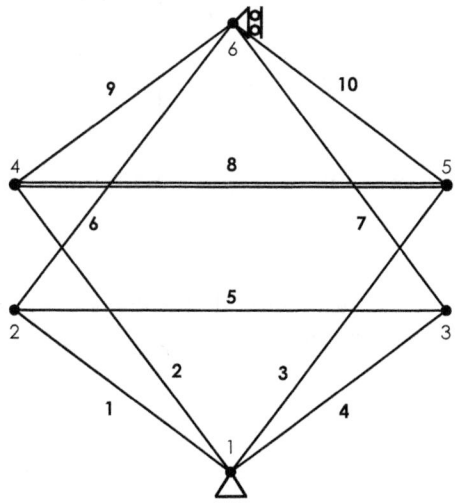

El cuadro de datos de las barras incluye una última columna con las variaciones de longitud por errores de ejecución (Δe).

Barra	Ni	Nf	E (kN/cm²)	A (cm²)	L (cm)	sen α	cos α	Δe (cm)
1	1	2	21000	64	300	0.6	−0.8	0
2	1	4	21000	64	400	0.8	−0.6	0
3	1	5	21000	64	400	0.8	0.6	0
4	1	3	21000	64	300	0.6	0.8	0
5	2	3	21000	72	480	0	1	0
6	2	6	21000	64	400	0.8	0.6	0
7	3	6	21000	64	400	0.8	−0.6	0
8	4	5	21000	72	480	0	1	1.6
9	4	6	21000	64	300	0.6	0.8	0
10	5	6	21000	64	300	0.6	−0.8	0

Las matrices de rigidez de las barras en coordenadas globales se forman a partir de la expresión:

$$[K_{ij}]^b = EA/L \begin{bmatrix} \cos^2 \alpha & \text{sen } \alpha \cos \alpha & -\cos^2 \alpha & -\text{sen } \alpha \cos \alpha \\ \text{sen } \alpha \cos \alpha & \text{sen}^2 \alpha & -\text{sen } \alpha \cos \alpha & -\text{sen}^2 \alpha \\ -\cos^2 \alpha & -\text{sen } \alpha \cos \alpha & \cos^2 \alpha & \text{sen } \alpha \cos \alpha \\ -\text{sen } \alpha \cos \alpha & -\text{sen}^2 \alpha & \text{sen } \alpha \cos \alpha & \text{sen}^2 \alpha \end{bmatrix}$$

La sustitución de los datos del cuadro anterior proporciona las siguientes matrices (con sus componentes en kN/cm):

Barra 1

```
|   2867   -2150   -2867    2150|
|  -2150    1613    2150   -1613|
|  -2867    2150    2867   -2150|
|   2150   -1613   -2150    1613|
```

Barra 2

```
|   1210   -1613   -1210    1613|
|  -1613    2150    1613   -2150|
|  -1210    1613    1210   -1613|
|   1613   -2150   -1613    2150|
```

Barra 3

```
|  1210   1613  -1210  -1613|
|  1613   2150  -1613  -2150|
| -1210  -1613   1210   1613|
| -1613  -2150   1613   2150|
```

Barra 4

```
|  2867   2150  -2867  -2150|
|  2150   1613  -2150  -1613|
| -2867  -2150   2867   2150|
| -2150  -1613   2150   1613|
```

Barra 5

```
|  3150      0  -3150      0|
|     0      0      0      0|
| -3150      0   3150      0|
|     0      0      0      0|
```

Barra 6

```
|  1210   1613  -1210  -1613|
|  1613   2150  -1613  -2150|
| -1210  -1613   1210   1613|
| -1613  -2150   1613   2150|
```

Barra 7

```
|  1210  -1613  -1210   1613|
| -1613   2150   1613  -2150|
| -1210   1613   1210  -1613|
|  1613  -2150  -1613   2150|
```

Barra 8

```
|  3150      0  -3150      0|
|     0      0      0      0|
| -3150      0   3150      0|
|     0      0      0      0|
```

Barra 9

```
|  2867   2150  -2867  -2150|
|  2150   1613  -2150  -1613|
| -2867  -2150   2867   2150|
| -2150  -1613   2150   1613|
```

Barra 10

```
|  2867  -2150  -2867   2150|
| -2150   1613   2150  -1613|
| -2867   2150   2867  -2150|
|  2150  -1613  -2150   1613|
```

Estas matrices se ensamblan en la matriz de rigidez de la estructura:

```
|  8154      0  -2867   2150  -2867  -2150  -1210   1613  -1210  -1613      0      0 ||  0 |
|     0   7526   2150  -1613  -2150  -1613   1613  -2150  -1613  -2150      0      0 ||  0 |
| -2867   2150   7227   -538  -3150      0      0      0      0      0  -1210  -1613 ||  0 |
|  2150  -1613   -538   3763      0      0      0      0      0      0  -1613  -2150 ||  0 |
| -2867  -2150  -3150      0   7227    538      0      0      0      0  -1210   1613 ||  0 |
| -2150  -1613      0      0    538   3763      0      0      0      0   1613  -2150 ||  0 |
| -1210   1613      0      0      0      0   7227    538  -3150      0  -2867  -2150 ||  0 |
|  1613  -2150      0      0      0      0    538   3763      0      0  -2150  -1613 ||  0 |
| -1210  -1613      0      0      0      0  -3150      0   7227   -538  -2867   2150 ||  0 |
| -1613  -2150      0      0      0      0      0      0   -538   3763   2150  -1613 ||  0 |
|     0      0  -1210  -1613  -1210   1613  -2867  -2150  -2867   2150   8154      0 ||  0 |
|     0      0  -1613  -2150   1613  -2150  -2150  -1613   2150  -1613      0   7526 ||  0 |
```

El incremento de longitud de la barra 8 se tiene en cuenta a través de las fuerzas que la barra ejerce sobre sus nudos extremos, de acuerdo con las expresiones indicadas en el apartado 3.5.2. Los datos necesarios para su obtención se reflejan en el correspondiente cuadro:

B	E (kN/cm^2)	A (cm^2)	L (cm)	Δe (cm)	sen α	cos α	F$_{x1}$ (kN)	F$_{y1}$ (kN)	F$_{x2}$ (kN)	F$_{y2}$ (kN)
8	21000	72	480	1.6	0	1	−5040	0	5040	0

La barra 8 conecta los nudos 4 y 5. Estas fuerzas se añaden por ello en las filas 7, 8, 9 y 10 del vector de fuerzas nodales:

```
| 8154     0 -2867  2150 -2867 -2150 -1210  1613 -1210 -1613     0     0 ||     0|
|    0  7526  2150 -1613 -2150 -1613  1613 -2150 -1613 -2150     0     0 ||     0|
|-2867  2150  7227  -538 -3150     0     0     0     0     0 -1210 -1613 ||     0|
| 2150 -1613  -538  3763     0     0     0     0     0     0 -1613 -2150 ||     0|
|-2867 -2150 -3150     0  7227   538     0     0     0     0 -1210  1613 ||     0|
|-2150 -1613     0     0   538  3763     0     0     0     0  1613 -2150 ||     0|
|-1210  1613     0     0     0     0  7227   538 -3150     0 -2867 -2150 ||-5040|
| 1613 -2150     0     0     0     0   538  3763     0     0 -2150 -1613 ||     0|
|-1210 -1613     0     0     0     0 -3150     0  7227  -538 -2867  2150 || 5040|
|-1613 -2150     0     0     0     0     0     0  -538  3763  2150 -1613 ||     0|
|    0     0 -1210 -1613 -1210  1613 -2867 -2150 -2867  2150  8154     0 ||     0|
|    0     0 -1613 -2150  1613 -2150 -2150 -1613  2150 -1613     0  7526 ||     0|
```

A continuación se introducen las restricciones de los enlaces externos. Están coartados el desplazamiento horizontal y vertical del nudo 1 y el movimiento horizontal del nudo 6. Se eliminan por lo tanto del sistema las ecuaciones 1, 2 y 11.

```
| 8154     0 -2867  2150 -2867 -2150 -1210  1613 -1210 -1613     0     0 ||     0|
|    0  7526  2150 -1613 -2150 -1613  1613 -2150 -1613 -2150     0     0 ||     0|
|-2867  2150  7227  -538 -3150     0     0     0     0     0 -1210 -1613 ||     0|
| 2150 -1613  -538  3763     0     0     0     0     0     0 -1613 -2150 ||     0|
|-2867 -2150 -3150     0  7227   538     0     0     0     0 -1210  1613 ||     0|
|-2150 -1613     0     0   538  3763     0     0     0     0  1613 -2150 ||     0|
|-1210  1613     0     0     0     0  7227   538 -3150     0 -2867 -2150 ||-5040|
| 1613 -2150     0     0     0     0   538  3763     0     0 -2150 -1613 ||     0|
|-1210 -1613     0     0     0     0 -3150     0  7227  -538 -2867  2150 || 5040|
|-1613 -2150     0     0     0     0     0     0  -538  3763  2150 -1613 ||     0|
|    0     0 -1210 -1613 -1210  1613 -2867 -2150 -2867  2150  8154     0 ||     0|
|    0     0 -1613 -2150  1613 -2150 -2150 -1613  2150 -1613     0  7526 ||     0|
```

Una vez suprimidas las filas y sus correspondientes columnas, el sistema de ecuaciones queda reducido a 9 con las incógnitas d3, d4, d5, d6, d7, d8, d9, d10 y d12 (asociadas a los desplazamientos horizontales y verticales de los nudos 2, 3, 4 y 5 y el desplazamiento vertical del nudo 6).

```
| 7227  -538 -3150     0     0     0     0     0 -1613 || d3  |   |     0 |
| -538  3763     0     0     0     0     0     0 -2150 || d4  |   |     0 |
|-3150     0  7227   538     0     0     0     0  1613 || d5  |   |     0 |
|    0     0   538  3763     0     0     0     0 -2150 || d6  |   |     0 |
|    0     0     0     0  7227   538 -3150     0 -2150 || d7  | = | -5040 |
|    0     0     0     0   538  3763     0     0 -1613 || d8  |   |     0 |
|    0     0     0     0 -3150     0  7227  -538  2150 || d9  |   |  5040 |
|    0     0     0     0     0     0  -538  3763 -1613 || d10 |   |     0 |
|-1613 -2150  1613 -2150 -2150 -1613  2150 -1613  7526 || d12 |   |     0 |
```

La resolución de este sistema de ecuaciones proporciona los siguientes valores:

Incógnita	Valor (cm)
d3	−0.155340
d4	−0.498382
d5	0.155340
d6	−0.498382
d7	−0.644660
d8	−0.265049
d9	0.644660
d10	−0.265049
d12	−0.833333

A partir de los desplazamientos de sus nudos extremos, el esfuerzo axil en cada barra se determina mediante la fórmula indicada en el apartado 3.5.3:

$$N = [(d_{x2'} - d_{x1'}) \cos \alpha + (d_{y2'} - d_{y1'}) \operatorname{sen} \alpha - \Delta e]\, EA/L$$

Para su aplicación se introducen en el cuadro de barras los cuatro desplazamientos (d_{x1}, d_{x2}, d_{y1} y d_{y2}) en sus nudos extremos. Los resultados del cálculo de los esfuerzos se reflejan en la última columna.

B	EA/L (kN/cm)	Δe (cm)	sen α	cos α	d_{x1} (cm)	d_{y1} (cm)	d_{x2} (cm)	d_{y2} (cm)	N (kN)
1	4480	0	0.6	−0.8	0	0	−0.15534	−0.498382	−782.91
2	3360	0	0.8	−0.6	0	0	−0.64466	−0.265049	587.18
3	3360	0	0.8	0.6	0	0	0.64466	−0.265049	587.18
4	4480	0	0.6	0.8	0	0	0.15534	−0.498382	−782.91
5	3150	0	0	1	−0.15534	−0.498382	0.15534	−0.498382	978.64
6	3360	0	0.8	0.6	−0.15534	−0.498382	0	−0.833333	−587.18
7	3360	0	0.8	−0.6	0.15534	−0.498382	0	−0.833333	−587.18
8	3150	1.6	0	1	−0.64466	−0.265049	0.64466	−0.265049	−978.64
9	4480	0	0.6	0.8	−0.64466	−0.265049	0	−0.833333	782.91
10	4480	0	0.6	−0.8	0.64466	−0.265049	0	−0.833333	782.91

Se puede verificar adicionalmente la nulidad de las fuerzas nodales correspondientes a las reacciones de los enlaces externos, considerando las tres ecuaciones suprimidas para la determinación de los desplazamientos:

```
| 8154      0  -2867   2150  -2867  -2150  -1210   1613  -1210  -1613      0      0 || R1x |
|    0   7526   2150  -1613  -2150  -1613   1613  -2150  -1613  -2150      0      0 || R1y |
|    0      0  -1210  -1613  -1210   1613  -2867  -2150  -2867   2150   8154      0 || R5x |
```

Mediante la suma de productos de los valores de cada fila por los desplazamientos en los nudos se obtiene la reacción correspondiente del vector de fuerzas.

Los resultados obtenidos son efectivamente nulos y se recogen con los desplazamientos de los nudos en el siguiente cuadro.

N	Rx (kN)	Ry (kN)	dx (cm)	dy (cm)
1	0	0	0	0
2	0	0	−0.15534	−0.498382
3	0	0	0.15534	−0.498382
4	0	0	−0.64466	−0.265049
5	0	0	0.64466	−0.265049
6	0	0	0	−0.833333

Las dos figuras finales representan respectivamente los esfuerzos en las barras del sistema y su deformación a escala (amplificada por un factor 100):

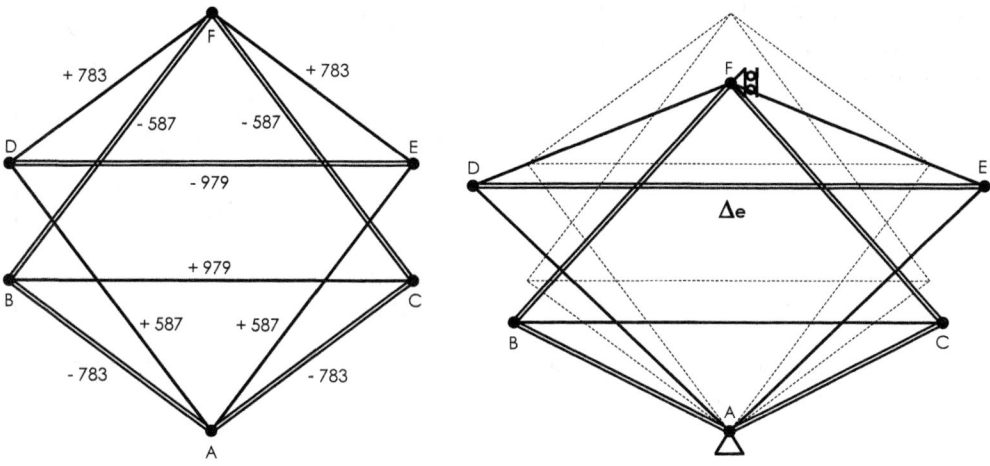

Ejercicio 3.5.03

Todas las barras de la estructura hiperestática de la figura están proyectadas con perfiles HEB-100 de acero laminado ($E = 21000$ kN/cm^2 y $A = 26$ cm^2). Sin embargo, la barra CD se suministra en obra con un material de 17500 kN/cm^2 de módulo de elasticidad, una sección transversal de 22 cm^2, y un exceso dimensional de 8 milímetros.

Determinar las reacciones en los apoyos, esfuerzos en las barras y deformación de la estructura producidos por las modificaciones de esta barra central.

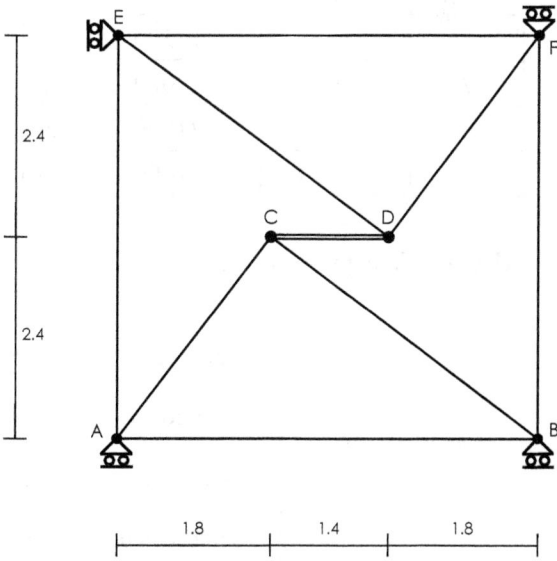

SOLUCIÓN

La distribución de los apoyos deslizantes impide la simetría del sistema. El paso inicial es la correspondiente numeración de nudos y barras.

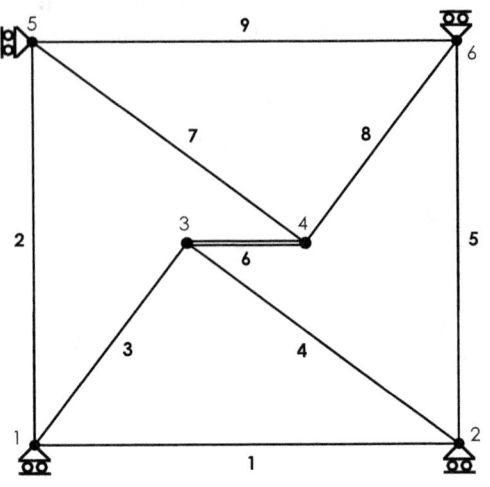

Con las características geométricas y mecánicas definidas, se forma el cuadro de datos:

Barra	Ni	Nf	E (kN/cm²)	A (cm²)	L (cm)	sen α	cos α	Δe (cm)
1	1	2	21000	26	500	0	1	0
2	1	5	21000	26	480	1	0	0
3	1	3	21000	26	300	0.8	0.6	0
4	2	3	21000	26	400	0.6	−0.8	0
5	2	6	21000	26	480	1	0	0
6	3	4	17500	22	140	0	1	0.8
7	4	5	21000	26	400	0.6	−0.8	0
8	4	6	21000	26	300	0.8	0.6	0
9	5	6	21000	26	500	0	1	0

Mediante la expresión:

$$[K_{ij}]^b = EA/L \begin{bmatrix} \cos^2 \alpha & \text{sen } \alpha \cos \alpha & -\cos^2 \alpha & -\text{sen } \alpha \cos \alpha \\ \text{sen } \alpha \cos \alpha & \text{sen}^2 \alpha & -\text{sen } \alpha \cos \alpha & -\text{sen}^2 \alpha \\ -\cos^2 \alpha & -\text{sen } \alpha \cos \alpha & \cos^2 \alpha & \text{sen } \alpha \cos \alpha \\ -\text{sen } \alpha \cos \alpha & -\text{sen}^2 \alpha & \text{sen } \alpha \cos \alpha & \text{Sen}^2 \alpha \end{bmatrix}$$

se obtienen las matrices de rigidez en coordenadas globales correspondientes a las nueve barras del sistema:

Barra 1

$$
\begin{vmatrix}
1092 & 0 & -1092 & 0 \\
0 & 0 & 0 & 0 \\
-1092 & 0 & 1092 & 0 \\
0 & 0 & 0 & 0
\end{vmatrix}
$$

Barra 2

$$
\begin{vmatrix}
0 & 0 & 0 & 0 \\
0 & 1138 & 0 & -1138 \\
0 & 0 & 0 & 0 \\
0 & -1138 & 0 & 1138
\end{vmatrix}
$$

Barra 3

$$
\begin{vmatrix}
655 & 874 & -655 & -874 \\
874 & 1165 & -874 & -1165 \\
-655 & -874 & 655 & 874 \\
-874 & -1165 & 874 & 1165
\end{vmatrix}
$$

Barra 4

$$
\begin{vmatrix}
874 & -655 & -874 & 655 \\
-655 & 491 & 655 & -491 \\
-874 & 655 & 874 & -655 \\
655 & -491 & -655 & 491
\end{vmatrix}
$$

Barra 5

$$
\begin{vmatrix}
0 & 0 & 0 & 0 \\
0 & 1138 & 0 & -1138 \\
0 & 0 & 0 & 0 \\
0 & -1138 & 0 & 1138
\end{vmatrix}
$$

Barra 6

$$
\begin{vmatrix}
2750 & 0 & -2750 & 0 \\
0 & 0 & 0 & 0 \\
-2750 & 0 & 2750 & 0 \\
0 & 0 & 0 & 0
\end{vmatrix}
$$

Barra 7

$$
\begin{vmatrix}
874 & -655 & -874 & 655 \\
-655 & 491 & 655 & -491 \\
-874 & 655 & 874 & -655 \\
655 & -491 & -655 & 491
\end{vmatrix}
$$

Barra 8

$$
\begin{vmatrix}
655 & 874 & -655 & -874 \\
874 & 1165 & -874 & -1165 \\
-655 & -874 & 655 & 874 \\
-874 & -1165 & 874 & 1165
\end{vmatrix}
$$

Barra 9

$$
\begin{vmatrix}
1092 & 0 & -1092 & 0 \\
0 & 0 & 0 & 0 \\
-1092 & 0 & 1092 & 0 \\
0 & 0 & 0 & 0
\end{vmatrix}
$$

Las matrices de barra se ensamblan en la matriz de rigidez de la estructura disponiendo sus submatrices en las correspondientes a los nudos extremos de cada una.

A continuación se representa el resultado del proceso. El vector de fuerzas nodales tiene inicialmente componentes nulos.

```
| 1747    874 -1092     0  -655  -874     0     0     0     0     0     0 ||  0 |
|  874   2302     0     0  -874 -1165     0     0     0 -1138     0     0 ||  0 |
| -1092     0  1966  -655  -874   655     0     0     0     0     0     0 ||  0 |
|    0      0  -655  1629   655  -491     0     0     0     0     0 -1138 ||  0 |
| -655   -874  -874   655  4279   218 -2750     0     0     0     0     0 ||  0 |
| -874  -1165   655  -491   218  1656     0     0     0     0     0     0 ||  0 |
|    0      0     0     0 -2750     0  4279   218  -874   655  -655  -874 ||  0 |
|    0      0     0     0     0     0   218  1656   655  -491  -874 -1165 ||  0 |
|    0      0     0     0     0     0  -874   655  1966  -655 -1092     0 ||  0 |
|    0  -1138     0     0     0     0   655  -491  -655  1629     0     0 ||  0 |
|    0      0     0     0     0     0  -655  -874 -1092     0  1747   874 ||  0 |
|    0      0     0 -1138     0     0  -874 -1165     0     0   874  2302 ||  0 |
```

El aumento en la longitud de la barra 6 se introduce en el sistema mediante las fuerzas ejercidas sobre los nudos (empleando para ello las expresiones indicadas del apartado 3.5.2). Los resultados se reflejan en el correspondiente cuadro:

B	E (kN/cm²)	A (cm²)	L (cm)	Δe (cm)	sen α	cos α	F$_{x1}$ (kN)	F$_{y1}$ (kN)	F$_{x2}$ (kN)	F$_{y2}$ (kN)
6	17500	22	140	0.8	0	1	−2200	0	2200	0

Como la barra 6 conecta los nudos 3 y 4, los valores obtenidos se añaden en las filas 5, 6, 7 y 8 del vector de fuerzas nodales:

```
| 1747    874 -1092     0  -655  -874     0     0     0     0     0     0 ||     0|
|  874   2302     0     0  -874 -1165     0     0     0 -1138     0     0 ||     0|
| -1092     0  1966  -655  -874   655     0     0     0     0     0     0 ||     0|
|    0      0  -655  1629   655  -491     0     0     0     0     0 -1138 ||     0|
| -655   -874  -874   655  4279   218 -2750     0     0     0     0     0 || -2200|
| -874  -1165   655  -491   218  1656     0     0     0     0     0     0 ||     0|
|    0      0     0     0 -2750     0  4279   218  -874   655  -655  -874 ||  2200|
|    0      0     0     0     0     0   218  1656   655  -491  -874 -1165 ||     0|
|    0      0     0     0     0     0  -874   655  1966  -655 -1092     0 ||     0|
|    0  -1138     0     0     0     0   655  -491  -655  1629     0     0 ||     0|
|    0      0     0     0     0     0  -655  -874 -1092     0  1747   874 ||     0|
|    0      0     0 -1138     0     0  -874 -1165     0     0   874  2302 ||     0|
```

El siguiente paso es la introducción de las coacciones impuestas por los enlaces externos. Se encuentran restringidos los movimientos verticales de los nudos 1, 2 y 6 y el horizontal del nudo 5. Se suprimen del sistema las ecuaciones 2, 4, 9 y 12.

```
| 1747    874 -1092     0  -655  -874     0     0     0     0     0     0 ||    0|
|  874   2302     0     0  -874 -1165     0     0     0 -1138     0     0 ||    0|
|-1092      0  1966  -655  -874   655     0     0     0     0     0     0 ||    0|
|    0      0  -655  1629   655  -491     0     0     0     0     0 -1138 ||    0|
| -655   -874  -874   655  4279   218 -2750     0     0     0     0     0 ||-2200|
| -874  -1165   655  -491   218  1656     0     0     0     0     0     0 ||    0|
|    0      0     0     0 -2750     0  4279   218  -874   655  -655  -874 || 2200|
|    0      0     0     0     0     0   218  1656   655  -491  -874 -1165 ||    0|
|    0      0     0     0     0     0  -874   655  1966  -655 -1092     0 ||    0|
|    0  -1138     0     0     0     0   655  -491  -655  1629     0     0 ||    0|
|    0      0     0     0     0     0  -655  -874 -1092     0  1747   874 ||    0|
|    0      0     0 -1138     0     0  -874 -1165     0     0   874  2302 ||    0|
```

Una vez eliminadas las filas y columnas, el sistema inicial de doce ecuaciones queda reducido a ocho (con las incógnitas d1, d3, d5, d6, d7, d8, d10 y d12 correspondientes a los desplazamientos horizontales de los nudos 1, 2 y 6, el vertical del nudo 5, y los horizontales y verticales de los nudos 3 y 4).

```
| 1747 -1092  -655  -874     0     0     0     0 || d1  |       |    0|
|-1092  1966  -874   655     0     0     0     0 || d3  |       |    0|
| -655  -874  4279   218 -2750     0     0     0 || d5  |       |-2200|
| -874   655   218  1656     0     0     0     0 || d6  |       |    0|
|    0     0 -2750     0  4279   218   655  -655 || d7  |  =    | 2200|
|    0     0     0     0   218  1656  -491  -874 || d8  |       |    0|
|    0     0     0     0   655  -491  1629     0 || d10 |       |    0|
|    0     0     0     0  -655  -874     0  1747 || d11 |       |    0|
```

La resolución del sistema de ecuaciones proporciona los siguientes valores:

Incógnita	Valor (cm)	Incógnita	Valor (cm)
d1	−0.800000	d7	0.000000
d3	−0.800000	d8	0.000000
d5	−0.800000	d10	0.000000
D6	0.000000	d11	0.000000

Resultan nulos 5 desplazamientos. Considerando además las restricciones en los apoyos, d2, d4, d9 y d12 también son nulos. En definitiva, los nudos 4, 5 y 6 no se mueven y los 1, 2 y 3 solamente tienen un desplazamiento horizontal del valor de Δe hacia la izquierda.

Con estos datos se compone la deformación de la estructura (representada a escala con un factor de amplificación 100).

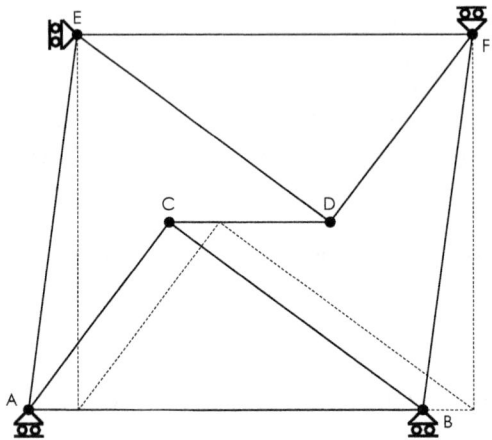

El triángulo superior EDF se mantiene fijo y el incremento de la barra central CD provoca el desplazamiento paralelo del triángulo inferior ACB. Ninguna otra barra varía su longitud y por ello, a pesar de tratarse de un sistema hiperestático, en este caso los esfuerzos en las barras son todos nulos. Esto se puede verificar determinándolos mediante la expresión:

$$N = [(d_{x2'} - d_{x1'}) \cos \alpha + (d_{y2'} - d_{y1'}) \operatorname{sen} \alpha - \Delta e] \, EA/L$$

B	EA/L (kN/cm)	Δe (cm)	sen α	cos α	d_{x1} (cm)	d_{y1} (cm)	d_{x2} (cm)	d_{y2} (cm)	N (kN)
1	1092	0	0	1	−0.8	0	−0.8	0	0
2	1137.5	0	1	0	−0.8	0	0	0	0
3	1820	0	0.8	0.6	−0.8	0	−0.8	0	0
4	1365	0	0.6	−0.8	−0.8	0	−0.8	0	0
5	1137.5	0	1	0	−0.8	0	0	0	0
6	2750	0.8	0	1	−0.8	0	0	0	0
7	1365	0	0.6	−0.8	0	0	0	0	0
8	1820	0	0.8	0.6	0	0	0	0	0
9	1092	0	0	1	0	0	0	0	0

Al ser nulos los esfuerzos en todas las barras, también lo son las reacciones en los apoyos. Esto se puede verificar considerando las ecuaciones suprimidas para la determinación de los desplazamientos:

```
| 874  2302    0     0  -874 -1165    0     0     0 -1138    0     0 || R1y |
|   0     0  -655  1629   655  -491    0     0     0     0     0 -1138 || R2y |
|   0     0     0     0     0     0  -874   655  1966  -655 -1092    0 || R5x |
|   0     0     0 -1138    0     0  -874 -1165    0     0   874  2302 || R6y |
```

Mediante la suma de productos de los valores de cada fila por los desplazamientos en los nudos se obtiene la reacción correspondiente. Los resultados obtenidos son los esperados y se recogen, con los desplazamientos de los nudos, en el último cuadro.

N	Rx (kN)	Ry (kN)	dx (cm)	dy (cm)
1	0	0	−0.8	0
2	0	0	−0.8	0
3	0	0	−0.8	0
4	0	0	0	0
5	0	0	0	0
6	0	0	0	0

Con carácter general las deformaciones impuestas producen reacciones y esfuerzos de cierta relevancia en los sistemas hiperestáticos, pero este ejercicio pone de manifiesto que no siempre es así.

Atomium (Bruselas) - Panoramio - Hosein

CAPÍTULO 4

SISTEMAS ARTICULADOS ESPACIALES

[4.1]. Introducción

El análisis de los sistemas espaciales se puede abordar mediante la generalización del Método de Rigidez empleado en las estructuras planas.

La introducción de una tercera dimensión no afecta sustancialmente a la estructura de los procesos de cálculo matricial, aunque sí a la laboriosidad de los mismos, y por ello en estos casos es muy habitual la utilización de programas informáticos.

En los capítulos 6 y 7 se ha expuesto el procedimiento completo aplicable a los sistemas planos, y el presente se centra solamente en los cambios operativos en las distintas etapas para la consideración de las tres dimensiones.

[4.2]. Características de los sistemas espaciales

En las estructuras articuladas espaciales cada nudo tiene tres grados de libertad (sus desplazamientos en los ejes X, Y y Z).

Las matrices de rigidez de barras tienen por ello 36 componentes (6 filas × 6 columnas) y se dividen también en cuatro submatrices, que ahora son de 3 × 3 componentes.

La matriz de rigidez de un sistema articulado tridimensional de n nudos es una matriz cuadrada y simétrica de 3n filas y 3n columnas, que se puede dividir en n^2 submatrices de 3 filas y 3 columnas.

Las cargas aplicadas sobre los nudos tienen a su vez 3 componentes (sus proyecciones sobre los tres ejes) y por ello el vector de fuerzas nodales tiene 3n componentes divisibles en N subvectores de 3 × 1.

Finalmente, las incógnitas (el vector de desplazamientos nodales) en este caso son también 3 por cada nudo (3n en total).

[4.3]. Matrices de rigidez de barra

Cada barra de la estructura es un sistema elemental de dos nudos que posee un vector de fuerzas nodales de barra $[F_i]^b$, un vector de desplazamientos nodales de barra $[d_j]^b$, y una matriz de rigidez de barra $[K_{ij}]^b$, relacionados entre sí mediante la siguiente ecuación matricial:

$$[F_i]^b = [K_{ij}]^b [d_j]^b$$

En los sistemas expaciales el vector $[F_i]^b$ tiene 6 componentes: las fuerzas $F_{x1}{}^b$, $F_{y1}{}^b$ y $F_{z1}{}^b$ aplicadas sobre el nudo inicial de la barra (nudo 1) y las fuerzas $F_{x2}{}^b$, $F_{y2}{}^b$ y $F_{z2}{}^b$ sobre el nudo final (nudo 2).

De un modo análogo, el vector $[d_j]^b$ tiene otras 6 componentes: los desplazamientos $d_{x1}{}^b$, $d_{y1}{}^b$ y $d_{z1}{}^b$ del nudo inicial de la barra y los desplazamientos $d_{x2}{}^b$, $d_{y2}{}^b$ y $d_{z2}{}^b$ de su nudo final.

En coordenadas locales las fuerzas en equilibrio sobre los nudos y sus desplazamientos se encuentran exlusivamente en el eje X y verifican las ecuaciones:

$$F_{x2'} = (d_{x2'} - d_{x1'}) \, EA / L$$
$$F_{x1'} = (d_{x1'} - d_{x2'}) \, EA / L$$

Con ello, la ecuación matricial $[F_i]'^b = [K_{ij}]'^b \, [d_j]'^b$ desarrollada en componentes se expresa mediante:

$$
\begin{bmatrix} F_{x1'} \\ F_{y1'} \\ F_{z1'} \\ F_{x2'} \\ F_{y2'} \\ F_{z2'} \end{bmatrix}
=
\begin{bmatrix}
EA/L & 0 & 0 & -EA/L & 0 & 0 \\
0 & 0 & 0 & 0 & 0 & 0 \\
0 & 0 & 0 & 0 & 0 & 0 \\
-EA/L & 0 & 0 & EA/L & 0 & 0 \\
0 & 0 & 0 & 0 & 0 & 0 \\
0 & 0 & 0 & 0 & 0 & 0
\end{bmatrix}
\begin{bmatrix} d_{x1'} \\ d_{y1'} \\ d_{z1'} \\ d_{x2'} \\ d_{y2'} \\ d_{z2'} \end{bmatrix}
$$

Considerando el factor común EA / L, de la matriz de rigidez de barra en coordenadas locales queda finalmente:

$$
[K_{ij}]'^b = EA/L
\begin{bmatrix}
1 & 0 & 0 & -1 & 0 & 0 \\
0 & 0 & 0 & 0 & 0 & 0 \\
0 & 0 & 0 & 0 & 0 & 0 \\
-1 & 0 & 0 & 1 & 0 & 0 \\
0 & 0 & 0 & 0 & 0 & 0 \\
0 & 0 & 0 & 0 & 0 & 0
\end{bmatrix}
$$

Para incorporar esta matriz en el sistema, sus componentes tienen que estar referidos a los ejes globales de la estructura, y se precisa previamente la aplicación de una matriz de transformación de coordenadas.

Se parte de las coordenadas (x_1, y_1, z_1) y (x_2, y_2, z_2) de los nudos inicial y final de la barra en el sistema global de referencia.

Con estas coordenadas, la longitud de la barra L viene geométricamente determinada por:

$$L = [(x_2 - x_1)^2 + (y_2 - y_1)^2 + (z_2 - x_1)^2]^{1/2}$$

Si se denominan α, β y γ a los ángulos formados por la barra (eje X') con los ejes globales X, Y y Z, sus cosenos en función de las proyecciones de la barra sobre los ejes valen:

$$\cos \alpha = (x_2 - x_1) / L$$
$$\cos \beta = (y_2 - y_1) / L$$
$$\cos \gamma = (z_2 - z_1) / L$$

y, con estos cosenos directores la matriz de rigidez de barra referida a los ejes globales $[K_{ij}]^b$ se obtiene aplicando el razonamiento y la secuencia de operaciones indicados en el apartado 2.3.3 para sistemas planos y, en los sistemas tridimensionales vale:

$$[K_{ij}]^b = EA/L \begin{bmatrix} \cos^2 \alpha & \cos \alpha \cos \beta & \cos \alpha \cos \gamma & -\cos^2 \alpha & -\cos \alpha \cos \beta & -\cos \alpha \cos \gamma \\ \cos \alpha \cos \beta & \cos^2 \beta & \cos \beta \cos \gamma & -\cos \alpha \cos \beta & -\cos^2 \beta & -\cos \beta \cos \gamma \\ \cos \alpha \cos \gamma & \cos \beta \cos \gamma & \cos^2 \gamma & -\cos \alpha \cos \gamma & -\cos \beta \cos \gamma & -\cos^2 \gamma \\ -\cos^2 \alpha & -\cos \alpha \cos \beta & -\cos \alpha \cos \gamma & \cos^2 \alpha & \cos \alpha \cos \beta & \cos \alpha \cos \gamma \\ -\cos \alpha \cos \beta & -\cos^2 \beta & -\cos \beta \cos \gamma & \cos \alpha \cos \beta & \cos^2 \beta & \cos \beta \cos \gamma \\ -\cos \alpha \cos \gamma & -\cos \beta \cos \gamma & -\cos^2 \gamma & \cos \alpha \cos \gamma & \cos \beta \cos \gamma & \cos^2 \gamma \end{bmatrix}$$

[4.4]. Proceso de ensamblaje

El proceso de ensamblaje es muy similar al expuesto para sistemas planos. Se considera una barra genérica entre los nudos H y L de una estructura articulada de n nudos. La matriz de rigidez de la barra (6x6) se divide en 4 submatrices (3x3) asociadas a sus nudos 1 y 2 (zona izquierda de la figura).

Del mismo modo, la matriz de rigidez del sistema (3n × 3n) se divide en n^2 submatrices (3x3) asociadas a los n nudos de la estructura. En la zona derecha de la figura se detallan las submatrices correspondientes a los nudos H y L.

El ensamblaje se produce trasladando el contenido de las submatrices de la matriz de rigidez de la barra a las submatrices correspondientes a los nudos H y L de la matriz de rigidez del sistema. ($[K_{11}]^b$ a $[K_{HH}]$, $[K_{12}]^b$ a $[K_{HL}]$, $[K_{21}]^b$ a $[K_{LH}]$ y $[K_{22}]^b$ a $[K_{LL}]$)

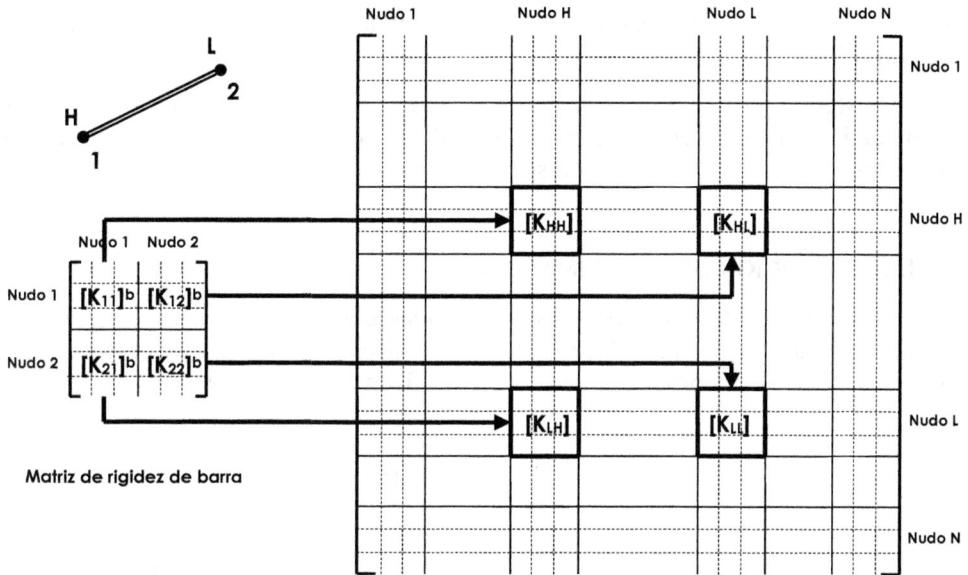

Matriz de rigidez de barra

Matriz de rigidez del sistema

Por otra parte, el vector de fuerzas nodales posee 3n componentes y se puede dividir también en n subvectores de 3 componentes. El ensamblaje se efectúa trasladando las fuerzas en cada dirección actuantes sobre cada nudo a las componentes asociadas al correspondiente subvector en el sistema.

Si se producen dilataciones térmicas o errores de ejecución en barras, las fuerzas sobre los nudos provocadas por sus efectos se incorporan también al vector de fuerzas nodales con el procedimiento indicado en los apartados 3.4 y 3.5.

[4.5]. INTRODUCCIÓN DE LAS RESTRICCIONES

Una vez determinadas la matriz de rigidez y el vector de fuerzas de la estructura, se plantea un sistema de 3n ecuaciones (una por cada grado de libertad) en el que las incógnitas son los desplazamientos en los nudos, los coeficientes son las componentes de la matriz de rigidez y los términos independientes los componentes del vector de fuerzas. En notación algebraica:

$$K_{ij} \, d_j = F_i$$

Cuando alguno de los grados de libertad está restringido por un enlace externo, el desplazamiento correspondiente es nulo y la incógnita en este caso es la reacción del apoyo.

En la ecuación matricial se suprimen temporalmente las filas correspondientes a los grados de libertad coartados y también sus columnas porque todos sus términos se multiplicarían por cero. El procedimiento es completamente análogo al indicado en el apartado 2.5.

Si el sistema incluye resortes elásticos o desplazamientos impuestos en apoyos, la manera de incorporarlos en el proceso de cálculo es la descrita en los epígrafes correspondientes del capítulo 3 (3.2 y 3.3 respectivamente).

[4.6]. Resolución del sistema

Con la eliminación de todas las filas y columnas correspondientes a los grados de libertad restringidos por los enlaces externos, el sistema reduce sus ecuaciones e incógnitas. Las matrices correspondientes se identifican con asteriscos:

$$[K_{ij}]^* \, [d_j]^* = [F_i]^*$$

La resolución del sistema de ecuaciones reducido proporciona los deplazamientos en los nudos:

$$[d_j]^* = [K_{ij}]^{*-1} \, [F_i]^*$$

No es necesaria en la práctica la inversión de la matriz de rigidez del sistema. Son plenamente válidas las consideraciones realizadas en el capítulo 2 (apartado 2.6.2) para la optimización de los algoritmos de cálculo numérico empleados.

[4.7]. Resultados del cálculo matricial

Una vez determinados los desplazamientos en todos los nudos de la estructura, para la obtención de los esfuerzos en cada barra se emplea nuevamente su matriz de rigidez en coordenadas locales. La expresión:

$$[F_i]'^b = [K_{ij}]'^b \, [d_j]'^b$$

proporciona las fuerzas en los extremos de la barra, a partir de los desplazamientos de sus nudos. Estos se han obtenido en coordenadas globales y por ello se debe efectuar la correspondiente conversión a ejes locales.

$$[d_i]'^b = [T]^{-1} \, [d_j]^b \quad \text{y por ello} \quad [F_i]'^b = [K_{ij}]'^b \, [T]^{-1} \, [d_j]^b$$

El esfuerzo axil N en la barra corresponde en valor y signo a la fuerza $F_{x2'}$ en ejes locales. Considerando las matrices $[K_{ij}]'^b$ y $[T]$ correspondientes al sistema espacial, se obtiene su expresión en función de los desplazamientos de los nudos extremos en ejes globales:

$$N = [(d_{x2'} - d_{x1'}) \cos \alpha + (d_{y2'} - d_{y1'}) \cos \beta + (d_{z2'} - d_{z1'}) \cos \gamma] \, EA/L$$

Como en los sistemas planos, para el cálculo de las reacciones en los apoyos se emplean las ecuaciones (previamente suprimidas del sistema) correspondientes a los grados de libertad coartados.

$$R_i = K_{ij} \, d_j$$

d_j son los desplazamientos en coordenadas globales en todos los grados de libertad no restringidos.

Ejercicio 4.01

Se considera un sistema articulado espacial de 4 nudos y 6 barras con forma de tetraedro irregular y dispuesto con una cara situada en el plano horizontal XY.

La figura lo define geométricamente mediante planta y alzado (numerando sus nudos y barras) e incluye una perspectiva en su zona derecha.

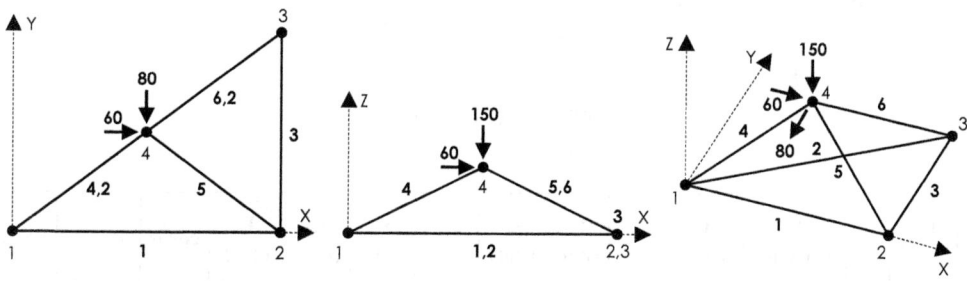

Sobre su nudo superior (4) están aplicadas tres fuerzas de 60, 80 y 150 kN en la dirección de los ejes X, Y y Z respectivamente, y con los sentidos indicados (las paralelas a los ejes Y y Z tienen signo negativo).

Las coordenadas (X,Y,Z) de los nudos en el sistema de referencia se expresan en metros en el siguiente cuadro. En él se indican además las restricciones de los apoyos señalando con una X los grados de libertad coartados:

Nudo	X (m)	Y (m)	Z (m)	Rx	Ry	Rz
1	0	0	0	X	X	X
2	8.96	0	0		X	X
3	8.96	6.72	0	X		X
4	4.48	3.36	4.20			

Como se puede apreciar, en el nudo 1 existe un apoyo fijo, en los nudos 2 y 3 apoyos deslizantes en el plano horizontal y direcciones X e Y respectivamente, y el nudo 4 no tiene ningún enlace externo aplicado.

Las seis barras están formadas por perfiles tubulares de acero de 21000 kN/cm^2 de módulo de elasticidad. Su sección transversal tiene un área de 48 cm^2.

Determinar los valores de las reacciones en los apoyos y los esfuerzos en las barras provocados por las cargas aplicadas.

SOLUCIÓN

El primer paso es la formación del cuadro de características mecánicas y geométricas de las barras del sistema. Las longitudes y cosenos directores se obtienen a partir de sus proyecciones sobre los ejes:

$$L = [(x_2 - x_1)^2 + (y_2 - y_1)^2 + (z_2 - x_1)^2]^{1/2}$$

$$\cos \alpha = (x_2 - x_1) / L$$
$$\cos \beta = (y_2 - y_1) / L$$
$$\cos \gamma = (z_2 - z_1) / L$$

B	Ni	Nf	E (kN/cm^2)	A (cm^2)	X$_1$ (cm)	Y$_1$ (cm)	Z$_1$ (cm)	X$_2$ (cm)	Y$_2$ (cm)	Z$_2$ (cm)	L (cm)	cos α	cos β	cos γ
1	1	2	21000	48	0	0	0	896	0	0	896	1	0	0
2	1	3	21000	48	0	0	0	896	672	0	1120	0.8	0.6	0
3	2	3	21000	48	896	0	0	896	672	0	672	0	1	0
4	1	4	21000	48	0	0	0	448	336	420	700	0.64	0.48	0.6
5	2	4	21000	48	896	0	0	448	336	420	700	−0.64	0.48	0.6
6	3	4	21000	48	896	672	0	448	336	420	700	−0.64	−0.48	0.6

Las matrices de rigidez de las barras en coordenadas globales, se determinan mediante la expresión indicada en el apartado 4.2, para sistemas tridimensionales:

$$[K_{ij}]^b = EA/L \begin{bmatrix} \cos^2\alpha & \cos\alpha\cos\beta & \cos\alpha\cos\gamma & -\cos^2\alpha & -\cos\alpha\cos\beta & -\cos\alpha\cos\gamma \\ \cos\alpha\cos\beta & \cos^2\beta & \cos\beta\cos\gamma & -\cos\alpha\cos\beta & -\cos^2\beta & -\cos\beta\cos\gamma \\ \cos\alpha\cos\gamma & \cos\beta\cos\gamma & \cos^2\gamma & -\cos\alpha\cos\gamma & -\cos\beta\cos\gamma & -\cos^2\gamma \\ -\cos^2\alpha & -\cos\alpha\cos\beta & -\cos\alpha\cos\gamma & \cos^2\alpha & \cos\alpha\cos\beta & \cos\alpha\cos\gamma \\ -\cos\alpha\cos\beta & -\cos^2\beta & -\cos\beta\cos\gamma & \cos\alpha\cos\beta & \cos^2\beta & \cos\beta\cos\gamma \\ -\cos\alpha\cos\gamma & -\cos\beta\cos\gamma & -\cos^2\gamma & \cos\alpha\cos\gamma & \cos\beta\cos\gamma & \cos^2\gamma \end{bmatrix}$$

Tras sustituir los valores correspondientes del cuadro de datos, se representan las matrices de rigidez de las seis barras de la estructura:

Barra 1

$$\begin{bmatrix} 1125 & 0 & 0 & -112 & 0 & 0 \\ 0 & 0 & 0 & 0 & 0 & 0 \\ 0 & 0 & 0 & 0 & 0 & 0 \\ -112 & 0 & 0 & 1125 & 0 & 0 \\ 0 & 0 & 0 & 0 & 0 & 0 \\ 0 & 0 & 0 & 0 & 0 & 0 \end{bmatrix}$$

Barra 2

$$\begin{bmatrix} 576 & 432 & 0 & -576 & -432 & 0 \\ 432 & 324 & 0 & -432 & -324 & 0 \\ 0 & 0 & 0 & 0 & 0 & 0 \\ -576 & -432 & 0 & 576 & 432 & 0 \\ -432 & -324 & 0 & 432 & 324 & 0 \\ 0 & 0 & 0 & 0 & 0 & 0 \end{bmatrix}$$

Barra 3

$$\begin{bmatrix} 0 & 0 & 0 & 0 & 0 & 0 \\ 0 & 1500 & 0 & 0 & -150 & 0 \\ 0 & 0 & 0 & 0 & 0 & 0 \\ 0 & 0 & 0 & 0 & 0 & 0 \\ 0 & -150 & 0 & 0 & 1500 & 0 \\ 0 & 0 & 0 & 0 & 0 & 0 \end{bmatrix}$$

Barra 4

$$\begin{bmatrix} 590 & 442 & 553 & -590 & -442 & -553 \\ 442 & 332 & 415 & -442 & -332 & -415 \\ 553 & 415 & 518 & -553 & -415 & -518 \\ -590 & -442 & -553 & 590 & 442 & 553 \\ -442 & -332 & -415 & 442 & 332 & 415 \\ -553 & -415 & -518 & 553 & 415 & 518 \end{bmatrix}$$

Barra 5

$$
\begin{bmatrix}
590 & -442 & -553 & -590 & 442 & 553 \\
-442 & 332 & 415 & 442 & -332 & -415 \\
-553 & 415 & 518 & 553 & -415 & -518 \\
-590 & 442 & 553 & 590 & -442 & -553 \\
442 & -332 & -415 & -442 & 332 & 415 \\
553 & -415 & -518 & -553 & 415 & 518
\end{bmatrix}
$$

Barra 6

$$
\begin{bmatrix}
590 & 442 & -553 & -590 & -442 & 553 \\
442 & 332 & -415 & -442 & -332 & 415 \\
-553 & -415 & 518 & 553 & 415 & -518 \\
-590 & -442 & 553 & 590 & 442 & -553 \\
-442 & -332 & 415 & 442 & 332 & -415 \\
553 & 415 & -518 & -553 & -415 & 518
\end{bmatrix}
$$

A continuación se efectúa el proceso de ensamblaje para formar la matriz de rigidez de la estructura y el vector de fuerzas nodales.

Las cuatro submatrices de rigidez de la barra 1 adoptan posiciones contiguas en la matriz de rigidez del sistema, ocupando sus seis primeras filas y columnas.

Las de la barra 2 se disponen en las filas y columnas 1, 2, 3, 7, 8 y 9. En el caso de la barra 3, las filas y columnas de ensamblaje son 4, 5, 6, 7, 8 y 9; a la barra 4 le corresponden la 1, 2, 3, 10, 11 y 12; a la barra 5 la 4, 5, 6, 10, 11 y 12 y a la barra 6 la 7, 8, 9, 10, 11 y 12.

Finalmente se disponen las cargas aplicadas sobre el nudo 4 en las filas 10, 11 y 12 del vector de fuerzas nodales.

$$
\begin{bmatrix}
2291 & 874 & 553 & -1125 & 0 & 0 & -576 & -432 & 0 & -590 & -442 & -553 \\
874 & 656 & 415 & 0 & 0 & 0 & -432 & -324 & 0 & -442 & -332 & -415 \\
553 & 415 & 518 & 0 & 0 & 0 & 0 & 0 & 0 & -553 & -415 & -518 \\
-1125 & 0 & 0 & 1715 & -442 & -553 & 0 & 0 & 0 & -590 & 442 & 553 \\
0 & 0 & 0 & -442 & 1832 & 415 & 0 & -1500 & 0 & 442 & -332 & -415 \\
0 & 0 & 0 & -553 & 415 & 518 & 0 & 0 & 0 & 553 & -415 & -518 \\
-576 & -432 & 0 & 0 & 0 & 0 & 1166 & 874 & -553 & -590 & -442 & 553 \\
-432 & -324 & 0 & 0 & -1500 & 0 & 874 & 2156 & -415 & -442 & -332 & 415 \\
0 & 0 & 0 & 0 & 0 & 0 & -553 & -415 & 518 & 553 & 415 & -518 \\
-590 & -442 & -553 & -590 & 442 & 553 & -590 & -442 & 553 & 1769 & 442 & -553 \\
-442 & -332 & -415 & 442 & -332 & -415 & -442 & -332 & 415 & 442 & 995 & 415 \\
-553 & -415 & -518 & 553 & -415 & -518 & 553 & 415 & -518 & -553 & 415 & 1555
\end{bmatrix}
\begin{bmatrix}
0 \\ 0 \\ 0 \\ 0 \\ 0 \\ 0 \\ 0 \\ 0 \\ 0 \\ 60 \\ -80 \\ -150
\end{bmatrix}
$$

El siguiente paso es la introducción de las restricciones de los apoyos. Están coartados los tres desplazamientos del nudo 1, los movimientos en dirección Y y Z del nudo 2 y los correspondientes a los ejes X y Z del nudo 3. Por lo tanto, no se consideran de momento las ecuaciones 1, 2, 3, 5, 6, 7 y 9 (señaladas en negrita).

$$
\begin{bmatrix}
2291 & 874 & 553 & -1125 & 0 & 0 & -576 & -432 & 0 & -590 & -442 & -553 \\
874 & 656 & 415 & 0 & 0 & 0 & -432 & -324 & 0 & -442 & -332 & -415 \\
553 & 415 & 518 & 0 & 0 & 0 & 0 & 0 & 0 & -553 & -415 & -518 \\
-1125 & 0 & 0 & 1715 & -442 & -553 & 0 & 0 & 0 & -590 & 442 & 553 \\
0 & 0 & 0 & -442 & 1832 & 415 & 0 & -1500 & 0 & 442 & -332 & -415 \\
0 & 0 & 0 & -553 & 415 & 518 & 0 & 0 & 0 & 553 & -415 & -518 \\
-576 & -432 & 0 & 0 & 0 & 0 & 1166 & 874 & -553 & -590 & -442 & 553 \\
-432 & -324 & 0 & 0 & -1500 & 0 & 874 & 2156 & -415 & -442 & -332 & 415 \\
0 & 0 & 0 & 0 & 0 & 0 & -553 & -415 & 518 & 553 & 415 & -518 \\
-590 & -442 & -553 & -590 & 442 & 553 & -590 & -442 & 553 & 1769 & 442 & -553 \\
-442 & -332 & -415 & 442 & -332 & -415 & -442 & -332 & 415 & 442 & 995 & 415 \\
-553 & -415 & -518 & 553 & -415 & -518 & 553 & 415 & -518 & -553 & 415 & 1555
\end{bmatrix}
\begin{bmatrix}
R1x \\ R1y \\ R1z \\ 0 \\ R2y \\ R2z \\ R3x \\ 0 \\ R3z \\ 60 \\ -80 \\ -150
\end{bmatrix}
$$

Tras la eliminación de las siete filas y columnas el sistema de ecuaciones queda reducido a cinco (con las incógnitas d4, d8, d10, d11 y d12):

$$
\begin{bmatrix}
1715 & 0 & -590 & 442 & 553 \\
0 & 2156 & -442 & -332 & 415 \\
-590 & -442 & 1769 & 442 & -553 \\
442 & -332 & 442 & 995 & 415 \\
553 & 415 & -553 & 415 & 1555
\end{bmatrix}
\begin{bmatrix}
d4 \\ d8 \\ d10 \\ d11 \\ d12
\end{bmatrix}
=
\begin{bmatrix}
0 \\ 0 \\ 60 \\ -80 \\ -150
\end{bmatrix}
$$

La resolución del sistema de ecuaciones proporciona los valores de los desplazamientos buscados.

Incógnita	Valor (cm)
d4	0.074074
d8	0.010965
d10	0.065294
d11	−0.107950
d12	−0.073710

Para la determinación del esfuerzo en cada barra se emplea la expresión indicada en el apartado 4.7:

$$N = [(d_{x2'} - d_{x1'}) \cos \alpha + (d_{y2'} - d_{y1'}) \cos \beta + (d_{z2'} - d_{z1'}) \cos \gamma] \, EA/L$$

Con sus valores de los desplazamientos se complementa el cuadro de datos de barras y en su última columna se indican los esfuerzos resultantes de la aplicación de la fórmula.

B	EA/L	$\cos \alpha$	$\cos \beta$	$\cos \gamma$	d_{x1} (cm)	d_{y1} (cm)	d_{z1} (cm)	d_{x2} (cm)	d_{y2} (cm)	d_{z2} (cm)	N (kN)
1	1125	1	0	0	0	0	0	0.074074	0	0	83.33
2	900	0.8	0.6	0	0	0	0	0	0.010965	0	5.92
3	1500	0	1	0	0.074074	0	0	0	0.010965	0	16.45
4	1440	0.64	0.48	0.6	0	0	0	0.065294	−0.107950	−0.073710	−78.13
5	1440	−0.64	0.48	0.6	0.074074	0	0	0.065294	−0.107950	−0.073710	−130.21
6	1440	−0.64	−0.48	0.6	0	0.010965	0	0.065294	−0.107950	−0.073710	−41.67

Finalmente, las reacciones en los apoyos se calculan a partir de las ecuaciones previamente eliminadas:

$$
\begin{bmatrix}
2291 & 874 & 553 & -1125 & 0 & 0 & -576 & -432 & 0 & -590 & -442 & -553 \\
874 & 656 & 415 & 0 & 0 & 0 & -432 & -324 & 0 & -442 & -332 & -415 \\
553 & 415 & 518 & 0 & 0 & 0 & 0 & 0 & 0 & -553 & -415 & -518 \\
0 & 0 & 0 & -442 & 1832 & 415 & 0 & -1500 & 0 & 442 & -332 & -415 \\
0 & 0 & 0 & -553 & 415 & 518 & 0 & 0 & 0 & 553 & -415 & -518 \\
-576 & -432 & 0 & 0 & 0 & 0 & 1166 & 874 & -553 & -590 & -442 & 553 \\
0 & 0 & 0 & 0 & 0 & 0 & -553 & -415 & 518 & 553 & 415 & -518
\end{bmatrix}
\begin{bmatrix}
R1x \\ R1y \\ R1z \\ R2y \\ R2z \\ R3x \\ R3z
\end{bmatrix}
$$

Multiplicando ordenadamente los componentes de cada fila por los desplazamientos se obtiene la reacción correspondiente del vector de fuerzas nodales.

El cuadro siguiente recoge el resultado de las operaciones y también los desplazamientos de los nudos, y en la figura final se muestran las reacciones y esfuerzos en barras.

N	Rx (kN)	Ry (kN)	Rz (kN)	dx (cm)	dy (cm)	dz (cm)
1	−38,07	33,95	46,88	0	0	0
2	0	46,05	78,13	0.074074	0	0
3	−21,93	0	25	0	0.010965	0
4	0	0	0	0.065294	−0.107950	−0.073710

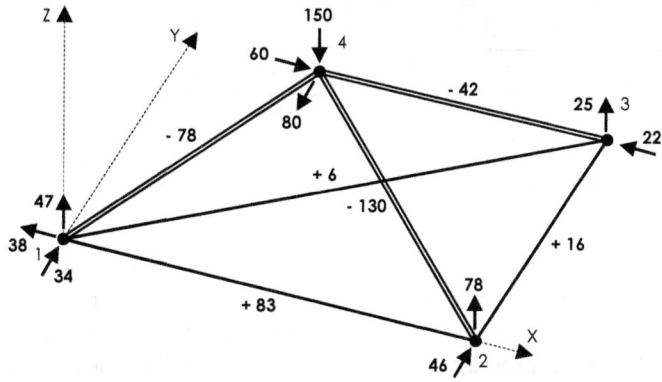

Ejercicio 4.02

La figura representa el alzado, planta y perspectiva de un sistema articulado espacial de 6 nudos y 11 barras.

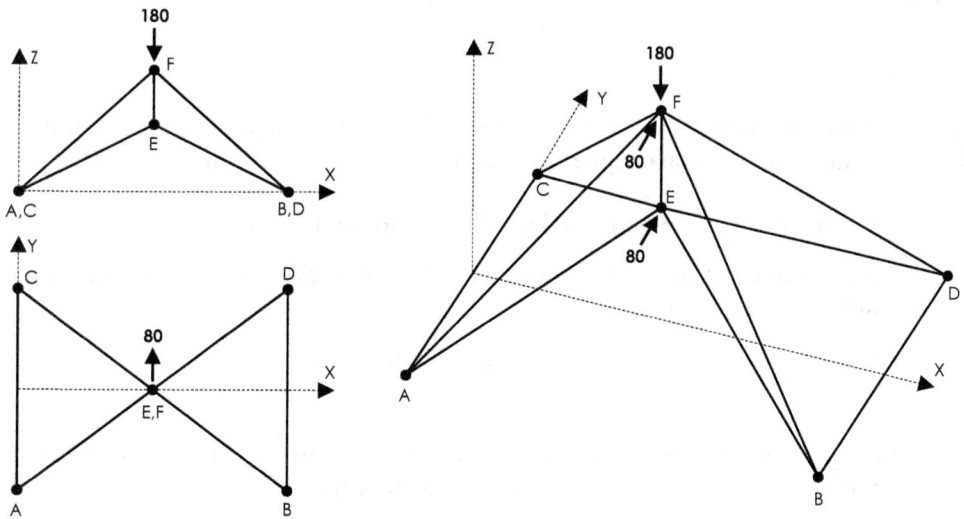

En el sistema de referencia indicado, el siguiente cuadro refleja las coordenadas de los nudos (expresadas en metros). El cuadro incluye también las restricciones de los apoyos, señalando con una X los grados de libertad coartados:

Nudo	X (m)	Y (m)	Z (m)	Rx	Ry	Rz
A	0	− 2.16	0	X	X	X
B	5.76	− 2.16	0	X	X	X
C	0	2.16	0	X		X
D	5.76	2.16	0	X		X
E	2.88	0	2.70			
F	2.88	0	4.80			

En los nudos A y B existen apoyos fijos, en los nudos C y Y apoyos deslizantes en el plano horizontal y dirección Y, y los nudos E y F no tienen ningún enlace externo aplicado. Sobre estos nudos E y F se aplican dos fuerzas horizontales de 80 kN en la dirección Y y sobre el nudo F además una fuerza vertical desdendente de 180 kN.

Las dos barras horizontales y la vertical están formadas por perfiles tubulares de acero de 21000 kN/cm^2 de módulo de elasticidad y 60 cm^2 de sección transversal. En las ocho diagonales E = 18000 kN/cm^2 y la sección transversal vale 72 cm^2.

Se pide la determinación de los valores de las reacciones en los apoyos y los esfuerzos en las barras provocados por las cargas aplicadas.

SOLUCIÓN

Es sistema es simétrico respecto al plano vertical ZY que pasa por su barra central EF. Se analiza sólamente su zona izquierda, con las siguientes condiciones de simetría:

- Coacción al movimiento en dirección X de los nudos E y F.

- Adopción de la mitad del valor de las fuerzas aplicadas (las tres están contenidas en el plano de simetría).

- Consideración de la mitad de la sección transversal de la barra EF.

En las figuras se muestra la zona en estudio con su numeración de nudos y barras, y a continuación se genera el nuevo cuadro de datos de nudos.

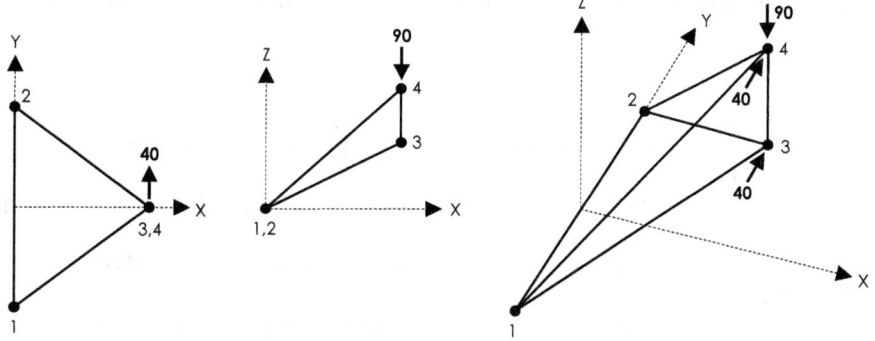

Nudo	X (m)	Y (m)	Z (m)	Rx	Ry	Rz
1	0	− 2.16	0	X	X	X
2	0	2.16	0	X		X
3	2.88	0	2.70	X		
4	2.88	0	4.80	X		

Ahora se plantea la formación del cuadro de características mecánicas y geométricas de las barras del sistema. Las longitudes y cosenos directores se obtienen a partir de sus proyecciones sobre los ejes:

$$L = [(x_2 - x_1)^2 + (y_2 - y_1)^2 + (z_2 - x_1)^2]^{1/2}$$

$$\cos \alpha = (x_2 - x_1) / L$$
$$\cos \beta = (x_2 - x_1) / L$$
$$\cos \gamma = (x_2 - x_1) / L$$

B	Ni	Nf	E (kN/cm²)	A (cm²)	X₁ (cm)	Y₁ (cm)	Z₁ (cm)	X₂ (cm)	Y₂ (cm)	Z₂ (cm)	L (cm)	cos α	cos β	cos γ
1	1	2	21000	72	0	−216	0	0	216	0	432	0	1	0
2	1	3	18000	60	0	−216	0	288	0	270	450	0.64	0.48	0.6
3	2	3	18000	60	0	216	0	288	0	270	450	0.64	−0.48	0.6
4	1	4	18000	60	0	−216	0	288	0	480	600	0.48	0.36	0.8
5	2	4	18000	60	0	216	0	288	0	480	600	0.48	−0.36	0.8
6	3	4	21000	36	288	0	270	288	0	480	210	0	0	1

Las matrices de rigidez de las barras en coordenadas globales se determinan mediante la expresión indicada en el apartado 4.2, para sistemas tridimensionales:

$$[K_{ij}]^b = EA/L \begin{bmatrix} \cos^2\alpha & \cos\alpha\cos\beta & \cos\alpha\cos\gamma & -\cos^2\alpha & -\cos\alpha\cos\beta & -\cos\alpha\cos\gamma \\ \cos\alpha\cos\beta & \cos^2\beta & \cos\beta\cos\gamma & -\cos\alpha\cos\beta & -\cos^2\beta & -\cos\beta\cos\gamma \\ \cos\alpha\cos\gamma & \cos\beta\cos\gamma & \cos^2\gamma & -\cos\alpha\cos\gamma & -\cos\beta\cos\gamma & -\cos^2\gamma \\ -\cos^2\alpha & -\cos\alpha\cos\beta & -\cos\alpha\cos\gamma & \cos^2\alpha & \cos\alpha\cos\beta & \cos\alpha\cos\gamma \\ -\cos\alpha\cos\beta & -\cos^2\beta & -\cos\beta\cos\gamma & \cos\alpha\cos\beta & \cos^2\beta & \cos\beta\cos\gamma \\ -\cos\alpha\cos\gamma & -\cos\beta\cos\gamma & -\cos^2\gamma & \cos\alpha\cos\gamma & \cos\beta\cos\gamma & \cos^2\gamma \end{bmatrix}$$

Tras sustituir los valores correspondientes del cuadro de datos, se representan las matrices de rigidez de las seis barras de la estructura:

Barra 1

$$\begin{bmatrix} 0 & 0 & 0 & 0 & 0 & 0 \\ 0 & 3500 & 0 & 0 & -350 & 0 \\ 0 & 0 & 0 & 0 & 0 & 0 \\ 0 & 0 & 0 & 0 & 0 & 0 \\ 0 & -350 & 0 & 0 & 3500 & 0 \\ 0 & 0 & 0 & 0 & 0 & 0 \end{bmatrix}$$

Barra 2

$$\begin{bmatrix} 983 & 737 & 922 & -983 & -737 & -922 \\ 737 & 553 & 691 & -737 & -553 & -691 \\ 922 & 691 & 864 & -922 & -691 & -864 \\ -983 & -737 & -922 & 983 & 737 & 922 \\ -737 & -553 & -691 & 737 & 553 & 691 \\ -922 & -691 & -864 & 922 & 691 & 864 \end{bmatrix}$$

Barra 3

$$\begin{bmatrix} 983 & -737 & 922 & -983 & 737 & -922 \\ -737 & 553 & -691 & 737 & -553 & 691 \\ 922 & -691 & 864 & -922 & 691 & -864 \\ -983 & 737 & -922 & 983 & -737 & 922 \\ 737 & -553 & 691 & -737 & 553 & -691 \\ -922 & 691 & -864 & 922 & -691 & 864 \end{bmatrix}$$

Barra 4

$$\begin{bmatrix} 415 & 311 & 691 & -415 & -311 & -691 \\ 311 & 233 & 518 & -311 & -233 & -518 \\ 691 & 518 & 1152 & -691 & -518 & -115 \\ -415 & -311 & -691 & 415 & 311 & 691 \\ -311 & -233 & -518 & 311 & 233 & 518 \\ -691 & -518 & -115 & 691 & 518 & 1152 \end{bmatrix}$$

Barra 5

$$
\begin{bmatrix}
415 & -311 & 691 & -415 & 311 & -691 \\
-311 & 233 & -518 & 311 & -233 & 518 \\
691 & -518 & 1152 & -691 & 518 & -115 \\
-415 & 311 & -691 & 415 & -311 & 691 \\
311 & -233 & 518 & -311 & 233 & -518 \\
-691 & 518 & -115 & 691 & -518 & 1152
\end{bmatrix}
$$

Barra 6

$$
\begin{bmatrix}
0 & 0 & 0 & 0 & 0 & 0 \\
0 & 0 & 0 & 0 & 0 & 0 \\
0 & 0 & 3600 & 0 & 0 & -360 \\
0 & 0 & 0 & 0 & 0 & 0 \\
0 & 0 & 0 & 0 & 0 & 0 \\
0 & 0 & -360 & 0 & 0 & 3600
\end{bmatrix}
$$

A continuación se efectúa el proceso de ensamblaje para formar la matriz de rigidez de la estructura y el vector de fuerzas nodales.

Las cuatro submatrices de rigidez de la barra 1 adoptan posiciones contiguas en la matriz de rigidez del sistema, ocupando sus seis primeras filas y columnas.

Las de la barra 2 se disponen en las filas y columnas 1, 2, 3, 7, 8 y 9. En el caso de la barra 3, las filas y columnas de ensamblaje son 4, 5, 6, 7, 8 y 9; a la barra 4 le corresponden la 1, 2, 3, 10, 11 y 12; a la barra 5 la 4, 5, 6, 10, 11 y 12 y a la barra 6 la 7, 8, 9, 10, 11 y 12.

Finalmente se disponen las cargas aplicadas sobre los nudos 3 y 4 en las filas 8, 11 y 12 del vector de fuerzas nodales.

$$
\begin{bmatrix}
1398 & 1048 & 1613 & 0 & 0 & 0 & -983 & -737 & -922 & -415 & -311 & -691 \\
1048 & 4286 & 1210 & 0 & -3500 & 0 & -737 & -553 & -691 & -311 & -233 & -518 \\
1613 & 1210 & 2016 & 0 & 0 & 0 & -922 & -691 & -864 & -691 & -518 & -1152 \\
0 & 0 & 0 & 1398 & -1048 & 1613 & -983 & 737 & -922 & -415 & 311 & -691 \\
0 & -3500 & 0 & -1048 & 4286 & -1210 & 737 & -553 & 691 & 311 & -233 & 518 \\
0 & 0 & 0 & 1613 & -1210 & 2016 & -922 & 691 & -864 & -691 & 518 & -1152 \\
-983 & -737 & -922 & -983 & 737 & -922 & 1966 & 0 & 1843 & 0 & 0 & 0 \\
-737 & -553 & -691 & 737 & -553 & 691 & 0 & 1106 & 0 & 0 & 0 & 0 \\
-922 & -691 & -864 & -922 & 691 & -864 & 1843 & 0 & 5328 & 0 & 0 & -3600 \\
-415 & -311 & -691 & -415 & 311 & -691 & 0 & 0 & 0 & 829 & 0 & 1382 \\
-311 & -233 & -518 & 311 & -233 & 518 & 0 & 0 & 0 & 0 & 467 & 0 \\
-691 & -518 & -1152 & -691 & 518 & -1152 & 0 & 0 & -3600 & 1382 & 0 & 5904
\end{bmatrix}
\begin{bmatrix}
0 \\
0 \\
0 \\
0 \\
0 \\
0 \\
0 \\
40 \\
0 \\
0 \\
40 \\
-90
\end{bmatrix}
$$

El siguiente paso es la introducción de las restricciones de los apoyos. Están coartados los tres desplazamientos del nudo 1, los movimientos en dirección X y Z del nudo 2 y los correspondientes a la dirección X de los nudos 3 y 4. No se consideran de momento las ecuaciones 1, 2, 3, 4, 6, 7 y 10 (señaladas en negrita).

$$
\begin{bmatrix}
1398 & 1048 & 1613 & 0 & 0 & 0 & -983 & -737 & -922 & -415 & -311 & -691 \\
1048 & 4286 & 1210 & 0 & -3500 & 0 & -737 & -553 & -691 & -311 & -233 & -518 \\
1613 & 1210 & 2016 & 0 & 0 & 0 & -922 & -691 & -864 & -691 & -518 & -1152 \\
0 & 0 & 0 & 1398 & -1048 & 1613 & -983 & 737 & -922 & -415 & 311 & -691 \\
0 & -3500 & 0 & -1048 & 4286 & -1210 & 737 & -553 & 691 & 311 & -233 & 518 \\
0 & 0 & 0 & 1613 & -1210 & 2016 & -922 & 691 & -864 & -691 & 518 & -1152 \\
-983 & -737 & -922 & -983 & 737 & -922 & 1966 & 0 & 1843 & 0 & 0 & 0 \\
-737 & -553 & -691 & 737 & -553 & 691 & 0 & 1106 & 0 & 0 & 0 & 0 \\
-922 & -691 & -864 & -922 & 691 & -864 & 1843 & 0 & 5328 & 0 & 0 & -3600 \\
-415 & -311 & -691 & -415 & 311 & -691 & 0 & 0 & 0 & 829 & 0 & 1382 \\
-311 & -233 & -518 & 311 & -233 & 518 & 0 & 0 & 0 & 0 & 467 & 0 \\
-691 & -518 & -1152 & -691 & 518 & -1152 & 0 & 0 & -3600 & 1382 & 0 & 5904
\end{bmatrix}
\begin{bmatrix}
R1x \\ R1y \\ R1z \\ R2x \\ 0 \\ R2z \\ R3x \\ 40 \\ 0 \\ R4x \\ 40 \\ -90
\end{bmatrix}
$$

Tras la eliminación de las siete filas y columnas el sistema de ecuaciones queda reducido a cinco (con las incógnitas d4, d8, d9, d11 y d12):

$$
\begin{bmatrix}
4286 & -553 & 691 & -23 & 518 \\
-553 & 1106 & 0 & 0 & 0 \\
691 & 0 & 5328 & 0 & -360 \\
-233 & 0 & 0 & 467 & 0 \\
518 & 0 & -360 & 0 & 5904
\end{bmatrix}
\begin{bmatrix}
d5 \\ d8 \\ d9 \\ d11 \\ d12
\end{bmatrix}
=
\begin{bmatrix}
0 \\ 40 \\ 0 \\ 40 \\ -90
\end{bmatrix}
$$

La resolución del sistema de ecuaciones proporciona los valores de los desplazamientos en los grados de libertad no coartados.

Incógnita	Valor (cm)
d5	0.018602
d8	0.045470
d9	−0.023498
d11	0.095035
d12	−0.031205

Para la determinación del esfuerzo en cada barra se emplea la expresión indicada en el apartado 4.7:

$$N = [(d_{x2'} - d_{x1'}) \cos \alpha + (d_{y2'} - d_{y1'}) \cos \beta + (d_{z2'} - d_{z1'}) \cos \gamma] \, EA/L$$

Con sus valores de los desplazamientos se complementa el cuadro de datos de barras y en su última columna se indican los esfuerzos resultantes de la aplicación de la fórmula.

B	EA/L	$\cos \alpha$	$\cos \beta$	$\cos \gamma$	d_{x1} (cm)	d_{y1} (cm)	d_{z1} (cm)	d_{x2} (cm)	d_{y2} (cm)	d_{z2} (cm)	N (kN)
1	3500	0	1	0	0	0	0	0	0.018602	0	65.11
2	2400	0.64	0.48	0.6	0	0	0	0	0.045470	−0.023498	18.54
3	2400	0.64	−0.48	0.6	0	0.018602	0	0	0.045470	−0.023498	−64.79
4	1800	0.48	0.36	0.8	0	0	0	0	0.095035	−0.031205	16.65
5	1800	0.48	−0.36	0.8	0	0.018602	0	0	0.095035	−0.031205	−94.46
6	3600	0	0	1	0	0.045470	−0.023498	0	0.095035	−0.031205	−27.75

Finalmente, las reacciones en los apoyos se calculan a partir de las ecuaciones previamente eliminadas:

$$
\begin{bmatrix}
1398 & 1048 & 1613 & 0 & 0 & 0 & -983 & -737 & -922 & -415 & -311 & -691 \\
1048 & 4286 & 1210 & 0 & -3500 & 0 & -737 & -553 & -691 & -311 & -233 & -518 \\
1613 & 1210 & 2016 & 0 & 0 & 0 & -922 & -691 & -864 & -691 & -518 & -1152 \\
0 & 0 & 0 & 1398 & -1048 & 1613 & -983 & 737 & -922 & -415 & 311 & -691 \\
0 & 0 & 0 & 1613 & -1210 & 2016 & -922 & 691 & -864 & -691 & 518 & -1152 \\
-983 & -737 & -922 & -983 & 737 & -922 & 1966 & 0 & 1843 & 0 & 0 & 0 \\
-415 & -311 & -691 & -415 & 311 & -691 & 0 & 0 & 0 & 829 & 0 & 1382
\end{bmatrix}
\begin{bmatrix}
R1x \\ R1y \\ R1z \\ R2x \\ R2z \\ R3x \\ R4x
\end{bmatrix}
$$

El cuadro recoge los resultados y desplazamientos de nudos y la figura las reacciones y los esfuerzos en barras de la estructura completa.

N	Rx (kN)	Ry (kN)	Rz (kN)	dx (cm)	dy (cm)	dz (cm)
1	−19.86	−80	−24.44	0	0	0
2	86.81	0	114.44	0	0.018602	0
3	−29.60	0	0	0	0.04547	−0.023498
4	−37.35	0	0	0	0.095035	−0.031205

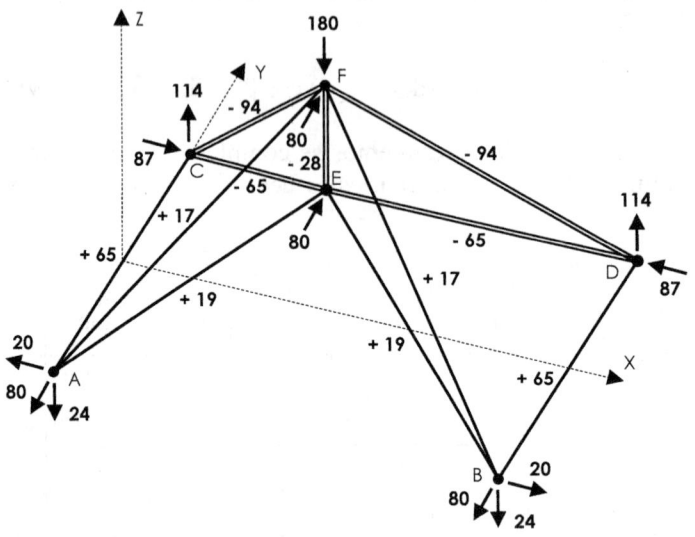

Ejercicio 4.03

La figura muestra la planta, alzado y perspectiva de un sistema articulado tridimensional formado por perfiles metálicos de 20000 kN/cm² de módulo de elasticidad y sección transversal de 25 cm².

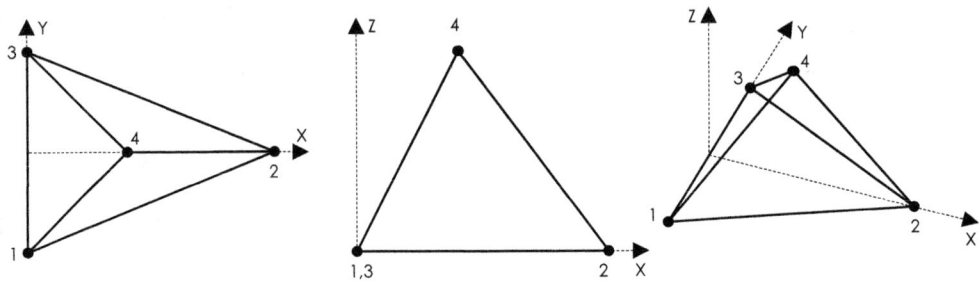

Las coordenadas (X,Y,Z) de los nudos se expresan en metros en el siguiente cuadro. En su parte derecha se indican las restricciones de los apoyos (con X en los grados de libertad coartados):

Nudo	X (m)	Y (m)	Z (m)	Rx	Ry	Rz
1	0	− 2.00	0	X	X	X
2	5.00	0	0	X	X	X
3	0	2.00	0	X	X	X
4	2.00	0	4.00			X

En los tres nudos inferiores existe un apoyo fijo y el nudo superior puede deslizar en cualquier dirección de su plano horizontal.

Determinar el valor de la reacción vertical del nudo 2 producida por un desplazamiento impuesto de 1 centímetro del nudo 4 en la dirección X y con sentido positivo.

¿Cuánto valdría dicha reacción si el desplazamiento impuesto en el nudo superior tuviera la dirección Y?

SOLUCIÓN

El este caso se solicitan valores puntuales y no es precisa la resolución completa de la estructura articulada. Se plantea inicialmente el significado físico de los componentes de la matriz de rigidez del sistema.

Se considera el elemento K_{PQ} correspondiente a la fila P y columna Q de la matriz de rigidez de la estructura. Si se supone unitario el desplazamiento en el grado de libertad Q y nulos todos los demás, la ecuación P del sistema expresa directamente

$$K_{PQ} \times 1 = F_P$$

(como puede comprobarse multiplicando la fila y columna sombreadas)

$$
\begin{bmatrix}
K_{11} & K_1 & K_1 & K_{1Q} \\
K_{21} & K_2 & K_2 & K_{2Q} \\
 & & & \\
K_{P1} & K_P & K_P & K_{PQ} \\
 & & & \\
 & & & \\
K_{Q1} & K_Q & K_Q & K_{QQ}
\end{bmatrix}
\begin{bmatrix}
d_1 = 0 \\
d_2 = 0 \\
\\
d_P = 0 \\
\\
\\
d_Q = 1
\end{bmatrix}
=
\begin{bmatrix}
F_1 \\
F_2 \\
\\
F_P \\
\\
\\
F_Q
\end{bmatrix}
$$

Esto indica que el componente K_{PQ} de la matriz de rigidez es la fuerza producida en el grado de libertad P por un desplazamiento unitario en el grado de libertad Q cuando son nulos el resto de desplazamientos.

La propiedad anterior es directamente aplicable en el presente ejercicio. Efectivamente de los doce grados de libertad existentes en sus cuatro nudos, los apoyos coartan 10 (los nueve primeros y el d_{12}), el movimiento horizontal del nudo 4 en dirección

Y (d_{11}) es nulo por simetría, y el d_{10} es el desplazamiento impuesto de 1 cm (en dirección X). Por ello, la reacción vertical solicitada en el nudo 2 (R_6) es en este caso:

$$R_6 = [K_{6,10}]$$

Para determinar el valor de este componente se analiza el proceso de ensamblaje. Por encontrarse en la intersección de la fila 6 y columna 10, el elemento $K_{6,10}$ pertenece a la submatriz correspondiente a los nudos 2 y 4, que abarca las filas 4, 5 y 6 y las columnas 10, 11 y 12.

A continuación se representan las dieciséis submatrices de la matriz de rigidez del sistema con esta submatriz $[K_{2,4}]$ resaltada:

$$
\begin{bmatrix}
[K_{1,1}] & [K_{1,2}] & [K_{1,3}] & [K_{1,4}] \\
[K_{2,1}] & [K_{2,2}] & [K_{2,3}] & [K_{2,4}] \\
[K_{3,1}] & [K_{3,2}] & [K_{3,3}] & [K_{3,4}] \\
[K_{4,1}] & [K_{4,2}] & [K_{4,3}] & [K_{4,4}]
\end{bmatrix}
\begin{bmatrix}
[d_1] \\ [d_2] \\ [d_3] \\ [d_4]
\end{bmatrix}
=
\begin{bmatrix}
[F_1] \\ [F_2] \\ [F_3] \\ [F_4]
\end{bmatrix}
$$

Los componentes de esta submatriz provienen exclusivamente del ensamblaje de la matriz de rigidez de la barra 2-4 y más concretamente de su submatriz local $[K_{1,2}]^{2-4}$.

En la la expresión indicada en el apartado 4.2 (para sistemas tridimensionales) de la matriz de rigidez de una barra, el elemento señalado en la fila 3, columna 4, (fila 3, columna 1 de la submatriz 1-2), es precisamente el que se traslada a la fila 6, columna 10 de la matriz de rigidez del sistema (fila 3, columna 1 de la submatriz 3-4).

$$
[K_{ij}]^b = EA/L
\begin{bmatrix}
\cos^2\alpha & \cos\alpha\cos\beta & \cos\alpha\cos\gamma & -\cos^2\alpha & -\cos\alpha\cos\beta & -\cos\alpha\cos\gamma \\
\cos\alpha\cos\beta & \cos^2\beta & \cos\beta\cos\gamma & -\cos\alpha\cos\beta & -\cos^2\beta & -\cos\beta\cos\gamma \\
\cos\alpha\cos\gamma & \cos\beta\cos\gamma & \cos^2\gamma & -\cos\alpha\cos\gamma & -\cos\beta\cos\gamma & -\cos^2\gamma \\
-\cos^2\alpha & -\cos\alpha\cos\beta & -\cos\alpha\cos\gamma & \cos^2\alpha & \cos\alpha\cos\beta & \cos\alpha\cos\gamma \\
-\cos\alpha\cos\beta & -\cos^2\beta & -\cos\beta\cos\gamma & \cos\alpha\cos\beta & \cos^2\beta & \cos\beta\cos\gamma \\
-\cos\alpha\cos\gamma & -\cos\beta\cos\gamma & -\cos^2\gamma & \cos\alpha\cos\gamma & \cos\beta\cos\gamma & \cos^2\gamma
\end{bmatrix}
$$

Por todo ello, la reacción solicitada se obtiene de la expresión:

$$R_6 = [K_{6,10}] = [K_{3,4}]^b = EA/L \ (-\cos \alpha \cos \gamma)$$

que solamente depende de los datos de la barra 3-4. Con la formulación habitual para la longitud y cosenos directores, se forma el cuadro con esta única barra.

$$L = [(x_2 - x_1)^2 + (y_2 - y_1)^2 + (z_2 - x_1)^2]^{1/2}$$

$$\cos \alpha = (x_2 - x_1) / L \qquad \cos \beta = (x_2 - x_1) / L \qquad \cos \gamma = (x_2 - x_1) / L$$

B	Ni	Nf	E (kN/cm²)	A (cm²)	X₁ (cm)	Y₁ (cm)	Z₁ (cm)	X₂ (cm)	Y₂ (cm)	Z₂ (cm)	L (cm)	cos α	cos β	cos γ
a	3	4	20000	25	500	0	0	200	0	400	500	−0.6	0	0.8

y sustituyendo los correspondientes valores se obtiene finalmente:

$$R_6 = EA/L \ (-\cos \alpha \cos \gamma) = 480 \ kN$$

Si el desplazamiento impuesto en el nudo 4 lleva la dirección (grado de libertad 11) el valor de la reacción vertical en el nudo 2 (grado de libertad 6) viene dado por la componente $K_{6,10}$ que pertenece a la misma submatriz $[K_{2,4}]$ y en el ensamblaje proviene de la misma submatriz de barra $[K_{1,2}]^{3-4}$, pero esta vez del elemento de su fila 3, columna 5 (indicado a continuación).

$$[K_{ij}]^b = EA/L \begin{bmatrix} \cos^2 \alpha & \cos \alpha \cos \beta & \cos \alpha \cos \gamma & -\cos^2 \alpha & -\cos \alpha \cos \beta & -\cos \alpha \cos \gamma \\ \cos \alpha \cos \beta & \cos^2 \beta & \cos \beta \cos \gamma & -\cos \alpha \cos \beta & -\cos^2 \beta & -\cos \beta \cos \gamma \\ \cos \alpha \cos \gamma & \cos \beta \cos \gamma & \cos^2 \gamma & -\cos \alpha \cos \gamma & -\cos \beta \cos \gamma & -\cos^2 \gamma \\ -\cos^2 \alpha & -\cos \alpha \cos \beta & -\cos \alpha \cos \gamma & \cos^2 \alpha & \cos \alpha \cos \beta & \cos \alpha \cos \gamma \\ -\cos \alpha \cos \beta & -\cos^2 \beta & -\cos \beta \cos \gamma & \cos \alpha \cos \beta & \cos^2 \beta & \cos \beta \cos \gamma \\ -\cos \alpha \cos \gamma & -\cos \beta \cos \gamma & -\cos^2 \gamma & \cos \alpha \cos \gamma & \cos \beta \cos \gamma & \cos^2 \gamma \end{bmatrix}$$

Por lo tanto, en este segundo caso:

$$R_6 = [K_{6,11}] = [K_{3,5}]^b = EA/L \, (-\cos \beta \cos \gamma)$$

Como el coseno de beta es nulo, por ser perpendiculares la barra (contenida en el plano XZ) y el desplazamiento impuesto (dirección Y), también lo es la reacción vertical en el nudo 2.

$$R_6 = 0$$

ANEXO

A

RUTINA PRINCIPAL DE CÁLCULO

[A.1]. DEFINICIÓN DE CONSTANTES

```
#define MAX_N         500        // Número máximo de Nudos
#define MAX_B        2000        // Número máximo de Barras
#define MAX_S         100        // Número máximo de Secciones
#define MAX_M         100        // Número máximo de Materiales

#define MAX_G   2 * MAX_N        // Número máximo de Grados de Libertad

#define MAX_C          30        // Número máximo de Series en Catálogo
#define MAX_P          25        // Número máximo de Perfiles por Serie

#define PFL_GENERICO    0        // Perfil Genérico
#define PFL_CATALOGO    1        // Perfil fijo de Catálogo
#define PFL_VARIABLE    2        // Perfil variable de Catálogo

#define HEB             0        // Perfil de doble ala de la serie HEB
#define HEA             1        // Perfil de doble ala de la serie HEB
#define HEM             2        // Perfil de doble ala de la serie HEB

#define IPN             3        // Perfil de doble ala de la serie HEB
#define IPE             4        // Perfil de doble ala de la serie HEB

#define UPN             5        // Perfil de doble ala de la serie HEB

#define TPN             6        // Perfil en T

#define LEB             7        // Perfil en L de espesores bajos
#define LEM             8        // Perfil en L de espesores medios
#define LEA             9        // Perfil en L de espesores altos

#define C2U            10        // Perfil compuesto de 2 UPN en cajón
#define C2L            11        // Perfil compuesto de 2 L en cajón

#define TC3            12        // Perfil tubular cuadrado con e = 3 mm
#define TC4            13        // Perfil tubular cuadrado con e = 4 mm
#define TC5            14        // Perfil tubular cuadrado con e = 5 mm
#define TC6            15        // Perfil tubular cuadrado con e = 6 mm
#define TC8            16        // Perfil tubular cuadrado con e = 8 mm
#define TCX            17        // Perfil tubular cuadrado con e = 10 mm

#define TR3            18        // Perfil tubular redondo con e = 3 mm
#define TR4            19        // Perfil tubular redondo con e = 4 mm
#define TR5            20        // Perfil tubular redondo con e = 5 mm
#define TR6            21        // Perfil tubular redondo con e = 6 mm
#define TR8            22        // Perfil tubular redondo con e = 8 mm
#define TRX            23        // Perfil tubular redondo con e = 10 mm

#define MZC            24        // Perfil macizo cuadrado
#define MZR            25        // Perfil macizo circular

#define PRCS_STEP       0        // Proceso por pasos
#define PRCS_FULL       1        // Proceso completo

#define MSG_SYSTEM      0        // Mensaje del Sistema
#define MSG_NOTIFY      1        // Mensaje de Notificación
#define MSG_CANCEL      2        // Mensaje de Cancelación
#define MSG_ERROR       3        // Mensaje de Error
```

[A.2]. DEFINICIÓN DE VARIABLES

[A.2.1] VARIABLES GLOBALES

```
String EAP_Code;              // Identificador de la Estructura
String Type;                  // Tipo de Estructura
String Mode;                  // Modalidad de uso
String Status;                // Estado de Actualización

int    Nn;                    // Número de Nudos
int    Nb;                    // Número de Barras
int    Nm;                    // Número de Materiales
int    Ns;                    // Número de Secciones

int    Ng;                    // Número de Grados de Libertad
int    Nl;                    // Número de Grados de Libertad no
Coartados
int    Nv;                    // Número de Vínculos Externos

int    gHip;                  // Grado de Hiperestatismo
String sTps;                  // Texto de Tipo de Sistema
String sAnl;                  // Texto de Análisis del sistema

double Xn[ MAX_N ];           // Coordenadas X de los Nudos (m)
double Yn[ MAX_N ];           // Coordenadas Y de los Nudos (m)

int    Rn[ MAX_N ];           // Redes de Nudos

int    Ni[ MAX_B ];           // Nudo Inicial de las Barras
int    Nf[ MAX_B ];           // Nudo Final de las Barras
double Xb[ MAX_B ];           // Coord. X del centro de las Barras (m)
double Yb[ MAX_B ];           // Coord. Y del centro de las Barras (m)
double Lb[ MAX_B ];           // Longitud de las Barras (m)
double Sa[ MAX_B ];           // Seno del ángulo de las Barras
double Ca[ MAX_B ];           // Coseno del ángulo de las Barras

int    Mb[ MAX_B ];           // Materiales de las Barras
int    Sb[ MAX_B ];           // Secciones de las Barras
double Bb[ MAX_B ];           // Coeficiente Beta de las Barras

int    Tm[ MAX_M ];           // Tipos de Materiales
String Dm[ MAX_M ];           // Denominaciones de los Materiales
double Em[ MAX_M ];           // Módulos de Elasticidad (kN/m2)
double Cm[ MAX_M ];           // Coef. de Dilatación Térmica (1/°C)
double Mm[ MAX_M ];           // Densidad de los Materiales (kN/m3)
int    Pm[ MAX_M ];           // Factor de cálculo del Peso Propio

double Ltm[ MAX_M ];          // Límite de Tensión de Tracción (kN/m2)
double Lcm[ MAX_M ];          // Límite de Tensión de Compresión (kN/m2)

int    Im[ MAX_M ];           // Indicador de cálculo de Pandeo
double Fm[ MAX_M ];           // Límite Elástico Fy del Material (kN/m2)

int    Np[ MAX_C ];           // Número de Perfiles por Serie
String Dp[ MAX_C ][ MAX_P ];  // Denominación de los Perfiles
double Ap[ MAX_C ][ MAX_P ];  // Área de los Perfiles (m2)
double Ip[ MAX_C ][ MAX_P ];  // Inercia mínima de los Perfiles (m4)

int    Ts[ MAX_S ];           // Tipos de las Secciones
int    Ss[ MAX_S ];           // Series de las Secciones
int    Ps[ MAX_S ];           // Perfiles de las Secciones
```

```
String Ds[ MAX_S ];                 // Denominaciones de las Secciones
double As[ MAX_S ];                 // Área de los Secciones (m2)
double Is[ MAX_S ];                 // Inercia mínima de las Secciones (m4)
int    Cs[ MAX_S ];                 // Curva de Pandeo de las Secciones

double Pg[ MAX_G ];                 // Cargas en Nudos (kN)
double Ag[ MAX_G ];                 // Apoyos en Nudos
double Eg[ MAX_G ];                 // Rigidez Elástica en Nudos (kN/m)
double Ig[ MAX_G ];                 // Desplazamientos Impuestos en Nudos (m)

double Dt[ MAX_B ];                 // Diferencia Térmica de Barra (ºC)
double Ee[ MAX_B ];                 // Error de Ejecución de Barra (m)

double Kb[ 1000 ][ 4 ][ 4 ];        // Matrices de Rigidez de Barras (kN/m)

double Kg[ MAX_G ][ MAX_G ];        // Matriz de Rigidez de Estructura (kN/m)
double Fg[ MAX_G ];                 // Vector de Fuerzas Nodales (kN)
double Dg[ MAX_G ];                 // Vector de Desplazamientos Nodales (m)

double K[ MAX_G ][ MAX_G ];         // Matriz temporal de Rigidez
double F[ MAX_G ];                  // Vector temporal de Fuerzas
double D[ MAX_G ];                  // Vector temporal de Desplazamientos

double Er[ MAX_G ];                 // Ecuaciones del Sistema Reducido

double Kr[ MAX_G ][ MAX_G ];        // Matriz reducida de Rigidez (kN/m)
double Fr[ MAX_G ];                 // Vector reducido de Fuerzas Nodales (kN)
double Dr[ MAX_G ];                 // Vector reducido de Desplazamientos (m)

double Ib[ MAX_B ];                 // Elongaciones en Barras (m)
double Fb[ MAX_B ];                 // Fuerzas Axiles en Barras (kN)
double Tb[ MAX_B ];                 // Tensiones en Barras (kN/m2)
double Rb[ MAX_B ];                 // Compresión Crítica por Pandeo en Barras
double Eb[ MAX_B ];                 // Esbelteces reducidas en Barras
double Pb[ MAX_B ];                 // Coeficientes de Pandeo en Barras
double Ub[ MAX_B ];                 // Tensión de Comparación en Barras
double Ab[ MAX_B ];                 // Grado de Aprovechamiento en Barras
int    Cb[ MAX_B ];                 // Comprobación de Barras

double Rg[ MAX_G ];                 // Reacciones en Apoyos (kN)

double MaxX;                        // Máxima Xn (m)
double MinX;                        // Mínima Xn (m)
double MaxY;                        // Máxima Yn (m)
double MinY;                        // Mínima Yn (m)
double DMax;                        // Distancia Máxima (m)

double PTotX;                       // Carga Total Horizontal (kN)
double PTotY;                       // Carga Total Vertical (kN)
double PMaxX;                       // Carga Máxima Horizontal (kN)
double PMaxY;                       // Carga Máxima Vertical (kN)
double RMaxX;                       // Reacción Máxima Horizontal (kN)
double RMaxY;                       // Reacción Máxima Vertical (kN)

int    NbMat[ MAX_M ];              // Número de Barras por Material
double NmMin[ MAX_M ];              // Axil mínimo por Material (kN)
double NmMax[ MAX_M ];              // Axil máximo por Material (kN)
double NmMed[ MAX_M ];              // Axil medio de Material (kN)
double TmMin[ MAX_M ];              // Tensión mínima por Material (kN/m2)
double TmMax[ MAX_M ];              // Tensión máxima por Material (kN/m2)
double TmMed[ MAX_M ];              // Tensión media de Material (kN/m2)
double LmMed[ MAX_M ];              // Longitud media por Material (m)
double LmTot[ MAX_M ];              // Longitud total por Material (m)
double PmTot[ MAX_M ];              // Peso total por Material (Kg)
int    CmTot[ MAX_M ];              // Comprobación total por material
```

```
int    NbSec[ MAX_S ];        // Número de Barras por Sección
double NsMin[ MAX_S ];        // Axil mínimo por Sección (kN)
double NsMax[ MAX_S ];        // Axil máximo por Sección (kN)
double NsMed[ MAX_S ];        // Axil medio de Sección (kN)
double TsMin[ MAX_S ];        // Tensión mínima por Sección (kN/m2)
double TsMax[ MAX_S ];        // Tensión máxima por Sección (kN/m2)
double TsMed[ MAX_S ];        // Tensión media de Sección (kN/m2)
double LsMed[ MAX_S ];        // Longitud media por Sección (m)
double LsTot[ MAX_S ];        // Longitud total por Sección (m)
double PsTot[ MAX_S ];        // Peso total por Sección (Kg)
int    CsTot[ MAX_S ];        // Comprobación total por Sección

double AMin;                  // Área mínima global (m2)
double AMax;                  // Área máxima global (m2)
double AMed;                  // Área media global (m2)
double NMin;                  // Axil mínimo global (kN)
double NMax;                  // Axil máximo global (kN)
double NMed;                  // Axil medio global (8kN)
double TMin;                  // Tensión mínima global (kN/m2)
double TMax;                  // Tensión máxima global (kN/m2)
double TMed;                  // Tensión media global (kN/m2)
double LMed;                  // Longitud media (m)
double LTot;                  // Longitud total (m)
double PTot;                  // Peso total (Kg)
int    CTot;                  // Comprobación Total

double LtMax;                 // Límite Tens. Tracción máximo (kN/m2)
double LcMax;                 // Límite Tens. Compresión máximo (kN/m2)

double CPndEsfc;              // Coef.Ponderación Esfuerzos de
Compresión

double CTec;                  // Cantidad Total Esf. Compresión (kN.m)
double CTet;                  // Cantidad Total Esf. Tracción (kN.m)
double CTep;                  // Cantidad Total Esf. Ponderado (kN.m)

double GaMax;                 // Grado de Aprovechamiento Máximo (%)
double GaMed;                 // Grado de Aprovechamiento Medio (%)
```

[A.2.2]. Variables locales

```
int g, n, b, m, s, i, j, k;  // Contadores
int INew, JNew;              // Filas y Columnas temporales

double Ph, Pv;               // Proyecciones horizontal y vertical
double C2, S2, SC;           // Coseno y Seno al cuadrado. Sen x Cos
double Fk;                   // Factor de Rigidez de barra
double Fe;                   // Fuerza por var. dimensional de barra

double Cf, Sm;               // Coeficientes y sumas temporales
double dX, dY;               // Variaciones de proyección en barras
```

[A.3]. Código fuente de la función en lenguaje C

```
void __fastcall TAmFrm::Analisys( int Mode )
{
// Secciones con Perfiles de Catálogo

for( s=0; s<Ns; s++ )
   {
   if ( Ts[ s ] != PFL_GENERICO )
      {
      Ds[ s ] = Dp[ Ss[ s ] ][ Ps[ s ] ];
      As[ s ] = Ap[ Ss[ s ] ][ Ps[ s ] ];
      Is[ s ] = Ip[ Ss[ s ] ][ Ps[ s ] ];
      }
   else
      Ds[ s ] = "Genérico";
   }

if ( Mode == PRCS_FULL )
   {
   if ( Nn > 0 )
      {
      // Geometría de Barras

      for( b=0; b<Nb; b++ )
         {
         Ph = Xn[ Nf[ b ] ] - Xn[ Ni[ b ] ];
         Pv = Yn[ Nf[ b ] ] - Yn[ Ni[ b ] ];
         Lb[ b ] = sqrt( Ph*Ph + Pv*Pv );
         if ( Pv == 0 ) Lb[ b ] = fabs( Ph );
         if ( Ph == 0 ) Lb[ b ] = fabs( Pv );
         Sa[ b ] = Pv / Lb[ b ];
         Ca[ b ] = Ph / Lb[ b ];
         Xb[ b ] = ( Xn[ Nf[ b ] ] + Xn[ Ni[ b ] ] ) / 2.0;
         Yb[ b ] = ( Yn[ Nf[ b ] ] + Yn[ Ni[ b ] ] ) / 2.0;
         }

      // Vínculos externos

      Nv = 0;
      for( g=0; g<Ng; g++ )
         if ( Ag[ g ] == 1 || Eg[ g ] > 0 || Ig[ g ] != 0 )
            Nv ++;

      // Análisis del Sistema. Grado inicial de Hiperestatismo

      gHip = Nb + Nv - Ng;

      if ( gHip > 0 )
         {
         sTps = "Sistema HIPERESTÁTICO de " + String( gHip );
         if ( gHip == 1 || gHip == 3 )
            sTps += "er";
         else
            sTps += "o";
         sTps += " grado";

         sAnl = " Sistema de Ecuaciones : " +  String( Ng )
              + " Grados de Libertad, " + String( Nb )
              + " Vínculos Internos y " + String( Nv ) + " Externos";
         }
```

```
         else if ( gHip == 0 )
            {
            sTps = "Sistema ISOSTÁTICO";
            sAnl = " Sistema de Ecuaciones : " + String( Ng )
                 + " Grados de Libertad, " + String( Nb )
                 + " Vínculos Internos y " + String( Nv ) + " Externos";
            }
         else
            {
            gHip = -1;
            sTps = "MECANISMO";
            sAnl = " ";
            }
         }
      else
         {
         gHip = -1;
         sTps = "";
         sAnl = "";
         }
      }

   if ( gHip >= 0 )
      {
      // Matrices de Rigidez de Barras

      for( b=0; b<Nb; b++ )
         {
         Fk = Em[ Mb[ b ] ]*As[ Sb[ b ] ]/Lb[ b ];
         C2 = Ca[ b ]*Ca[ b ];
         S2 = Sa[ b ]*Sa[ b ];
         SC = Sa[ b ]*Ca[ b ];

         Kb[ b ][ 0 ][ 0 ] = Fk*C2;
         Kb[ b ][ 0 ][ 1 ] = Fk*SC;
         Kb[ b ][ 1 ][ 0 ] = Fk*SC;
         Kb[ b ][ 1 ][ 1 ] = Fk*S2;

         for( i=0; i<2; i++ )
            for( j=0; j<2; j++ )
               {
               Kb[ b ][ 2+i ][ j ]   = - Kb[ b ][ i ][ j ];
               Kb[ b ][ i ][ 2+j ]   = - Kb[ b ][ i ][ j ];
               Kb[ b ][ 2+i ][ 2+j ] =   Kb[ b ][ i ][ j ];
               }
         }

      if ( Mode == PRCS_FULL )
         {
         // Detección de Mecanismos
         // Análisis previo de la Matriz de Rigidez de la Estructura

         for( i=0; i<Ng; i++ )
            for( j=0; j<Ng; j++ )
               Kg[ i ][ j ] = 0;

         for( b=0; b<Nb; b++ )
            {
            for( i=0; i<2; i++ )
               for( j=0; j<2; j++ )
                  Kg[ 2*Ni[ b ]+i ][ 2*Ni[ b ]+j ] += Kb[ b ][ i ][ j ];

            for( i=0; i<2; i++ )
               for( j=0; j<2; j++ )
                  Kg[ 2*Ni[ b ]+i ][ 2*Nf[ b ]+j ] += Kb[ b ][ i ][ 2+j ];
```

```
      for( i=0; i<2; i++ )
         for( j=0; j<2; j++ )
            Kg[ 2*Nf[ b ]+i ][ 2*Ni[ b ]+j ] += Kb[ b ][ 2+i ][ j ];

      for( i=0; i<2; i++ )
         for( j=0; j<2; j++ )
            Kg[ 2*Nf[ b ]+i ][ 2*Nf[ b ]+j ] += Kb[ b ][2+i][2+j];
      }

   for( g=0; g<Ng; g++ )
      Kg[ g ][ g ] += Eg[ g ];

   INew = 0;
   for( i=0; i<Ng; i++ )
      {
      if ( Ag[ i ] == 0 && Ig[ i ] == 0 )
         {
         JNew = 0;
         for( j=0; j<Ng; j++ )
            {
            if ( Ag[ j ] == 0 && Ig[ j ] == 0 )
               {
               K[ INew ][ JNew ] = Kg[ i ][ j ];
               JNew ++;
               }
            }
         INew ++;
         }
      }
   Nl = INew;

   for( k=0; k<Nl-1; k++ )
      for( i=k+1; i<Nl; i++ )
         if ( K[ i ][ k ] != 0 )
            {
            if ( K[ k ][ k ] > 0.001 || K[ k ][ k ] < 0.001 )
               {
               Cf = K[ i ][ k ] / K[ k ][ k ];
               K[ i ][ k ] = 0;
               for( j=k+1; j<Nl; j++ )
                  K[ i ][ j ] -= Cf * K[ k ][ j ];
               }
            else
               {
               gHip = -1;
               i = Nl;
               k = Nl;
               }
            }

   if ( gHip >= 0 )
      {
      for( i=Nl-1; i>=0; i-- )
         {
         if ( K[ i ][ i ] > -0.001 && K[ i ][ i ] < 0.001 )
            {
            gHip = -1;
            i = -1;
            }
         }
      }
   }
}
```

```
// Cálculo con cargas reales

if ( gHip >= 0 )
   {
   // Matriz de Rigidez de la Estructura

   for( i=0; i<Ng; i++ )
      for( j=0; j<Ng; j++ )
         Kg[ i ][ j ] = 0;

   for( b=0; b<Nb; b++ )
      {
      for( i=0; i<2; i++ )
         for( j=0; j<2; j++ )
            Kg[ 2*Ni[ b ]+i ][ 2*Ni[ b ]+j ] += Kb[ b ][ i ][ j ];

      for( i=0; i<2; i++ )
         for( j=0; j<2; j++ )
            Kg[ 2*Ni[ b ]+i ][ 2*Nf[ b ]+j ] += Kb[ b ][ i ][ 2+j ];

      for( i=0; i<2; i++ )
         for( j=0; j<2; j++ )
            Kg[ 2*Nf[ b ]+i ][ 2*Ni[ b ]+j ] += Kb[ b ][ 2+i ][ j ];

      for( i=0; i<2; i++ )
         for( j=0; j<2; j++ )
            Kg[ 2*Nf[ b ]+i ][ 2*Nf[ b ]+j ] += Kb[ b ][ 2+i ][ 2+j];
      }

   // Apoyos Elásticos

   for( g=0; g<Ng; g++ )
      Kg[ g ][ g ] += Eg[ g ];

   // Vector de Fuerzas Nodales

   for( g=0; g<Ng; g++ )
      Fg[ g ] = Pg[ g ];

   // Peso Propio

   for( b=0; b<Nb; b++ )
      {
      if ( Pm[ Mb[ b ] ] == 1 )
         {
         Fg[ 2*Ni[ b ]+1 ] -= Mm[ Mb[ b ] ]*Lb[ b ]*As[ Sb[ b ] ]/2.0;
         Fg[ 2*Nf[ b ]+1 ] -= Mm[ Mb[ b ] ]*Lb[ b ]*As[ Sb[ b ] ]/2.0;
         }
      }

   // Cargas Térmicas y Errores de Ejecución

   for( b=0; b<Nb; b++ )
      {
      if ( Dt[ b ] != 0 || Ee[ b ] != 0 )
         {
         Fe = Em[ Mb[ b ] ]*As[ Sb[ b ] ]*
              ( Cm[ Mb[ b ] ]*Dt[ b ] + Ee[ b ]/Lb[ b ] );

         Fg[ 2*Ni[ b ] ]   -= Fe*Ca[ b ];
         Fg[ 2*Ni[ b ]+1 ] -= Fe*Sa[ b ];
```

```
            Fg[ 2*Nf[ b ] ]    += Fe*Ca[ b ];
            Fg[ 2*Nf[ b ]+1 ] += Fe*Sa[ b ];
            }
      }

   // Deformaciones impuestas

   for( g=0; g<Ng; g++ )
      if ( Ig[ g ] != 0 )
         for( i=0; i<Ng; i++ )
            Fg[ i ] -= Ig[ g ]*Kg[ i ][ g ];

   // Matrices Reducidas

   INew = 0;
   for( i=0; i<Ng; i++ )
      {
      if ( Ag[ i ] == 0 && Ig[ i ] == 0 )
         {
         JNew = 0;
         for( j=0; j<Ng; j++ )
            {
            if ( Ag[ j ] == 0 && Ig[ j ] == 0 )
               {
               K[ INew ][ JNew ] = Kg[ i ][ j ];
               JNew ++;
               }
            }

         F[ INew ] = Fg[ i ];
         Er[ INew ] = i;
         INew ++;
         }
      }
   Nl = INew;

   for( i=0; i<Nl; i++ )
      {
      for( j=0; j<Nl; j++ )
         Kr[ i ][ j ] = K[ i ][ j ];

      Fr[ i ] = F[ i ];
      }

   // Resolución del Sistema Reducido

   for( k=0; k<Nl-1; k++ )
      for( i=k+1; i<Nl; i++ )
         if ( K[ i ][ k ] != 0 )
            {
            Cf = K[ i ][ k ] / K[ k ][ k ];
            K[ i ][ k ] = 0;
            for( j=k+1; j<Nl; j++ )
               K[ i ][ j ] -= Cf * K[ k ][ j ];
            F[ i ] -= Cf * F[ k ];
            }

   for( i=Nl-1; i>=0; i-- )
      {
      Sm = 0;
      for( j=i+1; j<Nl; j++ )
         Sm += K[ i ][ j ] * D[ j ];
      D[ i ] = ( F[ i ] - Sm ) / K[ i ][ i ];
      }
```

```
for( i=0; i<Nl; i++ )
    Dr[ i ] = D[ i ];


// Desplazamientos Globales

i=0;
for( g=0; g<Ng; g++ )
    if ( Ag[ g ] == 0 && Ig[ g ] == 0 )
        {
        Dg[ g ] = D[ i ];
        i ++;
        }
    else
        Dg[ g ] = Ig[ g ];

// Deformaciones impuestas (recuperación valores)

for( g=0; g<Ng; g++ )
    if ( Ig[ g ] != 0 )
        for( i=0; i<Ng; i++ )
            Fg[ i ] += Ig[ g ]*Kg[ i ][ g ];


// Reacciones en los Apoyos

for( g=0; g<Ng; g++ )
    {
    if ( Ag[ g ] == 1 || Ig[ g ] != 0 )
        {
        Rg[ g ] = -Fg[ g ];
        for( j=0; j<Ng; j++ )
            Rg[ g ] += Kg[ g ][ j ] * Dg[ j ];
        }
    else if ( Eg[ g ] > 0 )
        Rg[ g ] = - Eg[ g ]*Dg[ g ];
    else
        Rg[ g ] = 0;
    }

// Axiles en Barras

for( b=0; b<Nb; b++ )
    {
    dX = Dg[ 2*Nf[ b ] ] - Dg[ 2*Ni[ b ] ];
    dY = Dg[ 2*Nf[ b ] + 1 ] - Dg[ 2*Ni[ b ] + 1 ];
    Ib[ b ] = Ca[ b ]*dX + Sa[ b ]*dY;

    Fe = Em[ Mb[ b ] ]*As[ Sb[ b ] ]*
        ( Cm[ Mb[ b ] ]*Dt[ b ] + Ee[ b ]/Lb[ b ] );

    Fb[ b ] = Em[ Mb[ b ] ]*As[ Sb[ b ] ]/Lb[ b ]*Ib[ b ] - Fe;
    Tb[ b ] = Fb[ b ] / As[ Sb[ b ] ];
    }

// Comprobación de Tensiones. Pandeo

for( b=0; b<Nb; b++ )
    {
    if ( Tb[ b ] > 0 )
        {
        Rb[ b ] = 0;
        Eb[ b ] = 0;
        Pb[ b ] = 0;
        Ub[ b ] = Ltm[ Mb[ b ] ];
```

```
        Ab[ b ] = Tb[ b ]/Ub[ b ]*100;

        if ( Ab[ b ] > 100.0 )
            Cb[ b ] = 1;
        else
            Cb[ b ] = 0;
        }
    if ( Tb[ b ] < 0 )
        {
        if ( Im[ Mb[ b ] ] == 1 )
            {
            Rb[ b ] = M_PI*M_PI/Bb[ b ]/Bb[ b ]/Lb[ b ]/Lb[ b ]
                    *Em[ Mb[ b ] ]*Is[ Sb [ b ] ];

            Eb[ b ] = sqrt( As[ Sb[ b ] ]*Fm[ Mb[ b ] ]/Rb[ b ] );

            Cf = 0.5*( 1 + Coef_IE[ Cs[ Sb[ b ] ] ]*
                ( Eb[ b ] - 0.2 ) + Eb[ b ]*Eb[ b ] );

            Pb[ b ] = 1.0 / ( Cf + sqrt( Cf*Cf - Eb[ b ]*Eb[ b ] ) );

            if ( Pb[ b ] > 1 )
                Pb[ b ] = 1;
            }
        else
            {
            Rb[ b ] = 0;
            Eb[ b ] = 0;
            Pb[ b ] = 1;
            }

        Ub[ b ] = Pb[ b ]*Lcm[ Mb[ b ] ];
        Ab[ b ] = -Tb[ b ]/Ub[ b ]*100;

        if ( Ab[ b ] > 100.0 )
            Cb[ b ] = 1;
        else
            Cb[ b ] = 0;

        if ( Eb[ b ] >= 2.0 )
            {
            Ub[ b ] = 0;
            Ab[ b ] = 100;
            Cb[ b ] = 2;
            }
        }
    }
else
    {
    for( g=0; g<Ng; g++ )
        {
        Dg[ g ] = Ig[ g ];
        Fg[ g ] = Pg[ g ];
        Rg[ g ] = 0;
        }

    for( b=0; b<Nb; b++ )
        {
        Ib[ b ] = 0;
        Fb[ b ] = 0;
        Tb[ b ] = 0;
        Rb[ b ] = 0;
        Eb[ b ] = 0;
```

```
             Pb[ b ] = 0;
             Ub[ b ] = 0;
             Ab[ b ] = 0;
             Cb[ b ] = 0;
             }

      if ( gHip < 0 )
          {
          sTps = "MECANISMO";
          sAnl = "";
          }
      }

if ( Mode == PRCS_FULL )
    {
    // Estadística por Materiales, Secciones y Total

    MaxX  = -1000000;
    MinX  =  1000000;
    MaxY  = -1000000;
    MinY  =  1000000;
    PMaxX = -1000000;
    PMaxY = -1000000;
    RMaxX = -1000000;
    RMaxY = -1000000;
    PTotX = 0;
    PTotY = 0;

    for( n=0; n<Nn; n++ )
        {
        if ( Xn[ n ] > MaxX ) MaxX = Xn[ n ];
        if ( Xn[ n ] < MinX ) MinX = Xn[ n ];
        if ( Yn[ n ] > MaxY ) MaxY = Yn[ n ];
        if ( Yn[ n ] < MinY ) MinY = Yn[ n ];

        g = 2*n;
        if ( fabs( Pg[ g ] ) > PMaxX ) PMaxX = fabs( Pg[ g ] );
        if ( fabs( Rg[ g ] ) > RMaxX ) RMaxX = fabs( Rg[ g ] );
        PTotX += fabs( Pg[ g ] );

        g = 2*n + 1;
        if ( fabs( Pg[ g ] ) > PMaxY ) PMaxY = fabs( Pg[ g ] );
        if ( fabs( Rg[ g ] ) > RMaxY ) RMaxY = fabs( Rg[ g ] );
        PTotY += fabs( Pg[ g ] );
        }
    if ( MaxX  == -1000000 ) MaxX  = 0;
    if ( MinX  ==  1000000 ) MinX  = 0;
    if ( MaxY  == -1000000 ) MaxY  = 0;
    if ( MinY  ==  1000000 ) MinY  = 0;

    DMax = MaxX - MinX;
    if ( ( MaxY - MinY ) > DMax )
        DMax = MaxY - MinY;

    if ( PMaxX == -1000000 ) PMaxX  = 0;
    if ( PMaxY == -1000000 ) PMaxY  = 0;
    if ( RMaxX == -1000000 ) RMaxX  = 0;
    if ( RMaxY == -1000000 ) RMaxY  = 0;

    CTec  = 0;
    CTet  = 0;
    CTep  = 0;
    GaMax = 0;
    GaMed = 0;
```

```
LtMax = 0;
LcMax = 0;

for( m=0; m<Nm; m++ )
   {
   NbMat[ m ] = 0;
   NmMax[ m ] = -1000000;
   NmMin[ m ] =  1000000;
   TmMax[ m ] = -1000000;
   TmMin[ m ] =  1000000;

   NmMed[ m ] = 0;
   TmMed[ m ] = 0;
   LmMed[ m ] = 0;

   LmTot[ m ] = 0;
   PmTot[ m ] = 0;
   CmTot[ m ] = 0;
   }

for( s=0; s<Ns; s++ )
   {
   NbSec[ s ] = 0;
   NsMax[ s ] = -1000000;
   NsMin[ s ] =  1000000;
   TsMax[ s ] = -1000000;
   TsMin[ s ] =  1000000;
   NsMed[ s ] = 0;
   TsMed[ s ] = 0;
   LsMed[ s ] = 0;

   LsTot[ s ] = 0;
   PsTot[ s ] = 0;
   CsTot[ s ] = 0;
   }

for( b=0; b<Nb; b++ )
   {
   m = Mb[ b ];

   NbMat[ m ] ++;
   if ( Fb[ b ] > NmMax[ m ] ) NmMax[ m ] = Fb[ b ];
   if ( Fb[ b ] < NmMin[ m ] ) NmMin[ m ] = Fb[ b ];
   if ( Tb[ b ] > TmMax[ m ] ) TmMax[ m ] = Tb[ b ];
   if ( Tb[ b ] < TmMin[ m ] ) TmMin[ m ] = Tb[ b ];
   NmMed[ m ] += fabs( Fb[ b ] )*Lb[ b ];
   TmMed[ m ] += fabs( Tb[ b ] )*Lb[ b ];
   LmTot[ m ] += Lb[ b ];
   PmTot[ m ] += Mm[ m ]*Lb[ b ]*As[ Sb[ b ] ]*100;
   if ( Cb[ b ] > CmTot[ m ] ) CmTot[ m ] = Cb[ b ];

   s = Sb[ b ];

   NbSec[ s ] ++;
   if ( Fb[ b ] > NsMax[ s ] ) NsMax[ s ] = Fb[ b ];
   if ( Fb[ b ] < NsMin[ s ] ) NsMin[ s ] = Fb[ b ];
   if ( Tb[ b ] > TsMax[ s ] ) TsMax[ s ] = Tb[ b ];
   if ( Tb[ b ] < TsMin[ s ] ) TsMin[ s ] = Tb[ b ];
   NsMed[ s ] += fabs( Fb[ b ] )*Lb[ b ];
   TsMed[ s ] += fabs( Tb[ b ] )*Lb[ b ];
   LsTot[ s ] += Lb[ b ];
   PsTot[ s ] += Mm[ m ]*Lb[ b ]*As[ s ]*100;
   if ( Cb[ b ] > CsTot[ s ] ) CsTot[ s ] = Cb[ b ];
```

```
    if ( Fb[ b ] < 0 )
        CTec -= Fb[ b ]*Lb[ b ];
    else
        CTet += Fb[ b ]*Lb[ b ];

    if ( Ab[ b ] > GaMax )
        GaMax = Ab[ b ];

    GaMed += Ab[ b ]*Lb[ b ];
    }

for( m=0; m<Nm; m++ )
    {
    if ( NmMax[ m ] == -1000000 ) NmMax[ m ] = 0;
    if ( NmMin[ m ] ==  1000000 ) NmMin[ m ] = 0;
    if ( TmMax[ m ] == -1000000 ) TmMax[ m ] = 0;
    if ( TmMin[ m ] ==  1000000 ) TmMin[ m ] = 0;

    if ( LmTot[ m ] > 0 )
        {
        NmMed[ m ] /= LmTot[ m ];
        TmMed[ m ] /= LmTot[ m ];
        }
    else
        {
        NmMax[ m ] = 0;
        NmMin[ m ] = 0;
        TmMax[ m ] = 0;
        TmMin[ m ] = 0;
        }
    if ( NbMat[ m ] > 0 )
        LmMed[ m ] = LmTot[ m ] / NbMat[ m ];

    if ( Ltm[ m ] > LtMax ) LtMax = Ltm[ m ];
    if ( Lcm[ m ] > LcMax ) LcMax = Lcm[ m ];
    }

for( s=0; s<Ns; s++ )
    {
    if ( NsMax[ s ] == -1000000 ) NsMax[ s ] = 0;
    if ( NsMin[ s ] ==  1000000 ) NsMin[ s ] = 0;
    if ( TsMax[ s ] == -1000000 ) TsMax[ s ] = 0;
    if ( TsMin[ s ] ==  1000000 ) TsMin[ s ] = 0;

    if ( LsTot[ s ] > 0 )
        {
        NsMed[ s ] /= LsTot[ s ];
        TsMed[ s ] /= LsTot[ s ];
        }
    else
        {
        NsMax[ s ] = 0;
        NsMin[ s ] = 0;
        TsMax[ s ] = 0;
        TsMin[ s ] = 0;
        }
    if ( NbSec[ s ] > 0 )
        LsMed[ s ] = LsTot[ s ] / NbSec[ s ];
    }

AMax = -1000000;
AMin =  1000000;
NMax = -1000000;
NMin =  1000000;
TMax = -1000000;
```

```
TMin =   1000000;

AMed = 0;
NMed = 0;
TMed = 0;
LMed = 0;

LTot = 0;
PTot = 0;
CTot = 0;

for( s=0; s<Ns; s++ )
    {
    if ( As[ s ] > AMax ) AMax = As[ s ];
    if ( As[ s ] < AMin ) AMin = As[ s ];

    if ( NsMax[ s ] > NMax ) NMax = NsMax[ s ];
    if ( NsMin[ s ] < NMin ) NMin = NsMin[ s ];
    if ( TsMax[ s ] > TMax ) TMax = TsMax[ s ];
    if ( TsMin[ s ] < TMin ) TMin = TsMin[ s ];

    AMed += As[ s ]*LsTot[ s ];
    NMed += NsMed[ s ]*LsTot[ s ];
    TMed += TsMed[ s ]*LsTot[ s ];

    LTot += LsTot[ s ];
    PTot += PsTot[ s ];
    if ( CsTot[ s ] > CTot ) CTot = CsTot[ s ];
    }
if ( AMax == -1000000 ) AMax = 0;
if ( AMin ==  1000000 ) AMin = 0;
if ( NMax == -1000000 ) NMax = 0;
if ( NMin ==  1000000 ) NMin = 0;
if ( TMax == -1000000 ) TMax = 0;
if ( TMin ==  1000000 ) TMin = 0;

if ( LTot > 0 )
    {
    AMed /= LTot;
    NMed /= LTot;
    TMed /= LTot;

    CTep = CTet + CPndEsfc*CTec;
    GaMed /= LTot;
    }
else
    {
    AMax = 0;
    AMin = 0;
    NMax = 0;
    NMin = 0;
    TMax = 0;
    TMin = 0;

    CTep  = 0;
    GaMed = 0;
    }

if ( Nb > 0 )
    LMed = LTot / Nb;
    }
}
```

Tabla 2.A1.3.   Perfiles HEB, HEA y HEM

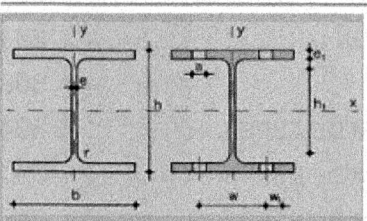

A = Área de la sección
S_x = Momento estático de media sección, respecto a X
I_x = Momento de inercia de la sección, respecto a X
W_x = $2I_x$: h. Módulo resistente de la sección, respecto a X
i_x = $\sqrt{I_x:A}$. Radio de giro de la sección, respecto a X
I_y = Momento de inercia de la sección, respecto a Y
W_y = $2I_y$: b. Módulo resistente de la sección, respecto a Y
i_y = $\sqrt{I_y:A}$. Radio de giro de la sección, respecto a Y

I_t = Módulo de torsión de la sección
I_a = Módulo de alabeo de la sección
u = Perímetro de la sección
a = Diámetro del agujero del roblón normal
w = Gramil, distancia entre ejes de agujeros
h_1 = Altura de la parte plana del alma
p = Peso por m

	Dimensiones							Términos de sección										Agujeros			Peso
Perfil	h	b	e	e_1	r	h_1	u	A	S_x	I_x	W_x	i_x	I_y	W_y	i_y	I_t	I_a	w	w_1	a	p
	mm	mm	mm	mm	mm	mm	mm	cm²	cm³	cm⁴	cm³	cm	cm⁴	cm³	cm	cm⁴	cm⁶	mm	mm	mm	kp/m
HEB 100	100	100	6,0	10,0	12	56	567	26,0	52,1	450	90	4,16	167	33	2,53	9,34	3.375	55	–	13	20,4	P
HEB 120	120	120	6,5	11,0	12	74	686	34,0	82,6	864	144	5,04	318	53	3,06	14,90	9.410	65	–	17	26,7	P
HEB 140	140	140	7,0	12,0	12	92	805	43,0	123,0	1.509	216	5,93	550	79	3,58	22,50	22.480	75	–	21	33,7	P
HEB 160	160	160	8,0	13,0	15	104	918	54,3	177,0	2.492	311	6,78	889	111	4,05	33,20	47.940	85	–	23	42,6	P
HEB 180	180	180	8,5	14,0	15	122	1.040	65,3	241,0	3.831	426	7,66	1.363	151	4,57	46,50	93.750	100	–	25	51,2	P
HEB 200	200	200	9,0	15,0	18	134	1.150	78,1	321,0	5.696	570	8,54	2.003	200	5,07	63,40	171.100	110	–	25	61,3	P
HEB 220	220	220	9,5	16,0	18	152	1.270	91,0	414,0	8.091	736	9,43	2.843	258	5,59	84,40	295.400	120	–	25	71,5	P
HEB 240	240	240	10,0	17,0	21	164	1.380	106,0	527,0	11.259	938	10,30	3.923	327	6,08	110,00	486.900	90	35	25	83,2	P
HEB 260	260	260	10,0	17,5	24	177	1.500	118,4	641,0	14.919	1.160	11,20	5.135	395	6,58	130,00	753.700	100	40	25	93,0	P

ANEXO B

CATÁLOGO DE PERFILES

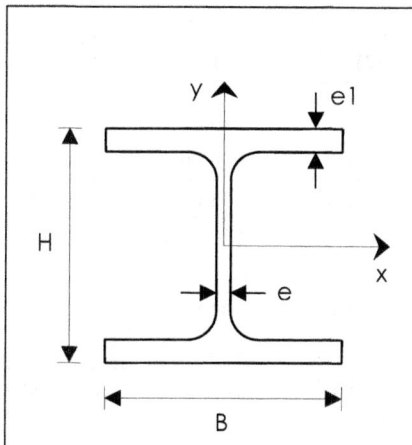

CARACTERÍSTICAS DE LA SECCIÓN

H: Canto del perfil

B: Ancho del perfil

e: Espesor del alma

e1: Espesor de las alas

A: Área de la sección

Ix: Momento de Inercia respecto al eje X

Iy: Momento de Inercia respecto al eje Y

[B.01]. PERFILES DE DOBLE ALA DE LA SERIE HEB

HEB	H (mm)	B (mm)	e (mm)	e1 (mm)	A (cm2)	Ix (cm4)	Iy (cm4)
100	100	100	6.0	10.0	26.00	450.00	167.00
120	120	120	6.5	11.0	34.00	864.00	318.00
140	140	140	7.0	12.0	43.00	1509.00	550.00
160	160	160	8.0	13.0	54.30	2492.00	889.00
180	180	180	8.5	14.0	65.30	3831.00	1363.00
200	200	200	9.0	15.0	78.10	5696.00	2003.00
220	220	220	9.5	16.0	91.00	8091.00	2843.00
240	240	240	10.0	17.0	106.00	11259.00	3923.00
260	260	260	10.0	17.5	118.40	14919.00	5135.00
280	280	280	10.5	18.0	131.40	19270.00	6595.00
300	300	300	11.0	19.0	149.10	25166.00	8563.00
320	320	300	11.5	20.5	161.30	30823.00	9239.00
340	340	300	12.0	21.5	170.90	36656.00	9690.00
360	360	300	12.5	22.5	180.60	43193.00	10140.00
400	400	300	13.5	24.0	197.80	57680.00	10819.00
450	450	300	14.0	26.0	218.00	79887.00	11721.00
500	500	300	14.5	28.0	238.60	107176.00	12624.00
550	550	300	15.0	29.0	254.10	136691.00	13077.00
600	600	300	15.5	30.0	270.00	171041.00	13530.00

[B.02]. Perfiles de doble ala de la serie HEA

HEA	H (mm)	B (mm)	e (mm)	e1 (mm)	A (cm2)	Ix (cm4)	Iy (cm4)
100	96	100	5.0	8.0	21.20	349.00	134.00
120	114	120	5.0	8.0	25.30	606.00	231.00
140	133	140	5.5	8.5	31.40	1033.00	389.00
160	152	160	6.0	9.0	38.80	1673.00	616.00
180	171	180	6.0	9.5	45.30	2510.00	925.00
200	190	200	6.5	10.0	53.80	3692.00	1336.00
220	210	220	7.0	11.0	64.30	5410.00	1955.00
240	230	240	7.5	12.0	76.80	7763.00	2769.00
260	250	260	7.5	12.5	86.80	10455.00	3668.00
280	270	280	8.0	13.0	97.30	13673.00	4763.00
300	290	300	8.5	14.0	112.50	18263.00	6310.00
320	310	300	9.0	15.5	124.40	22928.00	6985.00
340	330	300	9.5	16.5	133.50	27693.00	7436.00
360	350	300	10.0	17.5	142.80	33090.00	7887.00
400	390	300	11.0	19.0	159.00	45069.00	8564.00
450	440	300	11.5	21.0	178.00	63722.00	9465.00
500	490	300	12.0	23.0	197.50	86975.00	10367.00
550	540	300	12.5	24.0	211.80	111932.00	10819.00
600	590	300	13.0	25.0	226.50	141208.00	11271.00

[B.03]. PERFILES DE DOBLE ALA DE LA SERIE HEM

HEM	H (mm)	B (mm)	e (mm)	e1 (mm)	A (cm2)	Ix (cm4)	Iy (cm4)
100	120	106	12.0	20.0	53.20	1143.00	399.00
120	140	126	12.5	21.0	66.40	2018.00	703.00
140	160	146	13.0	22.0	80.60	3291.00	1144.00
160	180	166	14.0	23.0	97.10	5098.00	1759.00
180	200	186	14.5	24.0	113.30	7483.00	2580.00
200	220	206	15.0	25.0	131.30	10620.00	3651.00
220	240	226	15.5	26.0	149.40	14605.00	5012.00
240	270	248	18.0	32.0	199.60	24289.00	8153.00
260	290	268	18.0	32.5	219.60	31307.00	10449.00
280	310	288	18.5	33.0	240.20	39547.00	13163.00

HEM	H (mm)	B (mm)	e (mm)	e1 (mm)	A (cm2)	Ix (cm4)	Iy (cm4)
300	340	310	21.0	39.0	303.10	59201.00	19403.00
320	359	309	21.0	40.0	312.00	68135.00	19709.00
340	377	309	21.0	40.0	315.80	76372.00	19711.00
360	395	308	21.0	40.0	318.80	84867.00	19522.00
400	432	307	21.0	40.0	325.80	104119.00	19335.00
450	478	307	21.0	40.0	335.40	131484.00	19339.00
500	524	306	21.0	40.0	344.30	161929.00	19155.00
550	572	306	21.0	40.0	354.40	197984.00	19158.00
600	620	305	21.0	40.0	363.70	237447.00	18975.00

[B.04]. PERFILES DE DOBLE ALA DE LA SERIE IPN

IPN	H (mm)	B (mm)	e (mm)	e1 (mm)	A (cm2)	Ix (cm4)	Iy (cm4)
80	80	42	3.9	5.9	7.58	77.80	6.29
100	100	50	4.5	6.8	10.60	171.00	12.20
120	120	58	5.1	7.7	14.20	328.00	21.50
140	140	66	5.7	8.6	18.30	573.00	35.20
160	160	74	6.3	9.5	22.80	935.00	54.70
180	180	82	6.9	10.4	27.90	1450.00	81.30
200	200	90	7.5	11.3	33.50	2140.00	117.00
220	220	98	8.1	12.2	39.60	3060.00	162.00
240	240	106	8.7	13.1	46.10	4250.00	221.00
260	260	113	9.4	14.1	53.40	5740.00	288.00
280	280	119	10.1	15.2	61.10	7590.00	364.00
300	300	125	10.8	16.2	69.10	9800.00	451.00
320	320	131	11.5	17.3	77.80	12510.00	555.00
340	340	137	12.2	18.3	86.80	15700.00	674.00
360	360	143	13.0	19.5	97.10	19610.00	818.00
380	380	149	13.7	20.5	107.00	24010.00	975.00
400	400	155	14.4	21.6	118.00	29210.00	1160.00
450	450	170	16.2	24.3	147.00	45850.00	1730.00
500	500	185	18.0	27.0	180.00	68740.00	2480.00
550	550	200	19.0	30.0	213.00	99180.00	3490.00
600	600	215	21.6	32.4	254.00	139000.00	4670.00

[B.05]. PERFILES DE DOBLE ALA DE LA SERIE IPE

IPE	H (mm)	B (mm)	e (mm)	e1 (mm)	A (cm2)	Ix (cm4)	Iy (cm4)
80	80	46	3.8	5.2	7.64	80.10	8.49
100	100	55	4.1	5.7	10.30	171.00	15.90
120	120	64	4.4	6.3	13.20	318.00	27.70
140	140	73	4.7	6.9	16.40	541.00	44.90
160	160	82	5.0	7.4	20.10	869.00	68.30
180	180	91	5.3	8.0	23.90	1320.00	101.00
200	200	100	5.6	8.5	28.50	1940.00	142.00
220	220	110	5.9	9.2	33.40	2770.00	205.00
240	240	120	6.2	9.8	39.10	3890.00	284.00
270	270	135	6.6	10.2	45.90	5790.00	420.00
300	300	150	7.1	10.7	53.80	8360.00	604.00
330	330	160	7.5	11.5	62.60	11770.00	788.00
360	360	170	8.0	12.7	72.70	16270.00	1040.00
400	400	180	8.6	13.5	84.50	23130.00	1320.00
450	450	190	9.4	14.6	98.80	33740.00	1680.00
500	500	200	10.2	16.0	116.00	48200.00	2140.00
550	550	210	11.1	17.2	134.00	67120.00	2670.00
600	600	220	12.0	19.0	155.00	92080.00	3390.00

[B.06]. Perfiles en C de la serie UPN

UPN	H (mm)	B (mm)	e (mm)	e1 (mm)	A (cm2)	Ix (cm4)	Iy (cm4)
80	80	45	6.0	8.0	11.00	106.00	19.40
100	100	50	6.0	8.5	13.50	206.00	29.30
120	120	55	7.0	9.0	17.00	364.00	43.20
140	140	60	7.0	10.0	20.40	605.00	62.70
160	160	65	7.5	10.5	24.00	925.00	85.30
180	180	70	8.0	11.0	28.00	1350.00	114.00
200	200	75	8.5	11.5	32.20	1910.00	148.00
220	220	80	9.0	12.5	37.40	2690.00	197.00
240	240	85	9.5	13.0	42.30	3600.00	248.00
260	260	90	10.0	14.0	48.30	4820.00	317.00
280	280	95	10.0	15.0	53.30	6280.00	399.00
300	300	100	10.0	16.0	58.80	8030.00	495.00
320	320	100	14.0	17.5	75.80	10870.00	597.00
350	350	100	14.0	16.0	77.30	12840.00	570.00
380	380	102	13.5	16.0	80.40	15760.00	615.00
400	400	110	14.0	18.0	91.50	20350.00	846.00

[B.07]. Perfiles en T

TPN	H (mm)	B (mm)	e (mm)	e1 (mm)	A (cm2)	Ix (cm4)	Iy (cm4)
25	25	25	3.5	3.5	1.64	0.87	0.43
30	30	30	4.0	4.0	2.26	1.72	0.87
35	35	35	4.5	4.5	2.97	3.10	1.57
40	40	40	5.0	5.0	3.77	5.28	2.58
45	45	45	5.5	5.5	4.67	8.13	4.01
50	50	50	6.0	6.0	5.66	12.10	6.06
60	60	60	7.0	7.0	7.94	23.80	12.20
70	70	70	8.0	8.0	10.60	44.50	22.10
80	80	80	9.0	9.0	13.60	73.70	37.00
100	100	100	11.0	11.0	20.90	179.00	88.30

[B.08]. PERFILES EN L CON ESPESORES BAJOS

L e <<	H (mm)	B (mm)	e (mm)	e1 (mm)	A (cm2)	Ix (cm4)	Iy (cm4)
40.4	40	40	4.0	4.0	3.08	7.09	1.86
45.4	45	45	4.0	4.0	3.49	10.20	2.67
50.4	50	50	4.0	4.0	3.89	14.20	3.72
60.5	60	60	5.0	5.0	5.82	30.70	8.02
70.6	70	70	6.0	6.0	8.13	58.50	15.30
80.8	80	80	8.0	8.0	12.30	115.00	29.90
90.8	90	90	8.0	8.0	13.90	166.00	43.10
100.8	100	100	8.0	8.0	15.50	230.00	59.80
120.10	120	120	10.0	10.0	23.20	497.00	129.00
150.12	150	150	12.0	12.0	34.80	1170.00	303.00
180.15	180	180	15.0	15.0	52.10	2520.00	653.00
200.16	200	200	16.0	16.0	61.80	3720.00	960.00

[B.09]. PERFILES EN L CON ESPESORES MEDIOS

L e <>	H (mm)	B (mm)	e (mm)	e1 (mm)	A (cm2)	Ix (cm4)	Iy (cm4)
40.5	40	40	5.0	5.0	3.79	8.60	2.26
45.5	45	45	5.0	5.0	4.30	12.40	3.26
50.6	50	50	6.0	6.0	5.69	20.30	5.33
60.6	60	60	6.0	6.0	6.91	36.20	9.43
70.8	70	70	8.0	8.0	10.60	75.30	19.70
80.10	80	80	10.0	10.0	15.10	139.00	36.30
90.10	90	90	10.0	10.0	17.10	201.00	52.50
100.12	100	100	12.0	12.0	22.70	328.00	85.70
120.12	120	120	12.0	12.0	27.50	584.00	152.00
150.15	150	150	15.0	15.0	43.00	1430.00	370.00
180.18	180	180	18.0	18.0	61.90	2960.00	768.00
200.20	200	200	20.0	20.0	76.30	4530.00	1170.00

[B.10]. Perfiles en L con espesores altos

L e >>	H (mm)	B (mm)	e (mm)	e1 (mm)	A (cm2)	Ix (cm4)	Iy (cm4)
40.6	40	40	6.0	6.0	4.48	9.98	2.65
45.6	45	45	6.0	6.0	5.09	14.50	3.82
50.8	50	50	8.0	8.0	7.41	25.70	6.87
60.10	60	60	10.0	10.0	11.10	55.10	14.80
70.10	70	70	10.0	10.0	13.10	90.50	23.90
80.12	80	80	12.0	12.0	17.90	161.00	42.70
90.12	90	90	12.0	12.0	20.30	234.00	61.70
100.15	100	100	15.0	15.0	27.90	393.00	104.00
120.15	120	120	15.0	15.0	33.90	705.00	185.00
150.18	150	150	18.0	18.0	51.00	1670.00	435.00
180.20	180	180	20.0	20.0	68.30	3240.00	843.00
200.24	200	200	24.0	24.0	90.60	5280.00	1380.00

[B.11]. Perfiles compuestos de 2 UPN en cajón

[] 2 UPN	H (mm)	B (mm)	e (mm)	e1 (mm)	A (cm2)	Ix (cm4)	Iy (cm4)
80	80	90	6.0	8.0	22.00	212.00	243.00
100	100	100	6.0	8.5	27.00	412.00	380.00
120	120	110	7.0	9.0	34.00	728.00	604.00
140	140	120	7.0	10.0	40.80	1210.00	862.00
160	160	130	7.5	10.5	48.00	1850.00	1210.00
180	180	140	8.0	11.0	56.00	2700.00	1670.00
200	200	150	8.5	11.5	64.40	3820.00	2240.00
220	220	160	9.0	12.5	74.80	5380.00	2960.00
240	240	170	9.5	13.0	84.60	7200.00	3820.00
260	260	180	10.0	14.0	96.60	9640.00	4890.00
280	280	190	10.0	15.0	106.60	12560.00	5980.00
300	300	200	10.0	16.0	117.60	16060.00	7260.00

[B.12]. PERFILES COMPUESTOS DE 2 L EN CAJÓN

[] 2 L	H (mm)	B (mm)	e (mm)	e1 (mm)	A (cm2)	Ix (cm4)	Iy (cm4)
40.5	40	40	5.0	5.0	7.58	17.20	21.08
45.5	45	45	5.0	5.0	8.60	24.80	29.76
50.6	50	50	6.0	6.0	11.38	40.60	49.46
60.6	60	60	6.0	6.0	13.82	72.40	84.91
70.8	70	70	8.0	8.0	21.20	150.60	181.19
80.10	80	80	10.0	10.0	30.20	278.00	339.83
90.10	90	90	10.0	10.0	34.20	402.00	481.73
100.12	100	100	12.0	12.0	45.40	656.00	796.14
120.12	120	120	12.0	12.0	55.00	1168.00	1370.60
150.15	150	150	15.0	15.0	86.00	2860.00	3347.90
180.18	180	180	18.0	18.0	123.80	5920.00	6956.20
200.20	200	200	20.0	20.0	152.60	9060.00	10632.00

[B.13]. PERFILES TUBULARES CUADRADOS DE 3 MM DE ESPESOR

[] e = 3	H (mm)	B (mm)	e (mm)	e1 (mm)	A (cm2)	Ix (cm4)	Iy (cm4)
[] 30.3	30	30	3.0	3.0	2.9	3.3	3.3
[] 35.3	35	35	3.0	3.0	3.5	5.6	5.6
[] 40.3	40	40	3.0	3.0	4.1	8.9	8.9
[] 45.3	45	45	3.0	3.0	4.7	13.3	13.3
[] 50.3	50	50	3.0	3.0	5.3	18.8	18.8
[] 55.3	55	55	3.0	3.0	5.9	25.7	25.7
[] 60.3	60	60	3.0	3.0	6.5	34.2	34.2
[] 70.3	70	70	3.0	3.0	7.7	56.2	56.2
[] 80.3	80	80	3.0	3.0	8.9	86.2	86.2
[] 90.3	90	90	3.0	3.0	10.1	125.2	125.2
[] 100.3	100	100	3.0	3.0	11.3	174.4	174.4
[] 120.3	120	120	3.0	3.0	13.7	308.6	308.6

[B.14]. Perfiles tubulares cuadrados de 4 mm de espesor

[] e = 4	H (mm)	B (mm)	e (mm)	e1 (mm)	A (cm2)	Ix (cm4)	Iy (cm4)
[] 40.4	40	40	4.0	4.0	5.2	10.5	10.5
[] 45.4	45	45	4.0	4.0	6.0	15.9	15.9
[] 50.4	50	50	4.0	4.0	6.8	22.9	22.9
[] 55.4	55	55	4.0	4.0	7.6	31.6	31.6
[] 60.4	60	60	4.0	4.0	8.4	42.3	42.3
[] 70.4	70	70	4.0	4.0	10.0	70.4	70.4
[] 80.4	80	80	4.0	4.0	11.6	108.8	108.8
[] 90.4	90	90	4.0	4.0	13.2	159.1	159.1
[] 100.4	100	100	4.0	4.0	14.8	222.9	222.9
[] 120.4	120	120	4.0	4.0	18.0	397.3	397.3
[] 140.4	140	140	4.0	4.0	21.2	644.8	644.8
[] 160.4	160	160	4.0	4.0	24.4	978.3	978.3

[B.15]. Perfiles tubulares cuadrados de 5 mm de espesor

[] e = 5	H (mm)	B (mm)	e (mm)	e1 (mm)	A (cm2)	Ix (cm4)	Iy (cm4)
[] 50.5	50	50	5.0	5.0	8.1	25.4	25.4
[] 55.5	55	55	5.0	5.0	9.1	35.6	35.6
[] 60.5	60	60	5.0	5.0	10.1	48.2	48.2
[] 70.5	70	70	5.0	5.0	12.1	81.4	81.4
[] 80.5	80	80	5.0	5.0	14.1	127.3	127.3
[] 90.5	90	90	5.0	5.0	16.1	187.7	187.7
[] 100.5	100	100	5.0	5.0	18.1	264.6	264.6
[] 120.5	120	120	5.0	5.0	22.1	476.1	476.1
[] 140.5	140	140	5.0	5.0	26.1	777.8	777.8
[] 160.5	160	160	5.0	5.0	30.1	1185.7	1185.7
[] 180.5	180	180	5.0	5.0	34.1	1715.8	1715.8
[] 200.5	200	200	5.0	5.0	38.1	2384.1	2384.1

[B.16]. PERFILES TUBULARES CUADRADOS DE 6 MM DE ESPESOR

[] e = 6	H (mm)	B (mm)	e (mm)	e1 (mm)	A (cm2)	Ix (cm4)	Iy (cm4)
[] 60.6	60	60	6.0	6.0	11.7	53.3	53.3
[] 70.6	70	70	6.0	6.0	14.1	91.4	91.4
[] 80.6	80	80	6.0	6.0	16.5	144.2	144.2
[] 90.6	90	90	6.0	6.0	18.9	214.2	214.2
[] 100.6	100	100	6.0	6.0	21.3	303.7	303.7
[] 120.6	120	120	6.0	6.0	26.1	550.9	550.9
[] 140.6	140	140	6.0	6.0	30.9	905.2	905.2
[] 160.6	160	160	6.0	6.0	35.7	1385.6	1385.6
[] 180.6	180	180	6.0	6.0	40.5	2011.3	2011.3
[] 200.6	200	200	6.0	6.0	45.3	2801.6	2801.6

[B.17]. PERFILES TUBULARES CUADRADOS DE 8 MM DE ESPESOR

[] e = 8	H (mm)	B (mm)	e (mm)	e1 (mm)	A (cm2)	Ix (cm4)	Iy (cm4)
[] 80.8	80	80	8.0	8.0	20.8	168.4	168.4
[] 90.8	90	90	8.0	8.0	24.0	254.6	254.6
[] 100.8	100	100	8.0	8.0	27.2	365.9	365.9
[] 120.8	120	120	8.0	8.0	33.6	676.9	676.9
[] 140.8	140	140	8.0	8.0	40.0	1126.8	1126.8
[] 160.8	160	160	8.0	8.0	46.4	1741.2	1741.2
[] 180.8	180	180	8.0	8.0	52.8	2545.9	2545.9
[] 200.8	200	200	8.0	8.0	59.2	3566.3	3566.3
[] 220.8	220	220	8.0	8.0	65.6	4828.0	4828.0
[] 250.8	250	250	8.0	8.0	75.2	7229.2	7229.2

[B.18]. PERFILES TUBULARES CUADRADOS DE 10 MM DE ESPESOR

[] e = 10	H (mm)	B (mm)	e (mm)	e1 (mm)	A (cm2)	Ix (cm4)	Iy (cm4)
[] 100.10	100	100	10.0	10.0	32.6	411.1	411.1
[] 120.10	120	120	10.0	10.0	40.6	776.8	776.8
[] 140.10	140	140	10.0	10.0	48.6	1311.7	1311.7
[] 160.10	160	160	10.0	10.0	56.6	2047.7	2047.7
[] 180.10	180	180	10.0	10.0	64.6	3016.8	3016.8
[] 200.10	200	200	10.0	10.0	72.6	4251.1	4251.1
[] 220.10	220	220	10.0	10.0	80.6	5782.5	5782.5
[] 250.10	250	250	10.0	10.0	92.6	8706.7	8706.7
[] 300.10	300	300	10.0	10.0	112.6	15519.4	15519.4

[B.19]. PERFILES TUBULARES REDONDOS DE 3 MM DE ESPESOR

O e = 3	H (mm)	B (mm)	e (mm)	e1 (mm)	A (cm2)	Ix (cm4)	Iy (cm4)
0 40.3	40	40	3.0	3.0	3.5	6.0	6.0
0 45.3	45	45	3.0	3.0	4.0	8.8	8.8
0 50.3	50	50	3.0	3.0	4.4	12.3	12.3
0 55.3	55	55	3.0	3.0	4.9	16.6	16.6
0 60.3	60	60	3.0	3.0	5.4	21.9	21.9
0 70.3	70	70	3.0	3.0	6.3	35.5	35.5
0 80.3	80	80	3.0	3.0	7.3	53.9	53.9
0 90.3	90	90	3.0	3.0	8.2	77.7	77.7
0 100.3	100	100	3.0	3.0	9.1	107.6	107.6

[B.20]. PERFILES TUBULARES REDONDOS DE **4** MM DE ESPESOR

O e = 4	H (mm)	B (mm)	e (mm)	e1 (mm)	A (cm2)	Ix (cm4)	Iy (cm4)
0 40.4	40	40	4.0	4.0	4.5	7.4	7.4
0 45.4	45	45	4.0	4.0	5.2	10.9	10.9
0 50.4	50	50	4.0	4.0	5.8	15.4	15.4
0 55.4	55	55	4.0	4.0	6.4	21.0	21.0
0 60.4	60	60	4.0	4.0	7.0	27.7	27.7
0 70.4	70	70	4.0	4.0	8.3	45.3	45.3
0 80.4	80	80	4.0	4.0	9.6	69.1	69.1
0 90.4	90	90	4.0	4.0	10.8	100.1	100.1
0 100.4	100	100	4.0	4.0	12.1	139.2	139.2
0 125.4	125	125	4.0	4.0	15.2	278.6	278.6
0 150.4	150	150	4.0	4.0	18.3	489.2	489.2

[B.21]. PERFILES TUBULARES REDONDOS DE **5** MM DE ESPESOR

O e = 5	H (mm)	B (mm)	e (mm)	e1 (mm)	A (cm2)	Ix (cm4)	Iy (cm4)
0 50.5	50	50	5.0	5.0	7.1	18.1	18.1
0 60.5	60	60	5.0	5.0	8.6	32.9	32.9
0 70.5	70	70	5.0	5.0	10.2	54.2	54.2
0 80.5	80	80	5.0	5.0	11.8	83.2	83.2
0 90.5	90	90	5.0	5.0	13.4	121.0	121.0
0 100.5	100	100	5.0	5.0	14.9	168.8	168.8
0 125.5	125	125	5.0	5.0	18.8	339.9	339.9
0 150.5	150	150	5.0	5.0	22.8	599.3	599.3
0 175.5	175	175	5.0	5.0	26.7	965.5	965.5
0 200.5	200	200	5.0	5.0	30.6	1456.9	1456.9

[B.22]. Perfiles tubulares redondos de 6 mm de espesor

O e = 6	H (mm)	B (mm)	e (mm)	e1 (mm)	A (cm2)	Ix (cm4)	Iy (cm4)
O 60.6	60	60	6.0	6.0	10.2	37.6	37.6
O 70.6	70	70	6.0	6.0	12.1	62.3	62.3
O 80.6	80	80	6.0	6.0	13.9	96.1	96.1
O 90.6	90	90	6.0	6.0	15.8	140.4	140.4
O 100.6	100	100	6.0	6.0	17.7	196.5	196.5
O 125.6	125	125	6.0	6.0	22.4	398.1	398.1
O 150.6	150	150	6.0	6.0	27.1	704.8	704.8
O 175.6	175	175	6.0	6.0	31.9	1138.7	1138.7
O 200.6	200	200	6.0	6.0	36.6	1722.0	1722.0
O 225.6	225	225	6.0	6.0	41.3	2476.7	2476.7
O 250.6	250	250	6.0	6.0	46.0	3424.9	3424.9

[B.23]. Perfiles tubulares redondos de 8 mm de espesor

O e = 8	H (mm)	B (mm)	e (mm)	e1 (mm)	A (cm2)	Ix (cm4)	Iy (cm4)
O 100.8	100	100	8.0	8.0	23.1	246.5	246.5
O 125.8	125	125	8.0	8.0	29.4	505.5	505.5
O 150.8	150	150	8.0	8.0	35.7	902.4	902.4
O 175.8	175	175	8.0	8.0	42.0	1466.5	1466.5
O 200.8	200	200	8.0	8.0	48.3	2227.4	2227.4
O 225.8	225	225	8.0	8.0	54.5	3214.5	3214.5
O 250.8	250	250	8.0	8.0	60.8	4457.3	4457.3
O 275.8	275	275	8.0	8.0	67.1	5985.1	5985.1
O 300.8	300	300	8.0	8.0	73.4	7827.5	7827.5
O 350.8	350	350	8.0	8.0	86.0	12573.8	12573.8
O 400.8	400	400	8.0	8.0	98.5	18931.7	18931.7

[B.24]. PERFILES TUBULARES REDONDOS DE 10 MM DE ESPESOR

O e = 10	H (mm)	B (mm)	e (mm)	e1 (mm)	A (cm2)	Ix (cm4)	Iy (cm4)
0 125.10	125	125	10.0	10.0	36.1	601.8	601.8
0 150.10	150	150	10.0	10.0	44.0	1083.1	1083.1
0 175.10	175	175	10.0	10.0	51.8	1770.5	1770.5
0 200.10	200	200	10.0	10.0	59.7	2701.0	2701.0
0 225.10	225	225	10.0	10.0	67.5	3911.2	3911.2
0 250.10	250	250	10.0	10.0	75.4	5438.1	5438.1
0 275.10	275	275	10.0	10.0	83.3	7318.4	7318.4
0 300.10	300	300	10.0	10.0	91.1	9588.9	9588.9
0 350.10	350	350	10.0	10.0	106.8	15448.0	15448.0
0 400.10	400	400	10.0	10.0	122.5	23309.8	23309.8
0 450.10	450	450	10.0	10.0	138.2	33469.0	33469.0
0 500.10	500	500	10.0	10.0	153.9	46219.9	46219.9

[B.25]. PERFILES MACIZOS CUADRADOS

[]	H (mm)	B (mm)	e (mm)	e1 (mm)	A (cm2)	Ix (cm4)	Iy (cm4)
[] 30	30	30	0.0	0.0	9.0	6.8	6.8
[] 35	35	35	0.0	0.0	12.3	12.5	12.5
[] 40	40	40	0.0	0.0	16.0	21.3	21.3
[] 45	45	45	0.0	0.0	20.3	34.2	34.2
[] 50	50	50	0.0	0.0	25.0	52.1	52.1
[] 60	60	60	0.0	0.0	36.0	108.0	108.0
[] 70	70	70	0.0	0.0	49.0	200.1	200.1
[] 80	80	80	0.0	0.0	64.0	341.3	341.3
[] 90	90	90	0.0	0.0	81.0	546.8	546.8
[] 100	100	100	0.0	0.0	100.0	833.3	833.3
[] 150	150	150	0.0	0.0	225.0	4218.8	4218.8
[] 200	200	200	0.0	0.0	400.0	13333.3	13333.3
[] 250	250	250	0.0	0.0	625.0	32552.1	32552.1
[] 300	300	300	0.0	0.0	900.0	67500.0	67500.0
[] 350	350	350	0.0	0.0	1225.0	125052.1	125052.1
[] 400	400	400	0.0	0.0	1600.0	213333.3	213333.3
[] 450	450	450	0.0	0.0	2025.0	341718.8	341718.8
[] 500	500	500	0.0	0.0	2500.0	520833.3	520833.3
[] 550	550	550	0.0	0.0	3025.0	762552.1	762552.1
[] 600	600	600	0.0	0.0	3600.0	1080000.0	1080000.0
[] 650	650	650	0.0	0.0	4225.0	1487552.1	1487552.1
[] 700	700	700	0.0	0.0	4900.0	2000833.3	2000833.3
[] 750	750	750	0.0	0.0	5625.0	2636718.8	2636718.8
[] 800	800	800	0.0	0.0	6400.0	3413333.3	3413333.3

[B.26]. Perfiles macizos circulares

O	H (mm)	B (mm)	e (mm)	e1 (mm)	A (cm2)	Ix (cm4)	Iy (cm4)
O 5	5	5	0.0	0.0	0.2	0.0	0.0
O 6	6	6	0.0	0.0	0.3	0.0	0.0
O 8	8	8	0.0	0.0	0.5	0.0	0.0
O 10	10	10	0.0	0.0	0.8	0.0	0.0
O 12	12	12	0.0	0.0	1.1	0.1	0.1
O 16	16	16	0.0	0.0	2.0	0.3	0.3
O 20	20	20	0.0	0.0	3.1	0.8	0.8
O 25	25	25	0.0	0.0	4.9	1.9	1.9
O 30	30	30	0.0	0.0	7.1	4.0	4.0
O 35	35	35	0.0	0.0	9.6	7.4	7.4
O 40	40	40	0.0	0.0	12.6	12.6	12.6
O 45	45	45	0.0	0.0	15.9	20.1	20.1
O 50	50	50	0.0	0.0	19.6	30.7	30.7
O 60	60	60	0.0	0.0	28.3	63.6	63.6
O 70	70	70	0.0	0.0	38.5	117.9	117.9
O 80	80	80	0.0	0.0	50.3	201.1	201.1
O 90	90	90	0.0	0.0	63.6	322.1	322.1
O 100	100	100	0.0	0.0	78.5	490.9	490.9
O 150	150	150	0.0	0.0	176.7	2485.0	2485.0
O 200	200	200	0.0	0.0	314.2	7854.0	7854.0
O 250	250	250	0.0	0.0	490.9	19174.8	19174.8
O 300	300	300	0.0	0.0	706.9	39760.8	39760.8
O 350	350	350	0.0	0.0	962.1	73661.8	73661.8
O 400	400	400	0.0	0.0	1256.6	125663.7	125663.7
O 500	500	500	0.0	0.0	1963.5	306796.2	306796.2

BIBLIOGRAFÍA

ALARCÓN ÁLVAREZ, E., ÁLVAREZ CABAL, R., GÓMEZ LERA, M.S., *Cálculo matricial de estructuras*, Barcelona, Editorial Reverté, 1999.

ARGÜELLES ÁLVAREZ, R., ARGÜELLES BUSTILLO, R., *Análisis de Estructuras*, Madrid, Fundación Conde del Valle de Salazar, 1996.

ARMENAKAS, A.E., *Modern structural analysis: the matrix method approach*, New York, McGraw-Hill, 1991.

AROCA HERNÁNDEZ-ROS, R., *Vigas trianguladas y cerchas,* Cuaderno 53.04 del Instituto Juan de Herrera, Madrid, ETSAM, 2001.

AZAR, J.J., *Matrix structural analysis*, New York, Pergamon Press, 1972.

BHATT, P., *Problems in structural analysis by matrix methods*, Harlow, Construction Press, 1981.

CELIGÜETA, J.T., *Curso de Análisis Estructural*, Pamplona, EUNSA, 1998.

CERVERA RUIZ, M., BLANCO DÍAZ, E., *Fundamentos de resistencia de materiales y cálculo de estructuras*, Barcelona, Ediciones UPC, 1999.

CONNOR, J.J., *Analysis of Structural Member Systems*, New York, Ronald Press, 1976

COWAN, H.J., *Architectural Structures: An Introduction to Structural Mechanics*, Editorial Elsevier, 1976.

FELTON, L.P., NELSON, R.B., *Matrix Structural Analysis,* New York, John Willey & Sons, 1997.

GONZÁLES CUEVAS, O.M., *Análisis estructural*, México, Editorial Limusa, 2002.

GONZÁLEZ DE CANGAS, J.R., SANMARTÍN QUIROGA, A., *Cálculo de Estructuras*, Madrid, Colegio de Ingenieros de Caminos, Canales y Puertos, 2001.

HIBBELER, R.C., *Análisis Estructural*, México, Prentice Hall Hispanoamericana, 1997.

HOLZER, S.M., *Computer analysis of structures: Matrix structural analysis structured programming*, New York, Elsevier, 1985.

JENNINGS, A., *Matrix Computation for Engineers and Scientists*, New York, John Willey & Sons, 1977.

KARDESTUNCER, H., *Introducción al Análisis structural con matrices*, México, McGraw-Hill, 1975.

KASSIMALI, A., *Structural Analysis*, United States, Thomson, 2005.

LEET, K.M., UANG, C.M., *Fundamentos de Análisis Estructural*, México, McGraw-Hill, 2006.

LIVESLEY, R.K., *Matrix Methods of Structural Analysis*, Oxford, Pergamon Press, 1975.

MARGARIT, J., BUXADÉ, C., *Cálculo Matricial de Estructuras de Barras*, Barcelona, Ed. Blume, 1970.

MARTIN, H.C., *Introduction to Matrix Methods of Structural Analysis*, New York, McGraw-Hill, 1966.

MCCORMAC, J., *Análisis de estructuras: Métodos Clásico y Matricial*, Bogotá, Alfaomega, 2010.

MCGUIRE, W., GALLAGER, R.H., *Matrix Structural Analysis*, New York, John Willey & Sons, 1979.

MEEK, J.L., *Matrix Structural Analysis,* New York, McGraw-Hill, 1971.

MORÁN CABRÉ, F., *Análisis matricial de estructuras en ordenadores compatibles*, Madrid, Editorial Rueda, 1989.

MOTT, R.L., *Resistencia de materiales aplicada*, México, Prentice Hall Hispanoamericana, 1996.

MOVNIN, M.S., IZRAELIT, A.B., RUBASHKIN, A.G., *Fundamentos de mecánica técnica*, Moscú, Editorial MIR, 1985.

MOYA FERRER, L., *Análisis matricial de estructuras de barras*, Barcelona, Universitat Politècnica de Catalunya, Iniciativa Digital Politècnica, 2004.

MUÑOZ VIDAL, M., LÓPEZ HERNÁNDEZ, E., *Física aplicada 1: Introducción a las Estructuras de la Edificación*, Depto. Tecnología de la Construcción, Universidad de A Coruña, 1994.

NELSON, J., MCCORMAC, J., *Análisis de Estructuras*, Bogotá, Alfaomega, 2006.

ORTIZ BERROCAL, L., *Resistencia de Materiales*, Madrid, McGraw-Hill Interamericana de España, 2007.

PANDIT, G.S., GUPTA, S.P., *Structural analysis: a matrix approach*, New Delhi, Tata McGraw-Hill, 1981.

PRZEMIENIECKI, J.S., *Theory of matrix structural analysis*, New York, McGraw-Hill , 1968.

PYTEL, A., SINGER, F., *Resistencia de Materiales*. Bogotá, Alfaomega, 1987.

ROJAS ROJAS, R.M., PADILLA PUNZO, H.M., *Analisis estructural con matrices, México,* Editorial Trillas, 2009.

RUBINSTEIN, M.F., *Matrix computer análysis of structures*, Englewood Cliffs, N.J., Prentice Hall, 1966.

SACK, L.S., *Matrix structural analysis,* Boston, PWS-Kent Pub., 1989.

TENA COLUNGA, A., *Análisis de estructruras con métodos matriciales*, México, Editorial Limusa, 2009.

TIMOSHENKO, S.P., YOUNG, D.H., *Teoría de las Estructuras*. Bilbao, Editorial Urmo, 1981.

VAIDYANATHAN, R., *Comprehensive Structural Analysis Vol. I*, New Delhi, Laxmi Publications, 2005.

VANDERBILT, M.D., *Matrix Structural Analysis,* New York, Quantum Publishers, 1974.

VÁZQUEZ, M., *Resistencia de Materiales*, Madrid, Editorial Noela, 1994.

VÁZQUEZ, M., *Cálculo Matricial de Estructuras*, Madrid, Colegio de Ingenieros Técnicos de Obras Públicas,1999.

WANG, C.K., *Matrix methods of structural analysis*, Scranton, Pa., International Textbook, 1970.

YUAN-YU HSIEH, *Elementary theory of structures*, México, Prentice-Hall, 1970.

ZURITA GABASA, J., *Teoría de estructuras. Estructuras de barras y sólidos tridimensionales*, Pamplona, Universidad Pública de Navarra, 2003.